变电站现场运行与维护技术

涂兴子　张宝龙　芦　喆　主编

中国矿业大学出版社
·徐州·

内 容 提 要

本书共分为八章，涉及电工基础知识、电气一次设备、变电站倒闸操作、设备的巡视检查与验收、继电保护、变电站综合自动化系统基础知识、变电站直流电源系统、变电站事故处理等方面，内容基本涵盖了变电运行岗位现场技术与运行维护的基本技能。本书最大的特点是理论联系实际，书中穿插了大量现场设备图片，实用性强，通俗易懂，容易被现场人员所接受。本书涉及的知识面较广，可作为变电运行人员和技术管理人员的现场培训教材，还可作为电力专业职工培训教材。

图书在版编目(CIP)数据

变电站现场运行与维护技术 / 涂兴子，张宝龙，芦喆主编. —徐州：中国矿业大学出版社，2021.1

ISBN 978-7-5646-4573-1

Ⅰ.①变… Ⅱ.①涂…②张…③芦… Ⅲ.①变电所—电力系统运行—维护 Ⅳ.①TM63

中国版本图书馆 CIP 数据核字(2020)第 013710 号

书　　名 变电站现场运行与维护技术
主　　编 涂兴子　张宝龙　芦　喆
责任编辑 何晓明
出版发行 中国矿业大学出版社有限责任公司
（江苏省徐州市解放南路　邮编 221008）
营销热线 (0516)83884103　83885105
出版服务 (0516)83995789　83884920
网　　址 http://www.cumtp.com　**E-mail**:cumtpvip@cumtp.com
印　　刷 江苏淮阴新华印务有限公司
开　　本 787 mm×1092 mm　1/16　**印张** 19　**字数** 472 千字
版次印次 2021 年 1 月第 1 版　2021 年 1 月第 1 次印刷
定　　价 45.00 元

本书编委会

主　　编	涂兴子　张宝龙　芦　喆
副 主 编	陶　伟　张　洛　臧朝伟　张小牛 李宏慧
参　　编	张　冰　任辅国　倪建伟　刘永军 徐全国　吴套强　王兴旺　张顺轲 郑克新　程克涛　周　晶　姚　爽 王艳森　张　哲　李长江　李春锋 康本亭　董晓磊　路阳春　赵军业 梅峰漳　林　健　景俊伟　张锦钟 陈　香　黄　波　谢军辉　张石磊 王　涛　韩淑红　曲立文
审　　核	屈　博　杨志强　李二军　李军鸿 陈华新　赵小峰
校　　对	曹　凯　孔祥意　李　鑫　施俊楠

前　言

随着我国电力建设的发展以及综合自动化技术的不断提高，变电站值班人员的配置越来越少，无人值班变电站大量投入运行，因此，对变电运行人员的业务素质要求也越来越高。

编者在从事多年的变电运行工作中深刻体会到，提高变电运行值班员的综合素质及应对各种突发事故的处理能力，对电网的安全、可靠、稳定运行起着至关重要的作用；而变电运行又是一个涉及多个专业的岗位，运行人员在现场需要学习的知识非常多，为提高变电运行人员的技术素质和业务水平，更好地保证电网设备的安全、可靠运行，河南天通电力有限公司组织变电运行一线技术人员编写了本书。

本书共分为八章，涉及电工基础知识、电气一次设备、变电站倒闸操作、设备的巡视检查与验收、继电保护、变电站综合自动化系统基础知识、变电站直流电源系统、变电站事故处理等方面，内容基本涵盖了变电运行岗位现场技术与运行维护的基本技能。本书最大的特点是理论联系实际，书中穿插了大量现场设备图片，实用性强，通俗易懂，容易被现场人员所接受。本书涉及的知识面较广，不仅可作为变电运行人员和技术管理人员的现场培训教材，也可作为电力专业职工培训教材。

本书在编写过程中得到了中国平煤神马集团公司机电处众多技术专家的大力支持和帮助，他们提出了许多宝贵意见，在此表示感谢。

限于编者水平，书中难免存在不妥之处，敬请专家与读者批评指正。

编　者

2020 年 5 月

前言

目　录

第一章　电工基础知识

第一节　电力系统概述

电网安全、可靠、经济运行是对电力系统的基本要求，而电网每一环节的运行状况又直接影响着整个电网的运行水平。变电站是电网的重要组成部分，其运行值班人员及运行管理人员应了解和掌握电能质量管理、电力系统稳定性及电力系统经济运行的相关知识，这有利于提高电力系统的整体运行管理水平。

一、电力系统及电力网

电力工业是国民经济的重要基础，是国家经济发展的重点和先行产业之一。电能是现代社会中必不可少的重要能源之一。

由于电能不能大量储存，所以电能的生产、输送、分配和消费是同时进行的，一般将与上述四个环节对应的发电厂、变电站、输配电线路、用电设备所组成的整体称为电力系统。其中，输送和分配电能的部分称为电力网，它包括升、降压变电站和各种电压等级的输配电线路。

1. 发电

发电即电力的生产。生产电力的工厂称为发电厂。发电厂按所使用的能源不同，可分为火力发电（简称火电）厂、水力发电（简称水电）厂和核能发电（简称核电）厂等。

（1）火力发电厂。火力发电厂通常以煤或原油为燃料，使锅炉产生过热蒸汽。高温高压下热蒸汽驱动汽轮机使之高速旋转，再由汽轮机带动发电机发电。某些规模较小的发电厂，也有采用燃气轮机或内燃机带动发电机发电的。

（2）水力发电厂。水力发电厂是利用自然水力资源作为动力的发电厂。它通常是通过建水库或筑坝等截流方法以提高水位，再利用大量水流的位能来驱动水轮机旋转，进而由水轮机带动发电机发电。

（3）核能发电厂。核能发电厂也称核电厂（站），由核燃料在反应堆中进行裂变反应所释放出的热能来产生高温高压蒸汽，驱动汽轮机进而带动发电机发电。

2. 变电站

变电站是电力网的重要组成部分，按照电网供电需要，变电站可进行电压升降，同时还具有集中、分配、控制电能流向的作用。

（1）按变电站在电力系统中的作用可分为：

① 枢纽变电站。两个及两个以上的电源在此汇集，并进行电力分配与交换，因此穿越功率大，通常采用三绕组变压器，变电站规模大。

② 地区变电站。地区变电站通常供给一个地区用电，属受电变电站，包括高压受电、中压转换、低压直配，是电力系统中相当重要的中间环节。

③ 用户变电站。这是系统的终端变电站，通常将系统高压电变换后直接供给用户，变电站接线较为简单，供电范围小，通常用双绕组变压器，是电力系统中为数最多的变电站。

(2) 按变电站构造形式可分为：

① 屋外变电站。变电设备、开关场地均建在屋外，机电控制操作在室内，便道所占面积大。我国大多数电压较高的变电站均采用此种形式。

② 屋内变电站。变压器、开关等设备装在室内，占地面积小，建筑面积大，适用于城市居民密集和土地狭窄地区及空气污秽地区。

③ 地下变电站。在人口和工业高度集中的大城市，建筑物密度大，将变电站转入地下可减少噪声、避免尘埃。这种变电站造价较高，但与城市有较好的电磁兼容，可使高压电直接进入城市用电中心。

3. 输电

输电是指电力的输送。输电的距离越长，输电电压就必须升得越高。一般情况下，凡输电距离在 50 km 以下的可采用 35 kV 电压；在 100 km 左右的宜采用 110 kV 电压；超过 200 km 时则需要采用 220 kV 或更高的电压。输电线路一般采用架空线路，有些地方或场合也可采用电缆线路。架空线路按不同的电压等级采用不同的杆塔。

4. 用电

电能输送与分配到用户之后，便可供各类用电设备使用。在同一时刻，各用电设备所需要(或耗费)电功率的总和称用电负荷(单位符号 kW)。根据用户对供电可靠性的要求，用电负荷有一类(或称级)、二类与三类之分；根据用户在国民经济中所属部门的不同，可分为工业负荷、农业负荷、交通运输业负荷、照明及市政生活用电负荷；若按用电的性质区分，则有动力负荷(如电动机)、电热负荷(如各种电炉)、照明负荷(如各类电光源)、电解负荷(如化学电解设备)等。

二、电力系统运行的基本要求

1. 电力系统运行的特点

电力系统是由电能的产生、输送、分配和消费环节组成的统一整体。与其他工业系统相比较，电力系统运行具有以下特点：

(1) 电能不能储存。电力系统应在调度部门的统一管理下，保持发电厂输出的功率等于用电设备所需功率、输送和分配环节中的功率损失之和。

(2) 电力系统的过渡过程非常短促。在电力系统中，运行情况发生变化而引起的从某种运行状态到另一种运行状态的变化过程是十分迅速的。

(3) 电力与国民经济各部门及人民群众日常生活有着极为密切的关系。现代农业、工业和日常生活都要求具有可靠、稳定的电能供应，由于停电而造成的经济损失是非常巨大的。

2. 电力系统运行的基本要求

电力系统的上述特点及电力系统在国民经济中的地位和作用，决定了电力系统运行的基本要求：① 保证良好的电能质量；② 要有良好的运行经济性。

(1) 保证安全可靠地发、供电是电力系统运行的首要要求。在运行过程中，供电的突然中断大多由事故引起。因此，必须从各个方面采取措施以防止和减少事故的发生。例如，要严密监视设备的运行状态和认真维修设备以减少设备事故，要不断提高运行人员的技术水平以防止人为事故。为了提高系统运行的安全可靠性，还必须配备足够的有功功率电源和无功功率电源；完善电力系统的结构，提高电力系统抗干扰的能力，增强系统运行的稳定性；利用计算机对系统的运行进行安全监视和控制等。只有整体提高了电力系统的安全运行水平，才能保证对用户的不间断供电。

根据用户对供电可靠性的不同要求，目前我国将负荷分为以下三级(类)：

一级负荷：对这一级负荷中断供电的后果是极为严重的。例如，可能发生危及人身安全的事故；使工业生产中的关键设备遭到难以修复的损坏，以致生产秩序长期不能恢复正常，造成国民经济的重大损失；使市政生活的重要部门发生混乱等。

二级负荷：对这一级负荷中断供电将造成大量减产，使城市中大量居民的正常生活受到影响等。

三级负荷：除一、二级外，停电影响不大的其他负荷都属于三级负荷，如工厂的附属车间用电负荷、小城镇和农村的公共负荷等。对这一级负荷的短时供电中断不会造成重大的损失。

对于以上三个级别的负荷，可以根据不同的具体情况分别采取适当的技术措施来满足它们对供电可靠性的要求。

(2) 电能质量是以频率质量和电压质量指标来衡量的。电压偏差和频率偏差超出允许偏差时，不仅会给工厂造成废品和减产，还会影响用电设备的安全，严重时甚至会危及整个系统的安全运行。为保证电压质量，对电压正弦波畸变率要有限制。波形畸变率是指各次谐波有效值平方和的方根值对基波有效值的百分比。因此，对系统中的谐波污染源要进行有效的限制和治理。

(3) 电能生产的规模很大，消耗的能源在国民经济能源总耗中占的比重很大，因此，提高电能生产的经济性具有十分重要的作用。

三、电网运行管理

电网规模越来越大，为保证电网能够安全、优质、经济运行，就必须设置各级电网的调度机构。我国电网调度体制分为五级：国调、网调、省调、地调、县调。

电网调度是电网调度机构为保障电网的安全、优质、经济运行，而对电网进行组织、指挥、指导和协调。调度系统包括各级调度机构和电网内电厂、变电站的运行值班单位。各级调度机构的值班调度员在其当值期间是系统运行和操作的指挥人，对其发布命令的正确性负责。下级调度机构和变电站的运行值班人员应该认真、严肃、正确、迅速地执行调度命令，听从调度指挥。发现调度命令和指挥有误时应向值班调度员提出纠正意见，当调度员坚持命令时，值班人员则应立即执行，但可在事后向上级领导报告。

电网调度管理的任务主要包括以下四个方面：

(1) 以设备最大出力为限，尽量满足电网负荷的需要。

(2) 使整个电网安全可靠运行和连续供电。

(3) 保证电能质量，全电网所有发、供、用电单位的协调运行应由调度统一指挥来实现。

(4) 经济、合理地利用能源，使电网在最大效率的方式下运行，以实现低耗能、多供电，技术经济性能最优。

四、电网的安全稳定性

电力系统的稳定性是指系统在受到扰动后仍能稳定运行的特性。电力系统在失去稳定时会造成并列运行的发电机失去同步、系统发生振荡,引起电压和频率的持续波动,甚至会使系统解列从而造成大面积的停电,使国民经济遭受巨大损失。按照系统所受扰动的大小,一般将电力系统稳定性问题分为电力系统的静态稳定和电力系统的暂态稳定。

1. 电力系统的静态稳定

电力系统的静态稳定是指正常运行的电力系统受到微小扰动之后,自动恢复到原来运行状态的能力。微小扰动是指负荷的随机涨落、架空线路因风摆而引起线间距离的变化(线路参数会发生变化)以及发电机所受的机械扰动等。

从整个系统而言,要保证系统的静态稳定,应从整个系统的布局、用电负荷中心、线路的送电距离等方面统筹安排,精心计算,正确安排运行方式,防止系统的稳定受到严重破坏。

在电网侧提高系统静态稳定的主要措施有:

(1) 提高系统电压。

(2) 减小系统电抗。例如,采用分列导线、串联电容或加装中间补偿设备。

(3) 改善系统结构,加强系统间联系。

2. 电力系统的暂态稳定

电力系统的暂态稳定是指当电力系统和发电机在正常运行时受到较大干扰,使电力系统功率发生相当大的波动时,系统能保持同步运行的能力。使电力系统功率发生较大波动的因素主要有:负荷的突然变化,如切除或投入大容量的用电设备;切除或投入电力系统的某些元件,如发电机组、变压器、输电线路等;电力系统内发生短路故障。以上因素中,短路故障是最危险的。另外,在暂态过程中,无功不足可能会使电压严重降低而造成系统电压崩溃。

在电网侧提高系统暂态稳定的主要措施有:

(1) 快速切除短路故障。快速切除短路故障,在提高暂态稳定性方面起着重要的、决定性的作用。

(2) 采用自动重合闸装置。电力系统内的故障,特别是超高压输电线路的故障,大多数为瞬时性的,采用自动重合闸装置对提高系统的暂态稳定性有着十分重要的作用。

(3) 变压器中性点经小电阻接地。在系统发生接地故障时,短路电流的零序分量将流过变压器的中性点,它在所接的电阻上产生有功功率损耗,当故障发生在送电端时,这一损耗主要由送电端发电厂供给,能使发电机受到的加速作用减缓,即这些电阻上功率损耗起到了制动作用,提高了系统的暂态稳定性。但是,当接地故障发生在靠近受电端时,受电端变压器中性点所接小电阻中消耗的有功功率主要是由受电端系统供给的,如果受电端系统容量不够大,将使受电端发电机加剧减速,因此,这一电阻不仅不能提高系统的暂态稳定性,反而会使系统的暂态稳定性恶化。所以针对这一情况,受电端变压器中性点一般不接小电阻,而是接小电抗。

变压器中性点接小电抗的作用原理与接小电阻不同,它只是起限制接地短路电流的作用，或者说，它增大了接地短路时功能特性曲线的幅值，从而减小发电机的输入功率与输出功率之间的差额，提高了系统的暂态稳定性。

变压器中性点所接的用以提高系统暂态稳定性的小电阻或小电抗一般为百分之几到百分之十几（以变压器额定值为基础的百分值）。

（4）采用低频减负荷装置。当系统频率下降到某一定值而不能满足系统稳定运行要求时，低频减负荷装置按事先编写的程序逐级自动切除部分负荷。系统内装设低频减负荷装置，能阻止系统频率继续下降，对于系统的频率稳定起到了良好的作用。但是，低频减负荷装置按频率减负荷势必将降低一部分用户的供电可靠性，所以它是“牺牲局部、保存全局”的应急措施，是保护电网安全运行的最后一道防线。

第二节　电路基本概念

一、电路的组成

由电源、负载、连接导线和开关组成的电流通路叫电路。简单地说，电路就是电流通过的路径。

1. 电源

电源是产生电能的设备，它的作用是将其他形式的能量（如化学能、热能、机械能、原子能等）转变成电能，并向用电设备供给电能。干电池、蓄电池、发电机都是电源。干电池、蓄电池把化学能转换为电能。在发电厂则可把机械能、热能或原子能转换成电能。电源一般有交流电源和直流电源之分。把含有交流电源的电路叫作交流电路，把含有直流电源的电路叫作直流电路。

2. 负载

负载是用电设备，它的作用是将电能转换成其他形式的能量而为人们做功，如灯泡、电动机等。

3. 连接导线

导线是用来连接电路的，它把电源和负载连成一个闭合的回路，起着传输和分配电能的作用。

4. 开关

开关是用于接通和断开电路的设备。

二、电路的基本物理量

1. 电流

电流是导体中的电荷有规则地定向运动而形成的。在金属导体中，自由电子定向移动，电解液中的正负离子在电场的作用下向相反的方向移动形成电流。

金属导体内部的自由电子平时均处于无规则的运动状态，因此，流过导体任一横截面的平均电荷量为零。当这些电子在电场力的作用下有规则地定向移动时，在导体的任一横截面便有一定数量的电荷流过，这样在金属导体内部就形成了电流。电流的方向规定为电子流动的反方向，即正电荷移动的方向。

2. 电位、电压、电动势

(1) 电位

在电路的分析计算中，特别是在电子线路中，经常会用到电位的概念。物体处在不同的高度，具有不同的位能，相对高度越高，位能就越大。水从高水位流向低水位，水位高的地方位能高，水位低的地方位能低。电也是如此，电荷在电路中各点所具有的能量也是不等的，我们把单位正电荷在某点具有的能量叫作该点的电位。

在一个电路中，要确定某一点的电位，必须选取一个参考点，其他各点电位都是相对于参考点电位来说的。我们通常以大地作为参考点，电子线路中一般以金属板为参考点，把参考点定为零电位。如果在电路中还有其他点接地，那么该接地点电位就是零电位。在生产上任何电气设备正常工作时，不应该带电的金属部分都要可靠地接地，使这些金属部分的电位与大地电位均为零，以保证人身安全。

(2) 电压

电路中任意两点间的电位差叫作电压，常用字母 U 表示。电压的实际方向是从高电位指向低电位。电压的单位和电位的单位相同。

(3) 电动势

正电荷在电场作用下从高电位流向低电位。这样电源的正极会因正电荷的减少而使电位降低，负极因正电荷增多而使电位升高，其结果使两极电位差逐渐减小到零。为了维持电流持续地在导体内流通，并保持端电压恒定，电源必须产生一种力，我们把电源的这种力称为电源力。用电动势这个物理量来衡量电源力。将电动势的实际方向规定为由低电位端指向高电位端，与电源两端电压方向相反。电动势的单位和电压的单位相同。

三、电阻

1. 导体与电阻

导体是容易传导电流的物体。导体分两大类：① 金属及炭；② 酸、碱、盐的电解质水溶液。

导体容易传导电流，是因为导体内存在大量的自由电子或离子，所以在其两端加上电压后，导体中的自由电子或离子便在电场力的作用下定向移动而形成电流。

电子和离子在导体内做定向移动时，并不是畅通无阻的。例如，金属导体中的自由电子在运动中要与金属正离子碰撞，使自由电子在运动中受到一定阻碍，表示这种阻碍作用的物理量叫作电阻，用字母 R 表示。电阻的单位为欧姆，简称欧，用字母 Ω 表示。

导体的电阻大小与它本身的物理条件有关。在温度不变时，导体的电阻与它的长度成正比，与它的横截面积成反比，这就是电阻定律。该定律可表示成：

$$R=\rho\frac{L}{S}$$

式中 R——导体的电阻，Ω；

L——导体的长度，m；

S——导体的横截面积，m^2；

ρ——导体材料在 20 ℃时的电阻系数，Ω · m(欧 · 米)。

导体的电阻系数也叫电阻率，它由导体的材料所决定，常用材料的电阻率可由表 1-1 查出。导体的电阻率在数值上等于长度为 1 m、横截面积为 1 m^2 的导体所具有的电阻值。它与导体的材料性质和温度有关，而与导体的尺寸无关，也就是说，在一定温度下对于同一种材料，其电阻率 ρ 是常数。

表 1-1　部分常用材料的电阻率及电阻温度系数

分类	材料名称	电阻率(20 ℃) $\rho/(\Omega \cdot m)$	电阻温度系数 $\alpha/(℃^{-1})$
导体	银	1.6×10^{-8}	3.6×10^{-3}
	铜	1.7×10^{-8}	4.1×10^{-3}
	铝	2.8×10^{-8}	4.2×10^{-3}
	钨	5.5×10^{-8}	4.4×10^{-3}
	镍	7.3×10^{-8}	6.2×10^{-3}
	铁	9.8×10^{-8}	6.2×10^{-3}
	锡	1.14×10^{-7}	4.4×10^{-3}
	铂	1.05×10^{-7}	4.0×10^{-3}
	锰铜(85%铜+3%镍+12%锰)	$(4.2\sim4.8)\times10^{-7}$	约 0.6×10^{-5}
	康铜(58.8%铜+40%镍+1.2%锰)	$(4.8\sim5.2)\times10^{-7}$	约 0.5×10^{-5}
	镍铬丝(67.5%镍+15%铬+16%碳+1.5%锰)	$(1.0\sim1.2)\times10^{-6}$	约 15×10^{-5}
	铁铬铝	$(1.3\sim1.4)\times10^{-6}$	约 5×10^{-5}

不同的物质有不同的电阻率，电阻率反映了各种材料的导电性能，电阻率越大，表示导电性能越差。通常将电阻率小于 10^{-6} Ω · m 的材料称为导体，如金属；将电阻率大于 10^{7} Ω · m 的材料称为绝缘体，如石英、塑料等；而将电阻率大于导体小于绝缘体的材料称为半导体，如锗、硅等。我们要求导线的电阻尽可能小，一般采用铜和铝。为了安全，电工用的绝缘材料电阻率一般在 10^{9} Ω · m 以上。像塑料、云母、玻璃、陶瓷、木材、纸和布等都是常用的绝缘材料。绝缘电阻是绝缘材料最基本的性能指标，足够的绝缘电阻限制电气设备的泄漏电流在很小的范围内，以保证电气设备正常工作。

实际应用中，电阻的单位还有千欧、兆欧，它们之间的换算关系如下：

$$1 \text{ 千欧}(k\Omega)=10^{3} \text{ 欧姆}(\Omega)$$

$$1 \text{ 兆欧}(M\Omega)=10^{6} \text{ 欧姆}(\Omega)$$

2. 电阻与温度的关系

温度对导体的电阻有影响。当导体温度升高时，分子、原子和电子的热运动加剧，使自由电子在运动过程中与原子、分子碰撞的机会增加，阻碍作用增加；而一般金属导体中，自由电子的数目几乎不随温度变化。所以导体温度升高时，电阻增大。

通过测量发现，白炽灯在白炽状态下电阻值和冷却后的电阻值相差很大。必须指出，不同材料因温度变化而引起的电阻变化是不同的，同一导体在不同的温度下有不同的电阻，也就有不同的电阻率。

电阻随温度变化这一特征可以通过电阻温度系数 α 表示，见表 1-1。导体温度每升高 1 ℃时，电阻所变动的数值与原来阻值之比，称为电阻温度系数。

如果温度为 t_1 时导体的电阻为 R_1，温度为 t_2 时导体的电阻为 R_2，则电阻的温度系数为：

$$\alpha = \frac{R_2 - R_1}{R_1(t_2 - t_1)}$$

即：

$$R_2 = R_1[1+\alpha(t_2-t_1)]$$

实践证明：各种金属材料温度升高时电阻将增大，但是锰铜等合金的电阻则大致不受温度的影响，相对比较稳定，所以一般用锰铜等合金制成标准电阻。在电工和无线电技术中，我们常看到各种不同的电阻元器件，如金属膜电阻、碳膜电阻、绕线电阻等，它们都是利用高电阻率材料经过一定工艺加工而成的。

四、欧姆定律

欧姆定律是表示电路中电流、电压（或电势）和电阻三者关系的基本定律。

1. 部分电路欧姆定律

通过导体的电流（I）与导体两端的电压（U）成正比，与导体的电阻（R）成反比。即：

$$I = \frac{U}{R}$$

当 R 为固定值时，电压增加，电流也按比例增加，即电流与电压成正比；当电压一定时，电阻增加，电流也按比例减小，即电流与电阻成反比。电流、电阻、电压之间的这种关系叫作部分电路欧姆定律。若已知两个物理量，则可求出另一个未知量。

【例 1-1】 在一个电路中，负载电阻为 22 Ω，两端电压为 220 V，求通过该负载电阻的电流。

解 已知 $U=220$ V，$R=22$ Ω，根据公式可得：

$$I = U/R = 220/22 = 10\ (\text{A})$$

2. 全电路欧姆定律

全电路欧姆定律表述为：闭合电路中的电流（I）与电源的电动势（E）成正比，与电路中负载电阻（R）及电源内阻（r）之和成反比，即 $I=E/(R+r)$。

【例 1-2】 在一个电路中，已知电源电动势为 24 V，电源内阻 r 为 0.4 Ω，负载电阻 R 为 11.6 Ω，试求电路中的电流 I 和负载端电压 U。

解

$$I=E/(R+r)=24/(0.4+11.6)=2\ (\text{A})$$

$$U=IR=2\times 11.6=23.2\ (\text{V})$$

五、电功、电功率及电流的热效应

1. 电功

电流做功的过程实际上是将电能转化为其他形式能量的过程。例如，电流通过电炉是将电能转换为热能，电流通过电动机是将电能转换为机械能。这些都说明了电流确实做了功。

设导体两端的电压为 U，通过导体横截面的电荷量为 q，电场力做功常说成电流做功，用 W 表示。则有如下关系式：

$$W=qU,\quad q=It$$

$$W=UIt,\quad U=IR$$

$$W=I^2Rt=\frac{U^2}{R}t$$

式中　W——电功，J；

U——电阻两端电压，V；

I——通过电阻电流，A；

R——电阻，Ω；

t——时间，s。

电流在 1 s 内做 1 J 的功叫作 1 W。实际应用常以千瓦时(kW·h)，俗称“度”作为电能单位。它们之间的换算关系如下：

$$1\text{ 度}=1\text{ kW}\cdot\text{h}=3.6\times10^6\text{ J}$$

2. 电功率

电功率就是电流在单位时间内所做的功，即在一段时间内，电路产生或消耗的电能与时间的比值叫作电功率。常用 P 表示电功率。

$$P=\frac{W}{t}=UI=\frac{U^2}{R}$$

电功率的单位为瓦特，简称瓦。上式中，P、U、I 的单位分别为瓦(W)、伏(V)、安(A)。从中可看出：一段电路上的电功率，与这段电路两端电压和电路中的电流成正比。

【例 1-3】 有一 220 V、40 W 的白炽灯接在 220 V 的供电线上，其电流为多少？平均每天使用 2.5 h，电价为每度电 0.42 元，求一个月(以 30 天计算)应付的电费。

解　由 $P=UI$ 得：

$$I=P/U=40/220\approx0.18\text{ (A)}$$

每月用电时间：　$2.5\times30=75\text{ (h)}$

每月消耗电能：　$W=Pt=0.04\times75=3\text{ (kW}\cdot\text{h)}$

每月应付电费：　$0.42\times3=1.26$ (元)

电器通常都标明电功率和电压，叫作电器的额定功率和额定电压。如果给电器加上额定电压，它的功率就是额定功率，这时电器才能正常工作。我们通常非常注意电器的额定电压，使用电压超过电器的额定电压时，电器可能烧坏；小于电器的额定电压时，电器不能正常工作。

3. 电流的热效应

电流通过导体使导体发热的现象叫作电流的热效应。英国的物理学家焦耳通过实验研究了电流的热效应，称为焦耳-楞次定律：电流通过导体产生的热量，与电流强度的平方、导体的电阻和通电时间成正比。即：

$$Q=I^2Rt$$

式中　I——通过电阻的电流，A；

R——导体的电阻，Ω；

t——通电时间，s；

Q——导体产生的热量，J。

各种电热器，如电炉、电烙铁和电烘箱等，都是用电流的热效应原理制成的。但电流的热效应也有不利的一面，因为各种电气设备都有电阻，使用时，电气设备温度会升高，若温度超过规定值，则会加速绝缘材料的老化变质而引起漏电和短路，甚至会烧坏设备。

一般电气设备上都规定了额定电压、额定电流和额定功率。这些额定值就是电气设备允许施加的最大电压、最大电流和消耗的最大功率。如果电气设备的电压、电流比额定值小得太多，就不能充分利用电气设备的工作能力。例如，220 V 的白炽灯接在 110 V 电源上就很暗。根据电阻、电流、电压和功率之间的一定数量关系，只要给定两个量，就可求出其他量。所以，电器上不必把各种数值都标出。例如电阻器，除标有电阻值外，再标出额定功率即可。

各种电器使用的导线也要根据情况选择它的粗细。电流通过导线也要产生热，电流过大会损坏绝缘或熔断导线，因此导线也要有额定电流，导线越粗，允许通过的电流越大。表 1-2 给出了铜线和铝线的额定电流。

表 1-2　两种导线的额定电流

横截面积/mm^2	铜线/A	铝线/A
1.0	11	8
1.5	14	11
2.5	20	16
4.5	25	20

利用电流的热效应可制成熔断器，作为电气设备的保护装置。熔断器用低熔点的材料制成，电流一旦过大，它能自动切断电路，使电气设备得到保护。最简单的熔断器是保险丝或金属片，当电路短路或其他原因使电流增大到超过允许值时，保险丝本身产生热量熔断自己，电路即被断开，保护电气设备不被损坏。

六、接地和接零

1. 工作接地

电力系统由于运行和安全的需要，常将中性点接地(图 1-1)，这种接地方式称为工作接地。

接地是将电气设备或过电压保护装置用导线(又叫接地线)与接地体连接。接地体是指直接与大地接触的金属导体或金属导体组。接地线是电气设备接地部分与接地体连接用的导线。接地装置是接地线和接地体的总称。

工作接地有下列目的：

(1) 降低接触电压。在中性点不接地的系统中，当一根火线接地时，人体触及另外两根火线之一时，触电电压将是线电压，即为相电压的$\sqrt{3}$倍。而在中性点接地系统中，在上述情况下，触电电压就降低为等于或接近相电压。

(2) 快速切断故障设备。在中性点不接地系统中，当一根火线接地时，接地电流很小(因为导线和地面间存在分布电容和绝缘电阻，也可构成电流通路)，不足以使保护装置动作而切断电源，接地故障不易被发现，若长时间持续下去，对人身不安全。如果中性点接地，一根火线接地后，接地电流较大，保护装置迅速动作，可以快速断开故障点。

(3) 降低电气设备对地的绝缘水平。在中性点不接地系统中，一根火线接地，其他两根火线对地电压升至线电压。而在中性点接地的系统中，一相接地时，其他两相对地电压接近相电压，故可降低电气设备和输电线的绝缘水平，节省投资。

2. 保护接地

将电气设备上与带电部分绝缘的金属外壳同接地体相连接，这样可以防止人员因绝缘损坏而遭受触电的危险，这种保护工作人员的接地措施称为保护接地，如图 1-2 所示。

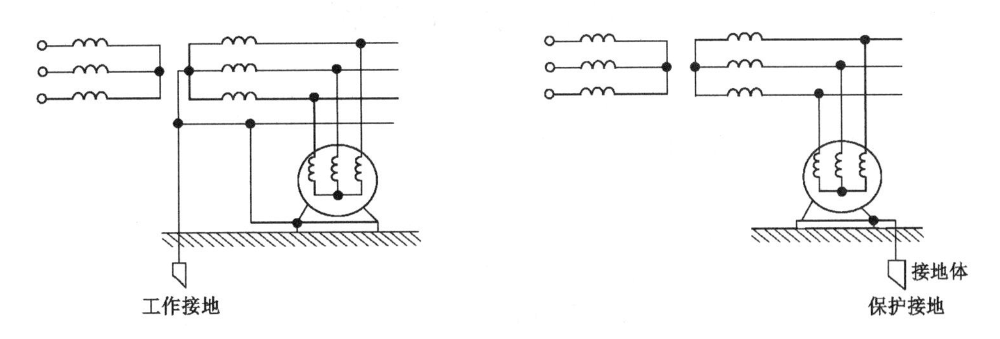

图 1-1　工作接地　　　　图 1-2　保护接地

采用保护接地的电气设备，一旦因绝缘损坏或感应而带电，则电流可以经过接地线、接地体而流到大地中去，不致使接地的电气设备产生危险电压，从而保护人身的安全。

在中性点接地系统中不能采用保护接地。如采用保护接地，则保护作用很不完善，如图 1-3 所示。接地装置的接地电阻一般应小于 4 Ω，而电源的相电压为 220 V，设备绝缘损坏发生碰壳短路时，接地装置有电流流过，这个电流数值为：

$$I=\frac{220}{4+4}=27.5\ (\mathrm{A})$$

这个电流不一定能将保险丝烧断，因而电动机外壳长期存在着一个对地电压，如保护接地的接地电阻为 R_0，则：

$$U=\frac{I}{R_0}=27.5\times 4=110\ (\mathrm{V})$$

此时如果工作人员触及机壳，就会发生危险，最好的办法是用保护接零代替保护接地。

3. 保护接零

保护接零是将电气设备上与带电部分绝缘的金属外壳与零线相接，如图 1-4 所示。实现这种连接后，当发生某一相绝缘损坏而与外壳相接时，就形成单相短路，迅速将这一相中的熔丝熔断，因而外壳便不再带电。保护接零适用于中性点接地的低压系统中。

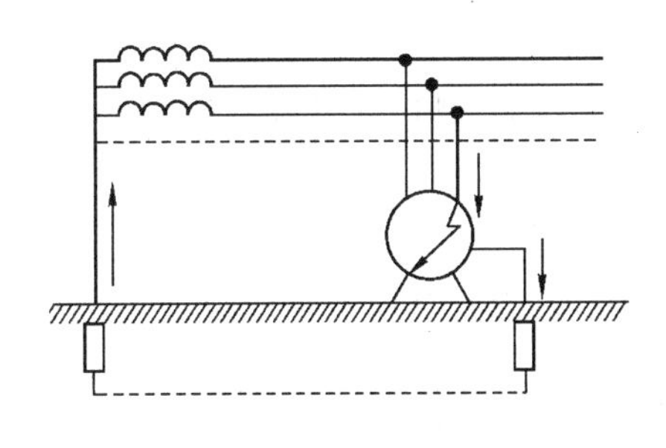

图 1-3　中性点接地与保护接地并用

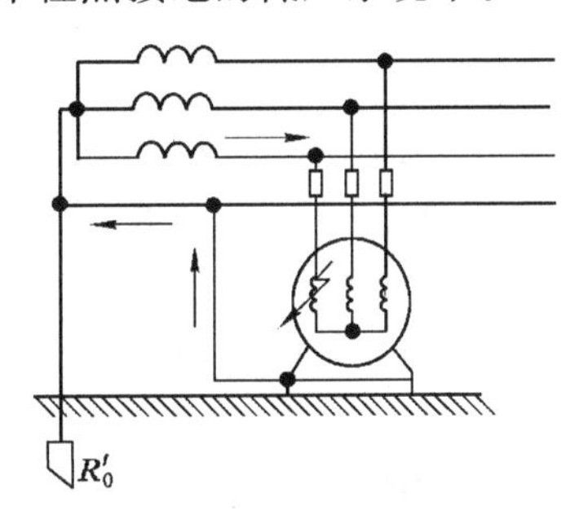

图 1-4　保护接零

在中性点未接地系统中，采用接零保护是绝对不允许的。因为系统中的任何一点接地或碰壳时，都会使所有接在零线上的电气设备金属外壳上呈现出近于相电压的对地电压，这对人身是十分危险的。

第三节 直流电路

直流电，是指方向和时间不做周期性变化的电流，又称恒定电流。直流电所通过的电路称直流电路，是由直流电源和电阻构成的闭合导电回路。

直流电路主要由以下三个部分组成：

(1) 电源：是电路中输出电能必不可少的装置，没有它电路将无法工作，通常有干电池、太阳能电池、发电机等，在工作时它们分别能将化学能、光能、机械能等能量转换成电能。

(2) 负载：也是电路中必不可少的基本组成部分，通常称为用电设备，如电灯、电动机、电水壶等，它们能将电能转换成光能、机械能、热能等。

(3) 连接导线：用来传输和分配电能，没有它就无法构成电路。

开关也属于导线的一部分。以上便是直流电的最基本电路组成。在实际运用的线路中常常还有很多附属设备，如各类控制（如通过可变电阻控制耳机音量大小）、保护（如短路自动跳闸）、测量（如电流表）等设备。

一、电阻的串联电路

各种元件都可以进行串联和并联。如果把电路中的电阻一个个成串地连接起来，中间无分岔支路，使电流只有一条通路，这样的连接法就称为电阻的串联。图 1-5 所示为 R_1 和 R_2 两个电阻串联的电路。图 1-5 中的串联电路接通后，在电源 U 的作用下将产生电流 I。在电路中，导线、R_1 和 R_2 流过的电流都是同一电流 I，我们常根据这一特征来分析电阻是不是串联。

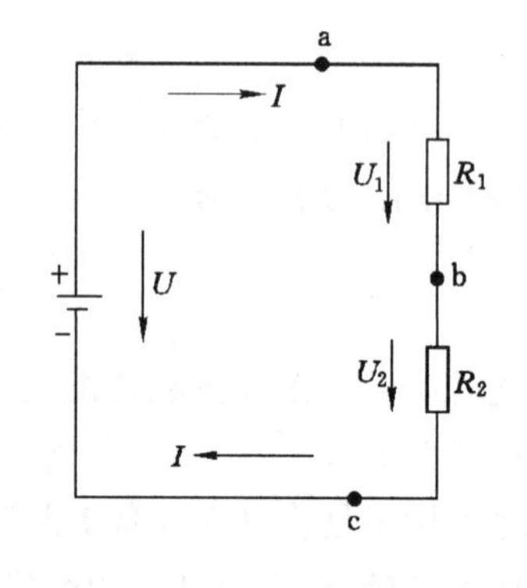

图 1-5 串联电路

串联电路具有以下特点：

(1) 电路接通后，由电流的持续性原理可知，在电路中任何地方电荷都不会聚集，所以各串联电阻中流过的电流是相同的。串联电路中各处的电流强度相等，即：

$$I = I_1 = I_2$$

要证实上面的结论，可在电路中任意找几点串联电流表，测得的电流值是一样的。

(2) 电流通过电阻 R_1 和 R_2 要产生电压降，其中：

分电压： $U_1 = U_{ab} = V_a - V_b$， $U_2 = U_{bc} = V_b - V_c$

总电压： $U = U_{ac} = V_a - V_c$， $U = V_a - V_b + V_b - V_c = U_{ab} + U_{bc}$

所以： $U = U_1 + U_2$

以上各式说明，串联电路的总电压等于各电阻分电压之和。

(3) 对于电阻串联的总电阻（等值电阻或等效电阻），根据欧姆定律：

总电压：　　　　　　　$U=IR$　（R 为总电阻）

分电压：　　　　　　　$U_1=IR_1$，　$U_2=IR_2$

$$U=U_1+U_2$$

$$IR=IR_1+IR_2$$

总电阻：　　　　　　　$R=R_1+R_2$

以上各式说明，串联电路中几个电阻的等效电阻等于各电阻之和。

如果电路中有 n 个相同的电阻 R_0 串联，则等效电阻 $R=nR_0$。

串联电阻使总电阻增大，在电源电压不变的情况下，串联电阻使总电流下降，可起到限流的作用。

当大型电动机启动时，为了防止启动电流过大，常在启动回路中串入一个启动电阻，以减小启动电流。

(4) 各电阻上分电压与其电阻成正比，即电阻大分得的电压也大。

$$I=\frac{U}{R}=\frac{U}{R_1+R_2},\quad U_1=IR_1$$

$$U_1=U\frac{R_1}{R_1+R_2}$$

$$U_2=U\frac{R_2}{R_1+R_2}$$

$U_1=U\dfrac{R_1}{R_1+R_2}$叫作分压公式，其中$\dfrac{R_1}{R_1+R_2}$叫作分压比，它决定了 R_1 分得的电压占总电压的比例。

在很多电子仪器中，由于输入电压太高，常常采用电阻分压器来分出部分电压供给后面的负载。图 1-6 所示分压器由两个电阻 R_1 和 R_2 串联构成，从 R_1 上得到所需电压供给后面负载。

二、电阻的并联电路

在电路中，若几个电阻分别连接在两个点之间并承受同一电压，这种连接方法叫电阻并联，如图 1-7 所示。电路中的每一个分支称为支路。一条支路流过一个电流，称为支路电流。电路中三条或三条以上支路的汇合点称为节点。图 1-7 中有三条支路，支路电流有 I_1、I_2、I_3 三个，节点有 a 和 b 两个。

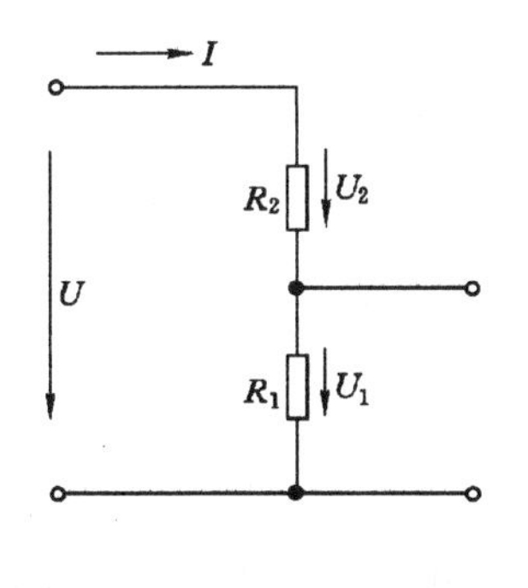

图 1-6　分压器

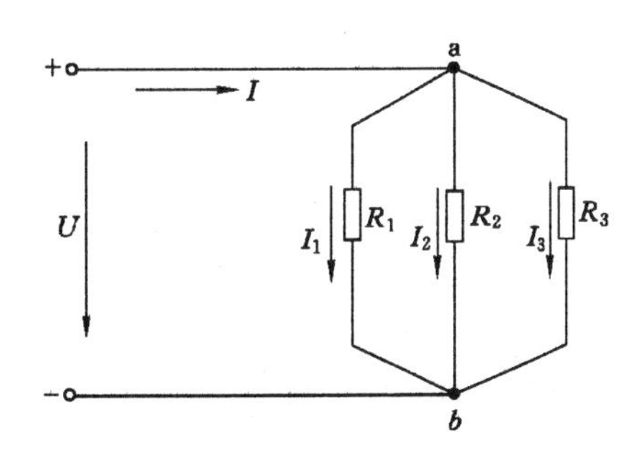

图 1-7　并联电路

并联电路具有以下特点：

(1) 各并联支路都是并联在 a、b 两点之间的，因此各支路电压都是同一电压，即等于总电压，如 R_1 两端电压为 U_1，R_2 两端电压为 U_2，R_3 两端电压为 U_3，则：

$$U=U_1=U_2=U_3$$

(2) 根据能量守恒定律，整个电路上消耗的总功率等于各支路上消耗的功率之和，即：

$$P=P_1+P_2+P_3$$

(3) 并联电路的总电流等于各支路电流之和。由上式得：

$$P=P_1+P_2+P_3=I_1U+I_2U+I_3U$$

$$P=UI$$

所以：

$$UI=UI_1+UI_2+UI_3$$

$$I=I_1+I_2+I_3$$

(4) 对于电阻并联的总电阻(等效电阻)，上式可改写为：

$$\frac{U}{R}=\frac{U}{R_1}+\frac{U}{R_2}+\frac{U}{R_3}$$

则有：

$$\frac{1}{R}=\frac{1}{R_1}+\frac{1}{R_2}+\frac{1}{R_3}$$

可得出电阻并联电路的总电阻的倒数等于各支路电阻的倒数之和。

如果并联支路就是两个电阻并联，其总电阻为$\frac{1}{R}=\frac{1}{R_1}+\frac{1}{R_2}$，则 $R=\frac{R_1R_2}{R_1+R_2}$。即两个并联电阻的等效电阻等于两个电阻的乘积除以这两个电阻之和，叫作以积除和。若 n 个相同电阻 R_0 并联，则总电阻 $R=\frac{R_0}{n}$。

(5) 并联电路中各支路电流分配与其电阻成反比。若电路由两个电阻并联，根据欧姆定律可得：

$$U=IR=I_1R_1=I_2R_2$$

$$\frac{I_1}{I_2}=\frac{R_2}{R_1}$$

$$\frac{I_1}{I}=\frac{R}{R_2},\quad \frac{I_2}{I}=\frac{R}{R_2}$$

将 $R=\frac{R_1R_2}{R_1+R_2}$代入以上公式，可得分流公式为：

$$I_1=I\frac{R_2}{R_1+R_2},\quad I_2=I\frac{R_1}{R_1+R_2}$$

由以上各式可见，并联电阻上电流的分配与电阻成反比。其中某个电阻比其他电阻大很多时，通过它的电流较其他电阻小得多。常在分析电路时把这个电阻的分流作用忽略不计。

三、电阻的混联电路

在一个电路中既有电阻串联又有电阻并联的电路叫作电阻的混联电路。电阻混联电路在实际电路中经常遇到，形式多种多样，因此必须掌握混联电路的分析方法。

分析电路时可采用下面的方法。

1. 化简电路

所谓化简电路，就是利用电路中各等电位点分析电路，画出等效电路图或者分别求出串联和并联电阻，就得到电阻混联电路的等效电路。

(1) 利用电路中各等电位点分析电路。

在给定的电路图中选出若干个点，如图 1-8(a)中 c、d、e、f 四点。c 点和 d 点等电位，$U_{ce}=U_{de}$，电压相同，R_1 和 R_2 并联，$U_{cf}=U_{df}$，所以 R_1 和 R_2 并联后，再串联 R_3，与 R_4 并联，画出等效电路如图 1-8 (b)所示。

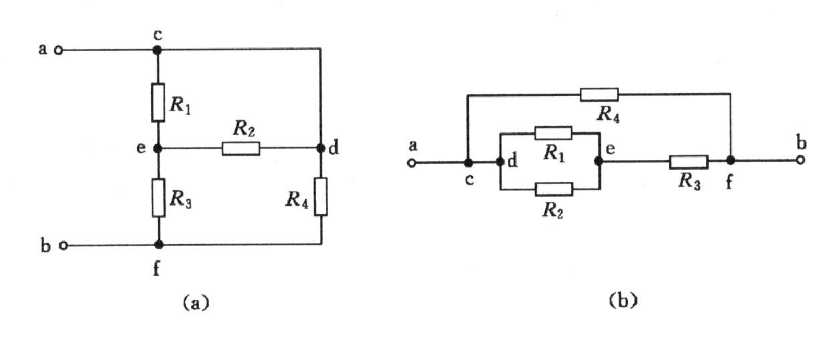

图 1-8 给定电路的化简

(2) 把电阻的混联分解为若干个串并联的等效电阻，用等效电阻取代电路中的串并联电阻，就可得到混联电路的等效电路。

下面以图 1-9(a)所示混联电路为例来进行电路简化。

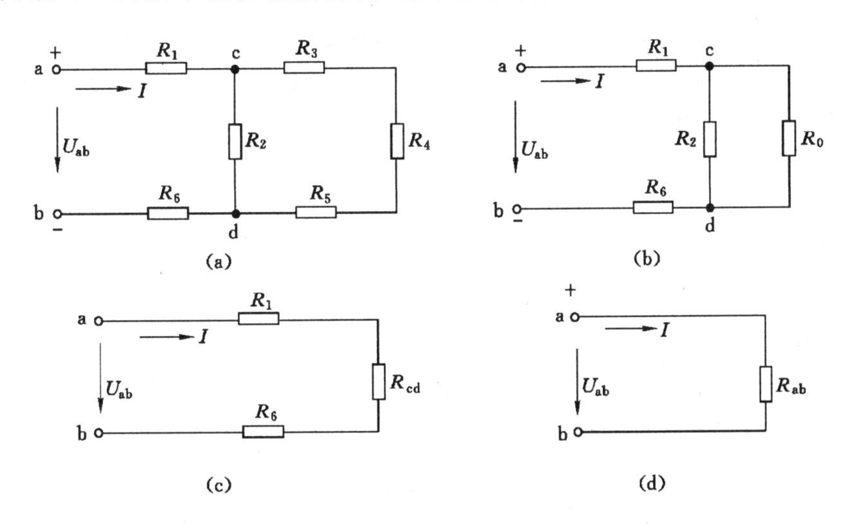

图 1-9 电阻混联及等效电路

在图 1-9(a)所示混联电路中，节点 c 和节点 d 之间的右支路是 R_3、R_4、R_5 串联，可用一个等效电阻 R_0 代替。画出图 1-9(b)所示的等效电路，其中 $R_0=R_3+R_4+R_5$。在图 1-9(b) 中，R_2 和 R_0 接在相同两点上，因此 R_2 和 R_0 是并联，可用一个电阻 R_{cd}代替，由此可画出图 1-9(c)。在图 1-9(c)中，$R_{cd}=\dfrac{R_2R_0}{R_2+R_0}$，$R_1$、$R_{cd}$ 和 R_6 串联，可用 R_{ab}代替，由此

可画出图 1-9(d),其中 $R_{ab}=R_1+R_{cd}+R_6$。

这样,一个复杂的电阻混联电路图 1-9(a)就可以用图 1-9(d)来代替,使电路计算简化了。

2. 计算电路中的总电流

利用已化简的电路图 1-9(d),由欧姆定律很容易求出总电流 I:

$$I=\frac{U_{ab}}{R_{ab}}$$

3. 其他计算

各支路电流和电阻两端电压及整个电路的其他参数都可以用等效电路计算。

四、电池的连接

任何一个电池都有一定的电动势和最大允许通过的电流。用电器都有额定电压,当额定电压给定之后可计算出用电器的额定电流。当用电器的额定电压低于单个电池的电动势、额定电流也小于电池最大允许通过电流时,单个电池可以给这个用电器供电。但是,经常是用电器的额定电压和额定电流都高于单个电池的电动势和最大允许通过电流,那么就必须把几个电池连成电池组后,提高电动势,增大最大允许通过电流。例如,手电筒是用相同的电池串联供电,还有汽车发动机启动和照明的电源、晶体管收音机的电源都是电池组供电。电池组一般都是用相同的电池连接组成。

1. 电池的串联

把第一个电池的负极和第二个电池的正极相连接,再把第二个电池的负极和第三个电池的正极相连接,这样电池依次连接起来就组成了串联电池组,如图 1-10 所示。第一个电池的正极是整个电池组的正极,最后一个电池的负极是整个电池组的负极。第一个电池的负极和第二个电池的正极接在一点上,电位是相等的。同理,第二个电池的负极和第三个电池的正极接在一点上,电位也是相等的。

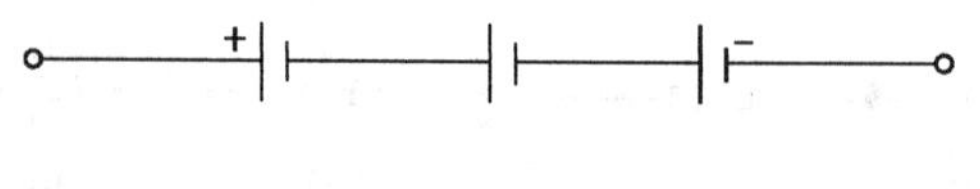

图 1-10　电池的串联

设串联电池组由 n 个电动势为 E、内阻为 r 的相同电池组成电池组。串联电池组的正极电位要比串联电池组的负极电位高出 nE,n 为串联电池组的电池数,所以串联电池组总电动势等于各个电池电动势之和,即:

$$E_{串}=nE$$

由于电池是串联的,电池的内电阻也是串联的,所以串联电池组的内电阻为:

$$R_{串}=nr$$

串联电池组的内阻等于各个电池内阻之和。

利用串联电池组可以给用电器提供较高的电动势,但是用电器的额定电流必须小于单个电池允许通过的最大电流。

2. 电池的并联

当用电器的额定电流高于单个电池最大允许电流时,就必须采用并联电池组供电。

把电动势相同的电池正极和正极相接，负极和负极相接，就组成了并联电池组，如图 1-11 所示。连在一起的正极是并联电池组的正极，连在一起的负极是电池组的负极。

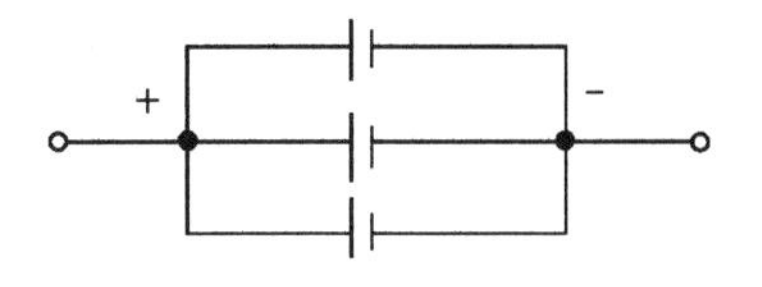

图 1-11　电池的并联

假设并联电池组由 n 个相同的电池组成。每个电池的电动势为 E，内阻为 r。每个电池的正极连在一起，电位相等。每个电池的负极连在一起，电位也是相等的。所以电池组电动势就是每个电池的电动势。由于电池是并联的，电池的内电阻也是并联的，所以并联电池组的内阻就是每个电池内电阻的 $1/n$，即：

$$r_{并} = r/n$$

并联电池组的电动势和单个电池的电动势相等，但是每个电池通过的电流是全部电流的一部分。因此，并联电池组适用于额定电压小于单个电池电动势而额定电流较大的用电器。

第四节　电　与　磁

一、磁场的概念

1. 磁的基本现象

人们把具有吸引铁、镍、钴等物质的性质称为磁性。具有磁性的物体叫磁体。使原来不带磁性的物体具有磁性叫磁化。含有天然磁铁矿的矿石具有磁性，我们叫它天然磁铁。现在使用的磁铁大多数是用人工方法制成的，称为人造磁铁。常见的人造磁铁有条形、马蹄形和针形等几种，如图 1-12 所示。

用一根条形磁铁去吸引铁屑，可以发现两端吸引的铁屑最多，中间吸引的最少，因此我们说条形磁铁两端的极性比中间强，我们把磁性最强的两端叫作磁极。任何磁铁都存在磁极，即磁南极（用 S 极表示）和磁北极（用 N 极表示）。

与电荷间的相互作用力相似，磁极间具有同名极相斥、异名极相吸的性质，磁极间的相互作用力叫作磁力。

指南针自动地指示南北，说明地球也是一个巨大的磁体，地球的磁 N 极在地理的南极附近，所以它将吸引着指南针的 S 极指向南方。地球的磁 S 极在地理的北极附近，它将吸引着指南针的 N 极指向北方，如图 1-13 所示。

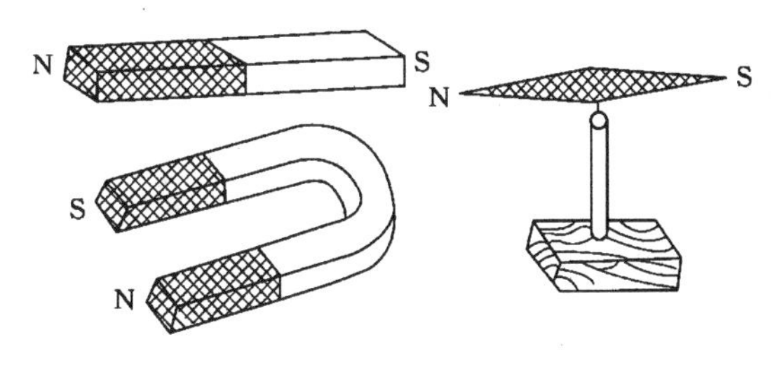

图 1-12　磁铁

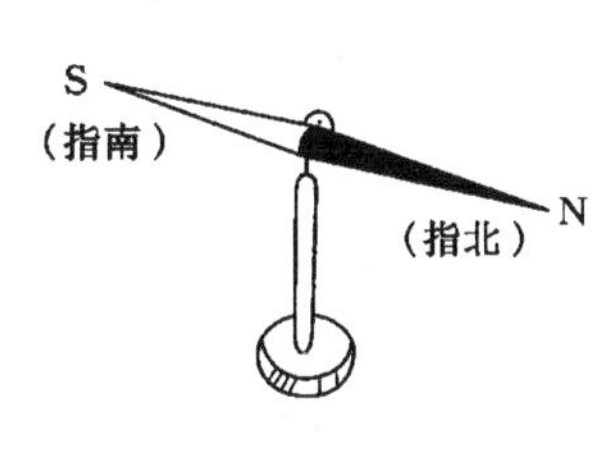

图 1-13　指南针

综上所述，磁铁能吸引铁、钴、镍等部分金属，两个磁极之间的相互排斥和吸引、指南针自动地指示南北，都说明磁铁之间有相互作用力，这种作用力叫磁力。

2. *磁场与磁力线*

(1) 磁场的概念

用磁铁去吸引铁粉时，发现铁粉距磁极越近越容易被吸住，越远越不容易被吸住。当铁粉距磁极的距离超过一定范围时，磁极对铁粉就不再发生作用了。也就是说，磁铁的磁力只能作用到它周围一定的空间范围。通常把磁力所能作用到的空间范围叫作磁场。互不接触的磁体之间具有相互作用力就是通过磁场这一特殊物质传递的。磁场和电场都是一种特殊物质，它们不是由分子和原子等粒子所组成。

如果我们把一个磁针放在通有电流的导体旁边时，如图 1-14 所示，磁针同样会受到力的作用而发生偏转。这说明通电导体也存在磁场。载流导体对磁针的作用就是电流产生磁场对磁针的作用。实际上永久磁铁的磁场也是由其内部分子电流产生的，而这种分子电流是由分子中的电子在环绕原子核的轨道上运动而形成的。电流和磁场是永远不可分割的，只要有电流存在，它的周围就有磁场。有磁场存在，就必定有产生磁场的电流，所以磁场和电流是同一存在的两个方面。

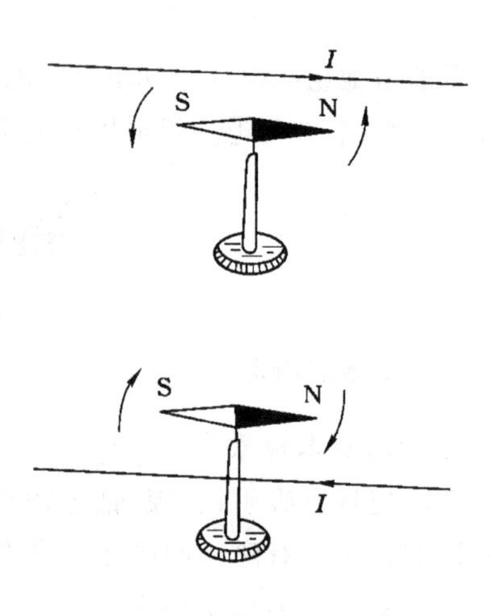

图 1-14　电流使指针偏转

(2) 磁场和磁力线

为了形象地表示磁场的存在，可以做这样的实验。把一块条形磁铁放在均匀撒有铁粉的纸板或玻璃板下面，轻轻地抖动纸板或玻璃板，这些铁粉在磁场的作用下，就会排成有规则的线条，如图 1-15 所示。同时可以看出，离磁铁较远的铁粉就没有整齐地排列成线条。这些线条就反映了磁力作用的方向，也反映了磁力的大小，习惯上把这些规则的线条叫作磁力线。我们规定，磁力线在磁体外部从 N 极出发到 S 极，在磁体内部磁力线是从 S 极到 N 极，这样内外形成一条闭合曲线，如图 1-16 所示。在曲线上用任何一点的切线方向来表示磁场方向，我们也可以用磁力线的多少和疏密程度来描述磁场的强弱。

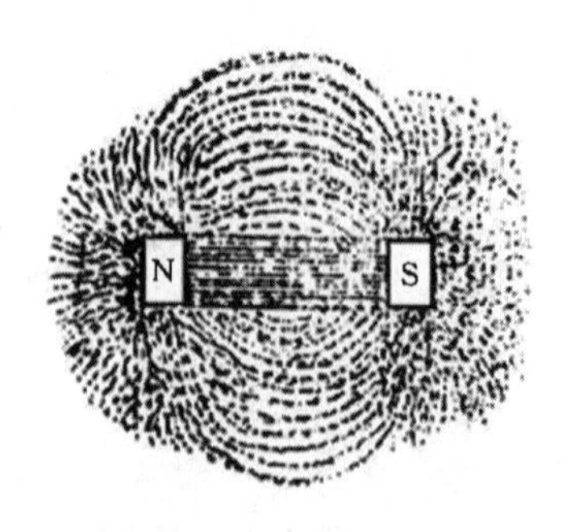

图 1-15　磁铁的磁力线

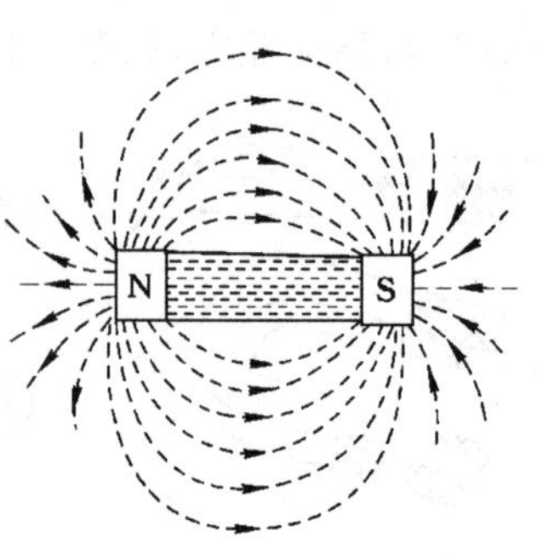

图 1-16　磁力线是闭合曲线

3. 电流的磁场

如图 1-17 所示，如果改变电流方向，磁针的偏转方向也会改变。这说明通电导线周围会产生磁场，而磁场的方向和电流方向有关。这里我们规定，磁针在磁场中的某一点，其 N 极所指的方向即为该点磁场的方向。

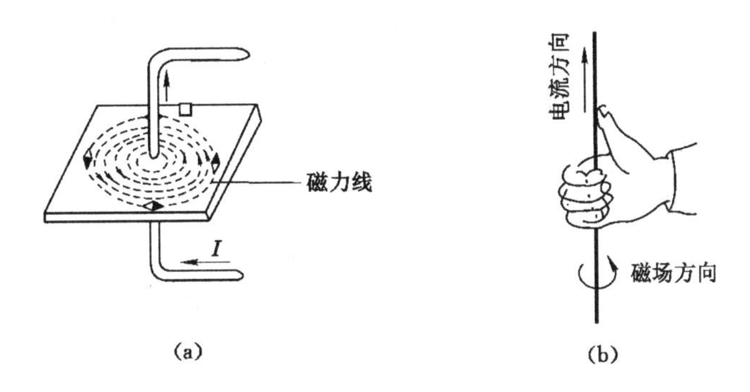

图 1-17 通电直导体的磁力线和安培定则

图 1-17(a)所示为直流电流的磁场。磁力线是一些以导线上各点为圆心的同心圆，这些同心圆都在与导线垂直的平面上。直流电流方向和它的磁力线方向之间的关系可用安培定则(也叫右手螺旋定则)来判定：用右手握住导线，让伸直的大拇指所指的方向和电流方向一致，那么弯曲的四指所指的方向就是磁力线的环绕方向，如图 1-17(b)所示。

通电线圈的磁场如图 1-18(a)所示，把直导体绕成线圈，通电后将产生磁场，表现出的磁性很像一根条形磁铁，一端是 N 极，另一端是 S 极。线圈外部的磁力线和条形磁铁的外部磁力线相似，也是从 N 极出来进入 S 极的。通电线圈内部的磁力线跟线圈的轴线平行，方向由 S 极指向 N 极，并和外部的磁力线连接在一起形成一条闭合的曲线。通电线圈的电流方向跟它的磁力线方向之间的关系也可用安培定则来判定：用右手握住线圈，让弯曲的四指所指的方向跟电流方向一致，那么大拇指所指的方向就是线圈内部磁力线的方向。也就是说，大拇指指向通电线圈的 N 极，如图 1-18(b)所示。

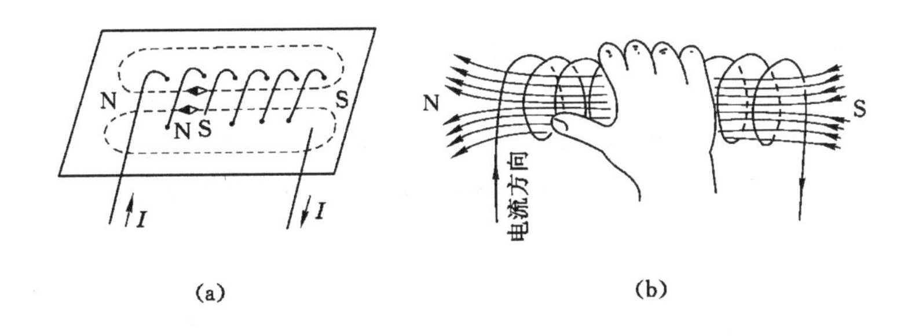

图 1-18 通电线圈的磁力线和安培定则

二、电磁感应

1. 电磁感应的条件

法拉第早在 1831 年就发现了磁能可以转换为电能，即“磁生电”的重要事实及其规律——电磁感应定律。

在图1-19中，将一根直导体AB放在均匀磁场中，并让导体和一个检流计接成闭合回路。当导体垂直于磁力线做切割运动时，我们看到检流计指针发生偏转。这说明了导体AB产生了电动势，在闭合回路中引起了电流。如果让AB不动或平行于磁力线方向移动时，则检流计都不会发生偏转，这说明导体AB的电动势为零。因此，我们得出了结论：只要导体和磁场发生了相对运动，导体切割了磁力线，在导体中就能产生电动势。变化的磁场能够在导体中产生电动势的现象，叫作电磁感应。电磁感应产生的电动势叫感应电动势，由感应电动势引起的电流叫感应电流。

在图1-20中，在线圈两端接上灵敏检流计G，当把条形磁铁插入线圈时，使线圈的磁通增加，这时将会看到检流计的指针向一个方向偏转；如果条形磁铁在线圈内静止不动，线圈的磁通不发生变化，检流计指针不偏转；当再把磁铁从线圈中拔出时，线圈中的磁通将减小，检流计指针又向另一方向偏转。从这个实验我们得出结论：只有线圈中磁通发生变化时，线圈才会产生感应电动势。

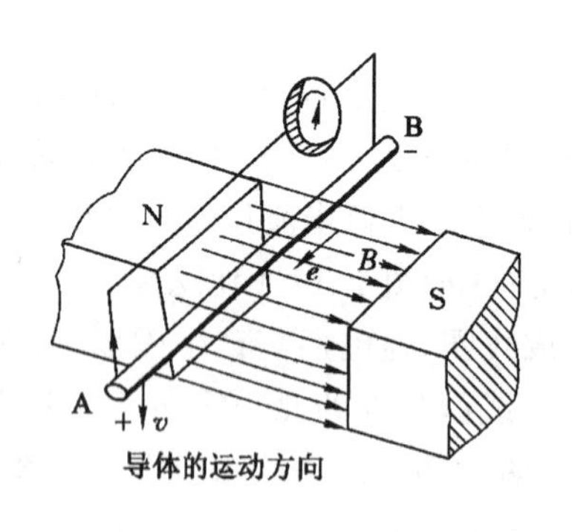

图1-19　直导体的电磁感应现象

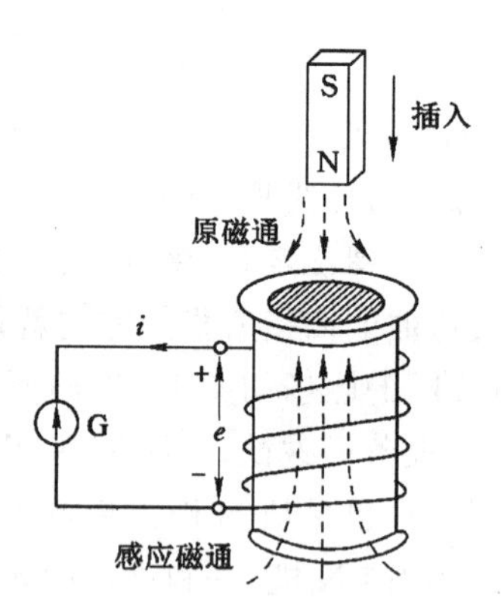

图1-20　磁铁在线圈中运动

由以上分析可知，电磁感应的条件是导体做切割磁力线运动和线圈中磁通发生变化。

2. 电磁感应定律

在图1-20所示的实验中，磁铁插入或拔出越快，感应电动势越大。也就是说，回路中感应电动势的大小与穿过回路磁通的变化率成正比，这个规律叫作法拉第电磁感应定律。

直导体产生的感应电动势的方向可用右手定则来判定，如图1-21所示：平伸右手，让掌心正对磁场N极，拇指的指向表示导体的运动方向，其余四指的指向就是感应电动势的方向。

3. 楞次定律

法国物理学家楞次经过大量实验发现：感应电流的磁通总是反映原有磁通的变化。也就是说，当线圈中磁通要增加时，感应电流就要产生与它方向相反的磁通去阻碍它的增加；当线圈中的磁通减少时，感应电流就要产生与它方向相同的磁通去阻碍它的减少。这一规律称为楞次定律。

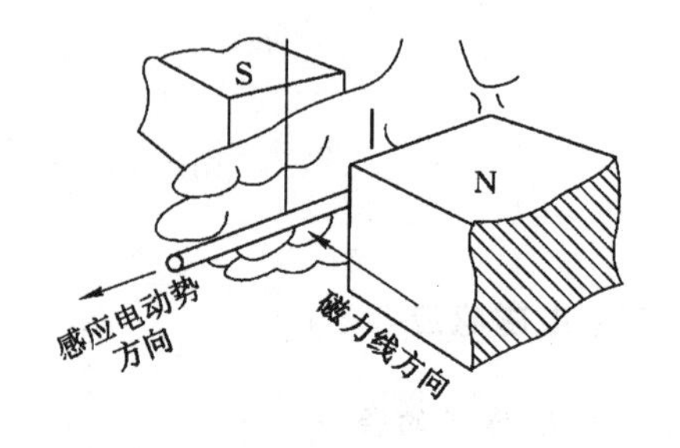

图1-21　右手定则

楞次定律是我们判断感应电动势或感应电流方向的方法，具体步骤如下：

(1) 首先判定原磁通的方向及其变化趋势(即增加还是减少)。

(2) 根据感应电流的磁场方向永远和原磁通变化趋势相反的原理来确定感应电流的磁场方向。

(3) 根据感应磁场的方向，应用安培定则(右手螺旋定则)判断出感应电动势和感应电流的方向。应该注意，必须把线圈或导体看成一个电源。在线圈或直导体内部，感应电流从电源的负端流向正端；在线圈和直导体的外部，感应电流由电源的正端经负载流回负端。因此，在线圈或导体内部感应电流的方向永远和感应电动势方向相同。

三、自感现象与互感现象

1. 自感现象

当电流通过一个线圈时，该电流产生的磁力线将穿过线圈本身，如果该电流强度随时间而变化，线圈的磁通也随时间而变化，因此线圈会出现感应电动势，这种由自己本身的电流变化引起的电磁感应现象叫作自感现象。由自感现象产生的感应电动势叫作自感应电动势，用符号 e_L 表示。自感电流用 $\dot{r}_L$ 表示。

自感现象可由图 1-22 所示的实验来演示，线圈 L 的电阻和可调电阻 R_t 的阻值相等。A 与 B 是两个相同的灯泡。合上开关 S，灯泡 B 立刻发亮，灯泡 A 则逐渐变亮，最后才与灯泡 B 亮度相同。这是因为开关接通时，线圈 L 的电流由无到有。这个变化的电流在线圈中产生自感应电动势，阻碍线圈电流的增加，因此线圈电流不能立刻升到稳定值。在电阻 R_t 所在的支路中，因为没有线圈存在，就没有自感现象，所以灯泡 B 立刻发亮。

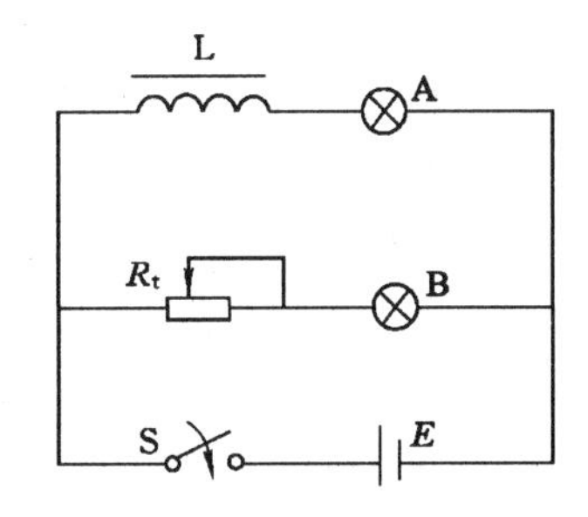

图 1-22　通电时的自感现象

电感对人们来说，既有利又有弊。例如，日光灯是利用镇流器的自感电动势来点亮灯管的，同时也利用它来限制电流。但当含有大电感元件的电路被切断电源的瞬间，因电感两端的自感电动势很高，在开关刀口的断开处产生电弧，容易烧坏刀口，或者容易损坏设备的元器件，因此都要采取措施尽量避免。通常在含有大电感的电路中都装有灭弧装置。

2. 互感现象

(1) 互感现象也是电磁感应的一种形式。如图 1-23 所示，线圈 1 和线圈 2 靠得很近，在线圈 2 接一灵敏检流计。开关 S 闭合瞬间，会看到检流计指针偏转一下后又回到零位。这种现象是因为开关闭合瞬间线圈 1 中电流从无到有，因而在线圈 1 中产生变化的磁通 Φ_1，Φ_1 的一部分磁通 Φ_{12} 穿过线圈 2，于是线圈 2 便产生感应电动势 e_{M2}，则检流计有电流通过，指针发生偏转，后因 i_1 恒定不变，不再发生这一过程，无电流通过检流计，指针回到零位。

这种一个线圈的电流变化使另一个线圈产生感应电动势的现象叫互感现象，简称互感。由互感产生的感应电动势称为互感电动势。

互感电动势的大小正比于穿过本线圈磁通的变化率，或正比于另一线圈的电流变化率。

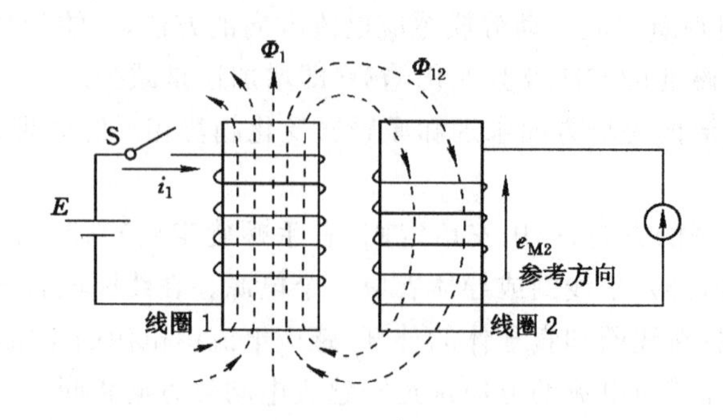

图 1-23　两线圈的互感

当第一个线圈的磁通全部穿过第二个线圈时，互感电动势最大；当两个线圈垂直时，互感电动势最小。

互感现象在电工和电子技术中应用是非常广泛的，如电源变压器、电流互感器、电压互感器等都是遵循互感原理工作的。

(2) 互感线圈与同名端。在电子电路中，对于两个或两个以上的有电磁耦合的线圈，常常必须知道互感电动势的极性，才能正确连接互感线圈。互感电动势的极性，不但与原磁通及其变化的方向有关，还与线圈的绕向有关。虽然可用楞次定律判断，但比较复杂。尤其是对于已经制造好的互感器，从外观上无法知道线圈的绕向，判断互感电动势的极性就更加困难。而且在电路中也不可能按照实际结构绘图作为线圈的符号，所以常用特殊标记"·"来表示互感电动势的极性，这就是同名端的标记。

图 1-24 所示的互感线圈中，两个线圈 L_1 和 L_2 绕在同一圆柱形磁棒上，L_1 通入电流 i，并且 i 随时间是增大的，则 i 所产生的磁通 Φ_1 也随时间增大。这时 L_1 产生自感电动势，L_2 中要产生互感电动势，它们都要产生与 Φ_1 方向相反的磁通，以阻碍 Φ_1 的增加。根据安培定则，可以确定 L_1 和 L_2 的感应电动势的极性，标在图上，可知端点 1 与 3、2 与 4 的极性相同。另外，无论电流从哪端流入，增加还是减少，1 与 3、2 与 4 端的极性始终保持相同。因此，把这种在同一磁通的作用下，感应电动势极性相同的端点叫同名端。感应电动势极性相反的端点叫异名端。标出同名端后，每个线圈的具体绕法和它们之间的相对位置就不需要在图上表示出来了。这样图 1-24 就可画成图 1-25 的形式。

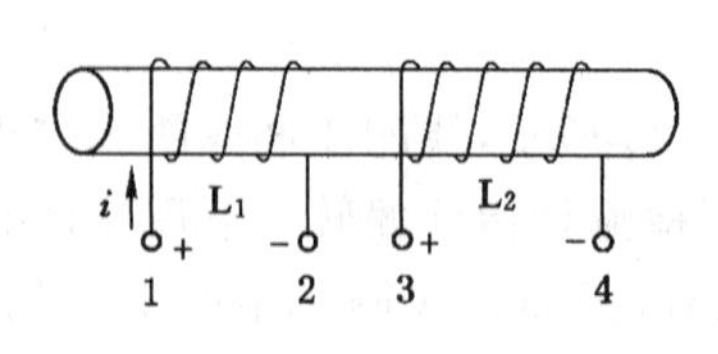

图 1-24　互感线圈

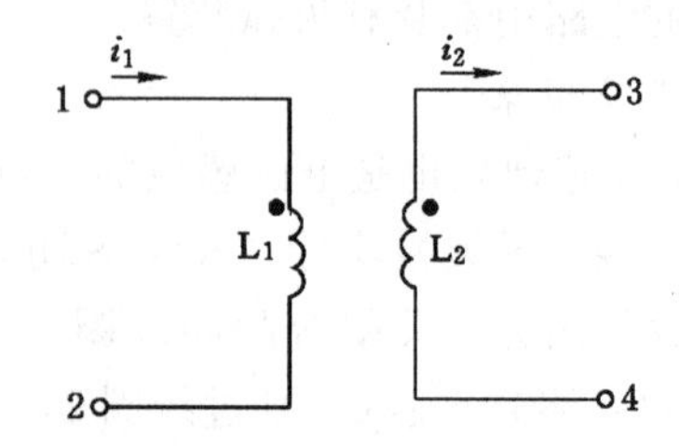

图 1-25　互感线圈的简化形式

知道同名端后，就可以根据电流变化趋势很方便地标出互感电动势的极性，如图1-25所示。设电流 i_2 由端点 3 流出并不断减小，根据楞次定律可判定端点 3 的自感电动势的极性为正。再根据同名端的定义，立刻判定端点 1 也为正。

互感和自感一样，既有利也有弊。在电子电路中，若线圈的位置安放不当，各线圈产生的磁场互相干扰，严重时会使整个电路无法工作，所以要把不相干的线圈的间距拉大，或把两线圈垂直放置。在某些场合下，不得不用铁磁材料把线圈或其他元件封闭起来的办法来进行磁屏蔽。这就是互感有害的一面。

第五节　交流电路

一、交流电

交流电的特点是电动势、电压和电流的大小和方向随时间按一定规律做周期性变化。如图 1-26 所示交流电源的电动势的方向不断改变，所以电路中的电流也就不断改变它的方向。在某一时间内，交流电源 A 端为正，B 端为负，电流 i 就从 A 端流出，经负载流向 B 端，如图中实线箭头所示。而在另一时间内，交流电源 A 端为负，B 端为正，电流就按图中虚线箭头所示流通。这种方向不断变化的电流称为交流电流，这样的电路叫交流电路。

通常应用的交流电流是随时间按正弦规律变化的，称为正弦交流电。仅有一个正弦交流电动势的电路，称为单相交流电路。

正弦交流电流也可用图形表示出来，如图 1-27 所示。从图上可以看出电流的大小随时间变化的情况。横轴以上的各瞬间电流值是正值，表示电流的实际方向和正方向一致。而在横轴以下的各瞬间电流值为负值，表示电流的实际方向和正方向相反。同样，正弦电动势或电压的波形均为正弦曲线。这种变化的波形可用示波器显示出来。

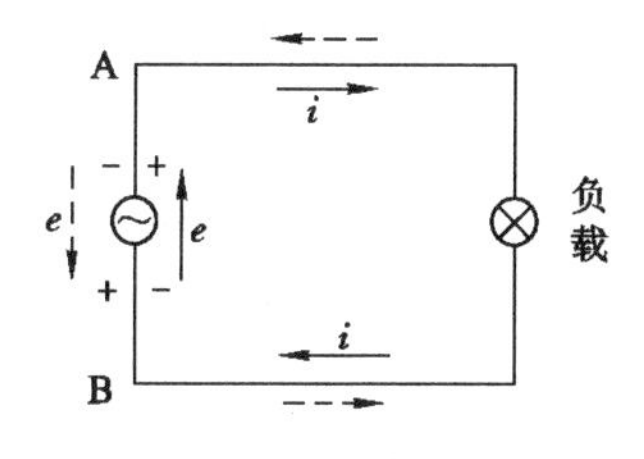

图 1-26　交流电路

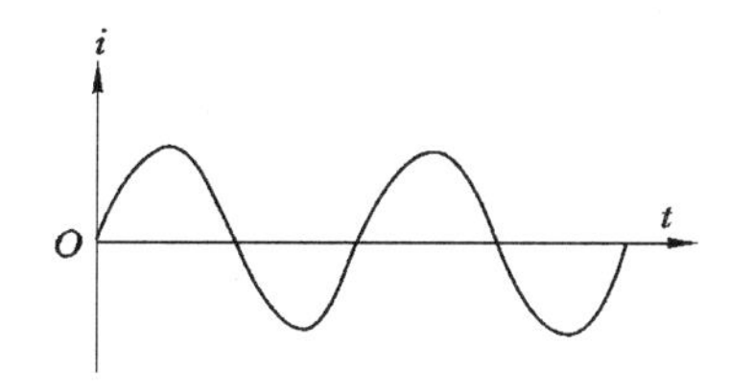

图 1-27　正弦交流电流

日常生活和工农业生产中广泛应用的交流电，一般都是指正弦交流电。所以正弦交流电路是今后学习电工专业的基础，我们要了解正弦交流电的产生，理解正弦交流电的特征，掌握正弦交流电的各种表示法。

二、交流电的产生

为了在电路中产生正弦电流，需要一个具有正弦电动势的电源，它可以通过交流发电机产生。图 1-28 所示为交流发电机结构示意图。它可分为两大部分：一个是可以自由转动的电枢，一个是固定在机壳上的一对磁极。电枢是钢制圆柱形。在电枢上面绕有线圈，线圈两端分别接到两只互相绝缘的铜环上，铜环与连接外电路的电刷相接触。由于采用了特定形状的磁极，磁极和电枢之间空气中的磁感应强度 B 在电枢表面按正弦规律分布，即电枢表面任一点的磁感强度为：

$$B = B_m \sin \alpha$$

式中，α 为线圈平面与中心面的夹角。磁感应强度分布如图 1-29 所示。由图可见，当 $\alpha = 0°$ 及 $\alpha = 180°$ 时，电枢表面的磁感应强度 $B = 0$；当 $\alpha = 90°$ 及 $\alpha = 270°$ 时，磁感应强度 $B = B_m$，最大。

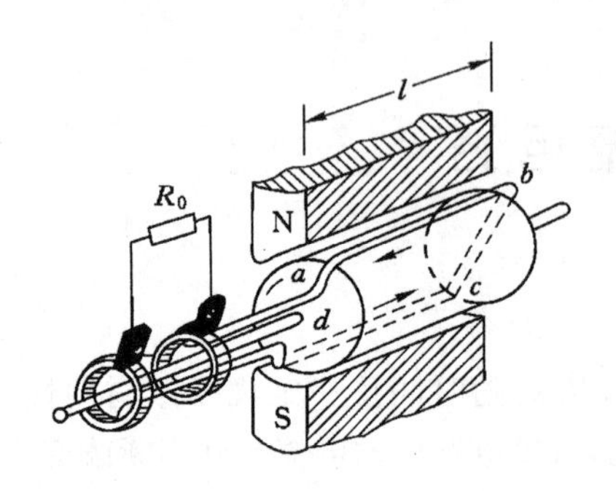

图 1-28　交流发电机结构示意图

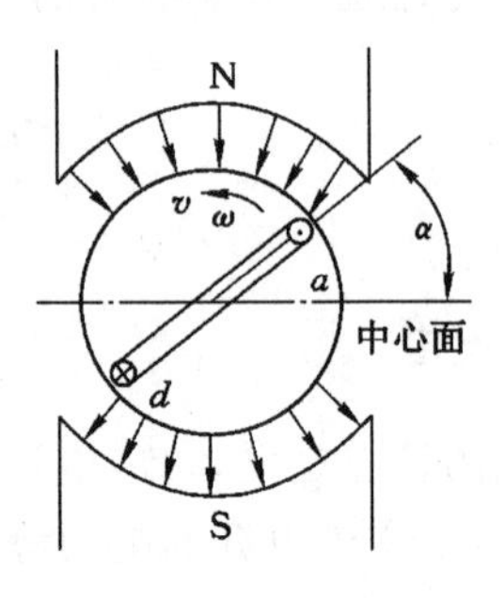

图 1-29　磁感应强度的分布

当电枢以等角速度 ω 逆时针旋转时，线圈切割磁力线，产生感应电动势的大小为：

$$e = Blv$$

式中　e——线圈中的感应电动势；

B——磁感应强度；

l——线圈的有效长度(图 1-28 中的 ab 和 cd 边的和)；

v——线圈切割磁力线的速度。

图 1-28 所示在磁场中旋转的线圈是一个发电机的模型。实际的发电机结构比较复杂，但发电机的基本组成部分仍然是磁极和线圈，线圈匝数很多，嵌在硅钢片制成的铁芯上，通常叫电枢，电枢的作用是产生电动势。

磁极的铁芯也由硅钢片叠成，其上绕有励磁线圈，它的作用是产生磁场。当在线圈通以直流电流时就会激发磁场 N 极和 S 极。磁力线的方向垂直于电枢表面。电枢转动而磁极不动的发电机，叫作旋转电枢式发电机。磁极转动而电枢不动，线圈依然切割磁力线，电枢也会产生感应电动势，这种发电机叫作旋转磁极式发电机。不论哪种发电机，转动的部分都叫转子，不动的部分叫定子。

发电机的转子是蒸汽轮机、水轮机或其他动力机带动的。动力机将机械能传递给发电机，发电机把机械能转化为电能，输送给外电路。

三、交流电的物理量

1. 频率和周期

正弦交流电随时间不断地由正到负进行交变，这种交变是可快可慢的，用周期和频率可表示交流电变化的速度。

一个按正弦规律变化的交流电完成一次正、负的交变称为一个周波，而经过一周波变化所需的时间叫作周期，通常用 T 表示，如图 1-30 所示。T 的单位

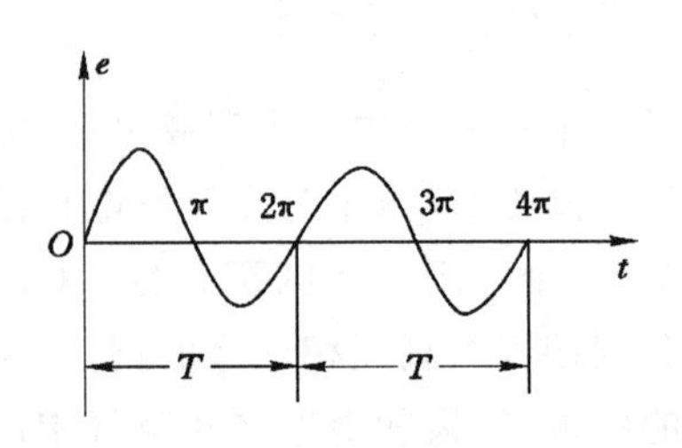

图 1-30　正弦交流电的周期

是秒(s)。交流电在 1 s 内完成的周期性变化的次数叫作交流电的频率，频率用 f 表示，单位是 Hz(赫兹)。根据定义，周期和频率互为倒数，即：

$$T=\frac{1}{f}$$

我国工农业生产和日常生活用的交流电，周期是 0.02 s，频率是 50 Hz。正弦交流电除了用周期或频率来表示外，还可用角频率表示。由于正弦量在一周期 T 内变化所经历的电角度以 27π 弧度或 360°来计量，交流电每秒所变化的角度(电角度)叫作交流电的角频率，用 ω 表示，单位是 rad/s(弧度/秒)。根据定义得：

$$\omega=\frac{2\pi}{T}=2\pi f$$

2. 最大值和有效值

交流电的最大值(I_m、U_m)是交流一周期内瞬时值中的最大值，可表示交流电流、电压的高低，在实际中有重要意义。例如，电容器工作在交流电路中，就要先考虑交流电压的最大值，电容器所能承受的电压要高于交流电压的最大值，否则电容器可能会击穿。但是，在计算交流电功率时，最大值用起来却不够方便，因此，通常用有效值来表示交流电的大小。

交流电的有效值是根据电流的热效应来定义的。让交流电和直流电分别通过同样阻值的电阻，如果在同一时间内产生的热量相等，就把这一直流电的数值叫作这一交流电的有效值。分别用 E、U、I 表示交流电的电动势、电压和电流的有效值。计算证明，正弦交流电的有效值和最大值之间有如下的关系：

$$\begin{cases}E=\dfrac{E_m}{\sqrt{2}}=0.707E_m\\[2ex]U=\dfrac{U_m}{\sqrt{2}}=0.707U_m\\[2ex]I=\dfrac{I_m}{\sqrt{2}}=0.707I_m\end{cases}$$

我们日常生活中所用的电源电压 220 V 是指有效值。各种交流电电气设备上所标的额定电压和额定电流值、电压表和电流表测量的数值，也都是有效值。

3. 相位和相位差

图 1-31(a)中，在发电机的电枢绕组上两个匝数相等的线圈 a_1b_1 和 a_2b_2，当电枢按图示的方向转动后，由于这两个线圈处于同一磁场内，并以相同的速度切割磁力线，因此它们产生的感应电动势 e_1、e_2 的最大值和频率都相同。但是因为分别固定在电枢不同位置，a_1b_1 产生的电动势 e_1 达到正的最大值，而 e_2 并没有达到最大值，要经过一段时间才能达到正的最大值。到达零及负的最大值时也是 e_2 落后于 e_1。变化的进程是不一样的，变化的情况与 $t=0$ 时的起点有密切关系。

设 $t=0$ 时，a_1b_1 线圈平面与中性面的夹角为 φ_1，a_2b_2 线圈平面与中性面的夹角为 φ_2，则在任意时刻，e_1 和 e_2 的瞬时值表达式分别是：

$$\begin{cases}e_1=E_m\sin(\omega t+\varphi_1)\\e_2=E_m\sin(\omega t+\varphi_2)\end{cases}$$

上式中，φ_1 和 φ_2 是 $t=0$ 时，线圈平面与中性面的夹角，统一用 φ_0 表示，那么 $\omega t_0+\varphi_0$ 叫作交流电的相位或相角，它反映了交流电变化的进程；那么 e_1 的相位就是 $\omega t+\varphi_1$，e_2 的相位就是 $\omega t+\varphi_2$。反映的波形图如图 1-31(b)所示。

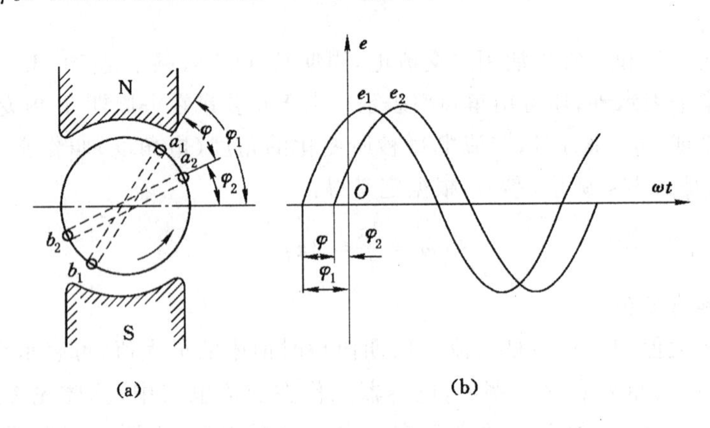

图 1-31　发电机电枢及波形图

$t=0$ 时的相位，叫作初相位，简称初相。

两个交流电的相位之差叫作它们的相位差，用 φ 表示。那么 e_1 和 e_2 的相位差为：

$$\varphi=(\omega t+\varphi_1)-(\omega t+\varphi_2)=\varphi_1-\varphi_2$$

即两个交流电的相位差就等于它们的初相位差。

两个频率相同的交流电，如果它们的相位相同，则相位差为零，就称这两个交流电同相位。它们变化的进程一样，总是同时到达零和正、负最大值，它们的波形图如图 1-32(a)所示。两个频率相同的交流电，它们的相位差 180°，就称这两个交流电反相。它们变化的进程正好相反，一个到达正的最大值，而另一个恰好到达负的最大值，它们的波形如图 1-32(b)所示。

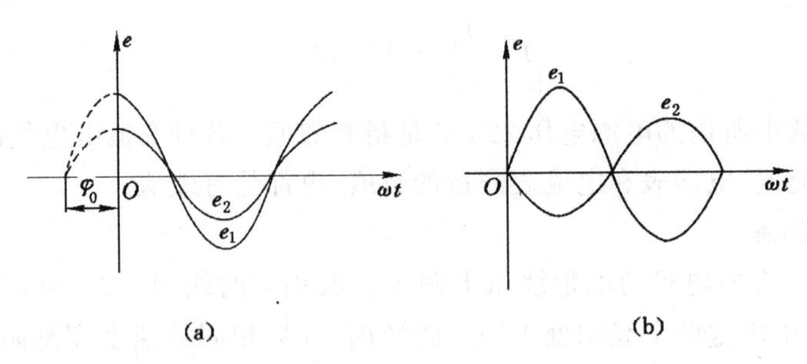

图 1-32　两个频率相同的交流电

在图 1-31(b)中，频率相同、最大值相等，但初相不同，$\varphi_1>\varphi_2$，它们变化的进程不一样，e_1 比 e_2 先到达正的最大值。我们可以说 e_1 超前 e_2 一个 φ 角，或者说 e_2 滞后 e_1 一个 φ 角。

有效值（或最大值）、频率（或周期、角频率）、初相是正弦交流电的三要素。知道了这三个量，就可以写出交流电瞬时值三角函数式（也叫作瞬时值表达式）。

在近代电工技术中，正弦量的应用极为广泛。在电力系统中，可以说电能几乎都是以正弦电流的形式生产出来的，即使在某些场合下需要的直流电，也是将正弦交流电通过整流设备变换得到的。正弦量之所以得到广泛应用,是因为可以利用变压器把正弦电压升高或降低,这种变换电压的方法既灵活又简单经济。

四、三相交流电源

1. 三相交流电动势的产生

三相交流电动势是由三相交流发电机产生的。图 1-33 所示为一台三相交流发电机工作原理,它的主要结构是电枢和磁极。

电枢是固定的,也称定子。定子铁芯的内圆周表面冲有凹槽,用以放置三相电枢绕组。每相绕组是相同的,匝数相同、结构相同。它们的始端(头)标以 U_1、V_1、W_1,末端(头)标以 U_2、V_2、W_2。每个绕组的两边放置在相应的定子铁芯的槽内,要求它们的始端在空间的位置彼此相差 120°,它们的末端在空间的位置也相差 120°。

磁极是转动的,也称转子。转子铁芯上绕有励磁绕组,用直流励磁。选择合适的极面形状和励磁绕组的布置情况,可使空气隙中的磁感应强度按正弦规律分布。

当转子以角速度 ω 顺时针方向转动时,每相绕组依次切割磁力线,由于三个绕组的空间位置彼此相隔 120°,所以当 S 极轴线转到 U_1 时,第一相绕组 U_1-U_2 电动势达到正的最大值。第二相绕组 V_1-V_2 需经过 120°后,其电动势才能达到最大值。也就是第一相绕组产生的电动势超前第二相绕组产生的电动势 120°相位;同样,第二相绕组产生的电动势超前第三相绕组 W_1-W_2 产生的电动势 120°相位。显然,三相电动势的频率相同、最大值相等,只是初相角不同。若以第一相电动势 e_1 为参考相量,初相角为零,第二相电动势为 e_2,第三相电动势为 e_3,则各相的表达式为:

$$\begin{cases} e_1 = E_m \sin t \\ e_2 = E_m \sin(t - 120°) \\ e_3 = E_m \sin(t + 120°) \end{cases}$$

如果用相量图和正弦波形来表示,则如图 1-34 所示。

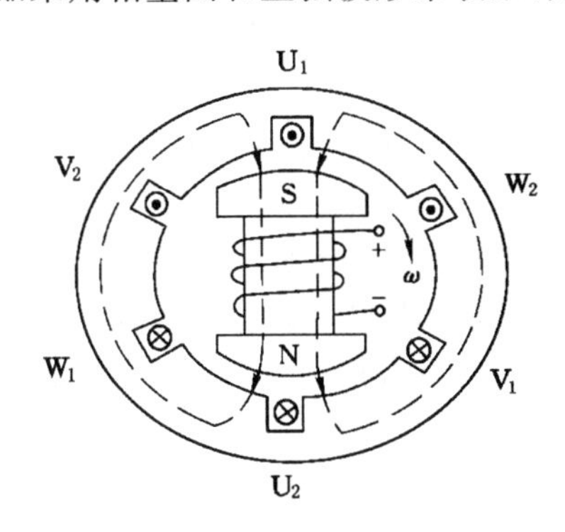

图 1-33　三相交流发电机工作原理

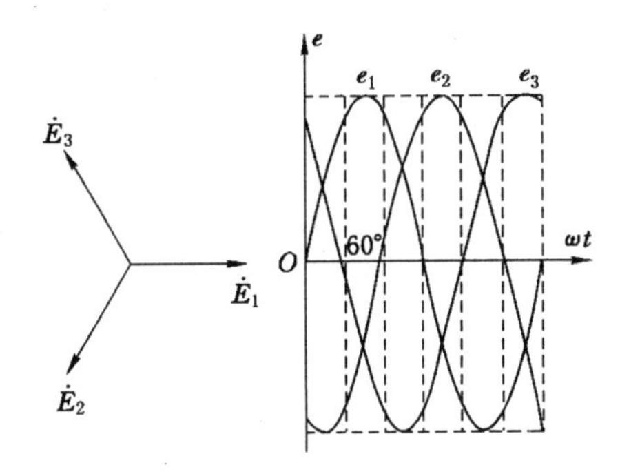

图 1-34　三相电动势的相量图和正弦波形

三相电动势达到最大值的顺序叫相序。

上述三个电动势的相序 U-V-W-U 叫正相序。若发电机的转子逆时针方向旋转,则三相电动势的相序便要相反,即为 U-W-V-U,这种相序称为逆相序。相序是一个很重要的问题,三相电动机接入电源时都要考虑相序。

综上可见，三相电动势的幅值、频率相同，彼此间的相位差也相等，这种电动势称为对称三相电动势。由相量图可知，如果把三个电动势的相量加起来，则相量和为零。由波形图可知，三相对称电动势在任一瞬间的代数和为零，即：

$$e_1+e_2+e_3=0$$

2. 三相电源的连接

三相发电机的每一相绕组都是独立的电源，均可单独给负载供电，但是这种供电需用六根导线。在电力生产中，三相交流电源(发电机或变压器)的三个绕组都是采用一定的方法连接起来向负载供电的。通常采用星形连接方式。

发电机三相绕组星形连接如图 1-35 所示。即将三相绕组末端连接在一起，这一连接的点称为中点或零点，用 N 表示。从中点引出的一根线叫作中线或零线。从始端 U_1、V_1、W_1 引出的三根线叫作端线或相线，俗称火线。

由三根相线和一根中线所组成的输电方式称为三相四线制，只由三根相线所组成的输电方式称为三相三线制。

每相始端与末端之间的电压，即火线与中线间的电压，称为相电压。其有效值用 U_1、U_2、U_3 表示。因为三个电动势对称，即最大值相等、频率相同、相位差均为 120°，所以三个相电压也对称。画相量图如图 1-36 所示，任意两始端间的电压，即两火线间的电压，称为线电压。其有效值为 U_{12}、U_{23}、U_{31}。下面来分析线电压和相电压的关系。

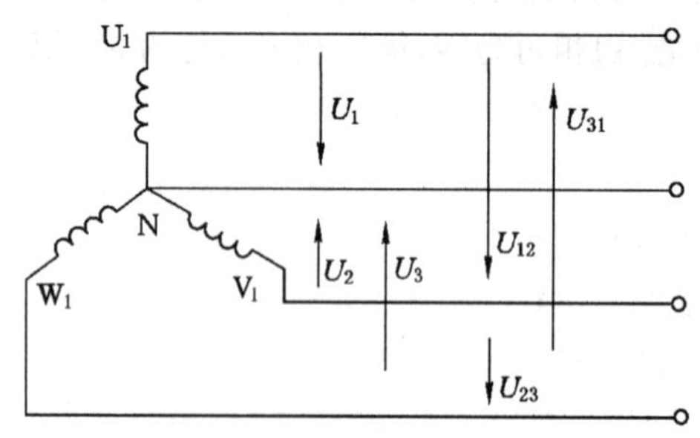

图 1-35　发电机三相绕组星形连接

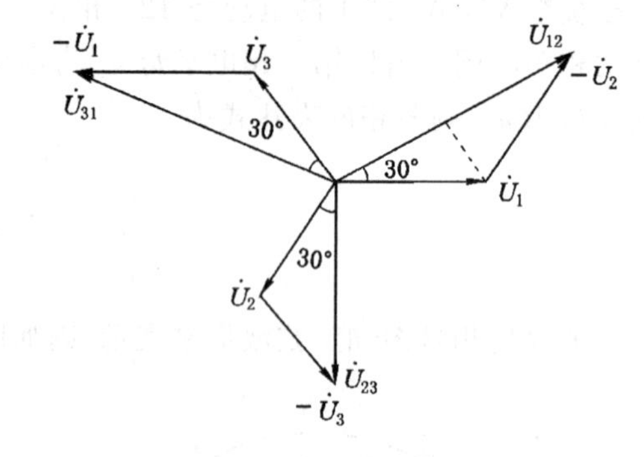

图 1-36　相电压与线电压的相位关系

各相电动势的方向规定为自绕组末端指向始端，相电压的方向就是从绕组的始端指向末端。线电压的方向按三相电源的相序来确定，如 U_{12} 就是从 U_1 端指向 V_1 端，U_{23} 就是从 V_2 端指向 W_3 端，U_{31} 就是从 W_3 端指向 U_1 端。由图 1-35 可得：

$$\begin{cases}U_{12}=U_1-U_2\\U_{23}=U_2-U_3\\U_{31}=U_3-U_1\end{cases}$$

因为它们是同频率的正弦量，所以可以用相量和来表示，即：

$$\begin{cases}\dot{U}_{12}=\dot{U}_1-\dot{U}_2\\\dot{U}_{23}=\dot{U}_2-\dot{U}_3\\\dot{U}_{31}=\dot{U}_3-\dot{U}_1\end{cases}$$

由此可作出相量图如图 1-36 所示。从图中可以看出:相电压对称,线电压也对称;各线电压之间的相位差也都是 120°;各线电压在相位上比各对应的相电压超前 30°。

发电机或变压器的绕组连成星形时,可引出四根导线,这样就供给负载两种电压。通常在低压配电系统中相电压为 220 V,线电压为$\sqrt{3}\times 220=380$ (V)。

五、三相负载的连接

现代生产和生活中所有用电器统称为负载,负载又分为三相负载和单相负载。三相负载是指需要三相电源供电的负载,如三相电动机、三相电炉等。单相负载是指只需单相电源供电的设备,如照明灯、电炉、电烙铁和各种家用电器等。把三相电源和用电负载连接起来就组成了三相电路。

负载的连接必须满足负载所承受的电压应等于它的额定电压。在三相电路中,负载的连接方法有星形连接和三角形连接两种。

1. 负载的星形连接

图 1-37 所示为三相四线制电路,设其线电压为 380 V,则相电压为 220 V。通常电灯(单相负载)的额定电压为 220 V,因此要接在火线和零线之间,不能把电灯集中接在一相上,将它们按一定比例连在一起组成三相负载,电灯这种接法叫作星形接法。

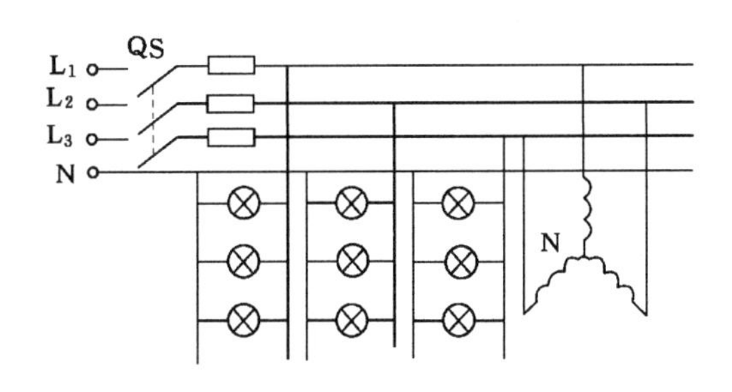

图 1-37 三相四线制电路

至于其他负载应视额定电压而定。如果负载额定电压低于电源电压,则要用降压变压器得到所需电压。

图 1-38 所示为三相负载星形连接电路。对于三相电路中的每一相来说,就是一个单相电路。所以各相电流与相电压的数量关系和相位关系都可用单相电路的方法来讨论。图 1-38 中三相负载分别为$|Z_1|$、$|Z_2|$、$|Z_3|$。若略去输电线上的电压降,则各相负载的相电压就等于电源的相电压。因此,电源的线电压为负载相电压的$\sqrt{3}$倍,即:

$$U_L=\sqrt{3}U_{YP}$$

式中 U_{YP}——负载星形连接时的相电压。

三相三线制电路只适合于对称三相负载,可是当三相负载不对称、各相电流大小不相等、相位差也不是 120°时,中线电流就不为零,此时没有零线,负载的相电压不对称,势必引起有的相电压过高,高于负载的额定电压;有的相电压过低,低于负载的额定电压。这些都是不允许的,三相负载的相电压必须对称。

零线的作用就是使星形连接的不对称负载的相电压对称。所以,在三相四线制中,规定

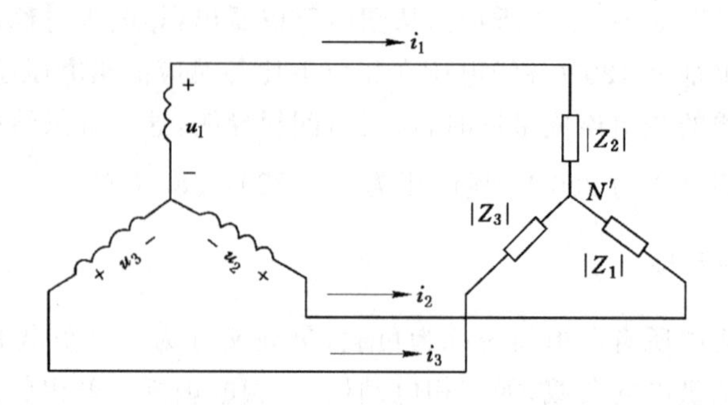

图 1-38　三相负载星形连接电路

零线不准安装熔丝和开关。有时零线还采用钢芯导线来加强其机械强度。

2. 负载的三角形连接

当负载的额定电压等于电源的线电压时，则三相负载采用三角形连接，负载三角形连接的三相电路如图 1-39 所示。这时，无论负载对称与否，其相电压均为对称的电源线电压，即：

$$U_{\triangle P}=U_L$$

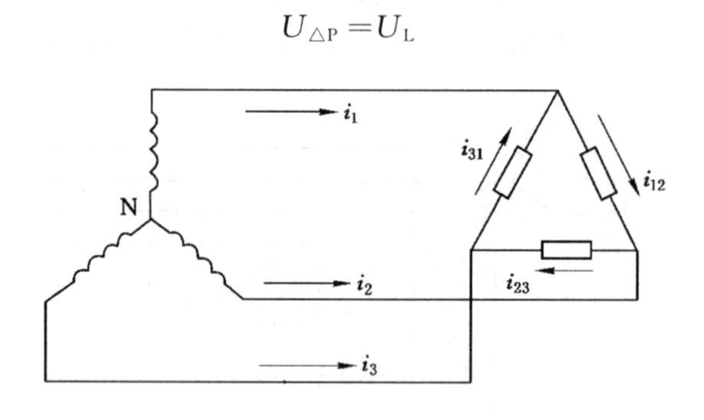

图 1-39　三相负载三角形连接电路

从图 1-39 可以看出，三相负载三角形连接时，线电流与相电流是不一样的。若三相负载对称，则各相电流大小相等，其值为：

$$I_{\triangle P}=\frac{U_{\triangle P}}{|Z_P|}$$

同时，各相电流与各相电压的相位差也相同，其值为：

$$\varphi_1=\varphi_2=\varphi_3=\varphi_P=\arccos\frac{R_P}{Z_P}$$

所以，三个相电流的相位差也互为 120°。负载的线电流可由基尔霍夫电流定律列出：

$$\begin{cases}i_1=i_{12}-i_{31}\\ i_2=i_{23}-i_{12}\\ i_3=i_{31}-i_{23}\end{cases}$$

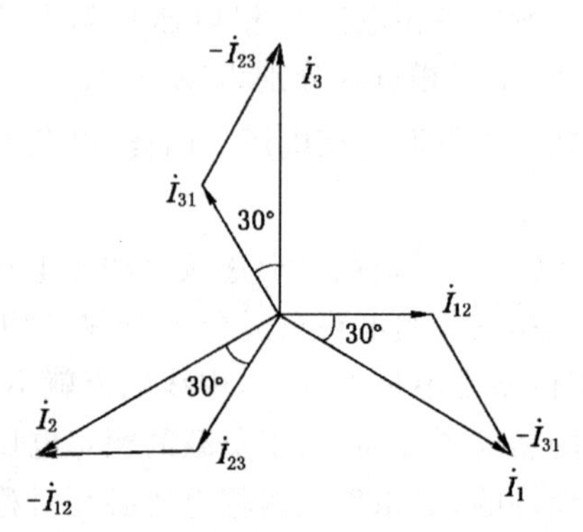

图 1-40　对应于负载三角形连接的电流相量图

由此可作出相量图，如图 1-40 所示。显然，线电流也是对称的，在相位上比相应的相电流滞后 30°。与相电流在大小上的关系，也很容易从相量图中得出，即：

$$I_1 = 2I_{12}\cos 30^\circ = 2I_{12}\frac{\sqrt{3}}{2} = \sqrt{3}I_{12}$$

则：

$$I_{\triangle L} = \sqrt{3}I_{\triangle P}$$

上式说明，对称三相负载三角形连接时，线电流的有效值为相电流有效值的$\sqrt{3}$倍，而线电流在相位上比各相应的相电流滞后 30°。

三相电动机可以接成星形也可以接成三角形，采用什么接法应根据用电设备的额定电压和电源的线电压数值而定，而照明负载一般都连接成星形（具有零线）。

六、三相电路的功率

三相电路功率的计算与单相电路一样，不论负载是星形连接还是三角形连接，三相负载消耗的总功率为各相负载消耗的功率之和，即：

$$\begin{cases} P = P_1 + P_2 + P_3 \\ Q = Q_1 + Q_2 + Q_3 \\ S = S_1 + S_2 + S_3 \end{cases}$$

式中，P 为有功功率；Q 为无功功率；S 为视在功率。

当三相负载对称时，各相功率相等，则总功率为一般功率的 3 倍，即：

$$\begin{cases} P = 3P_P = 3U_P I_P \cos\varphi \\ Q = 3Q_P = 3U_P I_P \sin\varphi \\ S = 3S_P = 3U_P I_P \end{cases}$$

测量电路的线电压和线电流，往往比测量相电压和相电流容易。三相对称负载的功率用线电压和线电流表示，当负载接成星形时：

$$U_{YP} = \frac{U_L}{\sqrt{3}}, \quad I_{YP} = I_{YL}$$

$$P_Y = \sqrt{3}U_L I_{YL}\cos\varphi_P$$

当负载接成三角形时：

$$U_{\triangle P} = U_L, \quad I_{\triangle P} = \frac{I_{\triangle L}}{\sqrt{3}}$$

$$P_\triangle = \sqrt{3}U_L I_{\triangle L}\cos\varphi_P$$

因此，三相对称负载不论是星形或三角形连接，总的有功功率的公式可统一写成：

$$P = \sqrt{3}U_L I_L\cos\varphi_P$$

同理，当负载对称时，三相电路的无功功率及视在功率为：

$$Q = \sqrt{3}U_L I_L\sin\varphi_P$$

$$S = \sqrt{3}U_L I_L$$

必须注意，三相电功率的公式虽然对星形接法和三角形接法具有同一形式，但不是说同一负载在电源线电压不变的情况下，由星形改接成三角形时所消耗的功率也相等。

由此可以总结以下两点：

（1）三相电源的线电压不变时，三角形接法所消耗的功率是星形接法的$\sqrt{3}$倍，无功功率和视在功率也有同样的结果。

（2）只要每相负载所承受的相电压相等，那么不论负载接成星形还是三角形，负载所消耗的功率相等。

第二章　电气一次设备

第一节　变　压　器

一、变压器基础知识

1. 变压器在电力系统中的作用

变压器(图 2-1)在电力系统中的主要作用是变换电压,以利于功率的传输。电压经升压变压器升压后,可以减少线路损耗,提高传输的经济性。而降压变压器则能把高电压变为用户所需要的各级使用电压,满足用户需要。

图 2-1　变压器实物图

2. 变压器的分类

(1) 按变压器的用途分

① 电力变压器:用于输配电系统的升降电压。

② 试验变压器:能产生高压,对电气设备进行高压试验。

③ 仪用变压器:如电压互感器、电流互感器,用于测量仪表和继电保护装置。

④ 特殊变压器:如电炉变压器、整流变压器、调整变压器、电容式变压器、移相变压器等。

(2) 按变压器的绕组分

① 双绕组变压器:用于连接电力系统中的两个电压等级。

② 三绕组变压器:一般用于电力系统区域变电站中,连接三个电压等级。

③ 自耦变压器:用于连接不同电压的电力系统,也可作为普通的升压或降压变压器用。

(3) 按电源输出的相数分

① 单相变压器:用于单相负荷和三相变压器组。

② 三相变压器:用于三相系统的升降电压。

③ 多相变压器:如直流输电工程中的换流变压器、整流用六相变压器等。

(4) 按变压器的铁芯结构分

① 芯式变压器:用于高压的电力变压器。

② 壳式变压器:用于大电流的特殊变压器,如电炉变压器、电焊变压器,或用于电子仪器及电视、收音机等的电源变压器。

(5) 按变压器冷却介质分

① 油浸式变压器:依靠油作冷却介质,如油浸自冷、油浸风冷、油浸水冷、强迫油循环等。

② 空气冷却式变压器(干式变压器):依靠空气对流进行自然冷却或增加风机冷却,多用于高层建筑、高速收费站点用电及局部照明、电子线路等小容量变压器。

(6) 按变压器冷却介质分

① 油浸自冷变压器:依靠油的温差在油箱和散热器中自然循环将油冷却。

② 油浸风冷变压器:用风扇将冷空气吹过散热器,以增强散热效果。

③ 油浸强迫油循环风冷变压器:将热变压器油用油泵送往外部冷却器,通过加快油流速度及风扇强制吹风提高冷却效果。

④ 油浸强迫油循环水冷变压器:以水为冷却介质的强迫油循环冷却装置,用于较大型变压器并具有冷却水源的场合。

(7) 按调压方式分

① 无励磁调压变压器:切换分接头必须将变压器从电网中切除,即不带电切换,称为无励磁调压。

② 有载调压变压器:切换分接头不需要将变压器从电网中切除,即可带负荷切换,称为有载调压。

(8) 按中性点绝缘水平分

① 全绝缘变压器:绕组中性点的绝缘水平与出线端的绝缘水平相同,用于中性点不接地系统。

② 分级绝缘变压器:绕组中性点的绝缘水平低于出线端的绝缘水平,可用于中性点直接接地系统。

(9) 按导线材料分

① 铜导线变压器:工作绕组为铜导线的变压器。

② 铝导线变压器:工作绕组为铝导线的变压器。

3. 变压器主要技术参数的含义

(1) 额定容量:指变压器在铭牌规定条件下,以额定电压、额定电流连续运行时所输送的单相或三相总视在功率。

(2) 容量比:指变压器各侧额定容量之间的比量。

(3) 额定电压:指变压器长时间运行,设计条件所规定的电压值(线电压)。

(4) 电压比(变比):指变压器各侧额定电压之间的比值。

(5) 额定电流:指变压器在额定容量、额定电压下运行时通过的线电流。

(6) 相数:单相或三相。

(7) 连接组别:表明变压器两侧电压的相位关系。

(8) 空载损耗(铁损):指变压器一个绕组加上额定电压、其余绕组开路时,变压器所消耗的功率。变压器的空载电流很小,它所产生的铜损可忽略不计,所以空载损耗可认为是变压器的铁损。铁损包括励磁损耗和涡流损耗。空载损耗一般与温度无关,而与运行电压的高低有关,当变压器接有负荷后,变压器的实际铁芯损耗小于此值。

(9) 空载电流:指变压器在额定电压下空载运行时,一次侧通过的电流。不是指刚合闸瞬间的励磁涌流峰值,而是指合闸后的稳态电流。

(10) 负荷损耗(短路损耗或铜损):指变压器一侧加电压而另一侧短接,使电流为额定电流时(对三绕组变压器,第三个绕组应开路),变压器从电源吸取的有功功率。按规定,负荷损耗是折算到参考温度(75 ℃)下的数值。因测量时实为短路状态,所以又称为短路损耗。短路状态下,使短路电流达额定值的电压很低,表明铁芯中的磁通量很少,铁损很小,可以忽略不计,故可认为短路损耗就是变压组(绕组)中的损耗。

对三绕组变压器,有三个负荷损耗,其中最大的一个值作为该变压器的额定负荷损耗。负荷损耗是考核变压器性能的主要参数之一。实际运行时的变压器负荷损耗并不是上述规定的负荷损耗值,因为负荷损耗不仅取决于负荷电流的大小,而且还与周围环境温度有关。

(11) 百分比阻抗(短路电压):指变压器二次绕组短路,使一次侧电压逐渐升高,当二次绕组的短路电流达到额定值时,一次侧电压与额定电压的比值(百分数)。变压器的容量与电路的关系是:变压器容量越大,其短路电压越大。

(12) 额定频率:变压器设计所依据的运行频率,单位为赫兹(Hz),我国规定为 50 Hz。

(13) 额定温升:指变压器的绕组或上层油面的温度与变压器外围空气的温度之差,称为绕组或上层油面的温升。

(14) 铭牌参数:变压器的产品型号、额定容量、额定电压、额定电流、冷却方式、绝缘等级、连接组别、标准代号、出厂序号、制造年月等,如图 2-2 所示。

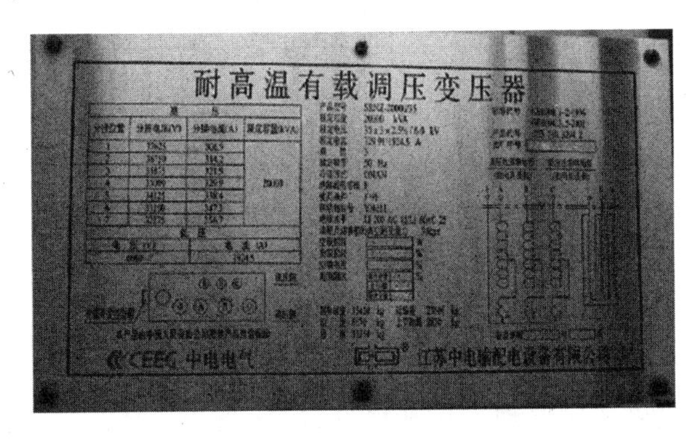

图 2-2　铭牌参数

4. 变压器的型号及其含义

(1) 变压器型号的含义

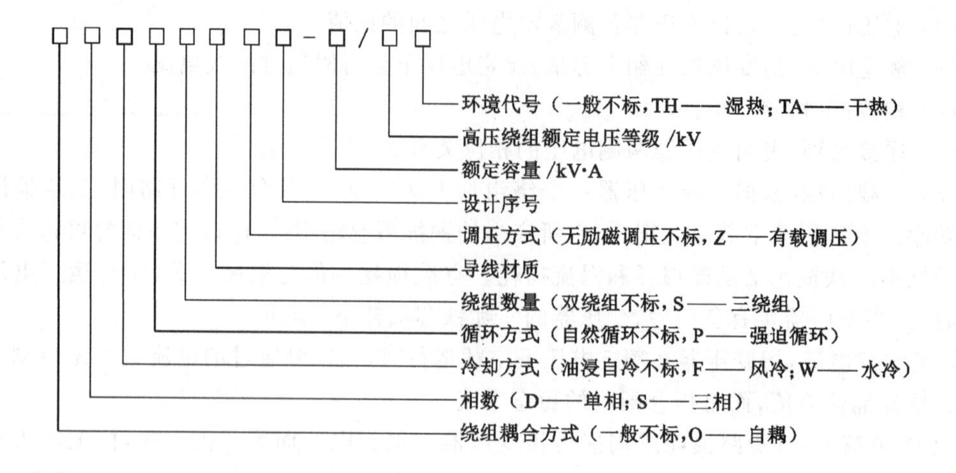

变压器产品型号是用汉语拼音字母及阿拉伯数字组成的，每个拼音和数字均代表一定含义，其中变压器型号中的字母含义见表 2-1。

表 2-1　变压器型号中的字母含义表

符号含义	代表符号	符号含义	代表符号
单相变压器	D	双绕组变压器	不表示
三相变压器	S	三绕组变压器	S
油浸式	不表示	无励磁调压	不表示
空气自冷式	不表示	有载调压	Z
风冷式	F	铜线变压器	不表示
水冷式	W	铝线变压器	L 或不表示
油自然循环	不表示	干式浇注绝缘	C
强迫油循环	P	自耦变压器	O
耐高温	R	分裂变压器	F
难燃油	N	箔式绕组	B

（2）变压器型号举例说明

① SFSZ8-63000/110 型：三相油浸风冷式三绕组有载调压变压器。

② SRN-8000/35 型：三相油浸自冷式耐高温双绕组无载调压变压器。

③ SCB10-10000/35 型：三相干式箔式绕组无载调压变压器。

5. 变压器的工作原理

（1）变压器的工作原理

变压器是一种按电磁感应原理工作的电气设备，当一次绕组加上电压、流过交流电流时，在铁芯中就产生交变磁通。这些磁通中的大部分交联着二次绕组，称它为主磁通。在主磁通的作用下，两侧的绕组分别产生感应电势，电势的大小与匝数成正比，通过电磁感应，在两个电路之间实现能量的传递。变压器的一、二次绕组匝数不同，这样就起到了变压的作用。

共同的磁路部分一般用硅钢片做成，称为铁芯。被连的线圈称为绕组。

(2) 双绕组变压器工作原理

双绕组变压器工作原理如图 2-3 所示。一般把接到交流电源的绕组称为一次绕组，而把接到负荷(也称负载)的绕组称为二次绕组。有时把一次绕组称为原边或初级，把二次绕组称为副边或次级。

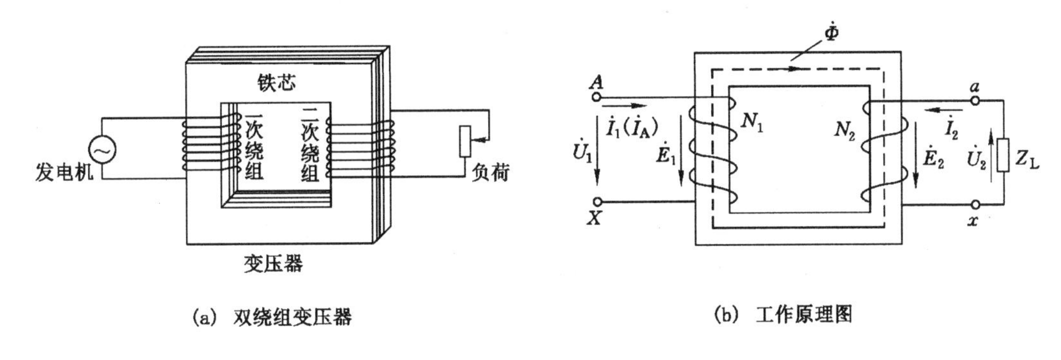

(a) 双绕组变压器　　(b) 工作原理图

图 2-3 双绕组变压器工作原理

变压器二次绕组的电压不等于一次绕组的电压，若二次绕组电压大于一次绕组电压，则该变压器称为升压变压器；若二次绕组电压小于一次绕组电压，则该变压器称为降压变压器。

6. 变压器的连接组别

变压器的接线组别就是变压器一次绕组和二次绕组组合接线形式的一种表示方法。常见的变压器绕组有两种接法，即三角形接线和星形接线。在变压器的连接组别中，“D”表示为三角形接线，“Y”表示星形接线，“Yn”表示为星形带中性线的接线，“n”表示带中性线。

变压器连接组别标号见表 2-2。

表 2-2 变压器连接组别标号

连接方式	高压绕组	中压绕组	低压绕组
星形连接	Y(YN)	y(yn)	y(yn)
三角形连接	D	d	d
自耦变压器	YN	a	Y 或 d

变压器常见标准的连接组别如下：

(1) 双绕组：YynO；Yd11；YNd11。

(2) 三绕组：YNynOd11；YNd11d11。

为了区别不同的连接组别，首先需要弄清楚三相变压器中每一相两个绕组的极性关系。现将单相变压器的极性说明如下：

本来交流电路里是没有正负极性的，但是在一个极短的时间中，变压器一次绕组的两个接头必定有一个接头的电流是流入，而另一个接头的电流是流出；二次绕组的两个接头也是一个流入电流，一个流出电流。变压器瞬间电流方向如图 2-4 所示。一次电流流入的接头和二次电流流出的接头为同极性，而另外两个接头亦为同极性。

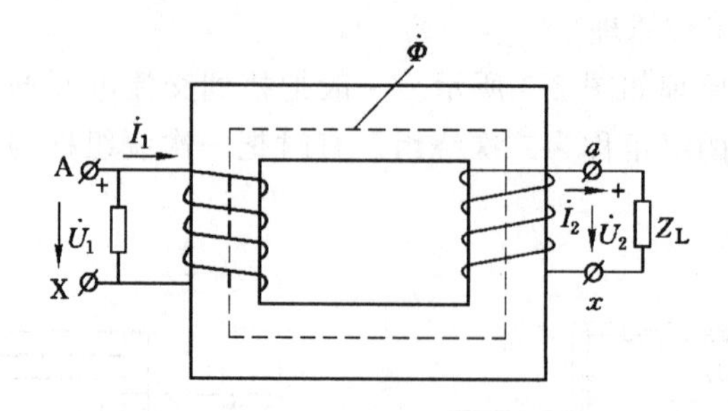

图 2-4　变压器瞬间电流方向图

三相变压器的连接组别共分为 12 种，其中 6 种是单数组，6 种是双数组。凡是一次绕组和二次绕组连接相同（如 Dd、Yy）的，都属于双数组，包括 2、4、6、8、10、12 这 6 个组。凡是一次绕组和二次绕组的接线不一致（如 Dy、Yd）的，都属于单数组，包括 1、3、5、7、9、11 这 6 个组。

表示变压器不同的连接组别，一般采用时钟表示法。因为一、二次侧对应的线电压之间的相位差总是 30°的整倍数，这正好和钟面上小时数之间的角度一样。方法就是把一次侧线电压相量作为时钟的长针，将长针固定在 12 点上，二次侧对应线电压相量作为时钟的短针，看短针指在几点钟的位置上，就以这一钟点作为该接线组的组号。例如，若二次侧线电压与一次侧线电压同相位，则短针也应指在 12 点的位置，其连接组别就规定为 12；若二次侧线电压超前于一次侧线电压 30°，则短针应指在 11 点的位置，其连接组别规定为 11。

图 2-5 所示为典型连接组别变压器的接线图和相量图。

7. 变压器损耗

变压器的损耗有两种：空载损耗（铁损）和负荷损耗（短路损耗或铜损）。

（1）空载损耗（铁损）

空载损耗又称为铁损，是指变压器一个绕组加上额定电压、其余绕组开路时，在变压器中消耗的功率。变压器空载时，输出功率为零，但要从电源中吸取一小部分有功功率，用来补偿变压器内部的功率损耗，这部分功率变为热能散发出去，称为空载损耗。

变压器的空载损耗包括三部分：铁损、铜损和附加损耗。

① 铁损：由交变磁通在铁芯中造成的磁滞损耗和涡流损耗。

② 铜损：由空载电流流过一次绕组的铜电阻而产生。

③ 附加损耗：由铁芯中磁通密度分布不均匀和漏磁通经过某些金属部件而产生。

变压器的空载损耗中，空载铜损所占比例很小，可以忽略不计，而正常的变压器空载时铁损也远大于附加损耗，因此变压器的空载损耗可近似等于铁损。

变压器的空载损耗很小，不超过额定容量的 1%。空载损耗一般与温度无关，而与运行电压的高低有关，当变压器接有负荷后，变压器的实际铁芯损耗比空载时还要小。

（2）负荷损耗（短路损耗或铜损）

负荷损耗是指当变压器一侧加电压，而另一侧短路，使两侧的电流为额定电流（对三绕组变压器，第三个绕组应开路），变压器从电源吸取的有功功率。按规定，负荷损耗应是折算

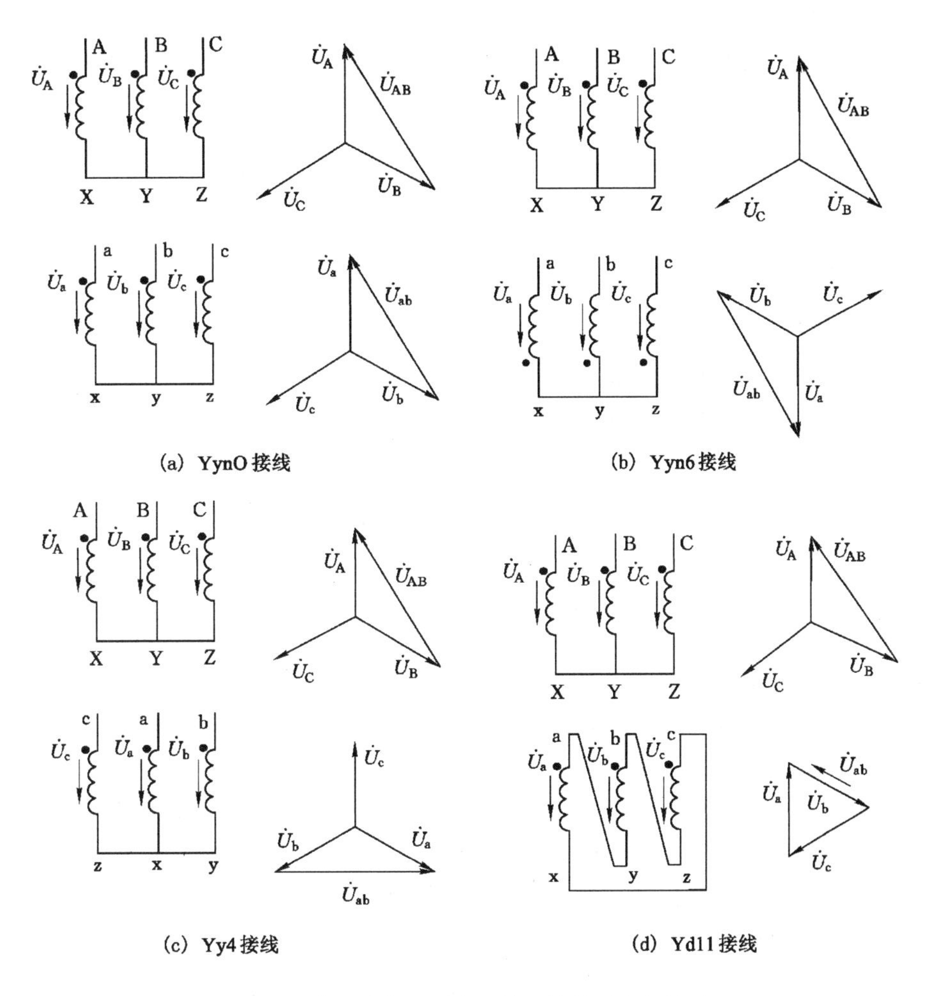

图 2-5　典型连接组别变压器的接线图和相量图

到参考温度(75 ℃)下的数值。

负荷损耗一般分为两部分:导线的基本损耗和附加损耗。

① 导线的基本损耗:由流过一、二次绕组中的电流产生。

② 附加损耗:附加损耗包括由漏磁场引起的导线本身的涡流损耗和结构部件(如夹件、油箱等)损耗。附加损耗占导线的基本损耗有一定的比例,容量越大,所占比例越大。

短路状态下,使短路电流达到额定值的电压很低,表明铁芯中的磁通量很小,铁损很小,可忽略不计,故可认为短路损耗是变压器绕组的铜损。

对三绕组变压器,负荷损耗有三个,其中最大一个值为该变压器的额定负荷损耗。负荷损耗是考核变压器性能的主要参数之一。实际运行中的变压器负荷损耗不仅取决于负荷电流的大小,还与周围环境温度有关。

二、变压器基本结构

电力变压器是根据电磁感应原理制造出来的电气设备,因此,电力变压器至少应有能高效利用电磁感应的铁芯和绕组。电力变压器的主要构成部分是铁芯、绕组、绝缘、油箱、外壳和必要的组件等。

变压器的铁芯及绕组是变压器的主要部分，称为变压器器身。

变压器主要由下列部分组成：

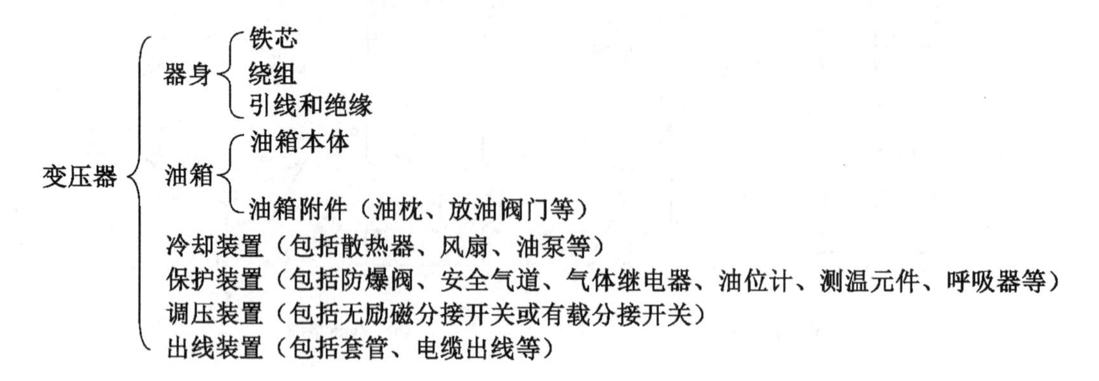

1. 铁芯

(1) 铁芯的作用

① 铁芯的首要作用就是构成耦合磁通的磁路，把一次电路的电能转换为磁能，又由自己的磁能转变为二次电路的电能，是能量转换的媒介。因为铁芯材料大多都是磁导率高、磁滞损耗和涡流损耗小的硅钢片，所以铁芯磁路可以增强铁磁场，产生足够大的主磁场，产生足够大的主磁通，并能有效地降低励磁电流。

② 铁芯的第二个作用是它构成了变压器的骨架。在它的铁芯柱上套上带有绝缘的绕组，并且牢固地对它们进行支撑和压紧。铁芯本体是用硅钢片叠积成完整的磁路结构，其钢夹紧装置(钢夹件)构成框架，牢固地把铁芯夹持成一个整体，同时在它的上面几乎安装了变压器内部的所有部件。

(2) 铁芯的组成部分

① 铁芯本体：由硅钢片制成的导磁体。

② 紧固件：夹件、螺杆、玻璃绑扎带、钢绑扎带和垫块等。

③ 绝缘件：夹件绝缘、绝缘管和绝缘垫等。

④ 接地片和垫脚。

2. 绕组

(1) 绕组的作用

绕组(图 2-6)是变压器的电路部分，由表面包有绝缘的铜或铝导线绕制而成，并套装在变压器的铁芯柱上。绕组有一次绕组和二次绕组之分，一次绕组为电源输入用，二次绕组为输出用。当一次绕组通过交变电流时，在铁芯中也相应地产生交变磁通，根据电磁感应原理，一次绕组输入的能量通过铁芯传递到二次(输出)绕组。在制造过程中，可以通过改变一、二次绕组的匝数比来改变输出电压值，以满足用电单位的需要；同时也可以升高电压来进行远距离输电，减少能量在传输过程中的线路损耗。绕组应具有足够的绝缘强度、机械强度和耐热能力。

(2) 绕组的分类

① 绕组的线匝沿其轴向依次排列连续绕制的，称为层式绕组。一般层式绕组每层如筒

图 2-6　绕组

状，所以由两层组成的绕组称双层圆筒式，由多层组成的称多层圆筒式。

② 线匝沿其径向连续绕制成一饼状，再由许多饼沿轴向排列组成的绕组称为饼式绕组。它包括连续式、插入电容式和纠结式等。

③ 介于层式和饼式之间的绕组有箔式绕组和螺旋式绕组。箔式绕组形状也如筒状，线匝是在轴向连续绕制的，一般情况下一匝就是一层，故可属于层式绕组。螺旋式绕组一般为每饼一匝，或两饼、四饼一匝，而各匝又沿轴向连续绕制，但形式都由各饼组成，故可归属饼式绕组。

层式绕组结构紧凑、生产效率高、抗冲击性能好，但其机械强度差。饼式绕组散热性能好、机械强度高、适用范围大，但其抗冲击性能差。

(3) 绕组的材料

变压器绕组的材料主要有导线材料和绝缘材料。

① 导线材料

变压器绕组的导线材料可分为铜导线和铝导线两种。按导线形状可分为圆线和扁线；按绝缘材料可分纸包线、漆包线和丝包线；按导线组合方式可分为单根导线、组合导线和换位导线等。目前电力变压器主要采用的是纸包扁铜线。

② 绝缘材料

绕组常用的绝缘材料主要有绝缘纸、绝缘纸筒、端绝缘、匝绝缘和层绝缘、撑条、静电屏蔽、垫块、角环、绝缘端圈等。

3. 绝缘

(1) 绝缘水平

绝缘水平是变压器能够承受运行中各种过电压与长期最高工作电压作用的水平，是与保护用避雷器配合的耐受电压水平，取决于设备的最高电压。根据变压器绕组线端与中性点的绝缘水平是否相同，可分为全绝缘和分级绝缘两种绝缘结构。

① 全绝缘及应用

变压器的全绝缘，是指各绕组的所有出线端都具有相同的对地工频耐受电压的绕组绝缘水平(绕组线端的绝缘水平与中性点的绝缘水平相同)。

采用中性点不接地方式或经消弧线圈接地方式的电力系统都属于小电流接地系统。小电流接地系统长期工作电压和过电压均较高，特别是存在电弧接地过电压的危险，整个系统需要较高的绝缘水平。当系统发生单相接地故障时，变压器中性点将出现相电压，因而中性点不接地系统安装的变压器必须是全绝缘变压器。

② 分级绝缘及应用

变压器的分级绝缘，是指绕组接地端或绕组的中性点绝缘水平较出线端更低的绕组绝缘水平(绕组中性点的绝缘水平低于出线端的绝缘水平)。

采用分级绝缘的变压器，中性点的绝缘水平相对较低，可以简化绝缘结构，节省材料，从而降低变压器尺寸和制造成本。但分级绝缘的变压器只允许在 110 kV 及以上中性点直接接地系统中使用，因为 110 kV 及以上系统一般采用中性点直接接地方式，属于大电流接地系统，大电流接地系统内部过电压可降低 20%～30%，系统绝缘耐压水平可降低 20%，所以可使用分级绝缘变压器。

分级绝缘变压器的内部绝缘结构如图 2-7 所示。

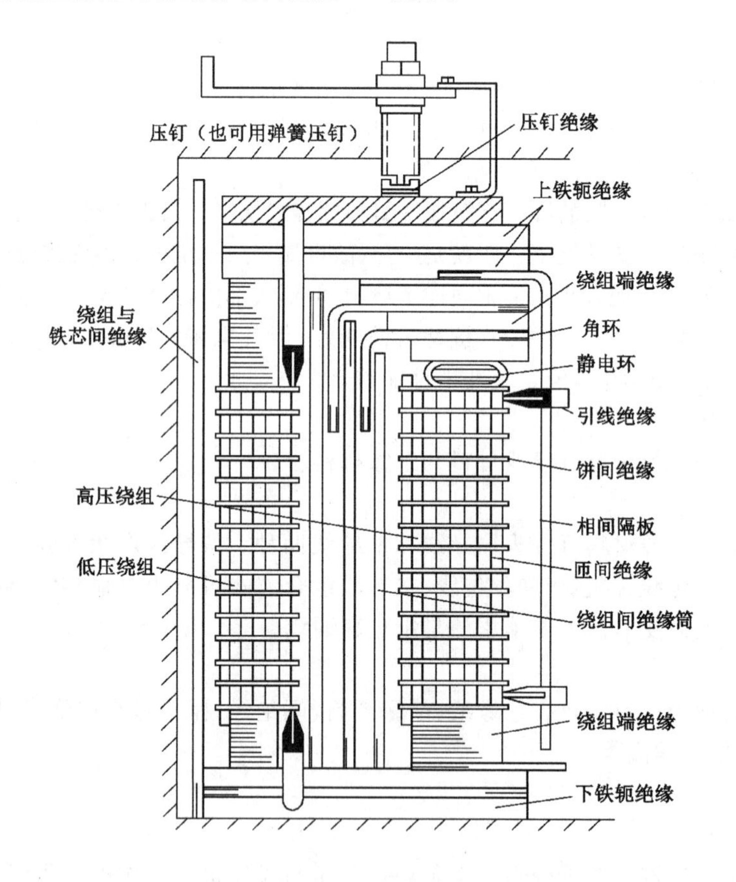

图 2-7　分级绝缘变压器的内部绝缘结构

(2) 绝缘结构和分类

变压器的导电系统由绕组、分接形状、引线和套管组成，铁芯构成变压器的磁路系统。油浸式变压器的铁芯、绕组、分接开关、引线和套管的下部装在油箱内，并完全浸在变压器油中。套管的上半部在油箱的外部直接与空气接触。因此，油浸式变压器的绝缘可分为外绝缘和内绝缘。

外绝缘是变压器油箱外部的套管和空气的绝缘。它包括套管本身的外绝缘和套管间及套管对地部分的空气间隙距离的绝缘。

内绝缘是油箱内的各不同电位部件之间的绝缘，内绝缘又可分为主绝缘和纵绝缘两部分。

变压器的绝缘分类如下：

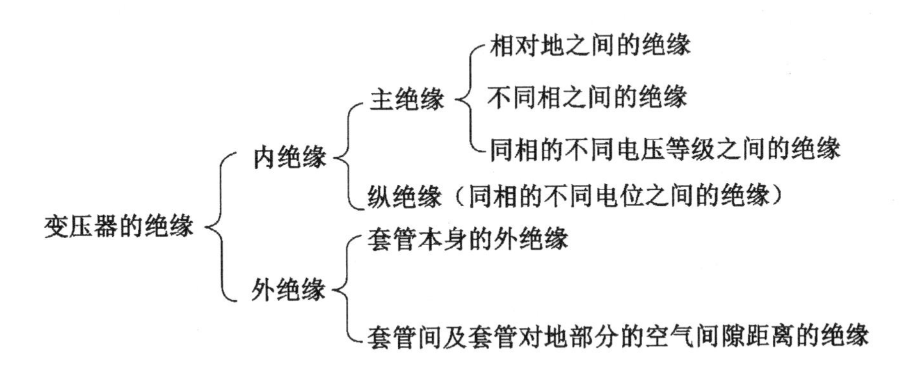

① 主绝缘

主绝缘是绕组与接地部分之间以及绕组之间的绝缘。在油浸式变压器中，主绝缘以油纸屏障绝缘结构最为常用。每一种绝缘结构由纯油间隙、屏障和绝缘层三种成分组成。

② 纵绝缘

纵绝缘是同一绕组各部分之间的绝缘，如不同线段间、层间和匝间的绝缘等。通常以冲击电压在绕组上的分布作为绕组纵绝缘设计的依据，但匝间绝缘还应考虑长期工频工作电压的影响。

③ 引线绝缘

引线的主绝缘包括引线对地之间的绝缘、引线对与其不同相绕组之间的绝缘、不同相引线和同相不同电压等级引线之间的绝缘等；而引线的纵绝缘是指同一绕组引出的不同引线之间的绝缘。

(3) 变压器内部主要绝缘材料及作用

① 变压器油：绝缘和散热。

② 气体绝缘材料：用于同一个电压等级和不同电压等级的套管对地以及套管之间的绝缘。

③ 固体绝缘材料：绝缘纸、绝缘纸板和纸制品。用作软纸筒、撑条、垫块、相间隔离、铁扼绝缘、垫脚绝缘、支撑绝缘及脚环的芯子等。

④ 电缆纸：用作变压器绕组的匝间绝缘、层间绝缘、引线绝缘及端部引线的加强绝缘。

⑤ 胶纸制品：胶纸板、胶布板、胶纸管、胶布管。用作变压器绕组和铁芯、绕组和绕组之间的绝缘及铁扼螺杆和分接开关的绝缘。

⑥ 木材和木制品：用作引线支架、分接支架及制成木螺钉等。

⑦ 漆布(绸)或漆布(绸)带：用作包扎引线弯曲处或用于绑扎质量要求较高的部位。

⑧ 电瓷制品：用作套管的外绝缘。

⑨ 环氧树脂:用作浸渍绑扎铁芯立柱的玻璃丝带,有时也制成板、杆、圈和筒,做成绝缘零部件。

4. 变压器油

变压器油是变压器的重要组成部分,它具有质地纯净、绝缘性能良好、理化性能稳定、黏度较小等特点。变压器的油箱内充满了变压器油,其作用一是绝缘,二是散热。在有载调压油箱中还起灭弧作用。

变压器内的绝缘油可以增加变压器内部各部件的绝缘强度,因为油是易流动的液体,它能够充满变压器内部之间的任何空隙,将空气排除,避免了部件因与空气接触受潮而引起的绝缘能力降低。其次,因为油的绝缘强度比空气大,从而增加了变压器内部各部件之间的绝缘强度,使绕组与绕组之间、绕组与铁芯之间、绕组与油箱盖之间均保持良好的绝缘。变压器油还可以使变压器的绕组和铁芯得到冷却。因为变压器运行中,绕组与铁芯周围的油受热后,温度升高,体积膨胀,相对密度减小,经冷却后,再流入油箱的底部,从而形成了油的循环。这样,油在不断循环的过程中使绕组和铁芯得到冷却。另外,绝缘油能使木材、纸等绝缘物保持原有的化学和物理性能,使金属得到防腐作用。

5. 辅助设备

变压器辅助设备有:油箱、储油柜(油枕)、吸湿器、防爆管(压力释放装置)、散热器、绝缘套管、分接开关、气体继电器、温度计、净油器等。

(1) 变压器绝缘套管

① 变压器绝缘套管的作用

变压器绝缘套管的作用有:用于将变压器内部的高、低压引线引到油箱的外部;固定引线;作为引线对地绝缘。

变压器套管是变压器载流元件之一,在变压器运行中,长期通过负荷电流,当变压器外部发生短路时通过短路电流。因此,对变压器套管有以下要求:必须具有规定的电气强度和足够的机械强度;必须具有良好的热稳定性,并能承受短路时的瞬间过热;外形小、重量轻、密封性能好、通用性强和便于维修。

② 变压器套管型号的含义

变压器套管按其结构的不同,分为若干形式。其采用的型号字母排列一般按下列标注原则进行:

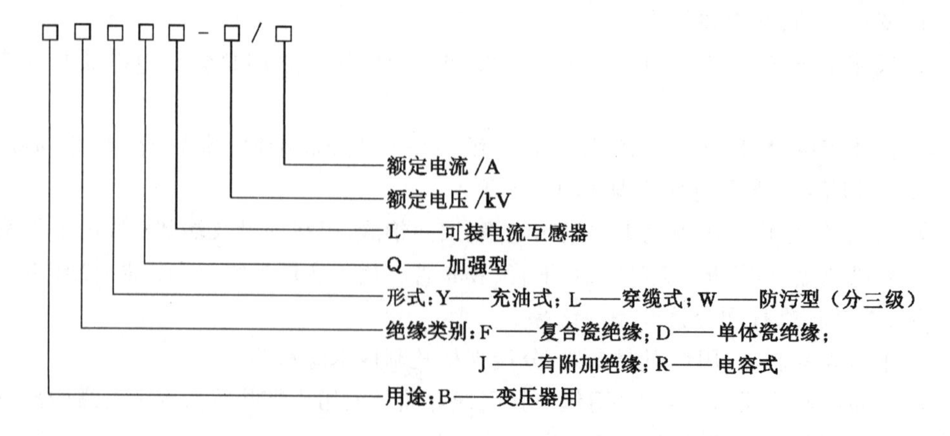

例如：型号 BD-10/1000 表示变压器用，电压为 10 kV，电流为 1 000 A 的单体瓷绝缘套管；型号 BRYQL-220/600 表示变压器用，电压为 220 kV，电流为 600 A 的可装电流互感器的油纸电容加强型套管。

40 kV 以下一般使用单体瓷绝缘式套管，并且分为导杆式（图 2-8）和穿缆式两种系列；66 kV 以上一般使用电容式套管，根据材质及制造工艺不同又分为油纸电容式（图 2-9）和干式两种系列。

图 2-8　导杆式单体瓷绝缘套管

图 2-9　油纸电容式绝缘套管

③ 套管的结构

套管由带电部分和绝缘部分组成。带电部分结构有导电杆式和穿缆式两种。绝缘部分分为外绝缘和内绝缘，外绝缘有套管和硅胶两种，内绝缘为变压器油、附加绝缘和电容型绝缘。

（2）变压器油箱

① 油箱的作用

油箱是变压器的外壳，内装铁芯和绕组并充满变压器油，使铁芯和绕组浸在油内。大型变压器一般有两个油箱，一个为本体油箱，一个为有载调压油箱，有载调压油箱内装有分接开关。这是因为分接开关在操作过程中会产生电弧，若进行频繁操作将会使油的绝缘性能下降，因此设一个单独的油箱将分接开关单独放置。

② 油箱的分类

常见的变压器油箱按其容量的大小，有箱式油箱（吊芯式油箱）、钟罩式油箱和密封式油箱三种基本形式。

箱式油箱用于中小型变压器，装设箱式油箱的变压器外形如图 2-10 所示。这种变压器上部箱盖可以打开，其充油后总重量与大型变压器相比不算太重，因此，当变压器的器身需要进行检修时，可以将整个变压器带油搬运至有起重设备的场所，将箱盖打开，吊出器身进行检修。箱式油箱壁用钢板弯折成型，截面多为椭圆形或长方形，箱沿和箱盖之间放置密封胶垫，然后用固定螺栓加以密封。箱沿设置在油箱的顶部，箱盖与箱沿用螺栓相连接。箱盖一般为平板，与铁轭上夹件固定连接在一起。根据所装散热器的不同，箱式油箱可分为管式油箱、片式油箱和波纹式油箱三种。

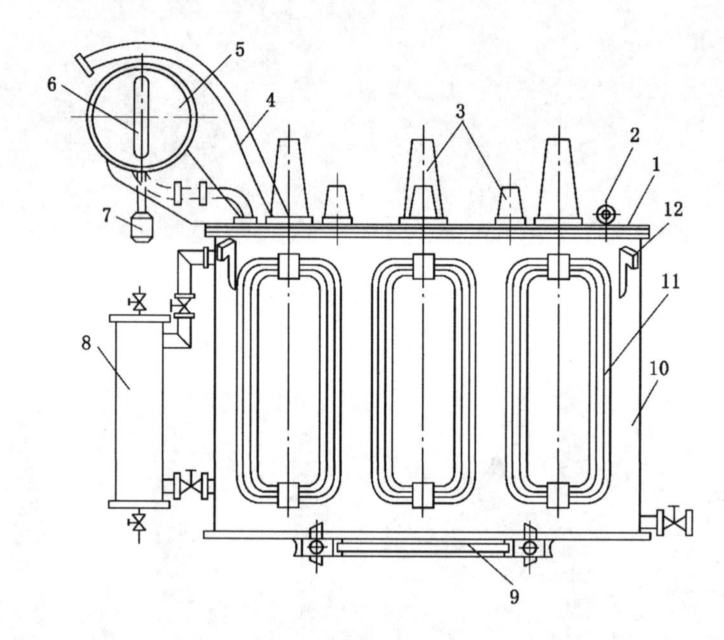

1—箱盖；2—箱盖吊攀；3—高、低压出线绝缘套管；4——安全气道；5—储油柜；6—油位计；
7—吸湿器；8—净油器；9—车架；10—箱壳；11—拆卸式散热器；12—吊攀。

图 2-10　装设箱式油箱的变压器外形图

采用钟罩式油箱的变压器在进行器身检修时，不必吊出笨重的器身，只要吊去较轻的箱壳即可进行检修工作，如图 2-11 所示。钟罩式油箱的箱沿设置在油箱的下部，上节油箱做成钟罩形，下节油箱一般为槽形箱底或平板式箱底，上、下节油箱用螺栓连接在一起，中间加放密封胶垫。下节油箱还装设放油阀门和油样阀门。

密封式油箱是在器身总装全部完成装入油箱后，它的上、下箱沿之间不是靠螺栓连接，而是直接焊接在一起的，形成一个整体，从而实现油箱的密封。由于这种油箱结构已焊为一体，因此现场若需吊芯检修将非常不便。所以这种变压器运抵现场和运行期间一般不进行吊芯检修。这就要求变压器的质量应有可靠的保证。随着变压器制造水平的提高，密封式结构也逐渐被采用，目前国内外的一些大型变压器也已开始采用这种结构。

(3) 变压器储油柜

① 储油柜的作用

变压器储油柜俗称油枕，当变压器油的体积随着油的温度变化膨胀或减小时，储油柜起

图 2-11　钟罩式油箱变压器吊罩大修

着调节油量、保证变压器油箱内经常充满油的作用。若没有储油柜,变压器油箱内的油面波动就会带来以下两个方面的不利因素:一是油面降低时露出铁芯和绕组部分会影响散热和绝缘;二是随着油面波动,空气从箱盖缝里排出和吸进,而由于上层油温很高,会使油很快地氧化和受潮。为了减少油和空气的接触面,防止油被过速地氧化和受潮,因此储油柜的油面比油箱的油面要小。另外,储油柜的油在平常几乎不参加油箱内的循环,它的温度要比油箱内的上层油温低得多,而油在低温下氧化过程慢,因此有了储油柜可防止油的过速氧化。

带有有载调压的大型变压器,其分接开关储油柜应低于主储油柜,以防分接开关的油渗入主储油柜。

② 储油柜的形式

变压器储油柜的形式有胶囊式、隔膜式和波纹式。

储油柜内装胶囊袋的变压器,变压器油是与大气相通的,通过变压器的吸湿器与大气相通,如图 2-12 所示。储油柜是隔膜式的变压器,油是完全封闭的。

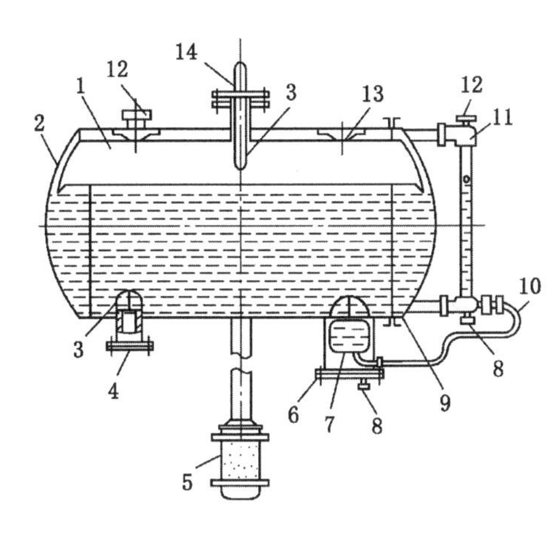

1—胶囊袋;2—储油柜;3—护网;4—连接法兰;5—吸湿器;6—油位计;7—小胶囊袋;
8—放油塞;9—端盖;10—导油管;11—油表;12—放气塞;13—吊环;14—吸湿器连管。

图 2-12　胶囊式储油柜示意图及实物图

油的老化，除了有油质本身的质量原因外，油和大气相接触是一个非常主要的原因。变压器油中溶解了一部分空气，空气中的氧将促使变压器油及浸泡在油中的纤维老化。为了防止和延缓油的老化，必须尽量避免变压器油直接和大气相接触。变压器油面与大气相接触的部位有两处：一是安全气道的油面；二是储油柜中的油面。安全气道改用压力释放阀，储油柜采用胶囊密封，可以减少油与大气接触的面积，用这种方法能防止和减缓油质老化。

胶囊式储油柜是在储油柜的内壁增加了一个胶囊袋。胶囊袋内部经过吸湿器及其连管与大气相通，胶囊袋的底面紧贴地浮在储油柜上，使胶囊袋和油面之间没有空气，隔绝了油面和空气的接触。这样，空气中的氧不再和油中的气体相交换，油中溶解氧的含量渐渐下降，直到全部消耗完为止，从而可达到阻止油氧化的目的。用胶囊袋还可以防止外界的湿气、杂质等侵入变压器内部，使变压器能保持一定的干燥程度。当油面随温度变化时，胶囊袋也会随之膨胀和压缩，起到了呼吸的作用。

储油柜中隔膜使油与空气隔离，达到减慢油质劣化速度的目的。隔膜式储油柜就是在储油柜的中间法兰处安装胶囊密封隔膜，隔膜底面紧贴地浮在储油柜的油面上，使隔膜和油面之间没有空气。在油枕的下部增加了一个集气室，其底部倾斜，便于污油沉积和气体汇集。集气室底部有两个连接头，一个接排气管，另一个接注、放油管。隔膜式储油柜如图 2-13 所示。

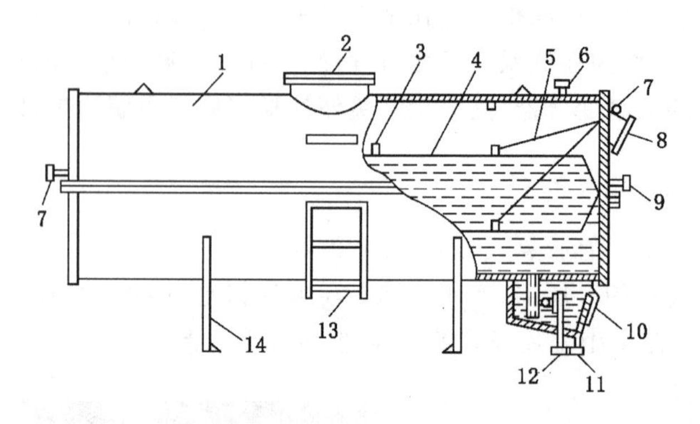

1—柜体；2—入孔门；3—薄膜排气塞；4—氯丁橡胶薄膜；5—连杆机构；6—吸湿器连管；7—接线盒；8—磁力油表；9—排凝水阀；10—观察窗；11—放油管接头；12—排气管接头；13—梯子；14—柜脚。

图 2-13 隔膜式储油柜示意图

波纹储油柜采用先进的不锈钢波纹管补偿技术，代替老式储油柜中的胶囊，可以实现对变压器绝缘油体积补偿和与外界隔离，防止吸湿氧化绝缘油。升温体积膨胀时，波纹管被压缩，移向固定端；油位过高时，波纹管压缩到一定程度报警；绝缘油降温体积收缩时，波纹管在大气作用下自行伸长。

老式储油柜胶囊、隔膜的缺点有：

a. 运行中发现，若胶囊、隔膜出现龟裂微孔，会使空气水分进入变压器油内，造成油内含水量增高，绝缘下降，情况严重时，甚至会被迫滤油或停电检修。

b. 胶囊、隔膜的上、下两面分别是空气和变压器油，由于运行中的变压器油温较高，因此，胶囊、隔膜的上、下两面温差较大，在北方的冬季，这种温差更大，在胶囊、隔膜的上面极易凝结水分，甚至出现结冰现象，给变压器的安全运行带来威胁。

c. 管式或板式油位计与其他部位的密封问题难以解决，连接部位容易出现渗油情况。

d. 由于胶囊与隔膜排气较难，因此，初始注油时难度较大，甚至存留残余空气。

波纹管式储油柜的优点有：

a. 储油柜能使变压器实现全密封，可以有效防止油质劣化。

b. 工作寿命长，可实现免维护，可有效减少不必要停电。

c. 直观，准确反映油位和油温。

d. 补偿量大，满足不同环境温度下变压器油体积变化的要求。

e. 结构简单，便于安装及方便注油。

相比之下，波纹式储油柜（图 2-14）比隔膜式储油柜更易维护，使用寿命更长，但价格高一点，对供电可靠性要求高的变压器建议采用。

图 2-14　波纹式储油柜

（4）油位计（表）

储油柜的一端一般装有油位计（表）。油位计（表）是用来指示储油柜中的油面用的。本体油枕油位计如图 2-15 所示，有载调压油枕油位计如图 2-16 所示。

图 2-15　本体油枕油位计

图 2-16　有载调压油枕油位计

对于胶囊式储油柜，为了使变压器油面与空气完全相隔绝，其油位计间接显示油位。这种储油柜是通过在储油柜下部的小胶囊袋，使之成为一个单独的油循环系统，当储油柜的油面升高时，压迫小胶囊袋的油柱压力增大，小胶囊袋的体积被缩小了一些，于是在油表反映出来的油位也高起来一些，且其高度与储油柜中的油面成正比；相反，储油柜中的油面降低时，压迫小胶囊袋的油柱压力也将减小，使小胶囊袋体积也相对要增大一些，反映在油表中的油面就要降低一些，且其高度与储油柜中的油面成正比。换句话说，它是通过储油柜油面的高低变化，导致小胶囊袋压力大小发生变化，从而使油面间接地、成正比例地反映储油柜油面高低的变化。

对于隔膜式储油柜，可安装磁力式油表。油表连杆机构的滚轮在薄膜上不受任何阻力，能自由、灵活地伸长与缩短。磁力表上部有接线盒，内部有开关，当储油柜的油面出现最高或最低位置时，开关自动闭合，发出警报信号。

(5) 气体继电器(图 2-17)

图 2-17　气体继电器(瓦斯继电器)

① 气体继电器的作用

气体继电器的作用是当变压器内部发生绝缘击穿、线匝短路及铁芯烧毁等故障时，给运行人员发出信号(轻瓦斯)或切断电源(重瓦斯)以保护变压器。

② 基本工作原理

轻瓦斯保护的气体继电器由开口杯、干簧触点等组成，作用于信号。重瓦斯保护的气体继电器由挡板、弹簧、干簧触点等组成，作用于跳闸。

正常运行时，气体继电器充满油，开口杯浸在油内，处于上浮位置，干簧触点断开。气体继电器在变压器正常运行时其内部充满变压器油，当变压器内部出现轻微故障时，变压器油由于分解而产生的气体通过连管进入继电器上部的气室内，迫使上浮子(和上浮子连在一起的永久磁铁)下降，当下降到整定位置时，接通干簧继电器触点，发出报警信号。

当变压器内部发生严重故障引起变压器油快速流动时，固定在下浮子侧面的挡板即向流动方向移动，使下浮子下沉到整定位置，和下浮子连在一起的永久磁铁接通干簧继电器触点，发出跳闸信号，当气体继电器发出报警信号后，可在配套的取气装置的取气口采气分析。

③ 根据气体的颜色判断故障的性质

可按下面气体的颜色来判断故障：a. 灰黑色，易燃，通常是绝缘油碳化造成的，也可能是接触不良或局部过热导致；b. 灰白色，可燃，有异常臭味，可能是变压器内纸质烧毁所致，有可能造成绝缘损坏；c. 黄色，不易燃，木质制件烧毁所致；d. 无色，不可燃，无味，多为空气。

(6) 变压器的安全装置

变压器安全装置主要是指安全气道(防爆管)和压力释放器。它们的主要作用都是变压器发生故障或穿越性的短路未及时切除，电弧或过流产生的热量使变压器油发生分解，产生大量高压气体，使油箱承受巨大的压力。严重时可能使油箱变形甚至破裂，并将可燃性油喷洒满地。安全装置在这种情况下动作，排出故障产生的高压气体和油，以减轻和解除油箱所承受的压力，保证油箱的安全。

① 防爆管

变压器的防爆管又称喷油嘴。防爆管安装在变压器的油箱盖上，作为变压器内部发生故障时，防止油箱内产生过高压力的释放保护。

防爆管的主体是一个长的钢质圆管，圆管的顶端有一个玻璃膜片。密封式防爆管如图 2-18 所示。当变压器内部发生故障时，油箱里的压力升高，油和产生的气体冲破隔膜片向外喷出，从而减小变压器内部压力。因此，只有在油箱内发生过压而引起隔膜片（玻璃片）破裂时，油才直接喷出并经导油管流向指定地点。正常运行时，可通过观察窗检查隔膜片的完整情况，也有的在隔膜片外侧装设一对水银触点，当隔膜片破裂喷油时，油的冲击会使水银触点闭合而发出信号。放气塞的作用是用来放出导油筒内凝结的水分。

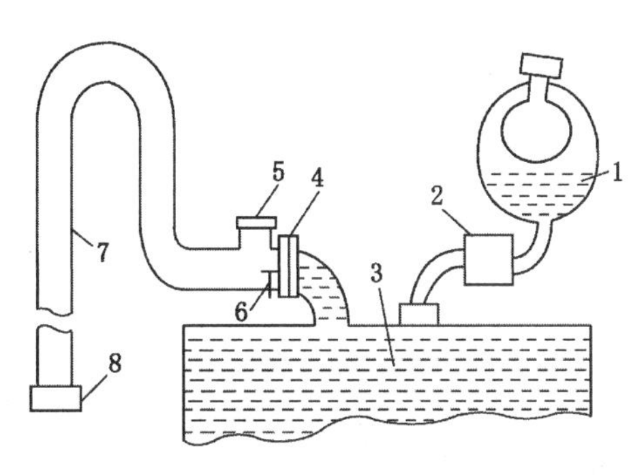

1—储油柜；2—气体继电器；3—油箱；4—隔膜片；5—观察窗；6—放气塞；7—导油管；8—防护网。

图 2-18　密封式防爆管示意图及实物图

防爆管末端防爆膜（玻璃膜）的爆破压力允许值为$(3\sim4)\times10^4$ Pa。

② 压力释放阀

压力释放阀（图 2-19）是一种安全保护阀门，在全密封变压器中用于代替安全气道，作为油箱防爆保护装置。压力释放阀与变压器防爆管的区别是：压力释放阀以弹簧阀反映变压器箱体内的压力；当内压力达到一定值时，则弹簧阀打开阀门，将压力释放，同时发报警或跳闸信号。

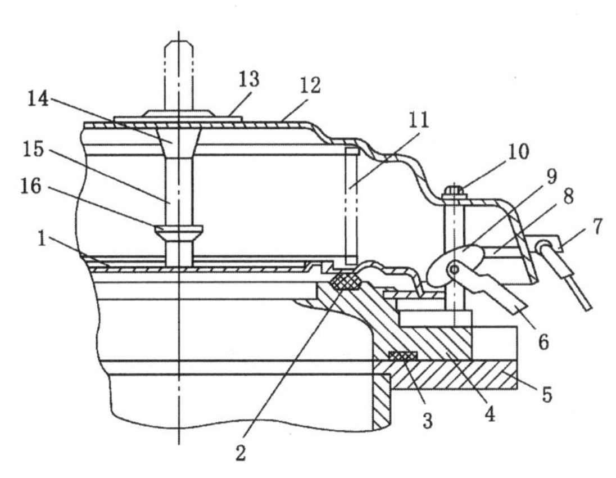

1—膜盘；2—胶圈；3—密封垫；4—底座；5—箱壳顶盖；6—复位扳手；7—接线盒；8—信号开关；9—撞块；10—螺杆；11—弹簧；12—护盖；13—铭牌；14—胶套；15—标志杆；16—锁垫。

图 2-19　压力释放阀示意图及实物图

由于防爆膜爆破压力难以正确控制，加之防爆管上部有一段空气使变压器油与大气还有呼吸作用，以及水汽容易进入变压器内部等，目前大型变压器均采用压力释放阀来替代安全气道。装设压力释放阀的主要优点为：动作性能可靠，结构紧凑，密封性能好，不与大气相通，动作后不但有明显动作标志，还能发出报警信号。

(7) 吸湿器、温度计

① 吸湿器

为了防止储油柜内的变压器油或胶囊密封上部空气与大气直接接触，储油柜内的空气是经过吸湿器与外界空气相连通的，所以吸湿器又名呼吸器。

a. 吸湿器的作用

吸湿器的作用是提供变压器在温度变化时内部气体出入的通道，解除正常运行中因温度变化而产生对油箱的压力。

b. 吸湿器的结构

吸湿器为一只盛满吸收潮气物质的小罐，如图 2-20 所示。通常在小罐内放入氯化钴浸渍过的变色硅胶作为吸附剂，它在干燥情况下一般呈蓝色，吸潮后渐渐变为粉红色，此时硅胶已失效；失效后的硅胶经 140 ℃ 烘干 8 h 后可继续使用。

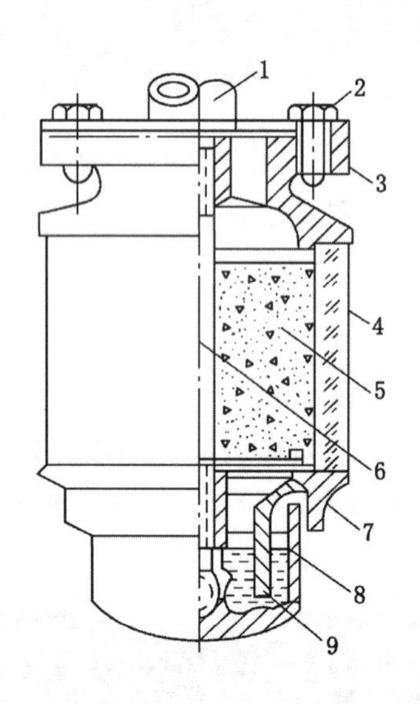

1—连接管；2—顶板紧固螺栓；3—连接法兰盘；4—透明玻璃管；5—硅胶；6—长螺杆；
7—底座；8—底罩；9—油封(变压器油)。

图 2-20 吸湿器结构示意图及实物图

吸湿器内硅胶的作用是在变压器温度下降时对吸进的气体去潮气。正常干燥时吸湿器硅胶为蓝色。当硅胶颜色变为粉红色时，表明硅胶已受潮而且失效。一般已变色硅胶达2/3时，值班人员应通知检修人员更换。硅胶变色过快的原因主要有：长时期天气阴雨，空气湿度较大，因吸湿量大而过快变色；吸湿器容量过小；硅胶玻璃罩罐有裂纹、破损；吸湿器下部油封罩内无油或油位太低，起不到良好的油封作用，使湿空气未经油封过滤而直接进入硅胶罐内；吸湿器安装不当，如胶垫龟裂不合格、螺钉松动、安装不密封而受潮。

② 温度计

一般大型变压器都装有测量上层油温的带电触点的测温装置，它装在变压器油箱外，便于运行人员监视变压器油温情况，如图 2-21 所示。用于测量变压器上层油温的测温装置有电触点压力式温度计和遥测温度计。

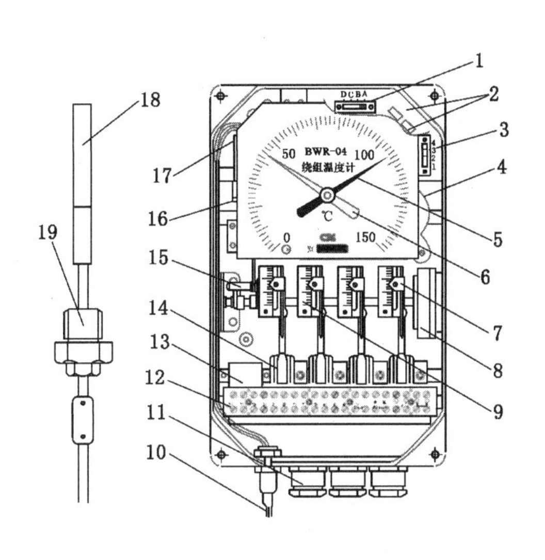

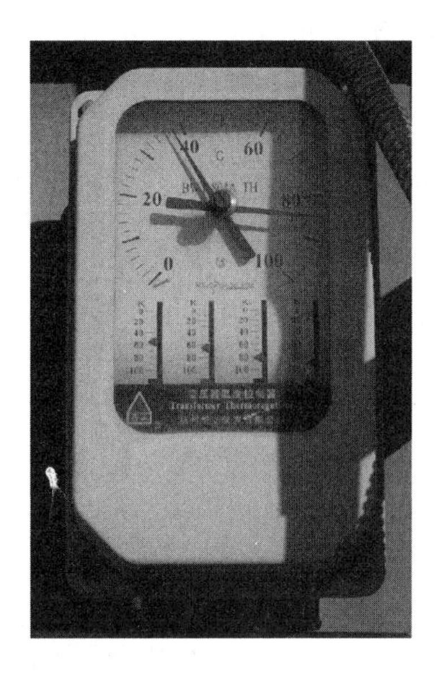

1—型号切换；2—电流调节；3—挡位切换；4—变流器；5—最高指示针；6—指标指针；7—设定指针；
8—位移变阻器；9—设定刻度盘；10—毛细管；11—引线接头；12—接线端子；13—电阻转换器；14—微动开关；
15—检验手柄；16—电热元件；17—弹性元件；18—温包；19—安装接头。

图 2-21　变压器温度计内部结构图及实物图

电触点压力式温度计除了可以测量变压器的实时温度外，还带有电触点。温度达到或超过上、下限给定值时，其触点会闭合，发出报警信号。

遥测温度计也称为电阻温度计。它是利用电桥原理制成的，主要由两个部件组成：一是动圈式温度指示仪表，另一部件为热电阻检测元件。运行时，热电阻是装在变压器的箱盖上的，温度指示仪则装在控制室，两者之间通过控制电缆或光缆连接起来，所以可以实现遥测的方式。

(8) 调压装置

① 变压器调压装置的作用及原理

变压器正常运行时，由于负荷变动或一次侧电源电压的变化，二次侧电压也是经常在变动的。电网各点的实际电压一般不能恰好与额定电压相等。这种实际电压与额定电压的差，称为电压偏移。电压偏移的存在是不可避免的，但要求这种偏移不能太大，否则就不能保证供电质量，会给用户带来不利的影响。因此，对变压器进行调压(改变变压器的变比)，是变压器正常运行中一项必要的工作。

利用调压器等进行的无级调压只适用于低电压、小容量的场合；而利用调整发电机励磁、增压变压器、同步补偿机及静止无功补偿装置等进行调压也受到一定限制。在无功功率充足的情况下，通过分接开关来调整电压比较方便、可行。它是在变压器的某一绕组上设置分接头，当变换分接头时就减少或增加了一部分线匝，使带有分接头的变压器绕组的匝数减少或增加，其他绕组的匝数没有改变，从而改变了变压器绕组的匝数比。绕组的匝数比改变了,电压比也会相应改变,输出电压就改变了,这样就达到了调整电压的目的。

调节变压器分接头只能改变系统电压,而不能改变无功分布。

一般情况下,是在高压绕组上抽出适当的分接头,因为高压绕组常套在外面,引出分接头方便;另外,高压侧电流小,引出的分接引线和分接开关的载流部分截面小,开关接触部分也较容易解决。

② 变压器调压装置的分类

连接以及切换变压器分接抽头的装置,称为分接开关。

a. 如果切换分接头必须将变压器从电网中切除,即不带电切换,称为无励磁调压或无载调压。这种分接头开关称为无励磁分接开关,或无载调压分接头开关。

无励磁分接开关(或称无载分接开关)是用于油浸变压器在无励磁状态下进行分接变换的装置,如图 2-22 所示。按相数分有单相和三相;按安装方式分有卧式和立式;按结构分有鼓形、笼形、条形和盘形;按调压部位分有中性点调压、中部调压及线端调压。一般励磁分接开关的额定电流在 1 600 A 以下,额定电压在 220 kV 及以下。

图 2-22　无载调压装置

变压器无励磁分接开关的额定调压范围较窄,调节级数较少。额定调节范围以变压器额定的百分数表示为±5%或±2×2.5%。根据使用要求,在调节范围内和级数不变的情况下,允许增加负分接级数、减少正分接级数。

无励磁调压变压器需对二次侧电压进行调整时,首先要对变压器停电。变换分接头位置时,要求正、反各转动几圈,在该分接位置锁定后,测量直流电阻,以确保分接头位置正确,接触良好、可靠。这样,每次变换分接头位置时很不方便,所以,无励磁分接开关只适用于不经常调节或季节性调节的变压器。

b. 如果切换分接头不需要将变压器从电网中切除,即可以带着负荷切换,则称为有载调压。这种分接头开关称为有载分接开关。

有载调压分接开关,也称带负荷调压分接开关。装有这种分接开关的电力变压器,称为有载调压变压器。

有载调压的基本原理,就是在变压器的绕组中引出若干分接抽头,通过有载调压分接开关,在保证不切断负荷电流的情况下,由一个分接头切换到另一个分接头,以达到改变绕组的有效匝数,即改变变压器变压比的目的。在切换过程中需要过渡电路,过渡电路中有的用电抗,有的用电阻。电抗过渡类型为电抗式有载调压分接开关,其体积大,现已不使用;电阻式有载调压分接开关,体积小,目前广泛使用。

三、变压器的巡视与验收

值班人员对运行设备应做到:正常运行按时查;高峰、高温认真查;天气突变及时查;重点设备重点查;薄弱设备仔细查。

1. 变电站设备巡视的分类

变电站设备巡视分为三类:日常巡视、定期巡视和特殊巡视。

(1) 日常巡视应每天进行,并按照规定的内容要求进行。日常巡视每天三次,即交接班巡视、高峰负荷巡视、夜间闭灯巡视。

(2) 定期巡视应按规定时间和要求进行。定期巡视是对设备进行较完整的巡视检查,巡视时间较长,巡视时要求做好详细的巡视记录。

(3) 特殊巡视是根据实际情况和规定的要求而增加的巡视次数。特殊巡视一般是有针对性的重点巡视。

2. 巡视设备的基本方法

在没有先进的巡视方法取代传统的巡视方法前,巡视工作主要采取传统的巡视方法,即:看、听、嗅、摸和分析。

(1) 目测检查法

所谓目测检查法,就是用眼睛来检查看得见的设备部位,通过设备外观的变化来发现异常情况。通过目测可以发现的异常现象综合如下:

① 破裂、断线;

② 变形(膨胀、收缩、弯曲);

③ 松动;

④ 漏油、漏水、漏气;

⑤ 污秽;

⑥ 腐蚀;

⑦ 磨损;

⑧ 变色(烧焦、硅胶变色、油变黑);

⑨ 冒烟,接头发热;

⑩ 产生火花;

⑪ 有杂质异物;

⑫ 表计指示不正常,油位(压力)指示不正常;

⑬ 不正常的动作;

⑭ 各类指示灯、手柄、开关等是否在正常的位置;

⑮ 各类参数是否正常。

(2) 听判断法

用耳朵或借助听音器械,判断设备运行时发出的声音是否正常,有无异常声音,如放电、机械摩擦、振动、高频啸叫等。

(3) 嗅判断法

用鼻子辨别是否有电气设备绝缘材料过热时产生的特殊气味。变压器故障及各附件、部件,由于接触不良或松动会产生过热或氧化而引起异常气味,如高压导电部位连接部分,低压电源接线端子,套管、瓷管、绝缘子,冷却器系统的电机、导线、接头、分控箱内接触器,继电器绝缘板等发出的焦味、臭味等。

(4) 触试检查法

用手触试设备的非带电部分(如变压器的外壳、电动机的外壳),检查设备的温度是否有异常升高。用手摸的方法来比较设备外壳的温度,在相似情况下是否温度过高,振动是否过于剧烈,然后与仪表对照分析。感觉触试可以用手指、手掌、手背等合适部位,反复进行触感比较。进行触试检查要严格注意安全。

(5) 仪器检测的方法

借助测温仪定期对设备进行检查(如红外测温技术)是发现设备过热最有效的方法,目前使用较广。

第二节　断路器及高压开关柜

一、高压开关柜

1. 高压开关柜的作用

开关柜是金属封闭开关设备的俗称。按照 GB/T 3906—2020 的定义,金属封闭开关设备是指除进出线外完全被金属外壳包住的开关设备,如图 2-23 所示。

图 2-23　高压开关柜

高压开关柜将断路器、隔离开关、接地开关、电流互感器、避雷器、母线、进出线套管、电缆终端以及控制、测量、保护、调整等二次元件进行合理配置,按主接线的要求,以一定顺序布置在一个或几个金属封闭外壳内,具有相对完整的使用功能,占地少,安装、使用方便,适于大量生产等特点。

高压开关柜广泛应用于配电系统,作为接受与分配电能之用。既可根据电网运行需要将一部分电力设备或线路投入或退出运行,也可在电力设备或线路发生故障时将故障部分从电网中快速切除，从而保证电网中无故障部分的正常运行以及设备和运行维修人员的安全。因此，高压开关柜是非常重要的配电设备，其安全、可靠运行对电力系统具有十分重要的意义。

2. 高压开关柜的分类

(1) 按照配电网及对高压开关的要求，将配电电压等级划分为三个层次：

① 高压配电电压：110 kV、66 kV、35 kV。

② 中压配电电压：10 kV、6 kV。

③ 低压配电电压：380/220 V。

(2) 按结构形式划分，可将高压开关柜分为三种类型：

① 铠装式：各室间用金属板隔离且接地，如 KYN 型和 GG 型。

② 间隔式：各室间用一个或多个非金属板隔离，如 JYN 型。

③ 箱式：具有金属外壳，但间隔数目少于铠装式或间隔式，如 XGN 型。

以上三种类型的共同点是外壳均用金属壳体。

(3) 从柜体的形成看，有两种形式：

① 焊接式：柜体是焊接而成的，劳动强度大，易变形。

② 组装式：将金属板根据柜体尺寸剪裁成各种板块并带组装螺孔，再用螺栓和拉铆螺母紧固而成，其误差较小、互换性好。

(4) 从手车的置放看，有两种形式：

① 中置式：手车装于柜子中部，手车的装卸需要手车转运车。

② 落地式：手车本身落地，推入柜内。

(5) 从绝缘介质看，有空气绝缘、气体绝缘和固体绝缘等三种。后两者呈明显增长之势。

(6) 从内装断路器看，现以无油断路器为主导，尤其以真空断路器用量最大。

以往常规变电站使用的多为 GG 型开关柜，此类开关柜没有防爆功能，样式较为陈旧。因此，在改、扩建或新建变电站中，高压配电开关柜通常采用性能更高的 KYN 型开关柜。

3. KYN 型开关柜的结构组成

(1) KYN 型开关柜型号的含义

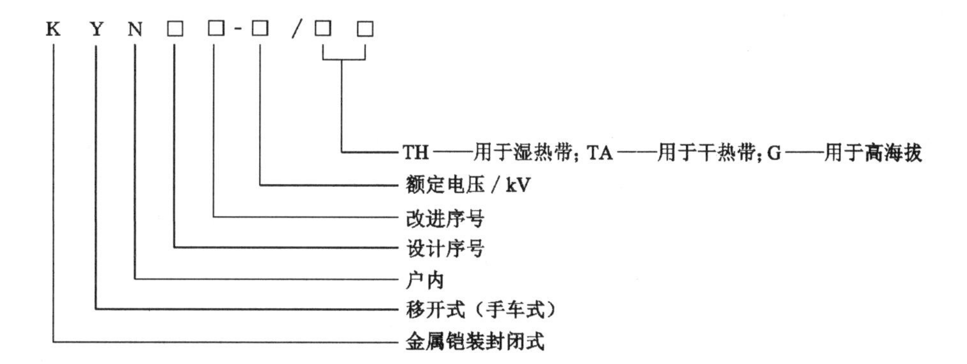

(2) 高压开关柜型号举例说明

例如，KYN-40.5 型，其型号含义为：K——金属铠装封闭式，Y——移开式，N——户内式，40.5——额定电压为 40.5 kV；KYN28A-12 型，其型号含义为：K——金属铠装封闭式，

Y——移开式，N——户内式，28——设计序号，A——改进序号，12——额定电压为 12 kV。

(3) KYN 型开关柜的柜体结构

KYN 型开关柜由固定的柜体和可抽出部件（简称手车）两大部分组成，结构如图 2-24 所示。开关柜柜体的外壳和各功能单元的隔板均采用敷铝锌钢板连接而成，开关柜外壳防护等级达 IP4X，各隔室间及断路器室门打开时的防护等级为 IP2X。

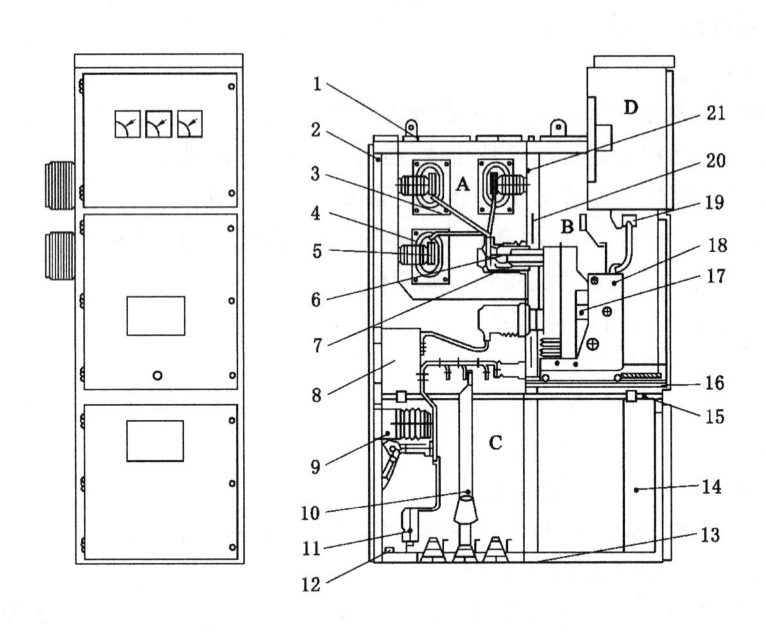

A—母线室；B—（断路器）手车室；C—电缆室；D—继电器仪表室；

1—卸压装置；2—外壳；3—分支母线；4—母线套管；5—主母线；6—静触头装置；7—静触头盒；8—电流互感器；

9—接地开关；10—电缆；11—避雷器；12—接地母线；13—底板；14—控制小线槽；15—接地开关操作机构；

16—可抽出式隔板；17—加热去湿器；18—断路器手车；19—二次插头；20—隔板（活门）；21—装卸式隔板。

图 2-24　KYN 型开关柜结构图

① 柜体（外壳和隔板）

开关柜的外壳和隔板采用敷铝锌钢板，整个柜体不仅具有精度高、抗腐蚀与氧化作用，且机械强度高、外形美观，柜体采用组装结构，用拉铆螺母和高强度螺栓连接而成，因此装配好的开关柜能保持尺寸上的统一性。

开关柜被隔板分成手车室、母线室、电缆室和继电器仪表室，每一单元均良好接地。

由于各部分以接地的金属隔板分隔，因此可阻止电弧延伸，从而使可能产生的故障限制在很小的范围内。除继电器仪表室外，其他隔室均有独立的卸压通道。当某一部分需要换元件或维修时，不需要全柜停电，只需切断元件两端的电源，维修人员即可安全进入该室。

② 手车

手车骨架是用薄钢板加工后组装而成的。根据用途，手车可分为断路器手车（简称 DL 车）、隔离手车（简称 GL 车）、电压互感器手车（简称 PT 车）等，如图 2-25 所示。各类手车的高度与深度统一，相同规格的手车能互换。手车在柜内有试验位置和工作位置，每一位置均设有联锁定位装置，以保证手车处于以上位置时不能随便移动，移动手车时必须解除联锁，使断路器手车在移动之前先分闸。各种手车均采用丝杠、螺母推进和退出，操作轻便、灵活。

(a) 断路器手车　　(b) 隔离手车　　(c) 电压互感器手车

图 2-25　各类型手车外观样式图

当手车用转运车运入柜体断路器室时，便能锁定在检修位置/试验位置，柜体上的位置显示灯显示其所在的位置，只有手车完全锁定后才能摇动推进机构，将手车推向工作位置。手车到达工作位置后，推进手柄摇不动，其对应位置显示灯便显示其所在位置。手车的机械联锁能可靠保证手车在工作位置或试验位置时，断路器才能进行合闸，也只有断路器在分闸状态，手车才能移动。

手车机构内的接线通过专用插座与继电器室的端子排连接。插头的一端与手车机构固定连接，另一端是一个专用插头，配套的插座安装在手车(断路器)室的右上方，从插座引出线接至继电器室端子排。

手车有三个位置：工作位置、试验位置和检修位置。

a. 工作位置：断路器与一次设备有联系，合闸后，功率从母线经断路器传至输电线路。

b. 试验位置：二次插头可以插在插座上，获得电源。断路器可以进行合闸、分闸操作，对应指示灯亮；断路器与一次设备没有联系，可以进行各项操作，但是不会对负荷侧有任何影响，所以称为试验位置。

c. 检修位置：断路器与一次设备(母线)没有联系，失去操作电源(二次插头已经拔下)，断路器处于分闸位置。

以断路器手车为例，正常运行时，手车在运行位置，断路器在合闸位置，二次线插头与插座连接；手动跳闸后，断路器在分闸状态、手车在运行位置；用专用摇把将断路器手车摇出至试验位置，可以将二次插头拔下(手车在运行位置时拔不下来)；继续摇，手车退出断路器室，处于断开位置。

③ 开关柜内隔室

如图 2-26 所示，KYN 型高压开关柜主要由母线室、手车(断路器)室、电缆室和继电器仪表室组成。

各部分主要功能和作用为：

a. 母线室

母线室布置在开关柜的背面上部，作为安装布置三相高压交流母线及通过支路母线实现与静触头连接之用。全部母线用绝缘套管塑封。扁平的分支小母线通过螺栓连接于静触头盒和主母线，不需要任何其他的线夹或绝缘子连接。当用户和工程特殊需要时，母线排上的连接螺栓可用绝缘套管封装。在母线穿越开关柜隔板时，用母线套管固定。如果出现内部故障电弧，能限制事故蔓延到邻柜，并能保障母线的机械强度。

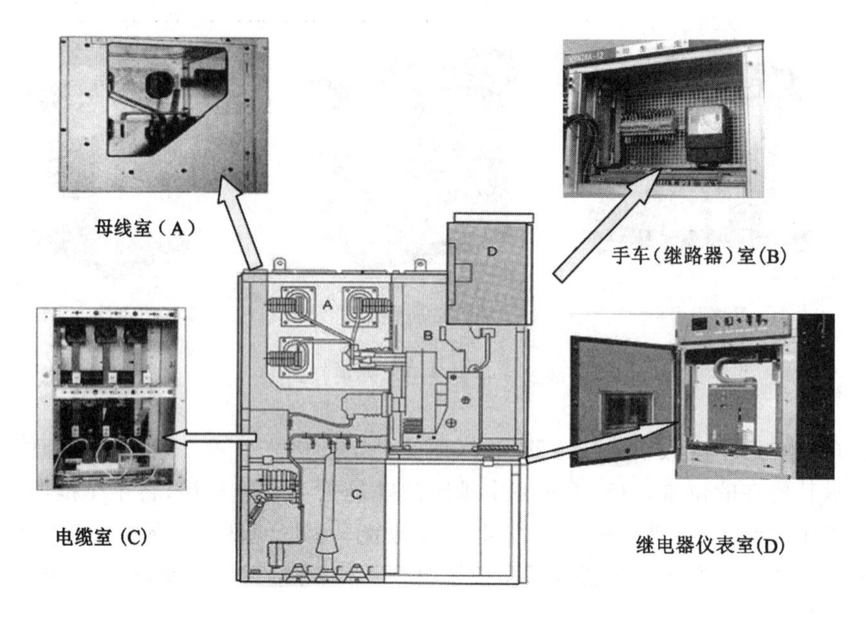

图 2-26　KYN 型开关柜组成结构图

b. 手车(断路器)室

在断路器室内安装了特定的导轨,供断路器手车在内滑行与工作。手车能在工作位置、试验位置之间移动。静触头的隔板(活门)安装在手车室的后壁上。手车从试验位置移动到工作位置过程中,隔板自动打开,反方向移动手车则完全复合,从而保障了操作人员不触及带电体。手车能在开关柜柜门关闭情况下被操作,通过观察窗可以看到手车在柜内所处的位置,分合闸指示及储能情况。当手车需要移出柜体时,需使用手车转运车。

c. 电缆室

电缆室内可安装电流互感器、接地开关、避雷器(过电压保护器)以及电缆等附属设备,并在其底部配制开缝的可卸铝板,以确保现场施工的方便。如图 2-27 所示。

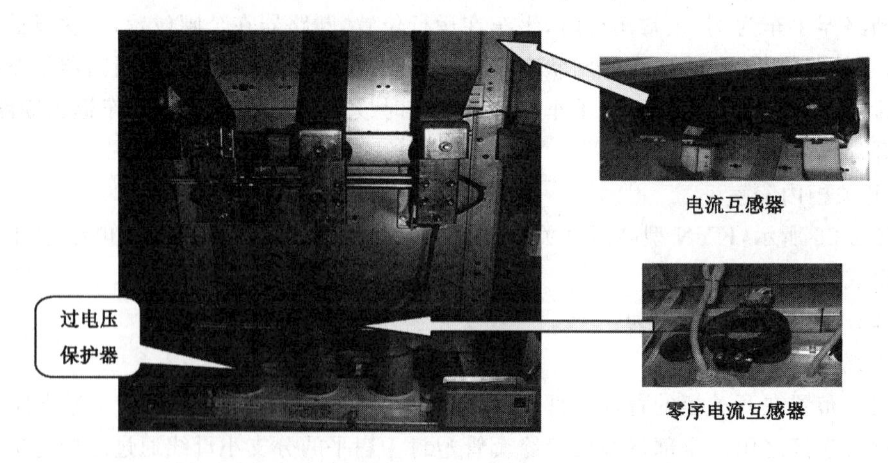

图 2-27　电缆室部分组成元器件图

d. 继电器仪表室

继电器仪表室的面板上，安装有微机保护装置、操作把手、保护出口压板、仪表、状态指示灯(或状态显示器)等；继电器室内，安装有端子排、微机保护控制回路直流电源开关、微机保护工作直流电源、储能电机工作电源开关(直流或交流)，以及特殊要求的二次设备。控制线路敷设在足够空间的线槽内，并有金属盖板，可使二次线与高压设备隔离。其左侧线槽是为控制小线引进和引出预留的，开关柜自身内部的小线敷设在右侧。在继电器仪表室的顶板上还留有便于施工的小母线穿越孔。接线时，仪表室顶板可供翻转，便于小母线的安装。

④ 高压开关柜附属设备

a. 接地装置

在电缆室内单独设立有接地装置。该接地装置可通过联络排贯穿相邻各柜，并与柜体良好接触，如图 2-28 所示。此接地排供直接接地的元器件使用。同时由于整个柜体用敷铝锌板相拼接，这样使整个柜体都处在良好接地状态之中，确保运行操作人员触及柜体时的安全。

图 2-28　接地装置图

b. 卸压装置

在手车室、母线室和电缆室的上方均设有卸压装置，当断路器或母线产生内部故障电弧时，开关柜内装设在柜门上的特殊密封圈把柜体前面密封起来，顶部装置的压力释放金属板因开关柜内部气压升高而被自动打开，释放压力和排泄气体，以确保操作人员和开关柜的安全。

c. 开关状态显示器

开关状态显示器是一种智能化开关模拟综合动态指示装置，能集中指示反映开关柜一次回路模拟状态，如手车位置、隔离刀闸位置、接地刀闸位置、开关状态、操作机构储能状态等，有些还带有高压带电指示、带电闭锁控制、自动加热除湿及加热器故障监测等功能。状态显示器的应用简化了开关柜面板设计，美化了布局，完善了开关状态指示功能和安全性能，如图 2-29 所示。

d. 高压带电显示装置

高压带电显示装置由高压传感器和显示器两单元组成，经外接导电线连接为一体，如图 2-30 所示。该装置不但可以提示高压回路带电状况，而且还可以与电磁铁配合，实现强制闭锁开关手柄、网门，实现防止带电关合接地开关、防止误入带电间隔，从而有效提高开关柜的防误性能。

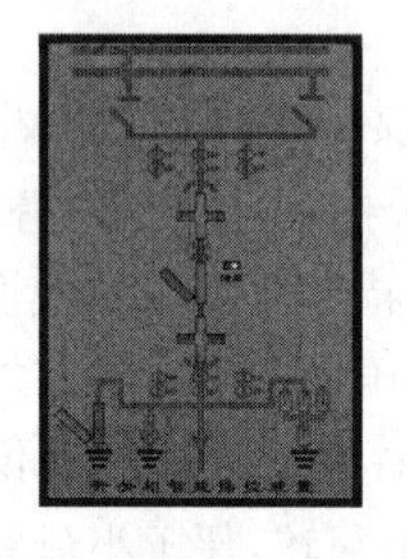

图 2-29　开关状态显示器图

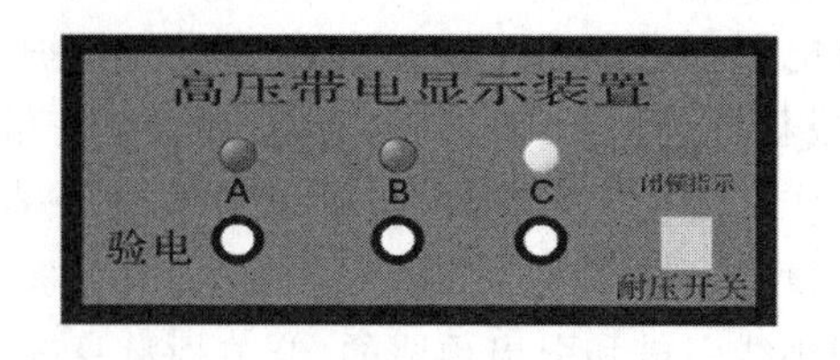

图 2-30　高压带电显示装置图

e. 防凝露加热器

为了防止在高湿度或温度变化较大的气候环境中产生凝露带来危险，在断路器室和电缆室内分别装设加热器，以便在上述环境中使用和防止凝露发生，如图 2-31 所示。

f. 联锁装置

开关柜具有可靠的联锁装置，需要满足“五防”的要求，切实保障操作人员及设备的安全。

(a) 仪表室门上装有提示性的按钮或者转换开关，以防止误合、误分断路器。

(b) 断路器手车在试验位置或工作位置时，断路器才能进行合分操作，而在断路器合闸后，手车无法移动，防止了带负荷误推拉手车。

(c) 仅当接地开关处在分闸位置时，断路器手车才能从试验/检修位置移至工作位置。仅当断路器手车处于试验/检修位置时，接地开关才能进行合闸操作。这样实现了防止带电误合接地开关，以及防止接地开关处在闭合位置时分合断路器。

(d) 接地开关处于分闸位置时，开关柜下门及后门都无法打开，防止了误入带电间隔，如图 2-32 所示。

图 2-31　防凝露加热器

图 2-32　开关柜后门与接地开关联锁

(e) 断路器手车在试验或工作位置，没有控制电压时，可实现仅能手动分闸不能合闸。

(f) 断路器手车在工作位置时，二次插头被锁定不能拔出，如图 2-33 所示。

(g) 各柜体间可实现电气联锁。

(h) 开关设备上的二次线与断路器手车上的二次线的联络是通过手动二次插头来实现的，二次插头的动触头通过一个尼龙波纹收缩管与断路器手车相连，二次静触头座装设在开关柜手车室的右上方。断路器手车只有在试验/断开位置时，才能插上和解除二次插头。断路器手车处于工作位置时，由于机械联锁作用，二次插头被锁定，不能被解除。

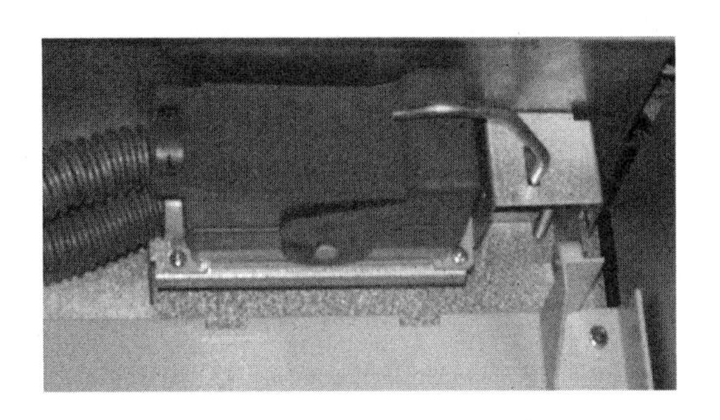

图 2-33　开关柜二次插头被锁定

二、真空断路器

1. 真空断路器的作用

真空断路器处于合闸位置时，其对地绝缘由支持绝缘子承受，一旦真空断路器所连接的线路发生永久接地故障，断路器动作跳闸后，接地故障点又未被清除，则有电母线的对地绝缘亦要由该断路器断口的真空间隙承受；各种故障开断时，断口一对触子间的真空绝缘间隙要耐受各种恢复电压的作用而不发生击穿。如图 2-34 所示。

图 2-34　真空断路器

2. 真空断路器的类型

(1) 按安装地点可分为户内式和户外式。

(2) 按灭弧介质可分为油断路器、空气断路器、磁吹断路器、真空断路器、SF_6 断路器、自产气断路器。

(3) 按断路器的总体结构和其对地的绝缘方式不同，可分为绝缘子支持型、接地金属箱型。

(4) 按断路器在电力系统中工作位置的不同，可分为发电机断路器、输电断路器、配电断路器。

(5) 按照断路器所用操作能源能量形式的不同，可分为手动机构、直流电磁机构、弹簧机构、液压机构、液压弹簧机构、气动机构、电动操动机构。

3. 真空断路器的型号及其含义

(1) 真空断路器的型号由几个大写的汉语拼音字母和阿拉伯数字组成,每个拼音和数字均代表一定含义。

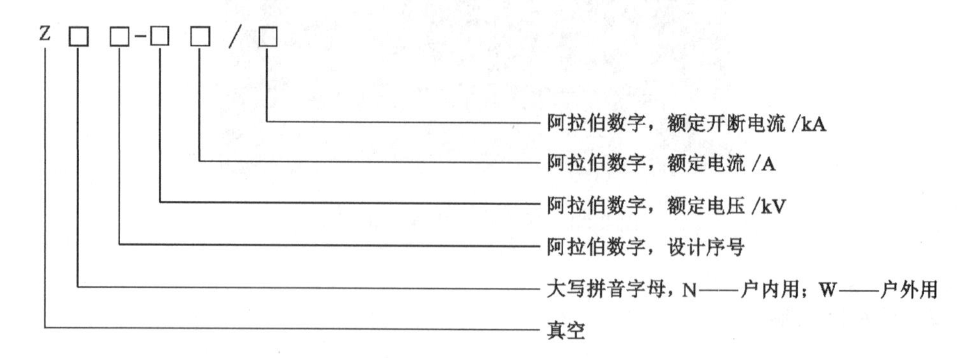

(2) 真空断路器型号举例说明。例如,ZW8-12/630-31.5 型,其型号含义为:Z——真空断路器,W——户外式,8——设计序号,12——额定电压为 12 kV,630——额定电流为 630 A,31.5——额定开断电流为 31.5 kA;ZW7-40.5 型,其型号含义为:Z——真空断路器,W——户外式,7——设计序号,40.5——额定电压为 40.5 kV。

(3) 真空断路器在实际变电站中的应用,如图 2-35～图 2-38 所示。

图 2-35 ZW7-40.5 型户外真空断路器 1

图 2-36 ZW7-40.5 型户外真空断路器 2

图 2-37 ZN63A(VS1)-12 型户内真空断路器

图 2-38 VSV-12 型户内真空断路器

4. 真空断路器的操动机构

真空断路器的操动机构主要有三种类型：电磁操动机构、弹簧操动机构及永磁操动机构，如图 2-39 所示。

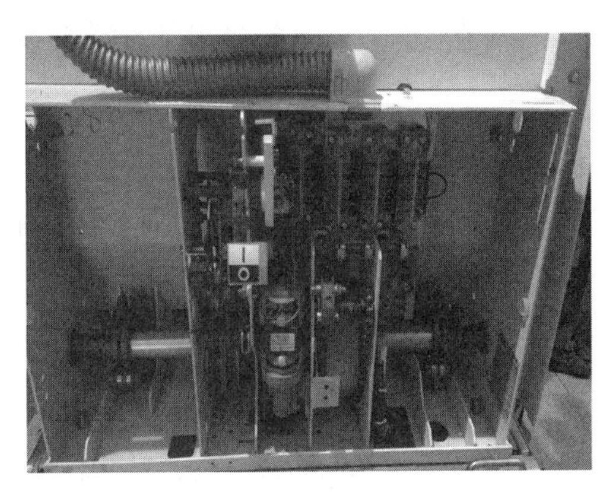

图 2-39　真空断路器操动机构

电磁操动机构由一个电磁线圈和铁芯，加上分闸弹簧和必要的机械锁扣系统组成，结构简单，零件数少，工作可靠，制造成本低。

弹簧操动机构由弹簧储存分合闸所需的所有能量，并通过凸轮机构和四连杆机构推动真空灭弧室触头动作。其分合闸速度不受电源电压波动的影响，相当稳定，通过调整弹簧的压力能够获得满足要求的分合闸速度。

永磁机构是一种全新的操动机构，它利用永磁保持、电子控制、电容器储能。其优势是结构简单、零件数目少，工作时的主要运动部件只有一个，无需机械脱扣、锁扣装置。

5. 真空断路器的巡视检查和运行管理与维护

(1) 真空断路器的正常巡视和检查标准

① 分、合位置指示正确，并和当时实际运行工况相符。

② 支持绝缘子清洁，无裂痕及放电异声。

③ 真空灭弧室无异常。

④ 接地完好。

⑤ 引线接触部分无过热，弛度适中，试温蜡片有无融化。

⑥ 断路器各电源及重合闸指示灯正确。

⑦ 高压柜前、后的带电显示装置指示正常。

(2) 真空断路器的运行管理

① 真空灭弧室

真空灭弧室是真空断路器的关键部件，它采用玻璃或陶瓷作支撑及密封，内部有动、静触头和屏蔽罩，室内真空为 10^{-3}～10^{-6} Pa 的负压，保证其开断时的灭弧性能和绝缘水平。随着真空灭弧室使用时间的增长和开断次数的增多，以及受外界因素的作用，其真空度逐步下降，下降到一定程度将会影响它的开断能力和耐压水平。因此，真空断路器在使用过程中必须定期检查灭弧室的真空度。

② 防止过电压

真空断路器具有良好的开断性能，有时在切除电感电路并在电流过零前使电弧熄灭而产生截流过电压，这点必须引起注意。对于油浸变压器，不仅耐受冲击电压值较高，而且杂散电容大，不需要专门加装保护；而对于耐受冲击电压值不高的干式变压器或频繁操作的滞后的电炉变压器，就应采取安装金属氧化物避雷器或装设电容等措施来防止过电压。

③ 严格控制触头行程和超程

国产各种型号的 12 kV 真空灭弧室的触头行程为(11±1) mm 左右，超程为(3±0.5) mm。应严格控制触头的行程和超程，按照产品安装说明书要求进行调整。在大修后一定要进行测试，并且与出厂记录进行比较。不能误以为开距大对灭弧有利，而随意增加真空断路器的触头行程。因为过多地增加触头的行程，会使得断路器合闸后在波纹管中产生过大的应力，引起波纹管损坏，破坏断路器密封，使真空度降低。

④ 严格控制分合闸速度

真空断路器的合闸速度过低时，会由于预击穿时间加长而增大触头的磨损量。又由于真空断路器机械强度不高，耐振性差，如果断路器合闸速度过高，会造成较大的振动，还会对波纹管产生较大冲击力，降低波纹管寿命。通常真空断路器的合闸速度为(0.6±0.2) m/s，分闸速度为(1.6±0.3) m/s 左右。对一定结构的真空断路器有着最佳的分合闸速度，可以按照产品说明书要求进行调节。

⑤ 触头磨损值的监控

真空灭弧室的触头接触面在经过多次开断电流后会逐渐磨损，触头行程增大，也就相当于波纹管的工作行程增大，因而波纹管的寿命会迅速下降，通常允许触头磨损最大值为 3 mm 左右。若累计磨损值达到或超过此值，真空灭弧室的开断性能和导电性能都会下降，说明真空灭弧室的使用寿命已到期。

当然，当触头磨损使动、静触头接触不良时，通过回路电阻的测试也可以发现问题。

⑥ 做好极限开断电流值的统计

在日常运行中，应对真空断路器的正常开断操作和短路开断情况进行记录。当发现极限开断电流值 $\sum I$ 达到厂家给出的极限值时，应更换真空灭弧室。

6. 真空断路器运行中常见故障及处理

(1) 真空泡真空度降低

① 故障现象

真空断路器在真空泡内开断电流并进行灭弧，而真空断路器本身没有定性、定量监测真空度特性的装置，所以真空度降低故障为隐性故障，其危险程度远远大于显性故障。

② 处理方法

在进行断路器定期停电检修时，必须使用真空测试仪对真空泡进行真空度定性测试，确保真空泡具有一定的真空度。

当真空度降低时，必须更换真空泡，并做好行程、同期、弹跳等特性试验。

(2) 真空断路器分闸失灵

① 故障现象

a. 断路器远方遥控分闸分不下来。

b. 就地手动分闸分不下来。

c. 事故时继电保护动作，但断路器分不下来。

② 处理方法

a. 检查分闸回路是否断线。

b. 检查分闸线圈是否断线。

c. 测量分闸线圈电阻值是否合格。

d. 检查分闸顶杆是否变形。

e. 检查操作电压是否正常。

f. 改铜质分闸顶杆为钢质，以避免变形。

(3) 弹簧操作机构合闸储能回路故障

① 故障现象

a. 合闸后无法实现分闸操作。

b. 储能电机运转不停止，甚至导致电机线圈过热损坏。

② 处理方法

a. 调整行程开关位置，实现电机准确断电。

b. 如行程开关损坏，应及时更换。

(4) 分合闸不同期、弹跳数值大

① 故障现象

此故障为隐性故障，必须通过特性测试仪的测量才能得出有关数据。

② 处理方法

a. 在保证行程、超行程前提下，通过调整三相绝缘拉杆的长度使同期、弹跳测试数据在合格范围内。

b. 如果通过调整无法实现，则必须更换数据不合格的真空泡，并重新调整到数据合格。

三、六氟化硫(SF_6)断路器

1. 六氟化硫(SF_6)断路器的作用

六氟化硫(SF_6)断路器(图 2-40)是利用 SF_6 气体作为灭弧介质和绝缘介质的一种断路器，简称 SF_6 断路器。SF_6 断路器是利用 SF_6 气体为绝缘介质和灭弧介质的无油化开关设备，其绝缘性能和灭弧特性都大大高于油断路器。由于其价格较高，且对 SF_6 气体的应用、管理、运行都有较高要求，故在中压(35 kV、10 kV)中应用还不够广泛，主要应用于比较高端的场合。

图 2-40　SF_6 断路器

2. SF_6 断路器的分类

(1) 按所利用能源的不同，将 SF_6 灭弧装置分为三类：

① 外能式灭弧装置：利用运行储存的高压力 SF_6 气体或开断过程中依靠操作力产生 SF_6 的压力差，在开断时将 SF_6 气体吹向电弧而使之熄灭。

② 自能式灭弧装置：利用电弧本身的能量使 SF_6 气体受热膨胀而产生压力差，在开断时将 SF_6

气体吹向电弧而使之熄灭。或者利用开断电流本身，依靠线圈形成垂直于电弧的磁场，使电弧在 SF_6 气体中旋转而使之熄灭。

③ 混合式灭弧装置：既利用电弧（或开断电流）自身的能量，也利用部分外界能量的综合式灭弧装置。

（2）按开断过程中灭弧装置工作特点的不同，将 SF_6 灭弧装置分为：气吹式、热膨胀式、磁吹旋转电弧式和混合式。

3. SF_6 断路器的结构

（1）瓷柱式结构：系列性强，可用多个相同的单元灭弧室和支柱瓷套组成不同电压等级的断路器。例如，FA4-550 型 SF_6 断路器为瓷柱式结构，其额定电压为 500 kV，最高工作电压为 550 kV。断路器由三个独立的单相和一个液压、电气控制柜组成。每相由两个支柱瓷套的四个灭弧室（断口）串联而成。在每个支柱瓷套顶部装有两个单元灭弧室，为 120°夹角 V 形布置，两个均压并联电容器为水平布置。这种结构布置既考虑到结构的机械应力状态，又照顾到绝缘的要求。灭弧室和支柱瓷套内均充有额定压力的 SF_6 气体。瓷柱式断路器使用液压操作机构，液压机构的控制和操作元件以及线路均设于控制柜内。每相断路器的下部装有一套液压机构的动力元件，如液压工作缸等。灭弧室由液压工作缸直接操动。支柱瓷套内装有绝缘操作杆，操作杆与液压工作缸相连接。

（2）罐式结构：采用了箱式多油断路器的优点，将断路器与互感器装在一起，结构紧凑，抗地震和防污能力强，但系列性较差。例如，LW-220 型罐式 SF_6 断路器结构，如图 2-41 所示。此种断路器为三相分装式。单相由基座、绝缘瓷套管、电流互感器和装有单断口灭弧室的壳体组成。每相配有液压机构和一台控制柜，可以单独操作，并能通过电气控制进行三相操作。断路器采用双向纵吹式灭弧室，分闸时通过拐臂箱传动机构带动气缸及动触头运动。灭弧室充有额定气压为 6 表压（20 ℃）的 SF_6 气体。

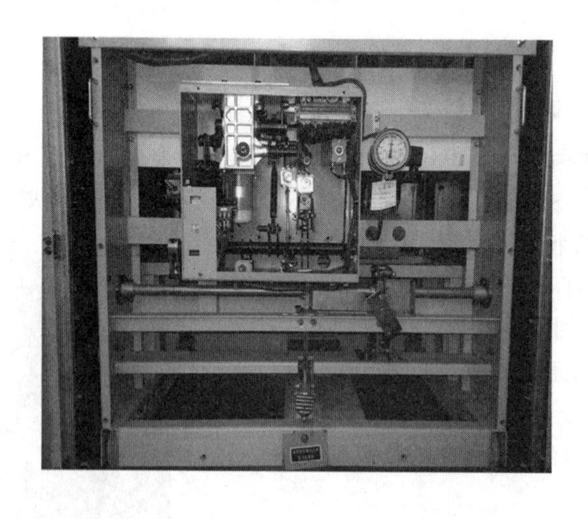

图 2-41　LW-220 型罐式 SF_6 断路器结构图

4. SF_6 断路器的型号及其含义

（1）SF_6 断路器的型号由几个大写的汉语拼音字母和阿拉伯数字组成，每个拼音和数字均代表一定含义。

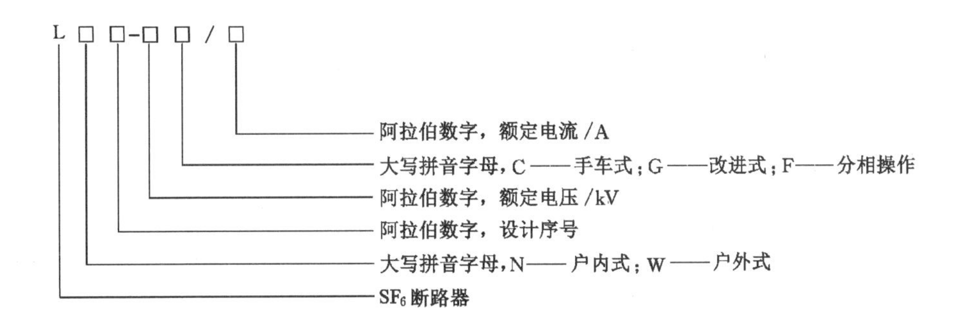

(2) SF_6 断路器型号举例说明。例如，LW2-40.5C/300 型，其型号含义为：L——SF_6 断路器，W——户外式，2——设计序号，40.5——额定电压为 40.5 kV，C——手车式，300——额定电流为 300 A。

(3) SF_6 断路器在实际变电站中的应用，如图 2-42～图 2-45 所示。

图 2-42　RES15-40.5 型户内 SF_6 断路器 1

图 2-43　RES15-40.5 型户内 SF_6 断路器 2

图 2-44　ZN63A(VS1)-12 型户外 SF_6 断路器

图 2-45　LW35-126 型户外 SF_6 断路器

5. SF_6 断路器灭弧室的分类

(1) 双压式灭弧室

双压式灭弧室有两个压力系统，一个压力一般为 0.3～0.6 MPa 的系统，主要用于内间的绝缘；另一个压力一般为1.4～1.6 MPa的高压系统，主要用于灭弧。

(2) 单压式灭弧室

单压式灭弧室又称压气式灭弧室，只有一个气压系统，即常态时只有单一的SF_6气体。灭弧室的可动部分带有压气装置，分闸过程中，压气缸与触头同时运动，将压气室内的气体压缩。触头分离后，电弧即受到高速气流吹动而熄灭。

分闸时，操动机构通过拉杆使动触头、动弧触头、绝缘喷嘴和压气缸运动，在压力活塞与压气缸之间产生压力；当动、静触头分离，触头间产生电弧，同时压气缸内SF_6气体在压力作用下，使电弧熄灭；当电弧熄灭后，触头在分闸位置。单压式SF_6断路器又被分为定开距SF_6断路器和变开距SF_6断路器。

6. SF_6断路器的运行维护与巡视检查项目

(1) SF_6断路器的正常巡视和检查标准

① 断路器各部分及管道无异声(漏气声、振动声)及异味，管道夹头正常。

② 引线连接部位无过热，引线弛度适中。

③ 套管无脏污，无裂痕，无放电声和电晕。

④ 检查压力表密度继电器指示正常并记录压力值(各开关的正常及报警压力值参见设备技术参数表)，与以前的数据对比应没有太大区别。

⑤ 接地完好。

⑥ 断路器分、合位置指示正确，并和当时实际运行工况相符。

⑦ 壳体及操作机构完整，不锈蚀，弹簧储能位置正常。

⑧ 断路器各电源及重合闸指示灯正确。

(2) SF_6断路器的运行管理

① 高压室需要有必要的通风装置。

② 运行中应注意换气。

③ 高压室地面层装设带报警装置的氧量仪和SF_6泄漏报警仪。当空气中含氧量降至18%时，氧量仪应发出警报；当空气中SF_6气体含量达1 000 ppm(10^{-6}，体积比)时，SF_6泄漏报警仪发出警报。

④ SF_6断路器发出“SF_6气体压力降低报警”或“SF_6气体压力降低闭锁跳合闸”信号后，值班员应到现场检查。

⑤ SF_6气体压力下降太快时，即使未达到报警压力，也应汇报调度及上级领导，申请处理。

⑥ 断路器在运行中内部有放电声或其他异常声音时，应立即汇报调度，要求迅速停用，并报告上级领导，要求尽快派人处理。

⑦ SF_6断路器气压异常升高，应根据负荷、环境温度进行判断，并立即向上级汇报情况。

⑧ 断路器故障跳闸后，值班员应检查SF_6断路器的SF_6气体压力是否正常，空气回路是否正常，是否有漏气现象。发现异常情况时，不得将该断路器投入运行，并应立即报告调度和上级领导，要求尽快处理。

⑨ 每次断路器动作后应检查机构箱内储能情况、断路器分合闸指示，并记录动作次数。

7. SF_6 断路器运行中常见故障及处理

(1) 储能指示标记不到位

① 故障原因

储能过程中发生异常，没完全储能。

② 处理方法

a. 检查电机控制自动开关(8M)是否在合位，若电机控制自动开关(8M)断开，应先合上电机控制自动开关(8M)，合上后若能储能到位则故障排除，否则执行第二步。

b. 断开机构箱内就地直流电源自动开关(8D)，再合上直流电源自动开关(8D)，合上后若能储能到位则故障排除，否则执行第三步。

c. 断开电机控制自动开关(8M)，用储能摇把(若无专用摇把，可用 M17 套筒扳手代替)进行储能，转动时储能指示标记应为逆时针转动。储能完毕后合上电机控制自动开关(8M)，并将该故障向车间、生产调度汇报，联系电气组进行处理。

(2) “远方/就地”不能分合闸，控制盘上分合闸位置信号无显示

① 故障原因

a. 机构箱内“远方/就地”位置转换开关位置和控制盘上“远/直/单”位置转换开关位置不对应。

b. 控制保险熔断。

c. 分合闸线圈烧坏。

d. 闭锁节点位置不正确。

② 处理方法

a. 检查机构箱内“远方/就地”位置转换开关是否在“远方”位，将转换开关打至“远方”位后能分合，则故障排除。

b. 检查控制回路小保险是否熔断、机构箱内就地直流电源自动开关(8D)是否断开若 8D 断开，合上 8D 后能分合闸，则故障排除，若不能分合闸，为恢复供电，可将机构箱内转换开关打到“就地”位，在机构箱内进行电动分合闸；若机构箱内就地分合闸成功，则在恢复供电后再查找回路中是否还存在其他故障点；若机构箱内不能分合闸，应立即向电调申请倒主变。然后向生产调度和车间汇报，联系电气组来人进行处理。

(3) 运行中出现 SF_6 低气压报警

① 故障原因

气压泄漏造成。

② 处理方法

检查发现 SF_6 气体压力降为 0.45 MPa 及以下，应立即向车间和生产调度汇报，联系电气组进行补气。

(4) SF_6 断路器拒合处理

① 操作控制开关后，合闸铁芯不动，处理方法为：

a. 检查熔断器是否完好或小开关跳闸。

b. 检查机构辅助开关切换是否灵活和正确。

c. 检查控制开关触点动作是否正常。

② 操作控制开关后，合闸电磁铁动作，但仍然拒合，处理方法为：

a. 检查合闸电磁铁铁芯是否在某点卡住。

b. 检查合闸电磁铁铁芯顶杆是否变形。

c. 检查合闸锁扣四连杆机构过死点位置是否过大。

d. 检查将合闸铁芯按到底，检查四连杆机构尺寸，与装配不符时应调整铁芯行程和冲程。

e. 检查合闸锁扣对牵引杆的扣入深度是否过大，应为 3～4 mm。

f. 若以上检查未发现异常，应检查操作电源电压是否过低。

（5）SF_6 断路器拒分处理

① 操作控制开关后，分闸电磁铁不动，处理方法为：

a. 检查熔断器是否完好或小开关跳闸。

b. 检查机构辅助开关动合触点是否在闭合位置。

② 闸电磁铁动作，但分闸跳扣未释放，导致不分闸，处理方法为：

a. 检查分闸电磁铁铁芯是否灵活，有无卡涩现象。

b. 调整分闸铁芯行程和冲程，手按铁芯至终极位置，跳钩尖应与所挂的轴完全脱离。

c. 检查操作电源电压是否过低。

d. 检查跳扣钩合面与轴间间隙是否过小，若过小应调整。

（6）储能后自行合闸

储能后自行合闸的原因和处理方法为：

a. 合闸锁扣四连杆机构过死点距离小于 2 mm，调节螺钉，检查四连杆是否灵活。

b. 合闸电磁铁动作后，在合闸位置或返回途中卡住；或者其他原因，四连杆机构不能返回，应进行检查处理。

c. 长期运行后，合闸锁扣与牵引杆扣合面磨损过度，或装配调整不当，应进行检修处理。

四、GIS 全封闭式组合电器

1. GIS 全封闭式组合电器的概念

GIS(Gas Insulated Substation)是气体绝缘全封闭组合电器的英文简称。GIS 由断路器、隔离开关、接地开关、互感器、避雷器、母线、连接件和出线终端等组成，这些设备或部件全部封闭在金属接地的外壳中，在其内部充有一定压力的 SF_6 绝缘气体，故也称 SF_6 全封闭组合电器，如图 2-46 所示。

2. GIS 全封闭式组合电器的特点

（1）小型化。与常规敞开式变电站（AIS）相比，126 kV GIS 的占地面积仅为 AIS 的 10％，252 kV GIS 的占地面积仅为 AIS 的 5％，尤其适用于寸土寸金、征地困难的城市地区。

（2）可靠性高。GIS 的带电部分全部密封在 SF_6 气体中，能消除外部环境因素对设备的影响与干扰，在重污染、高海拔、多盐雾、多地震地区和高层建筑内部及地下室使用具有常规开关设备无法比拟的优越性。

（3）安装周期短。产品在出厂前采用预制式整体装配和试验，以单元间隔的形式运到现场进行安装，可缩短建设周期，提高产品可靠性。

图 2-46　GIS 全封闭式组合电器

(4) 使用寿命长，维护方便，可节省大量检修费用。产品可达到少维护或免维护的要求，使用寿命可长达 30 年。

3. GIS 全封闭式组合电器的分类

(1) 根据安装地点可分为户外式和户内式两种。

(2) GIS 一般可分为单相单筒式和三相共筒式两种形式。110 kV 电压等级及母线可以做成三相共筒式，220 kV 及以上采用单相单筒式。

4. GIS 全封闭式组合电器的结构

GIS 由断路器、隔离开关、接地开关、电压互感器、电流互感器、避雷器、母线、电缆终端、进出线套管等基本元件组成，如图 2-47 所示。

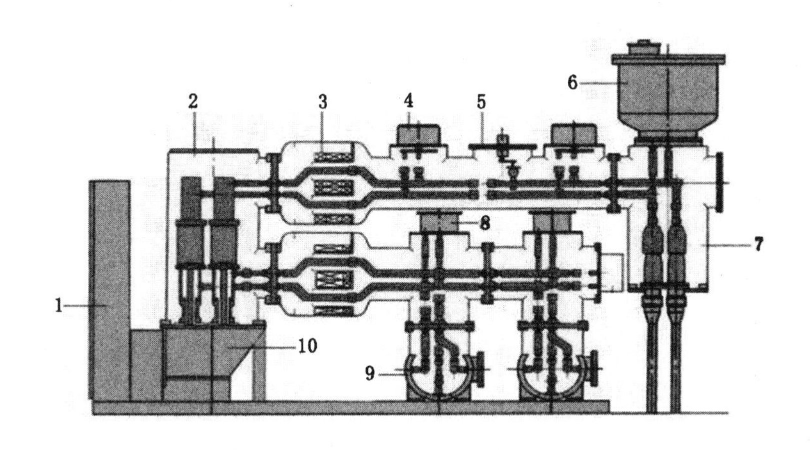

1—控制柜；2—断路器；3—电流互感器；4—接地开关；5—出线隔离开关；6—电压互感器；7—电缆终端；8—母线隔离开关；9—母线；10—操动机构。

图 2-47　GIS 全封闭式组合电器结构图

（1）断路器

断路器组件由三相共箱式断路器和操动机构组成。每相灭弧室由独立的绝缘筒封闭。灭弧室为单压式，采用轴向同步双向吹弧式工作原理，结构简单，开断能力强。

（2）隔离开关和接地开关

接地开关可以配手动、电动或电动弹簧机构。手动和电动机构主要用于检修用接地开关；电动弹簧机构用于具有开合电磁感应电流、静电感应电流能力和需要关合短路电流的接地开关。

接地开关可用作一次接引线端子，因此用于在不需要放掉 SF_6 气体的条件下检查电流互感器的变化和测量电阻等。

隔离开关可以配手动、电动或电动弹簧机构。手动和电动机构主要用于无负载电流时分、合隔离开关；电动弹簧机构用于需要切合电容电流、电感电流和母线转换电流的隔离开关。

（3）避雷器

避雷器为氧化锌型封闭式结构，采用 SF_6 绝缘，有垂直或水平接口，主要由罐体盆式绝缘子安装底座及芯体等部分组成，芯体由氧化锌电阻片作为主要元件，它具有良好的伏安特性和较大的通容量。

（4）气隔

GIS 的每一个间隔，都用不通气的盆式绝缘子（气隔绝缘子）划分为若干个独立的 SF_6 气室，即气隔单元。各独立气室在电路上彼此相通，而在气路上则相互隔离。

每一个气隔单元有一套元件，即 SF_6 密度计、自封接头、SF_6 配管等。其中，SF_6 密度计带有 SF_6 压力表及报警接点。除可在密度计上直接读出所连接气室的 SF_6 压力外，还可通过引线将报警触点接入就地控制柜。当气室内 SF_6 气压降低时，则通过控制柜上光字牌指示灯及综合自动化系统报文发出“SF_6 压力降低”的报警信号；如压力降至闭锁值以下，则发出闭锁信号，同时切断断路器控制回路，将断路器闭锁。

（5）套管

高压套管内部充有 SF_6 气体，用于组合电器与外部高压线路的绝缘，也作为 SF_6 组合电器与高压线路连接的枢纽。

（6）操作模式

220 kV、110 kV GIS 设备共有三种操作模式，分别为就地操作、远方操作、微机“五防”操作。

5. GIS 全封闭式组合电器的型号及其含义

（1）GIS 全封闭式组合电器的型号由几个大写的汉语拼音字母和阿拉伯数字组成，每个拼音和数字均代表一定含义。

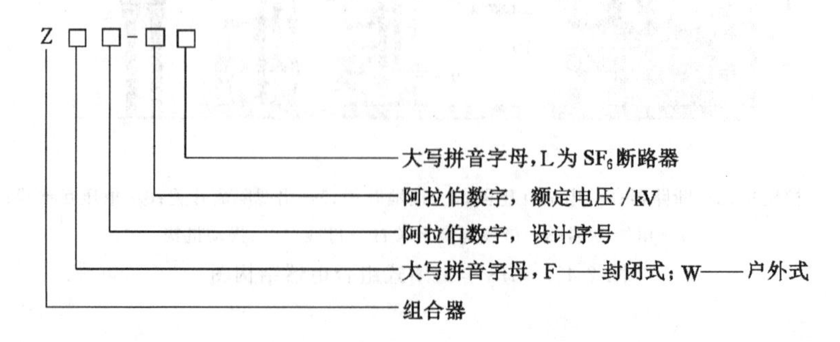

(2) GIS 全封闭式组合电器型号举例说明。例如,ZF12-126L 型,其型号含义为:Z——组合器,F——封闭式,12——设计序号,126——额定电压为 126 kV,L——SF_6 断路器。

(3) GIS 封闭式组合电器在实际变电站中的应用,如图 2-48～图 2-51 所示。

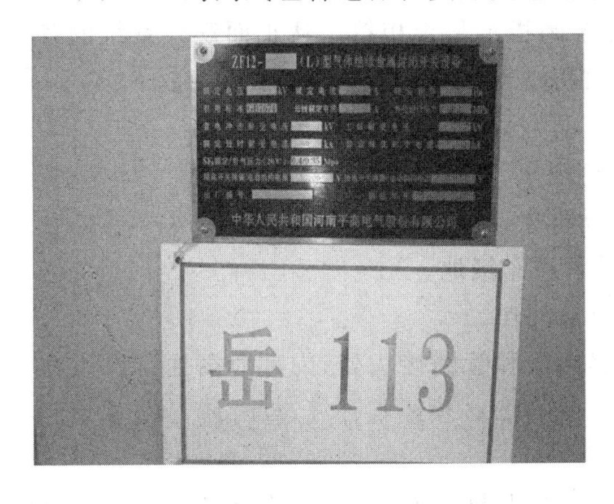

图 2-48　ZF12-126(L)型气体绝缘金属封闭式开关

图 2-49　ZF12-126(L)型户内 SF_6 断路器

图 2-50　GIS 用氧化物避雷器

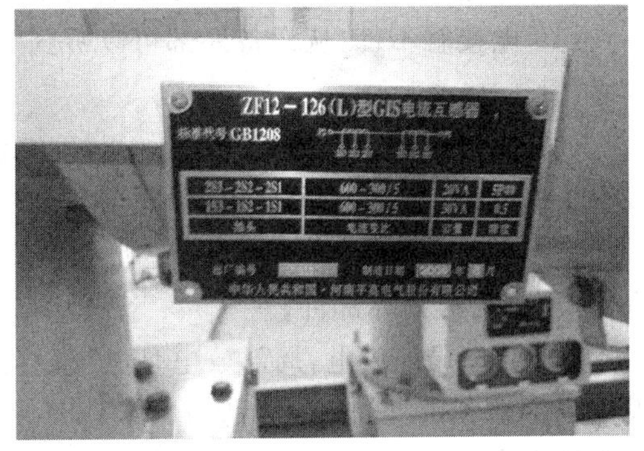

图 2-51　ZF12-126(L)型 GIS 电流互感器

6. GIS 全封闭式组合电器的运行维护与巡视检查项目

(1) GIS 全封闭式组合电器的正常巡视和检查

每次巡视时对运行中的 GIS 设备进行外观检查,室内 GIS 设备巡视检查在进入前应先通风 15 min,先主要检查设备有无异常情况,并做好记录。主要内容包括:

① 断路器、隔离开关及接地开关的位置指示是否正确,并与当时实际运行工况是否相符。

② 各气室 SF_6 气体压力指示是否正常。

③ 有无异常声音或异味。

④ 各类箱、门的关闭情况。

⑤ 外壳、支架等有无锈蚀、损伤。

⑥ 接地是否完好。

(2) GIS 全封闭式组合电器的运行管理

① 检查信号指示是否正确。检查每一标准间隔控制柜内的各种状态信号是否和该间隔的各元件的实际状态一致，即和各元件的分合闸指示是否相符。从正面观察系统的各项压力值是否符合要求，主要是指断路器的操作油压(气压)、各气室 SF_6 密度值。

② 检查设备有无异常声音。

③ 观察控制柜内的接线端子有无过热变色现象。

④ 检查操作各元件的固定螺钉是否有松动现象。

⑤ 检查接地开关、接地棒及各接地元件是否可靠接地。

7. GIS 全封闭式组合电器运行中常见故障及处理

(1) 气体泄漏：泄露通常发生在密封面、焊接面和管路接头处；内部泄露通常发生在盆式绝缘子裂缝和 SF_6 气体与油的交界面。轻时使 GIS 必须经常补气，重时使 GIS 被迫停止运行。

(2) SF_6 气体含水量太高：SF_6 气体含水量太高引起的故障几乎都是绝缘子或其他绝缘件闪络，表面闪络的绝缘子需要彻底清洗或更换。这种故障常发生在气温突然变化时或设备补气之后，应定期测量水分。

(3) 导电微粒：清扫或更换受影响的部件。

(4) 电接触不良：从设备外部可以听到“嗡嗡”声的电接触不良故障，严重时会导致 GIS 闪络。

(5) 插接头未完全插入触座：如果插接式触头未完全插入触座，可能会造成故障。一旦该触头有问题，大多可导致相对地击穿。

(6) 误操作：在 GIS 运行中，应杜绝误操作事故，一旦发生误操作，应停电检查处理。如果需要，应更换损坏部件。

(7) GIS 局部放电：局部放电是电气设备绝缘部件内部存在的弱点，在一定外施电压下发生局部的和重复的击穿及熄灭现象。日积月累，会慢慢损坏绝缘部件，最后导致整个绝缘部件被击穿。

第三节　隔离开关及手车

一、隔离开关

1. 隔离开关的作用

隔离开关(图 2-52)在结构上没有特殊的灭弧装置，不允许用它带负载进行拉闸或合闸操作。隔离开关拉闸时，必须在断路器切断电路之后才能再拉隔离开关；合闸时，必须先合隔离开关后，再用断路器接通电路。

隔离开关的主要作用是：

(1) 隔离电源。在电气设备停电检修时，用隔离开关将需停电检修的设备与电源隔离，形成明显可见的断开点，以保证工作人员和设备安全。

(2) 倒闸操作。电气设备运行状态可分为运行、备用和检修三种工作状态。将电气设

图 2-52　隔离开关

备由一种工作状态改变为另一种工作状态的操作称为倒闸操作。例如在双母线接线的电路中，利用与母线连接的隔离开关，在不中断用户供电条件下可将供电线路从一组母线供电切换到另一组母线上供电。

(3) 拉合无电流或小电流电路。高压隔离开关虽然没有特殊的灭弧装置，但在拉闸过程中可以切断小电流，因动、静触头迅速拉开时，根据迅速拉长电弧的灭弧原理，可以使触头间电弧熄灭。因此，高压隔离开关允许拉合以下电路：

① 电压互感器与避雷器回路。

② 母线和直接与母线相连设备的电容电流。

③ 励磁电流小于 2 A 的空载变压器：一般电压为 35 kV，容量为 1 000 kV · A 及以下变压器；电压为 110 kV，容量为 3 200 kV · A 及以下变压器。

④ 电容电流不超过 5 A 的空载线路：一般电压为 10 kV，长度为 5 km 及以下的架空线路；电压为 35 kV，长度为 10 km 及以下的架空线路。

2. 隔离开关的类型

隔离开关种类较多，一般可按下列几种方法分类：

① 按安装地点分为户内式和户外式。

② 按刀闸运动方式可分为水平旋转式、垂直旋转式和插入式。

③ 按每相支柱绝缘子数目可分为单柱式、双柱式和三柱式。

④ 按操作特点可分为单极式和三极式。

⑤ 按有无接地刀闸可分为带接地刀闸和无接地刀闸。

(1) 户内式隔离开关(图 2-53)

GN2-10 系列隔离开关为 10 kV 户内式隔离开关，额定电流为 400～3 000 A。

隔离开关进行操作时，由操动机构经连杆驱动转动轴旋转，再由转动轴经拉杆绝缘子控制触头运动，实现分合闸。

图 2-53　户内高压隔离开关

动触头为铜制隔离开关式，合闸时将静触头夹在两片隔离开关片中间。有大电流通过时，两片隔离开关之间产生附加电动力，使动、静触头之间的压力增大，从而提高隔离开关的动稳定和热稳定。

常用的户内隔离开关还有 GN10-10 系列、GN19-10 系列、GN22-10 系列、GN24-10 系列和 GN2-35 系列、GN19-35 系列等，它们的基本结构大致相同，区别在于额定电流、外形尺寸、布置方式和操动机构等不相同。

(2) 户外式隔离开关(图 2-54)

图 2-54　户外高压隔离开关

① GW4-35 系列隔离开关

GW4-35 系列隔离开关为 35 kV 户外式隔离开关，额定电流为 630～2 000 A。GW4-35

系列隔离开关为双柱式结构，一般制成单极形式，可借助连杆组成三级联动的隔离开关，也可单极使用。

GW4-35 系列隔离开关的左闸刀和右闸刀分别安装在支柱绝缘子之上，支柱绝缘子安装在底座两端的轴承座上。分闸操作时，由操动机构通过交叉连杆机构带动使两个支柱绝缘子向相反的方向各自转动 90°，使闸刀在水平面上转动，实现分闸。

② GW5-35 系列隔离开关

GW5-35 系列隔离开关为 35 kV 户外式隔离开关，额定电流为 630～2 000 A。GW5-35 系列隔离开关为双柱式 V 形结构，制成单极形式，借助连杆组成三级联动隔离开关。

GW5-35 系列隔离开关的两个棒式支柱绝缘子固定在底座上，支柱绝缘子轴线之间的交角为 50°，是 V 形结构。V 形结构比双柱式的隔离开关重量轻、占用空间小。两个棒式绝缘子由下部的伞齿轮连动。合闸操作时，连杆带动伞齿轮连动，伞齿轮使两个棒式绝缘子以相同速度沿相反方向转动，带动两个主闸刀转动 90°实现合闸；分闸时，操作与上述的合闸动作相反。

3. 隔离开关的型号及其含义

(1) 隔离开关的型号由几个大写的汉语拼音字母和阿拉伯数字组成，每个拼音和数字均代表一定含义。

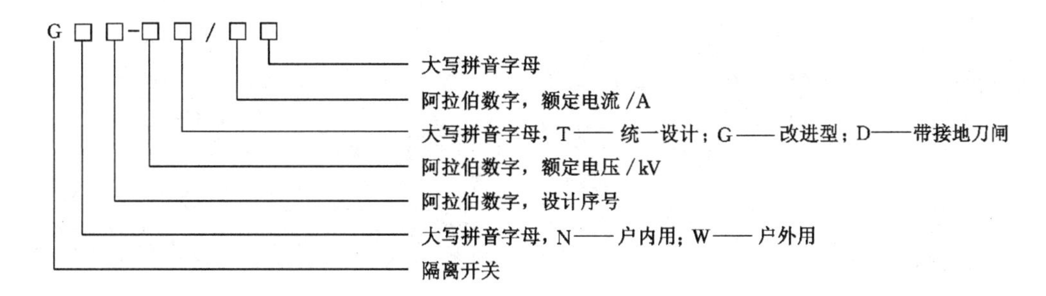

(2) 隔离开关型号举例说明。例如，GN19-12 型，其型号含义为：G——隔离开关，N——户内式，19——设计序号，12——额定电压为 12 kV；GW5-40.5 型，其型号含义为：G——隔离开关，W——户外式，40.5——额定电压为 40.5 kV；GW5-110GD/600 型，其型号含义为：G——隔离开关，W——户外式，5——设计序号，110——额定电压为 110 kV，G——改进型，D——带接地刀闸，600——额定电流为 600 A。

(3) 隔离开关在实际变电站中的应用，如图 2-55～图 2-58 所示。

4. 隔离开关的结构

(1) 支撑底座

支撑底座的作用是支撑固定，其将导电部分、绝缘子、传动机构、操作机构等固定为一体，并使其便于固定在基础上。

(2) 导电部分

导电部分包括触头、闸刀、接线座。导电部分的作用是传导电路中的电流。

(3) 绝缘子

绝缘子包括支持绝缘子、操作绝缘子。绝缘子的作用是将带电部分和接地部分绝缘开来。

图 2-55 GW5-40.5 型户外高压隔离开关

图 2-56 GW5-126HDW 型户外高压隔离开关

图 2-57 GWS-12610 型户外高压隔离开关 1

图 2-58 GWS-12610 型户外高压隔离开关 2

(4) 传动机构

传动机构的作用是接受操动机构的力矩，并通过拐臂、连杆、轴齿或是操作绝缘子将运动传动给触头，以完成闸刀的分合闸动作。

(5) 操动机构

与断路器操动机构一样，它通过手动、电动、气动、液压等方式向隔离开关的动作提供能源。

5. 隔离开关的巡视检查和运行管理与维护

(1) 隔离开关的巡视和检查标准

① 应接触良好、不偏斜、不振动、不打火、触头不污脏、不发热、不锈蚀、无烧痕，弹簧和软线不疲劳、不锈蚀、不断裂。

② 绝缘瓷质应清洁，无放电现象，无裂纹，不破损。

③ 隔离开关拉开断口的空间距离应符合规定。

④ 机构联锁、闭锁装置应良好，连动切换副触头位置应正确，接触良好。

⑤ 转轴、齿轮、框架、连杆、拐臂、十字头、销子等零部件应无开焊、变形、锈蚀、位置不正确、歪斜、卡涩等不正常现象。

⑥ 操作箱密封应良好，不漏油，不进潮，加热器应正常。

⑦ 基础应良好，无损伤、下沉和倾斜。

(2) 隔离开关的运行管理

① 不准带负荷切合电路

a. 送电时先合隔离开关，后合断路器；停电时先停断路器，后断隔离开关。单极隔离开关停电时先断中相，后断两个边相；送电时先合两个边相，后合中相。

b. 带电操作隔离开关时，应戴合格的绝缘手套。

c. 操作过程中如发生弧光，已合的不准再拉开，拉开的也不准再合上。

d. 带有接地刀开关的高压隔离开关，主刀开关手柄和接地刀开关手柄应有可靠的机械联锁。隔离开关同级断路器至少要有机械的或电气的一种联锁装置。隔离开关允许切合电压互感器、避雷器、母线充电电流、开关的旁路电流、无负荷的变压器中点地线。

e. 隔离开关操作时，不允许超过所能开断的变压器励磁电流和空载电流、架空线的电容电流值及所能切合的空载变压器电流值。

② 运行中应注意观察和巡回检查

a. 运行中应注意观察各连接点，特别是闸嘴处是否接触良好，有无腐蚀过热现象。监视温度的示温蜡片或变色漆有无熔化和变色。

b. 巡回检查时要注意瓷瓶、瓷套管有无裂痕、破碎，以及闪络放电痕迹和严重电晕现象。

c. 操作时不要用力过猛，以防闸嘴错位损坏零件。

d. 定位锁要准确进入手柄定位孔中，特别是高压成套开关柜顶上的 GN8 系列隔离开关，在进入柜内检修时尤为重要，以防刀开关拉杆人为误动将高压引入柜内。

e. 应定期清扫尘埃、油污，转动部分加润滑油，闸嘴涂凡士林。

6. 隔离开关运行中常见故障及处理

隔离开关的触头及接触部分在运行维护中是关键部分。因为在运行中，由于触头拧紧部件松动、接触不良，刀片或刀嘴的弹簧片锈蚀或过热，会使弹簧压力减小。隔离开关在操作中可能有电弧，会烧伤动、静触头的接触面。各个联动部件会发生磨损或变形，影响接触面的接触。还有在操作过程中，若用力不当会使触头位置不正，触头压力不足而导致接触不良，使触头过热。因此，值班人员在巡视配电装置时对隔离开关触头发热的情况，可根据接触部分的色漆或示温片颜色的变化和熔化程度来判别，也可以根据刀片的颜色变化甚至有发红、火花等现象来确定。

(1) 触头过热，示温片熔化时的处理

① 用示温片复测或用红外线测温仪测量触头实际温度，若超过规定值 70 ℃，应查明原因并及时处理。

② 外表检查导电部分，若接触不良，刀口和触头变色，则可用相应电压等级的绝缘杆将触头向上推动，改善接触情况。但用力不能过猛，以防滑脱，反而使事故扩大。但事后应观

察其过热情况，加强监视。如隔离开关已全部烧红，禁止使用该办法。

③ 如果此时过负荷，则应汇报调度要求减负荷。

④ 在未处理前应加强监视，及时处理问题。

(2) 隔离开关瓷件外损或严重闪络现象

① 应立即报告调度，尽快处理，在停电处理前应加强监视。

② 如瓷件有更大的破损或放电，应采用上一级开关断开电源。

③ 禁止用本身隔离开关断开负荷和接地点。

(3) 隔离开关拒绝拉合闸的处理

① 拒绝拉闸：当隔离开关拉不开时，不要硬拉，特别是母线侧隔离开关，应查明原因并做相应处理后再拉。原因可能包括诸如操作机构冰冻、锈蚀、卡死，隔离开关动、静触头熔焊变形及瓷件破裂、断裂，操作电源损坏，电动操作机构、电动机失电或机构损坏或闭锁失灵等。在未查清原因前不应强行拉开，否则可能造成设备损坏事故。此时应及时向调度申请停电检修。

② 拒绝合闸：当隔离开关不能合闸时，应及时查明原因，首先检查闭锁回路及操作顺序是否符合规定，再检查轴销是否脱落，是否有楔栓退出，是否存在铸铁断裂等机械故障。电动机构应检查电动机是否有失电等电气回路故障，操作电源是否完好并查明原因，处理后方可操作。对有些隔离开关存在先天性缺陷不易拉合时，可用相同电压等级的绝缘杆配合操作，但用力应适宜，或申请停电检修。

(4) 人员误操作，带负荷误拉合隔离开关的处理

① 误拉隔离开关：是由于运行人员对实际情况未掌握，或没有认真执行规程而发生的。一旦发生带负荷误拉隔离开关，如刀片刚离刀口，应立即将隔离开关反方向操作合上，但如已误拉开，且已切断电弧，则不许再合隔离开关。

② 误合隔离开关：运行人员失误带负荷误合隔离开关，则不论任何情况，都不准再拉开，如确需拉开，则应用该回路断路器将负荷切断后，再拉开误合的隔离开关。

二、手车

1. 手车的作用

手车(图 2-59)在结构上没有特殊的灭弧装置，不允许用它带负载进行拉闸或合闸操作。手车抽出时，必须在断路器切断电路之后才能再抽手车；推入时，必须先推入手车后再用断路器接通电路。

图 2-59 手车外观

2. 手车的类型

见本章第二节，此处不再赘述。

3. 手车的型号及其含义

(1) 手车的型号由几个大写的汉语拼音字母和阿拉伯数字组成，每个拼音和数字均代表一定含义。

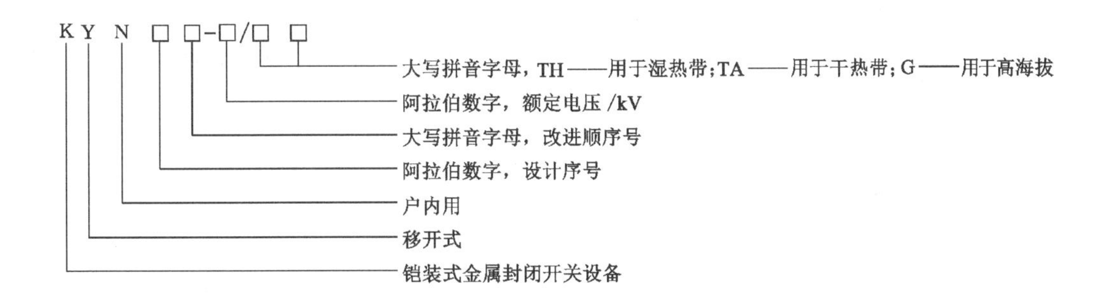

(2) 手车型号举例说明。例如，KYN28A-12 型，其型号含义为：K——铠装式金属封闭开关设备，Y——移开式，N——户内用，28——设计序号，A——改进顺序号，12——额定电压为 12 kV；KYN60-40.5 型，其型号含义为：K——铠装式金属封闭开关设备，Y——移开式，N——户内用，60——设计序号，40.5——额定电压为 40.5 kV。

(3) 手车在实际变电站中的应用，如图 2-60～图 2-63 所示。

图 2-60　KYN28A-12 型户内金属铠装抽出式开关设备 1

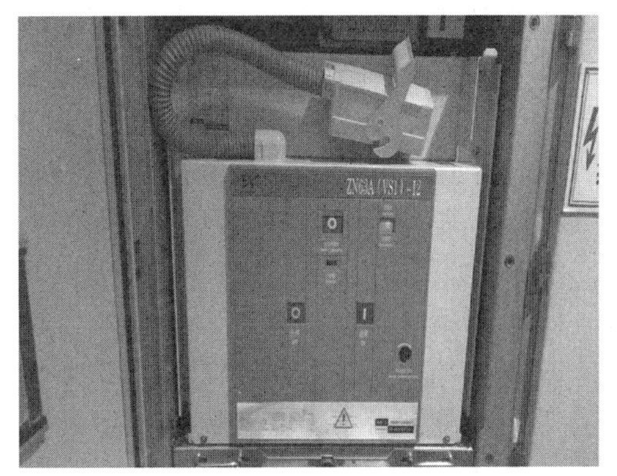

图 2-61　KYN28A-12 型户内金属铠装抽出式开关设备 2

图 2-62　KYN60-40.5 型铠装移开式交流金属封闭开关设备

图 2-63　KYN60-40.5 型户内金属铠装抽出式开关设备

4. 手车的结构

见本章第二节，此处不再赘述。需要注意的是，断路器手车和断路器是两个概念，断路器手车其实就是断路器和它的座。

5. 手车的运行维护与巡视检查项目

(1) 手车的巡视和检查标准

① 手车外观清洁，无裂纹，无破损，无放电痕迹，油漆完整。

② 断路器操作机构分合闸指示正确清晰。

③ 机构联动正常，无卡阻现象。

④ 计数器动作可靠正确，指示清晰。

⑤ 储能弹簧储能到位，指示正确清晰。

(2) 防止误操作联锁装置

开关柜具有可靠的联锁装置，满足“五防”的要求，切实保障了操作人员及设备的安全。

① 仪表室门上装有提示性的按钮或者转换开关，以防止误合、误分断路器。

② 断路器手车在试验位置或工作位置时，断路器才能进行合分操作；在断路器合闸后，手车无法移动，防止了带负荷误推拉手车。

③ 仅当接地开关处在分闸位置时，断路器手车才能从试验/检修位置移至工作位置。仅当断路器手车处于试验/检修位置时，接地开关才能进行合闸操作。这样实现了防止带电误合接地开关，以及防止接地开关处在闭合位置时分合断路器。

④ 接地开关处于分闸位置时，开关柜下门及后门都无法打开，防止了误入带电间隔。

⑤ 断路器手车在试验或工作位置，没有控制电压时，可实现仅能手动分闸不能合闸。

⑥ 断路器手车在工作位置时，二次插头被锁定不能拔出。

⑦ 各柜体间可实现电气联锁。

⑧ 开关设备上的二次线与断路器手车上的二次线的联络是通过手动二次插头来实现的，二次插头的动触头通过一个尼龙波纹收缩管与断路器手车相连，二次静触头座装设在开关柜手车室的右上方。断路器手车只有在试验/断开位置时，才能插上和解除二次插头，断路器手车处于工作位置时，由于机械联锁作用，二次插头被锁定，不能被解除。

(3) 手车的运行与维护

虽然开关柜设计已保证开关设备各部分操作顺序正确联锁，但是操作人员对开关设备进行操作时，仍应严格按操作规程和相关要求进行，不应随意操作，更不应在操作受阻时不加分析强行操作，否则容易造成设备损坏，甚至引起事故。

① 送电操作程序

a. 关闭所有柜门及后封板，并锁好。

b. 将接地开关操作手柄插入中门右下侧六角孔内，逆时针旋转约 90°，使接地开关处于分闸位置，取出操作手柄，操作孔处联锁板自动弹回，遮住操作孔，开关柜后门闭锁。

c. 观察上柜门各仪表、信号指示是否正常。正常时，微机保护装置电源灯亮，手车试验位置灯、断路器分闸指示灯和储能指示灯亮；如所有指示灯均不亮，则打开上柜门，确认各母线电源开关是否合上，如已合上，各指示灯仍不亮，则需检查控制回路。

d. 将断路器手车摇柄插入摇柄插口并用力压下，顺时针转动摇柄，6 kV 开关柜转动约 20 圈，在摇柄明显受阻并伴有“咔嗒”声时取下摇柄，此时手车处于工作位置，二次插头被锁定，断路器手车主回路接通，查看相关信号（此时手车工作位置灯亮，同时手车试验位置灯灭），同时应注意手车在工作位置时，地刀操作孔处联锁板被闭锁，不能按下。

e. 操作仪表门上合分转换开关使断路器合闸送电，同时仪表门上红色合闸指示灯亮，绿色分闸指示灯灭，查看带电显示装置、断路器机械分合位置及其他相关信号，一切正常，送电成功（操作合分转换开关时，把操作手柄顺时针旋转至面板指示“合”位置，松开手后操作手柄应自动复位至预合位置）。

f. 如断路器合闸后自动分闸或运行中自动分闸，则需判断故障原因并排除后方可按上述程序重新送电。

② 停电操作程序

a. 操作仪表门上合分转换开关使断路器分闸停电，同时仪表门上红色合闸指示灯灭，绿色分闸指示灯亮，查看断路器机械分合位置及其他相关信号，一切正常，停电成功（操作合分转换开关时，把操作手柄逆时针旋转至面板指示“分”位置，松开手后操作手柄应自动复位至预分位置）。

b. 将断路器手车摇柄插入摇柄插口并用力压下，逆时针转动摇柄，6 kV 断路器手车需摇约 20 圈，在摇柄明显受阻并伴有“咔嗒”声时取下摇柄，此时手车处于试验位置，二次插头锁定解除，打开手车室门，手动拔下航空插头（手车二次回路断开）。

c. 观察带电显示器，确认不带电方可继续操作。

d. 将接地开关操作手柄插入中门右下侧六角孔内，顺时针旋转，使接地开关处于合闸位置，确认接地开关已处于合闸后，打开柜下门，维修人员可进入维护、检修。

e. 接地开关和断路器及柜门均有联锁，只有在断路器处于试验位置或抽出柜外才可以合分接地开关，也只有在接地开关分闸后才可把断路器由试验位置摇至工作位置，不可强行操作。接地开关与柜下门联锁可紧急解锁，只有在确认必要时才可进行，否则有触电危险。

第四节 互 感 器

一、电压互感器

1. 电压互感器的作用

（1）将一次系统的电压信息准确地传递到二次侧相关设备。

（2）将一次系统的高电压变换为二次侧的低电压（标准值 100 V、$100/\sqrt{3}$ V），使测量、计量仪表和继电保护等装置标准化、小型化，并降低了对二次设备的绝缘要求。

（3）将二次设备以及二次系统与一次系统高压设备在电气方面很好地隔离，从而了保证了二次设备和人身的安全。

电压互感器如图 2-64 所示。

2. 电压互感器的分类

（1）按用途分

① 测量用电压互感器（或电压互感器的测量绕组）：在正常电压范围内，向测量、计量装置提供电网电压信息。

图 2-64　电压互感器

② 保护用电压互感器(或电压互感器的保护绕组):在电网故障状态下,向继电保护等装置提供电网故障电压信息。

(2) 按绝缘介质分

① 干式电压互感器:由普通绝缘材料浸渍绝缘漆作为绝缘,多用在 500 V 及以下电压等级。

② 浇注绝缘电压互感器:由环氧树脂或其他树脂混合材料浇注成型,多用在 35 kV 及以下电压等级。

③ 油浸式电压互感器:由绝缘纸和绝缘油作为绝缘,是我国最常见的结构形式,常用于 220 kV 及以下电压等级。

④ 气体绝缘电压互感器:由 SF_6 气体作为主绝缘,多用在较高电压等级。

(3) 按相数分

① 单相电压互感器:一般 35 kV 及以上电压等级采用。

② 三相电压互感器:一般 35 kV 及以下电压等级采用。

(4) 按电压变换原理分

① 电磁式电压互感器:根据电磁感应原理变换电压,我国多在 220 kV 及以下电压等级采用。

② 电容式电压互感器:通过电容分压原理变换电压,目前我国在 110～750 kV 电压等级采用,330～750 kV 电压等级只生产电容式电压互感器。

③ 光电式电压互感器:通过光电变换原理实现电压变换。

(5) 按使用条件分

① 户内型电压互感器:安装在室内配电装置中,一般用在 35 kV 及以下电压等级。

② 户外型电压互感器:安装在户外配电装置中,多用在 35 kV 及以上电压等级。

(6) 按一次绕组对地运行状态分

① 一次绕组接地的电压互感器:单相电压互感器一次绕组的末端或三相电压互感器一次绕组的中性点直接接地,末端绝缘水平较低。

② 一次绕组不接地的电压互感器:单相电压互感器一次绕组两端子对地都是相同绝缘的;三相电压互感器一次绕组的各部分(包括接线端子)对地都是绝缘的,而且绝缘水平与额

定绝缘水平一致。

（7）按磁路结构分

① 单级式电压互感器：一次绕组和二次绕组（根据需要可设多个二次绕组）同绕在一个铁芯上，铁芯为地电位。我国在 35 kV 及以下电压等级均采用单级式电压互感器。

② 串级式电压互感器：一次绕组分成几个匝数相同的单元串接在相与地之间，每一个单元有各自独立的铁芯，且铁芯带有高电压；二次绕组（根据需要可设多个二次绕组）在最末一个与地连接的单元。目前我国在 66～220 kV 电压等级常用此种结构形式。

（8）组合式互感器

由电压互感器和电流互感器组合并形成一体的互感器，称为组合式互感器。也有的把与 GIS 组合配套生产的互感器称为组合式互感器。

3. 电压互感器主要技术参数的含义

（1）变压比：常以一、二次绕组的额定电压标出。

（2）容量：包括额定容量和最大容量。所谓额定容量，是指在负荷功率因数 $\cos\varphi=0.8$ 时，对应于不同准确度等级的负荷。而最大容量则是指满足绕组发热条件下，所允许的最大负荷。当电压互感器按最大容量使用时，其准确度将超出规定值。

（3）误差等级：电压互感器变比误差的百分值。

（4）接线组别：表明电压互感器一、二次线电压的相位关系。

（5）电压比误差：指测量二次侧电压折算到一次侧的电压值与一次电压的实际值之间的差（以百分比数表示），它主要受漏阻抗的影响所致。

（6）相角误差：指一次侧电压相量 U_1 与转过 180°的二次侧电压相量 $-U_2$ 在相位上不一致，相角误差主要是因铁损而产生。

（7）准确级：指在规定的一次电压和二次负荷变化范围内，负荷功率因数为额定值，电压误差为最大值。

（8）铭牌参数：电压互感器的产品型号、频率、额定电压、热极限输出、准确级次及额定输出、出厂日期、标准、编号、制造厂家，如图 2-65 所示。

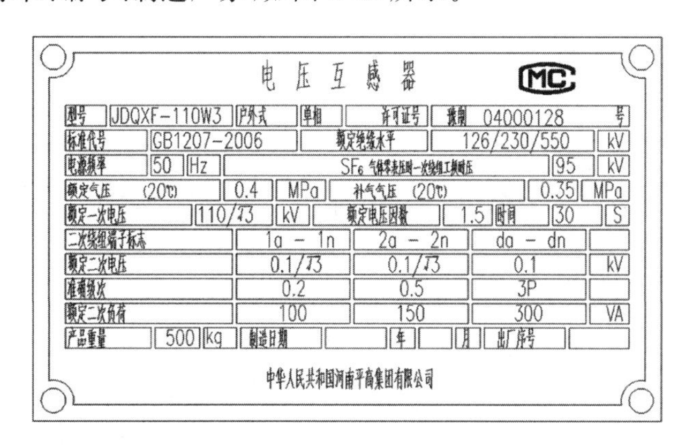

图 2-65 电压互感器铭牌

4. 电压互感器的型号及其含义

（1）电压互感器的型号由几个大写的汉语拼音字母和阿拉伯数字组成，每个拼音和数字均代表一定含义,电压互感器铭牌字母含义及排列顺序见表 2-3。

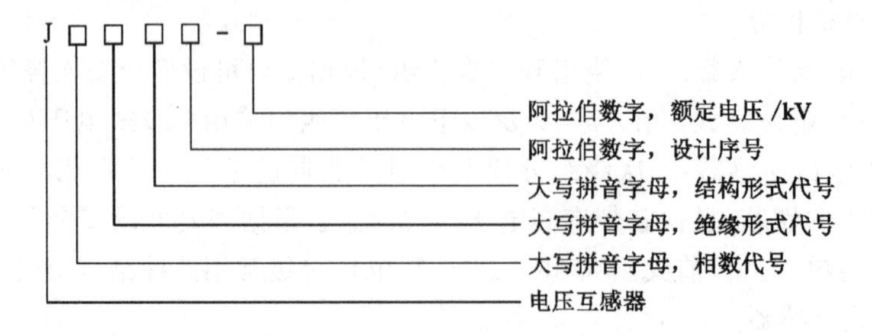

表 2-3 电压互感器铭牌字母含义及排列顺序

序号	分类	代表意义	字母
1	用途	电“压”互感器	J
2	相数	“单”相	D
		“三”相	S
3	线圈外绝缘介质	变压器油	—
		空气(“干”式)	G
		浇“注”成型固体	Z
		“气”体	Q
4	结构特征及用途	带剩余“零件”绕组	X
		三柱“补”偿绕组	B
		“五”柱三绕组	W
		“串”极式带剩余(零件)绕组	C
		有测量和保护“分开”的二次绕组	F
5	油保护方式	带金属膨胀器	—
		不带金属膨胀器	N

(2) 电压互感器型号举例说明。例如,JDZX9-35 型,其型号含义为:J——电压互感器,D——单相,Z——绝缘形式为浇注绝缘式,X——结构形式为五柱三线圈式,9——设计序号,35——额定电压为 35 kV。

(3) 电压互感器在实际变电站中的应用,如图 2-66～图 2-69 所示。

5. 电压互感器的工作原理

(1) 电压互感器的工作原理

一次设备的高电压不容易直接测量,可将高电压按比例转换成较低的电压后,再连接到仪表或继电器中去,实现这种转换的设备称为电压互感器,用 TV 表示。

电压互感器实际上就是一种降压变压器,它的两个绕组在一个闭合的铁芯上,一次绕组匝数很多,二次绕组匝数很少。一次侧并联地接在电力系统中,一次绕组的额定电压与所接系统的母线额定电压相同。二次侧并联连接仪表、保护及自动装置的电压绕组等负荷,由于这些负荷的阻抗较大、通过的电流很小,因此,电压互感器的工作状态相当于变压器的空载情况。图 2-70 为电压互感器原理图。

图 2-66　110 kV JDQXF/110W3 型户外电压互感器

图 2-67　35 kV JDQX-35W2 型户外电压互感器

图 2-68　35 kV JDZX9-35 型户内电压互感器

图 2-69　6 kV JDZX10-6CB1 型户内电压互感器

电压互感器一次绕组的额定电压与所接系统的母线电压相同,二次侧有 2 个、3 个或 4 个绕组,供保护、测量及自动装置用。基本二次绕组的额定电压采用 100 V。为了和一相电压设计的一次绕组配合,也有采用 $100/\sqrt{3}$ V 的。如互感器用在中性点直接接地系统中,则辅助二次绕组的额定电压为 100 V;如用在中性点不接地系统中,则为 $100/\sqrt{3}$ V。因此,选择绕组匝数的目的就是在系统发生单相接地时,开口三角端出现 100 V 电压。

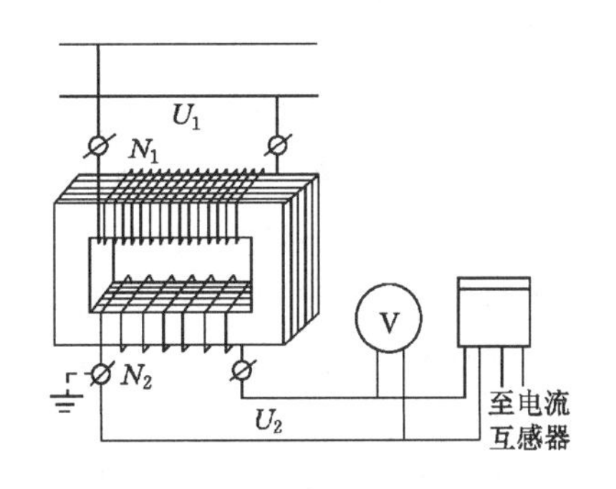

图 2-70　电压互感器原理图

(2) 电压互感器的特点

电压互感器实质上也是一种变压器。电压互感器和普通变压器在原理上的主要区别是:电压互感器一次侧作用于一个恒压源,它不受互感器二次负荷的影响,不像变压器通过大负荷时会影响电压,这和电压互感器吸取功率很微小有关。此外,由于电压互感器二次侧的负荷阻抗很大，使互感器总是处于类似于变压器的空载状态，二次电压基本上等于二次电动势值，且取决于恒定的一次电压值，因此，电压互感器用来辅助测量电压，而不会因二次侧接上几个电压表就使电压降低。但这个结论只适用于一定范围，即在准确度所允许的负荷范围内。如果电压互感器的二次负荷增大超过该范围，实际上也会影响二次电压，其结果是误差增大，测量失去意义。

电压互感器的结构和工作原理与变压器相同，它的2(3、4)个绕组是绕在一个闭合的铁芯上，一次绕组匝数较多，并联在被测的线路中，二次绕组匝数较少，接在高阻抗的测量仪表或继电器上。它可以做成单相的，也可以做成三相的。

(3) 电压互感器的二次接线

电压互感器的选择与配置，除应满足所接系统的额定电压外，其容量和准确等级还应满足测量表计、保护装置及自动装置的要求。

电压互感器的接线方法是根据其用途、所接系统的特点而定的，一般接线方式有Vv、YNynd、Yyn、Dyn等。

6. 电压互感器的运行维护与巡视检查项目

(1) 电压互感器的巡视和检查

电压互感器投入运行前，应按《电气设备试验规程》交接试验项目进行试验，合格后还应进行以下检查：

① 充油电压互感器外观应清洁，油量充足，无渗、漏油现象。

② 瓷套管或其他绝缘介质无裂纹及破损。

③ 一次侧引线、线卡及二次回路各连接部分螺丝应紧固，接触应良好。计量单元的电压电路导线截面积不应小于2.5 mm^2，辅助单元的控制、信号等导线截面积不应小于1.5 mm^2，导线应为铜导线。

④ 外壳及二次回路一点接地应良好，不应有松动、断开现象。

(2) 运行中电压互感器的维护

① 对投入运行的电压互感器每1～2年进行一次预防性试验，并执行以上的巡视和检查项目。

② 如果对电压互感器进行吊芯检查，还应注意：

a. 铁芯清洁、紧密、完整，无锈蚀或机构无损伤现象。

b. 内部无油垢或渣滓，油路畅通无堵塞，各部螺栓未松动，附件完整。

c. 内部绝缘支持物无损伤、松动或断线。

d. 穿芯螺栓的绝缘良好，内部线圈的连接紧固等。

e. 互感器呼吸孔的塞子若有垫片，则应将垫片取下，保持呼吸畅通。

f. 电压互感器内部没有异常声响，二次回路不能短路，熔丝配合应合理完整。

g. 电压互感器若有异常情况，如熔断器的熔体连接烧断数次，内部有放电声，出现高温，有臭味，有闪络放电甚至着火，则立即停运，并应进行检修处理。

(3) 电压互感器的运行与维护

① 电压互感器能在1.1倍额定电压下长期运行，并能在8 h内无损伤地承受2倍的额定电压。

② 电压互感器运行中的注意事项：

a. 电压互感器在运行中，二次回路是不允许短路的，这是因为电压互感器二次绕组本身阻抗很小，当二次侧短路时，二次回路通过的电流很大，会造成二次侧熔断器熔丝熔断，影响表计的指示及可能引起保护装置误动作，严重时可能烧毁电压互感器。

b. 如果发现电压互感器一次侧绝缘有损伤现象，应使用断路器将故障的电压互感器切断，禁止使用隔离开关或取下熔丝管等方法停用故障的电压互感器。因为它们都没有灭弧功能，若使用它们断开故障的电压互感器，故障电流将引起母线、设备损坏或发生人身事故。

③ 电压互感器在运行中常发生一次熔丝熔断的情况，这可以从电压表的指示上看出来。一般情况下，非故障相的电压保持正常，与故障相有关的电压都会不同程度地降低。

一次侧熔丝熔断的原因主要有以下几种：

a. 内部线圈发生匝间、层间或相间短路，或一相接地等故障。

b. 二次回路故障：当二次回路发生故障时，可能造成电压互感器过电流，若此时电压互感器二次侧熔丝选用过大，则可能造成一次侧熔丝熔断。

c. 系统发生铁磁谐振：10 kV 系统的电气参数发生很大变化时，可能形成谐振条件。谐振时，电压互感器上将产生过电压或过电流，造成一次熔丝熔断，严重时可能烧毁电压互感器。

7. 电压互感器运行中常见故障及处理

(1) 电压互感器的本体故障

① 高压保险连续熔断两次。

② 内部发热，温度过高。电压互感器内部匝间、层间短路或接地时，高压保险可能不熔断，引起过热甚至可能会冒烟起火。

③ 内部有放电“噼叭”响声或其他噪声。可能是由于内部短路、接地、夹紧螺丝松动所引起，主要是内部绝缘破坏。

④ 互感器内或引线出口处有严重喷油、漏油或流胶现象。此现象可能属内部故障，由过热引起。

⑤ 内部发出焦臭味、冒烟、着火。此情况说明内部发热严重，绝缘已烧坏。

⑥ 套管严重破裂放电，套管、引线与外壳之间有火花放电。

⑦ 严重漏油至看不到油面。严重缺油使内部铁芯暴露于空气中，当雷击线路或有内部过电压出现时，会引起内部绝缘闪络烧坏互感器。

当发现电压互感器有上述故障现象之一时应立即停用。

(2) 停用故障电压互感器的注意事项

① 停用故障电压互感器，首先应考虑的问题是退出可能产生误动的保护及自动装置，如距离保护和备用电源自动投入装置。

② 若高压侧未装保险，或保险不带限流电阻，不能用隔离开关或取下保险的方法拉开故障电压互感器。这是因为隔离开关和保险没有灭弧装置，易引起母线发生短路，可能导致事故的扩大及设备的损坏或人身事故。只有在故障相保险已熔断，或者高压保险带有合格的限流电阻情况下，才可根据规程规定，用隔离开关拉开有故障的电压互感器。

③ 因为电压互感器回路中不装设断路器，所以当用断路器拉开故障电压互感器时，只能拉开电源断路器，对双母线系统可用母联断路器来拉开。在时间允许的条件下，为不致影响对用户的供电，应采取相应的倒闸操作，将负荷转移。

(3) 电压互感器发生严重故障时处理的一般程序

经过上述说明，可将电压互感器发生严重故障的一般处理程序归结如下：

① 退出可能误动的保护及自动装置，断开故障电压互感器二次开关或拔掉二次保险。

② 电压互感器三相或故障相的高压保险已熔断时，可以拉开开关，隔离故障。

③ 高压保险未熔断、高压侧绝缘未损坏的故障，可以拉开开关，隔离故障。

④ 高压保险未熔断、所装高压保险上有合格的限流电阻时，可以根据规程规定，拉开开关，隔离严重故障的电压互感器。

⑤ 高压保险未熔断、电压互感器故障严重时，高压侧绝缘已损坏。高压保险无限流电阻的，只能用开关切除故障。应尽量利用倒运行的方法隔离故障，否则只能在不带电情况下拉开开关，然后恢复供电。

⑥ 故障隔离后，可经倒闸操作，一次母线并列后，合上电压互感器二次联络，重新投入所退出的保护及自动装置。

(4) 二次负荷回路故障

二次负荷回路故障可归结如下：

① 电压互感器二次绕组及接线发生短路，二次阻抗小，短路电流很大。发生匝间、层间短路等高压保险不一定熔断，时间稍长就会过热、冒烟，甚至起火，应尽快将其停用。

② 当电压互感器的二次熔断器、隔离开关的辅助触点接触不良，或者是因为负荷回路故障而使二次侧熔断器熔断引起回路电压消失，此时，将引起电压、功率、功率因数、电能、频率各表计指示异常，并且使保护装置的电压回路失去电压。

发现上述情况，不应盲目调整或进行有关操作，而应该仔细观察、分析和处理，以防事故扩大。当发现上述表计指示不正常且系统无冲击时，应迅速观察电流表指示是否正常，若正常，则说明是电压互感器二次回路故障，应根据电流表指示对设备进行监视，按继电保护运行规程要求，退出相应的保护装置。采取上述措施后，应尽快地消除故障。若因触点接触不良，可立即修复。若因熔体熔断，应更换规格相同的熔体，并对电压互感器一次侧进行检查。如个别仪表指示不正常，则为仪表本身故障，应送修。

(5) 电压互感器高压保险一相熔断和单相接地故障的区分

当小电流接地系统中发生单相接地故障时，报出接地信号；当电压互感器一相高压保险熔断时，也可能报出接地信号。两种情况下，母线绝缘监测表的指示都发生变化，如不注意区分，往往会造成误判断，但只要检查三相对地电压指示和各线电压指示情况，并仔细分析，还是可以区别的。报出母线接地信号时，不认真检查表计指示，很容易造成误判断，把高压保险一相熔断当成接地故障处理，或把接地故障当成高压保险一相熔断处理，都将造成误操作，误使用户停电或延误故障处理。

正确地区分两种不同性质的故障，方法就是将各相对地电压、线电压进行比较分析。其主要区别是：

① 单相接地故障时，正常相对地电压升高(金属性接地时升高1.732倍，为线电压值)，故障相对地电压降低(金属性接地时，降低到零)，而各线电压值不变。

② 电压互感器高压保险一相熔断时，另两相对地电压不变化，熔断相对地电压降低，但一般不会是零。与熔断相相关的两个线电压会降低，与熔断相不相关的线电压不变。

③ 电压互感器高压保险一相熔断时，会报出接地信号，这是因为：加在电压互感器上的一次电压少了一相；另两相为正常相电压，其相量差120°，合成的结果是出现3倍的零序电

压 $3U_0$。开口三角两端，就会有零序电压(约 33 V)，故能报出接地信号。

(6) 电压互感器异常现象检查标准

① 电压互感器瓷瓶应清洁，无裂纹，无缺损。

② 油面应正常，无漏油。

③ 一、二次接线应牢固，无松动。

④ 二次接地应良好。

⑤ 一、二次熔断器及隔离开关辅助接点接触应良好。

(7) 电压互感器消除谐振的技术措施

① 使励磁阻抗与系统对地电容相适合，调整对地电容。

② 在开口三角绕组并接 200～500 W 灯泡。

③ 在开口三角绕组投入有效电阻。

二、电流互感器

1. 电流互感器的作用

(1) 将一次系统的电流信息准确地传递到二次侧相关设备。

(2) 将一次系统的大电流变换为二次侧的小电流(标准值 5 A、1 A)，使测量、计量仪表和继电保护等装置标准化、小型化，并降低对二次设备的绝缘要求。

(3) 将二次设备以及二次系统与一次系统高压设备在电气方面很好地隔离，从而保证了二次设备和人身的安全。

电流互感器如图 2-71 所示。

图 2-71　电流互感器

2. 电流互感器的分类

(1) 按用途分

① 测量用电流互感器(或电流互感器的测量绕组)：在正常电压范围内，向测量、计量装置提供电网电流信息。

② 保护用电流互感器(或电流互感器的保护绕组)：在电网故障状态下，向继电保护等装置提供电网故障电流信息。

(2) 按绝缘介质分

① 干式电流互感器：由普通绝缘材料浸渍绝缘漆作为绝缘。

② 浇注绝缘电流互感器:由环氧树脂或其他树脂混合材料浇注成型的电流互感器。

③ 油浸式电流互感器:由绝缘纸和绝缘油作为绝缘,一般为户外型,目前我国在各种电压等级均常用到。

④ 气体绝缘电流互感器:主绝缘由 SF_6 气体构成。

(3) 按电流变换原理分

① 电磁式电流互感器:根据电磁感应原理实现电流变换的电流互感器。

② 光电式电流互感器:通过光电变换原理实现电流变换的电流互感器。

(4) 按安装方式分

① 贯穿式电流互感器:用来穿过屏板或墙壁的电流互感器。

② 支柱式电流互感器:安装在平面或支柱上,兼作一次电路导体支柱用的电流互感器。

③ 套管式电流互感器:没有一次导体和一次绝缘,直接套装在绝缘套管上的一种电流互感器。

④ 母线式电流互感器:没有一次导体,但有一次绝缘,直接套装在母线上使用的一种电流互感器。

(5) 按一次绕组匝数分

① 单匝式电流互感器:大电流互感器常用单匝式。

② 多匝式电流互感器:中小电流互感器常用多匝式。

(6) 按二次绕组所在位置分

① 正立式:二次绕组在产品下部,是国内常用结构形式。

② 倒立式:二次绕组在产品头部,是近年来比较新型的结构形式。

(7) 按电流比分

① 单电流比电流互感器:即一、二次绕组匝数固定,电流比不能改变,只能实现一种电流比变换的互感器。

② 多电流比电流互感器:即一次绕组或二次绕组匝数可以改变,电流比可以改变,可实现不同电流比变换。

③ 多个铁芯电流互感器:这种互感器有多个各自具有铁芯的二次绕组,以满足不同精度的测量和多种不同的继电保护装置的需要。为了满足某些装置的要求,其中某些二次绕组具有多个抽头。

(8) 按保护用电流互感器技术性能分

① 稳定特性型:保证电流在稳态时的误差。

② 暂态特性型:保证电流在暂态时的误差。

(9) 按使用条件分

① 户内型电流互感器:一般用于 35 kV 及以下电压等级。

② 户外型电流互感器:一般用于 35 kV 及以上电压等级。

3. 电流互感器主要技术参数的含义

(1) 变流比:常以分数形式标出,分子表示一次绕组的额定电流,分母表示二次绕组的额定电流。

(2) 误差等级:是指一次电流为额定电流时,电流互感器变比的百分值。通常分为0.2、0.5、1、3、10 这五个等级,使用时应根据负荷的要求选用。

(3) 容量:是指它允许带的负荷功率(伏安数)。除了用伏安数来表示之外,还可以用二次负荷的欧姆值来表示。

(4) 热稳定及动稳定倍数:指电力系统故障时,电流互感器承受由短路电流引起的热作用和电动力作用而不致受到破坏的能力。热稳定倍数是指热稳定电流与电流互感器额定电流之比;动稳定倍数是指电流互感器所能承受的最大电流的瞬时值与额定电流之比。

(5) 比差:一次绕组与二次绕组的安匝数不相等,并且一次电流与二次电流的相位也不相同,通常把变比误差简称为比差。

(6) 角差:指二次电流相量旋转 180°以后,与一次电流相间夹角 δ。

(7) 准确等级:电流互感器的准确等级就是互感器变比误差的百分值。

(8) 铭牌参数:电流互感器的产品型号、频率、额定电压、准确级次及额定输出、安装方式、绝缘方式、出厂日期、制造厂家,如图 2-72 所示。

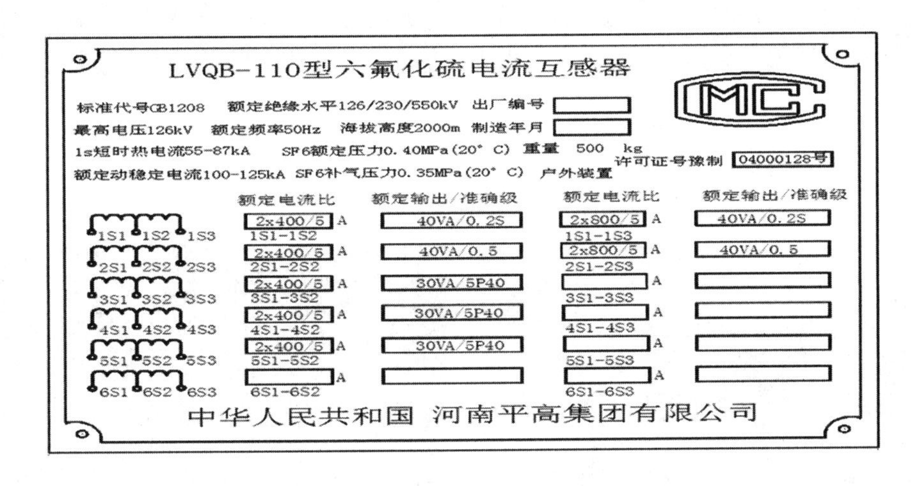

图 2-72 110 kV 电流互感器铭牌

4. 电流互感器的型号及其含义

(1) 电流互感器的型号由几个大写的汉语拼音字母和阿拉伯数字组成,每个拼音和数字均代表一定含义。

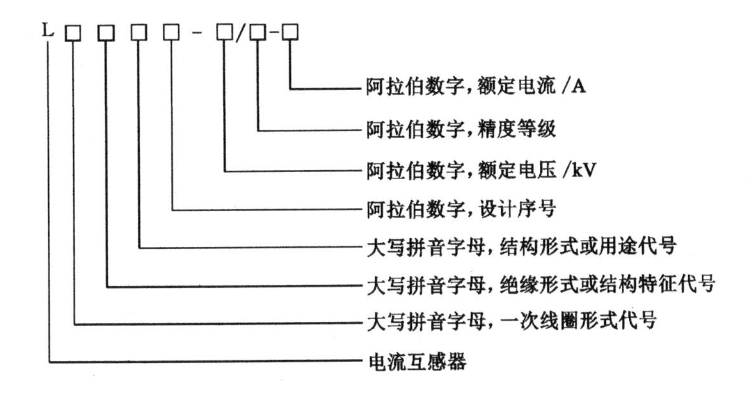

(2) 电流互感器型号举例说明。例如,LZZB19-10C2 型,其型号含义为:L——电流互感器,Z——一次绕组为多匝式,Z——绝缘形式为浇注绝缘式,B——保护用,19——设计序号,10——额定电压为 10 kV,精度等级为 2。

(3) 电流互感器在实际变电站中的应用,如图 2-73～图 2-76 所示。

图 2-73　110 kV LVQB-110 型
户外电流互感器

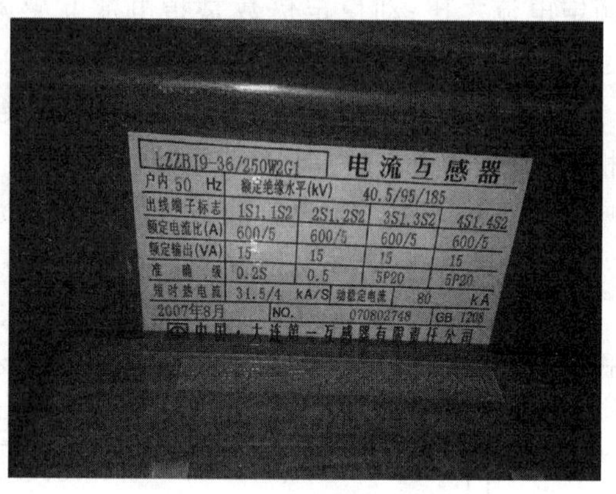

图 2-74　35 kV LZZBJ9-36 型
户内电流互感器

图 2-75　6 kV LMZB-10 型
户内电流互感器 1

图 2-76　6 kV LMZB-10 型
户内电流互感器 2

5. 电流互感器的工作原理

把大电流按规定比例转换为小电流的电气设备,称为电流互感器,用 TA 表示。电流互感器有两个或者多个相互绝缘的绕组,套在一个闭合的铁芯上。一次绕组匝数较少,二次绕组匝数较多。图 2-77 所示为电流互感器原理图。

电流互感器的作用是把大电流按一定比例变为小电流,提供给各种仪表、继电保护及自动装置用,并将二次系统与高电压隔离。电流互感器的二次侧电流为 1 A 或 5 A,它不仅保证了人身和设备的安全,也使仪表和继电器的制造简单化、标准化,降低了成本,提高了经济效益。

电流互感器由铁芯、一次绕组、二次绕组、接线端子及绝缘支持物等组成。它的铁芯由

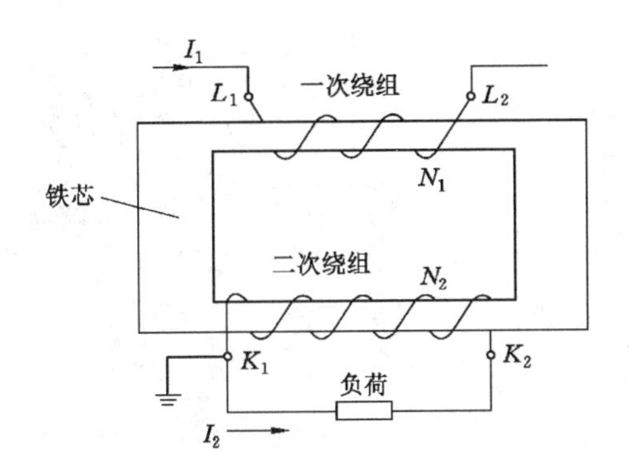

图 2-77 电流互感器原理图

硅钢片叠加而成。电流互感器的一次绕组与电力系统的线路相串联,能流过较大的被测量电流 I_1,它在铁芯内产生交变磁通,使二次绕组感应出相应的二次电流。若忽略励磁损耗,一、二次绕组有相等的安匝数,即 $I_1N_1=I_2N_2$。电流互感器的电流比 $k=I_1/I_2=N_2/N_1$。电流互感器的一次绕组直接与电力系统的高压线路相连接,因此电流互感器的一次绕组对地必须采用与线路的高压相应的绝缘支持物,以保证二次回路的设备和人身安全。二次绕组与仪表、接地保护装置的电流绕组串接成二次回路。

电流互感器的特点:

(1) 电流互感器二次回路所串的负荷是电流表、继电器等器件的电流绕组,阻抗很小,因此,电流互感器的正常运行情况相当于二次短路的变压器状态。

(2) 变压器的一次电流随二次电流的增减而增减,可以说是二次电流起主导作用;电流互感器的一次电流由主电路负荷决定,而不由二次电流决定,故是一次电流起主导作用。

(3) 变压器的一次电压决定了铁芯的主磁通,又决定了二次电动势,因此,一次电压不变,二次电动势也基本不变。而电流互感器则不然,当二次回路的阻抗变化时,也会影响二次电动势,这是因为电流互感器的二次回路是闭合的。

(4) 电流互感器之所以能用来测量电流,是因为它是一个恒流源,且电流表的电流绕组阻抗小,串进回路对回路电流影响不大。它不像变压器,二次侧一加负荷,对各个电量的影响都很大。但这一点只适用于电流互感器在额定负荷范围内运行,一旦负荷增大超过允许值,也会影响二次电流,且会使误差增加到超过允许的程度。

零序电流互感器是一种零序电流过滤器,它的二次侧反映一次系统的零序电流。这种电流互感器将三相的导体用一个铁芯包围住,二次绕组绕在同一个封闭的铁芯上,如图 2-78 所示。

正常情况下,由于一次侧三相电流对称,其相量和为零,铁芯中不会产生磁通,二次绕组中没有电流。当系统中发生单相接地故障时,三相电流之和不为零,因此在铁芯中出现零序磁通,该磁通在二次绕组感应出电动势,二次电流流过继电器,使之动作。

实际上由于三相导线排列不对称,它们与二次绕组间的互感彼此不相等,零序电流互感器的二次绕组中会有不平衡电流流过。

电流互感器的使用一般有以下五种接线方式:使用两个电流互感器时有 V 形接线和电流差接线;使用三个电流互感器时有星形接线、三角形接线、零序接线。

图 2-78　6 kV LXK-120 型户内零序电流互感器

6. 电流互感器的运行维护与巡视检查项目

（1）电流互感器的过负荷运行

电流互感器能在 1.1 倍额定电流下长期工作，但是长期过负荷运行时，会影响测量精度，由于磁通密度增大，铁芯饱和，会使铁芯过热，加速绝缘介质的老化，使其寿命缩短，甚至造成损坏。因此，在运行中若发现电流互感器经常过负荷，应及时更换。

（2）电流互感器的二次回路开路的严重后果及其处理

当电流互感器一次侧的电流不变、二次回路因某种原因开路，即二次电流等于零时，二次电流的去磁通也消失了，这样，一次电流全部变为励磁电流，使铁芯磁通饱和，将产生以下几个后果：

① 由于磁通饱和，磁通的波形成为平顶波，二次产生的感应电势出现尖顶波，将产生数千伏甚至更高的电压，对二次绝缘构成威胁，给人员带来危险。

② 使铁芯损耗增加，严重发热，将烧坏线圈绝缘。

③ 铁芯中将产生剩磁，使电流互感器的电流差和角差增大，影响计量的准确性。

所以，电流互感器在运行中二次回路是严禁开路的，如需断开仪表或继电保护回路，需要将该接线端子短接；运行中，若发现电流互感器二次回路开路，运行人员应立即将一次侧的负荷电流减小或减到零，将所带的继电保护装置停用，并用绝缘工具进行处理。

（3）在运行中的电流互感器二次回路上工作时的注意事项

在运行中的电流互感器二次回路上进行工作，必须按照《电业安全工作规程》的要求填写工作票，并且要注意下列几项：

① 工作中严禁将电流互感器二次回路短路。

② 根据需要在适当地点将电流互感器二次回路短路。短路应采用短路片或专用短路线，短路应妥善可靠，禁止采用熔丝或一般导线缠绕。

③ 禁止在电流互感器与短路点之间的回路上进行任何工作。

④ 工作时必须有人监护，使用绝缘工具，并站在绝缘垫上。

⑤ 值班人员在清扫二次线时，应使用干燥的清扫工具，穿长袖工作服，戴线手套，工作时应将手表等金属物摘下。工作中要认真、谨慎，避免损坏元件或造成二次回路断线，不得将回路的永久接地点断开。

（4）电流互感器及二次线的更换

运行中的电流互感器及二次线需要更换时，应执行有关工作规程的规定。

① 更换损坏的电流互感器时，应选用同样型号和规格的电流互感器，并要求极性正确、伏安特性相近，并经试验合格。

② 若成组更换电流互感器，除注意上述要求外，应重新审核继电保护整定值及仪表计量的倍率。

③ 更换二次电缆时，电缆截面、芯数等必须满足最大负载电流的要求，并对新电缆进行绝缘电阻测定，更换后要核对接线无误。

④ 新换上的电流互感器或变动后的二次接线，在运行前必须测定整个二次回路的极性。

（5）电流互感器的巡视和检查

电流互感器投入运行以前，除应按有关规程的交接试验项目进行试验并要求合格外，还应进行以下检查：

① 充油电流互感器外观应清洁，油量充足，无渗、漏油现象。

② 瓷套管和其他绝缘物无裂纹破损。

③ 一次侧引线、线卡及二次回路各连接部分螺丝应紧固，接触应良好。

④ 外壳及二次回路一点接地良好。

（6）运行中的电流互感器的维护

① 对投入运行的电流互感器一般每1～2年进行一次预防性试验，并执行以上项目的巡视和检查。

② 电流互感器二次回路不准开路，工作时应注意防止折断二次回路导线。

③ 仔细检查二次回路导线有无松动处，计量单元的电流电路导线应选用截面积不小于4 mm^2的铜导线，辅助单元的控制、信号等导线应选用截面积不小于1.5 mm^2的铜导线；电流表的三相指示值在允许范围内。

④ 电流互感器内部声响正常，没有“噼啪”放电声或其他噪声及焦臭味。

7. 电流互感器运行中常见故障及处理

（1）电流互感器运行中响声较大

① 过负荷：应降低负荷至额定值以下，并继续进行监视和观察。

② 二次回路开路：应立即停止运行，并将负荷减小到最低限度进行处理，采取必要的安全措施，以防触电。

③ 绝缘损坏而发生放电：应更换绝缘。

④ 绝缘漆损坏或半导体漆涂刷不均匀而发生放电或造成局部电晕：应重新均匀涂刷半导体漆。

⑤ 夹紧铁芯的螺栓松动：应紧固松动螺栓。

（2）运行中铁芯过热

① 长时间过负荷：应降低负荷至额定值以下，并继续进行监视和观察。

② 二次回路开路：应立即停止运行，并将负荷减小到最低限度进行处理，采取必要的安全措施，以防触电。

（3）运行中低压侧电流互感器开路

① 二次回路断线或连接螺钉松动造成二次开路，应接好并焊牢二次回路接线或紧固

螺钉。

② 由于铁芯中磁通饱和，在二次侧可能产生高压电，在二次回路的开路点可能有放电现象，出现放电火花及放电声，并严重威胁人身和设备安全。

③ 铁芯可能因磁饱和引起损耗增大而发热，使绝缘材料产生异味，并有异常响声，甚至烧坏绝缘。

④ 与电流互感器二次侧相连接的电流表指示可能摇摆不定或无指示，电能表可能出现异常，失去了对电流的监视，造成假象。还会使电流继电器无法正常工作，以致电流保护失灵。这都会使电流表对主电路的异常运行失去警觉而不能及时处理，可能造成严重后果。

当发现电流互感器二次侧开路后，应尽可能及时停电进行处理。如不允许停电，应尽量减小一次侧负荷电流，然后在保证人身与带电体保持安全距离的前提下，用绝缘工具在开路点前用短路线把电流互感器二次回路短路，再把开路点消除，最后拆除短路线。在操作过程中需有人进行监护。

(4) 漏油或油面过低

① 制造质量太差，应更换电流互感器。

② 搬运过程中出现机械损伤，应根据损伤程度进行处理。

(5) 二次侧接地螺钉松动，但高压电容式电笔有辉光

由于一次侧高压窜入二次侧，应停电处理，紧固接地螺钉。

(6) 电流互感器二次回路开路

电流互感器二次回路断线可表现为电流互感器发出较大的“嗡嗡”声，所接的有关仪表指示不正常，电流表无指示，电能表、功率表等无指示或指示偏小。

(7) 电流互感器发出异常声响

正常运行中的电流互感器由于铁芯的振动，会发出较大的“嗡嗡”声。但是若所接电流表的指示超过了电流互感器的额定允许值，电流互感器就会严重过负荷，同时伴有过大的噪声，甚至会出现冒烟、流胶等现象。对于电流互感器长期过负荷，应考虑分散负荷或换用电流互感器。另外，电流互感器还可能由于以下原因发出异常声响：

① 电晕放电或铁芯穿心螺钉松动。若为电晕放电，可能是瓷套管质量不好或表面有较多的污物和灰尘。瓷套管质量不好时应及时更换，对表面的污物和灰尘应及时清理。如果是在电流互感器内部有严重放电，多为内部绝缘能力降低，造成一次侧对二次侧或对铁芯放电，此时应立即停电处理。若为铁芯穿心螺钉松动，电流互感器异常声响常随负荷的增大而增大。如不及时处理，电流互感器可严重发热，造成绝缘老化，导致接地、绝缘击穿等故障。对此，应停电处理，除了紧固松动的螺钉外，还要检查是否已经引起其他故障。

② 电流互感器二次回路开路。应先将与之有关的保护或自动装置停用，以防误动作，然后检查开路回路故障点，检查开路故障点时重点检查高低压熔断器是否熔断；连接线有无松动或脱落；电压切换回路的辅助触点或切换开关是否有接触不良等。

(8) 电流互感器一次绕组烧坏

电流互感器一次绕组烧坏的主要原因有：线间绝缘损坏或长期过负荷。线圈绝缘损坏的原因有：① 线圈的绝缘本身质量不好；② 因二次绕组开路产生高达数千伏的电压，而使绝缘击穿，同时也会引起铁芯过热，导致绝缘损坏。此时应更换线圈或更换合适电流比和容量的电流互感器。

第五节　避　雷　器

一、雷电的基本概念

1. 雷电产生的过程

雷电是一种大气中带有大量电荷的雷云放电的结果。大气中饱和的水蒸气水滴在强烈的上升气流作用下，不断分裂而形成了雷云。水滴在分裂过程中所形成的小水滴是带负电的，而其余大的水滴则是带正电的。带负电的水滴被气流携走，于是云就分离成带不同电荷的两部分。当带电的云块临近地面时，对大地感应出与雷云极性相反的电荷，三者之间组成了一个巨大的“电容器”。

雷云中电荷的分布是不均匀的，当云层对地的电场强度达到 25～30 kV/cm 时，就会使它们之间的空气绝缘被击穿，雷云对地便发生先导放电。当先导放电的通路到达大地时，大地和雷云就产生强烈的“中和”，出现数十至数百千安强大的雷电流，这一过程称为主放电。雷电流的波前时间为 1～4 μs，主放电时间一般 30～50 μs，陡度在 7.5 kA/μs 左右。主放电的温度可达 2 000 ℃，使周围的空气猛烈膨胀，并出现耀眼的闪光和巨响，称之为雷电。

2. 雷电的特点

(1) 雷云中的场强极高。

(2) 雷云对地电位极高。

(3) 雷电放电的瞬间功率极大。

(4) 雷电的能量很大。

(5) 雷电的形状有线状、片状、球状。

3. 雷电的危害

雷电的危害主要表现为雷电的电磁效应、雷电的热效应、雷电的机械效应、生理效应。

(1) 雷电的电磁效应

雷云对地放电时，位于雷击点附近的导线上将产生感应过电压。过电压幅值一般可达几十万伏，它会使电气设备绝缘发生闪络或击穿，甚至引起火灾和爆炸。

(2) 雷电的热效应

雷电流通过导体时，会产生很大的热量。在雷电流的作用下，会使导体熔化。送电线路避雷线的断股现象，与雷电流的热效应有关。

(3) 雷电的机械效应

雷云对地放电时，强大的雷电流的机械效应表现为击穿杆塔或建筑物、劈裂电力线路的电杆和横担等。

(4) 生理效应

人受到雷击会烧伤，甚至死亡。此外，由于雷电流的幅值很大，所以雷电流流过接地装置时所造成的电压降可能达数十万到数百万伏。此时，与该接地装置相连接的电气设备外壳、杆塔及架构等处于很高的电位，从而使电气设备的绝缘发生闪络，通常称为闪击。

二、过电压

电气设备在正常运行时，所受电压为其相应的额定电压。但是，由于雷击或电力系统中的操作、事故等原因，而使某些电气设备和线路上承受的电压大大超过正常运行电压，危及设备和线路的绝缘。电力系统中这种危及绝缘的电压升高称为过电压。

1. 过电压的分类

过电压可分为雷电过电压和内部过电压。

(1) 雷电过电压

雷电过电压与气象条件有关，是外部原因造成的，因此又称为大气过电压或外部过电压。雷电过电压可分为直接雷击过电压、雷电反击过电压、感应雷过电压、雷电侵入波过电压。

① 直接雷击过电压

雷云直接对电气设备或电力线路放电，雷电流流过这些设备时，在雷电流流通路径的阻抗上产生冲击电压，引起过电压。这种过电压称为直接雷击过电压。

② 雷电反击过电压

雷云对电力架空线路的杆塔顶部放电，或者雷云对电力架空线路杆塔顶部的避雷线放电，这时雷电流经杆塔入地。雷电流流经杆塔入地时，在杆塔阻抗和接地装置阻抗上存在电压降。因此，杆塔顶部出现高电位，这个高电位作用在线路的导线绝缘子上，如果电压足够高，有可能产生击穿，对导线放电。这种情况称为雷电反击过电压。

③ 感应雷过电压

感应雷过电压是指在电气设备的附近不远处发生闪电，虽然雷电没有直接击中线路，但在导线上会感应出大量的与雷云极性相反的束缚电荷，形成雷电过电压。

④ 雷电侵入波过电压

因直接雷击或感应雷击在输电线路导线中所形成迅速流动的电荷称为雷电进行波。雷电进行波对其前进道路上的电气设备构成威胁，因此也称为雷电侵入波，由此形成的过电压称为雷电侵入波过电压。

(2) 内部过电压

内部过电压是由于操作、事故或其他原因而引起系统的状态发生突然变化，从一种稳定状态转变为另一种稳定状态的过渡过程，在这个过程中可能产生对系统有危险的过电压。这些过电压是系统内电磁能的振荡和积聚所引起的，所以叫内部过电压。内部过电压可分为工频过电压、谐振过电压、操作过电压。

① 工频过电压

电力系统中的工频过电压一般由线路空载、单相接地或三相系统中发生不对称故障时所引起。在中性点不接地系统或经消弧线圈接地系统里，当发生单相接地故障时，其他两相对地电压可升高到$\sqrt{3}$倍相电压。

工频过电压的特点是持续时间可能较长，但数值并不很大，对电力系统的正常绝缘危险不大。但是，如果在发生其他内部过电压的时候又存在工频过电压，则过电压更为严重。

② 谐振过电压

如果串联电路中包括电感、电容，当电感电抗和电容电抗数值都很大，而且彼此绝对值相等或十分接近时，其综合阻抗十分微小，这时即使在不太高的电源电压下也会出现极大的电流。这个极大的电流在电感、电容上产生很高的电压降，这就是串联谐振过电压。

当谐振过电压发生在铁磁电感与电容组成的电路中时，称为铁磁谐振电路，可能出现过电压事故。

③ 操作过电压

操作过电压是指电力系统中由于操作或事故，使设备运行状态发生改变，而引起相关设备电容、电感上的电场、磁场能量相互转换，这种电、磁场能量的相互转换可能引起振荡，从而产生过电压。如果电路中的电阻较大，能起到较好的阻尼作用，则振荡时能量消耗较快，电流电压迅速衰减进入稳态，过电压较快消失。

2. 三相组合式过电压保护器

(1) 三相组合式过电压保护器的作用

三相过电压保护器主要应用于发电、供电企业的用电系统，对电机、变压器、开关、母线、电动机、电容器等电气设备，除了限制大气过电压保护外，同时也可限制电力系统的操作过电压，对相同和相对地的过电压，均能起到可靠的限制作用。

(2) 三相组合式过电压保护器的原理及特点

三相组合式过电压保护器由四个带放电间隙和氧化锌电阻串联的单元组成，如图 2-79 所示，图中 FR 为氧化锌非线性电阻，CG 为放电间隙，由于采用对称结构，其中任意三个可分别入 A、B、C 三相，另一相接地。

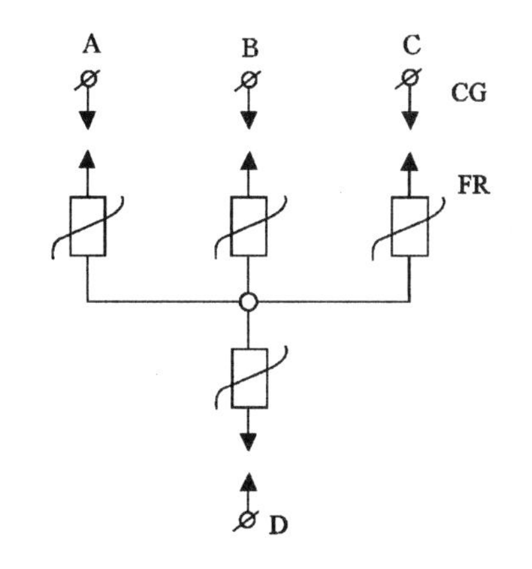

图 2-79　电气原理图

三相组合式过电压保护器具有下面一些特点：

① 大通流容量，适用范围更广。

② 采用四星形接法，可将相间过电压大大降低，保护的可靠性大为提高。

③ 采用氧化锌非线性电阻和放电间隙串联的结构，使两者互为保护，放电间隙使氧化锌电阻的荷电率为零，氧化锌非线性特性又使放电间隙动作后立即熄灭弧，无续流，放电间隙不再承担灭弧任务，提高了产品的使用寿命。

④ 在各种电压波形下放电电压值相等，不受各种操作过电压波形影响，过电压保护值准确，保护性能优良。

⑤ 结构简单、体积小、安装方便。

(3) 三相组合式过电压保护器的型号及其含义

① 三相组合式过电压保护器的型号由几个大写的汉语拼音字母和阿拉伯数字组成，每个拼音和数字均代表一定含义。

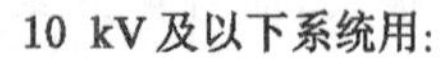

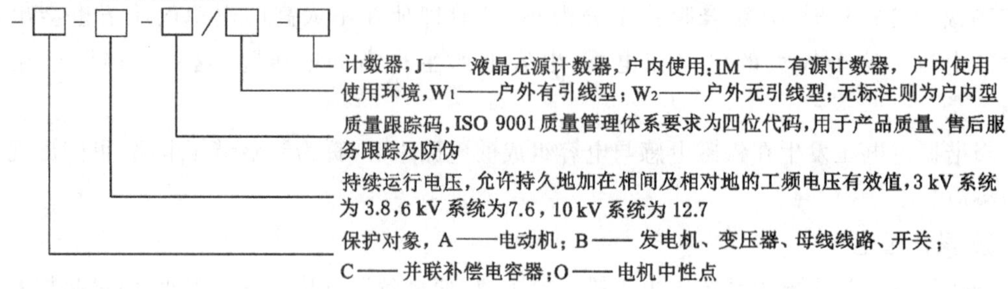

35 kV系统用:

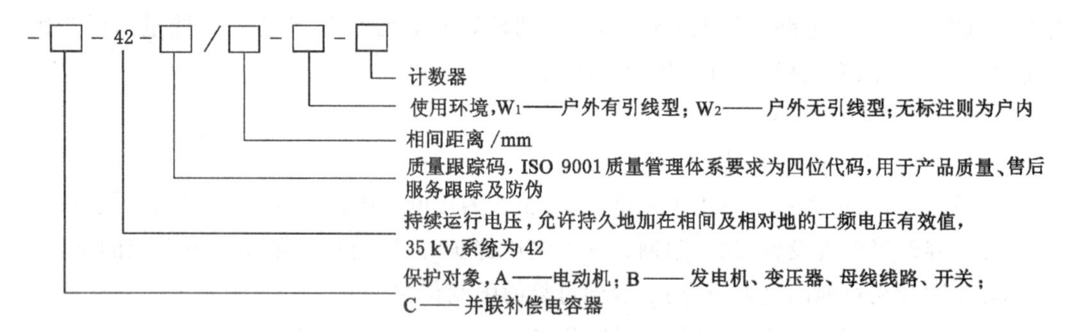

② 三相组合式过电压保护器型号举例说明。例如，FDB-B-7.6F/131-J 型，其型号含义为：FDB——三相组合式过电压保护器，B——保护对象为开关，7.6——持续运行电压为7.6 kV，F——质量跟踪码为 F，131——相间距离为 131 mm，J——液晶无源计数器，户内使用；FDB-B-42F/310-IM 型，其型号含义为：FDB——三相组合式过电压保护器，B——保护对象为开关，42——持续运行电压为 42 kV，F——质量跟踪码为 F，310——相间距离为310 mm，IM——有源计数器，户内使用。

③ 三相组合式过电压保护器在实际变电站中的应用，如图 2-80、图 2-81 所示。

三、变电站防雷措施

变电站是电力系统的中心环节，如果发生雷击事故，将造成大面积停电。变电站遭受雷害可能来自两个方面：一是直击于变电站；二是雷击线路向变电站入侵的雷电波。

为了防止直击雷对变电站设备的侵害，变电站装有避雷针或避雷线，但常用的是避雷针。为了防止雷电波的侵害，按照相应的电压等级装设阀型避雷器、磁吹避雷器、氧化锌避雷器和与此相配合的进线保护段，即架空地线、管型避雷器或火花塞间隙，在中性点不直接接地系统装设消弧线圈，可减少线路雷击跳闸。为了可靠地防雷，所有以上设备必须装设可靠的接地装置。

防雷设备的主要功能是引雷、泄流、限幅、均压。防雷装置由接闪器、引下线和接地装置三部分构成。

图 2-80　35 kV TBP-B-42F 型户内过电压保护器

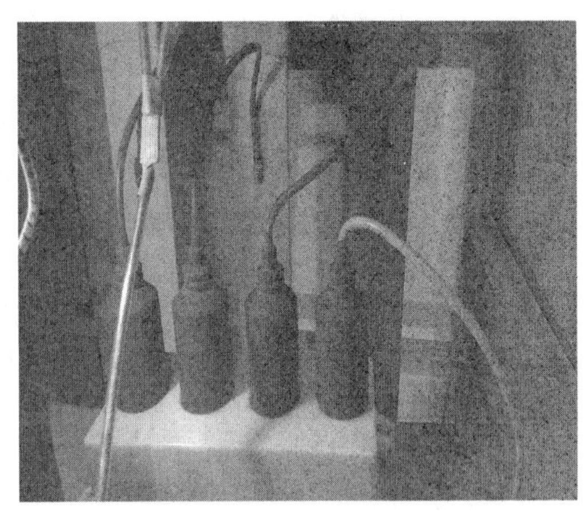

图 2-81　6 kV BSTG-B-7.6 型户内过电压保护器

1. 避雷针

(1) 避雷针的作用

避雷针的作用是将雷吸引到金属针上来并安全导入大地中，从而保护附近的建筑物和设备免受雷击。避雷针如图 2-82 所示。

图 2-82　避雷针

(2) 避雷针的防雷原理

避雷针之所以能防雷，是因为在雷云发展的初始阶段，其离地面较高，发展方向会受一些偶然因素的影响而不“固定”。但当它离地面达到一定高度时，地面上高耸的避雷针因静电感应聚集了雷云先导性的大量电荷，使雷电场畸变，因而将雷云放电的通路由原来可能向其他物体发展的方向吸引到避雷针本身，通过引下线和接地装置将雷电波放入大地，从而使被保护物体免受直接雷击。所以避雷针实质上是引雷针，它把雷电波引入大地，有效地防止了直击雷的出现。

(3) 避雷针的分类

避雷针按其接地方式可分为独立避雷针和构架避雷针。

2. 避雷针的运行维护与巡视检查项目

(1) 避雷针的运行维护

避雷针投入运行时间,应根据当地雷电活动情况确定,一般在每年3月初到10月投入运行。避雷针每年投入运行前,应进行检查试验,试验项目为:

① 测量避雷针及基座绝缘电阻。

② 测量避雷针的工频参考电压和持续电流。

③ 测量避雷针直流参考电压和0.75倍直流参考电压下的泄漏电流。

④ 工频放电电压试验。

(2) 避雷针的巡视检查项目

正常巡视标准:

① 应直立、安装牢固,针体无弯曲,构架无锈蚀,基础无下沉,接地应良好,接地电阻值一般应小于10 Ω。

② 接地引下线无脱焊、锈蚀。

③ 接头连接牢固,且有足够的截面。

④ 底座牢固,无锈烂,接地完好。

⑤ 安装不偏斜。

特殊巡视:

① 雷雨时不得接近防雷设备,可在一定距离范围内检查避雷针的摆动情况。

② 雷雨后检查避雷针基础是否下沉,接地引下线有无脱焊、锈蚀,并做好记录。

③ 大风天气应检查避雷针上有无搭挂物及摆动情况。

④ 大雾天气应检查构架有无锈蚀。

⑤ 冰雹后应检查避雷针是否倾斜,有无损坏。

3. 避雷器

(1) 避雷器的作用

避雷器是用来保护电力设备,防止高电压冲击波侵入的安全措施。避雷器如图2-83所示。

图2-83 避雷器

（2）避雷器的防雷原理

避雷器是一种能释放过电压能量、限制过电压幅值的保护设备。使用时，将其安装在被保护设备附近，与被保护并联。在正常情况下避雷器不导通。当作用在避雷器上的电压达到避雷器的动作电压时，避雷器导通，通过大电流、释放过电压能量并将过电压限制在一定水平，以保护设备的绝缘。在释放过电压能量后，避雷器恢复到原状态。

（3）避雷器的分类

目前使用的避雷器有五种：保护间隙、管型避雷器、阀型避雷器、磁吹阀式避雷器、氧化锌避雷器。其中，保护间隙、管型避雷器、阀型避雷器只能限制雷过电压，而磁吹阀式避雷器和氧化锌避雷器既可限制雷过电压，也可限制内过电压。

4. 避雷器的运行维护与巡视检查项目

（1）避雷器的运行维护

避雷器投入运行时间，应根据当地雷电活动情况确定，一般在每年3月初到10月投入运行。避雷器每年投入运行前，应进行检查试验，试验项目为：

① 测量避雷器及基座绝缘电阻。

② 测量避雷器的工频参考电压和持续电流。

③ 测量避雷器直流参考电压和0.75倍直流参考电压下的泄漏电流。

④ 检查放电计数器动作情况及监视电流表指示。

⑤ 工频放电电压试验。

（2）避雷器的巡视检查项目

正常巡视标准：

① 瓷质应清洁无裂纹、无破损，无放电现象和闪络痕迹。

② 避雷器内部应无响声。

③ 放电计数器应完好，内部不进潮，上下连接线完好无损。检查计数器是否动作，每月抄录一次计数器动作情况。

④ 引线应完整，无松股、断股。接头连接应牢固，且有足够的截面。导线不过紧或过松，不锈蚀，无烧伤痕迹。

⑤ 底座牢固，无锈烂，接地完好。

⑥ 安装不偏斜。

⑦ 均压环无损伤，环面应保持水平。

特殊巡视：

① 雷雨时不得接近防雷设备，可在一定距离范围内检查避雷器的摆动情况。

② 雷雨后检查放电计数器动作情况，检查避雷器表面有无闪络，并做好记录。

③ 大风天气应检查避雷器上有无搭挂物及摆动情况。

④ 大雾天气应检查瓷质部分有无放电现象。

⑤ 冰雹后应检查瓷质部分有无损伤，计数器是否损坏。

5. 避雷器运行中常见故障及处理

（1）避雷器内部受潮

避雷器内部受潮的表现是绝缘电阻低于2 500 MΩ，工频放电电压下降。内部受潮的原因可能有以下几点：

① 顶部的紧固螺母松动，引起漏水或瓷套顶部密封用螺栓的垫圈未焊死，在密封垫圈老化开裂后，潮气和水分沿螺栓缝渗入内腔。

② 底部密封试验的小孔未焊牢、堵死。

③ 瓷套破裂、有砂眼，裙边胶合处有裂缝，易于进入潮气及水分。

④ 橡胶垫圈使用日久，老化变脆而开裂，失去密封作用。

⑤ 底部压紧用的扇形铁片未塞紧，使底板松开。底部密封橡胶垫圈位置不正，造成空隙而渗入潮气。

⑥ 瓷套与法兰胶合处不平整或瓷套有裂纹。

(2) 避雷器运行中爆炸

避雷器运行中经常发生爆炸事故，爆炸原因可能由系统故障引起，也可能为避雷器本身故障引起。运行中的避雷器发生爆炸，应立即停电更换。避雷器发生爆炸的原因可能有以下几点：

① 中性点不接地系统中发生单相接地，使非故障相对地电压升高到线电压，即使避雷器所承受的电压小于其工频放电电压，而在持续时间较长的过电压作用下，仍可能会引起爆炸。

② 电力系统发生铁磁谐振过电压，使避雷器放电，从而烧坏其内部元件而引起爆炸。

③ 线路受雷击时，避雷器正常动作。由于本身火花间隙灭弧性能差，当间隙承受不住恢复电压而产生击穿时，使电弧重燃，工频续流将再度出现，重燃阀片烧坏电阻，引起避雷器爆炸；或由于避雷阀片电阻不合格，残压虽然降低，但续流却增大，间隙不能灭弧而引起爆炸。

④ 由于避雷器密封垫圈与水泥接合处松动或有裂纹，密封不良而引起爆炸。

(3) 避雷器出现引线松脱或断股，接地线接地不良，阻值增大

遇到下述情况时，应尽快停电处理：

① 运行中的避雷器瓷套有裂纹。如天气正常，应申请调度停电处理，进行更换避雷器。雷雨天气时，应尽可能不使避雷器退出运行，但应监视，待雷雨后向调度申请停电处理。

② 运行中发现避雷器的泄漏电流明显增加。正常天气，应立即要求调度停电检修，进行泄漏电流的阻性分量和容性分量的测量，对阻性分量超过标准值的避雷器应进行更换。雷雨天气，尽可能保持运行，并加强监视，如果有继续增大的迹象，应要求停电处理。

第六节　母线及电力电缆

一、母线

母线是变电站最重要的设备之一，它起着汇集和分配电能的作用。母线一旦出现故障，将会造成部分或全站停电。因此，加强对母线的运行和维护，对保证变电站安全运行至关重要。

35 kV 变电站的 35 kV 部分多为室外配电装置，采用钢芯铝绞线作母线，即软母线；6～10 kV 部分多为室内配电装置，采用矩形铜或铝排作母线，即硬母线。

1. 母线的作用

在进出线很多的情况下，为便于电能的汇集和分配，应设置母线。施工安装时，不可能

将很多回进出线安装在一点上，而是将每回进出线分别在母线的不同地点连接引出。一般具有四个分支以上时，就应设置母线。

2. 常用母线的形式

母线分硬母线和软母线两种。

(1) 硬母线

① 硬母线分类

硬母线按其形状不同可分为矩形母线、槽型母线、菱形母线、管型母线等多种，如图 2-84～图 2-87 所示。

图 2-84　35 kV 户内封闭式硬母线 1

图 2-85　35kV 户内封闭式硬母线 2

图 2-86　6 kV 户内封闭式硬母线

图 2-87　6 kV 户内不封闭式硬母线

矩形母线是最常用的母线，也称母线排。按其材质又有铝母线(铝排)和铜母线(铜排)之分。矩形母线的优点是施工安装方便，在运行中变化小，截流量大，但造价较高。

槽型和菱形母线均使用在大电流的母线桥及对热、动稳定配合要求较高的场合。

管型母线通常和插销隔离开关配合使用。目前多采用钢管母线，施工方便，但截流容量较小。

② 硬母线连接

硬母线一般采用压接或焊接。压接是用螺钉将母线压接起来，便于改装和拆卸。焊接是用电焊或气焊连接，多用于不需拆卸的地方。硬母线不准采用锡焊或绑接。铜铝母线连接时,应将铜母线镀锡或用锌片作垫片进行压接。

③ 硬母线装伸缩头的作用

物体有热胀冷缩特性,母线在运行中会因发热而使长度发生变化。为了避免因热胀冷缩的变化使母线和支持绝缘子受到过大的应力并损坏,应在硬母线上装设伸缩接头。

(2) 软母线

软母线多用于室外。室外空间大,导线间距宽,散热效果好,施工方便,造价也较低,如图 2-88、图 2-89 所示。

图 2-88 户外 110 kV 软母线

图 2-89 户外 35 kV 软母线

不论选择何种母线,均应符合下述几个条件:

① 所选母线必须满足持续工作电流的要求。

② 对于全年平均负荷高、母线较长、输电容量也较大的母线,应按经济电流密度进行选择。

③ 母线应按电晕电压校验合格。

④ 按短路热稳定条件校验合格。

⑤ 按短路动稳定条件校验合格。

3. 母线接线方式

(1) 单母线:单母线、单母线分段、单母线加旁路和单母线分段加旁路。

(2) 双母线:双母线、双母线分段、双母线加旁路和双母线分段加旁路。

(3) 三母线:三母线、三母线分段、三母线分段加旁路。

(4) 3/2 接线、3/2 接线母线分段。

(5) 4/3 接线。

(6) 母线-变压器-发电机组单元接线。

(7) 桥形接线:内桥形接线、外桥形接线、复式桥形接线。

(8) 角形接线:三角形接线、四角形接线、多角形接线。

(9) 环形接线:单环、多环。

(10) 线路-变压器组单元接线。

4. 母线的型号及其含义

（1）软母线的型号由几个大写的汉语拼音字母和阿拉伯数字组成，每个拼音和数字均代表一定含义。

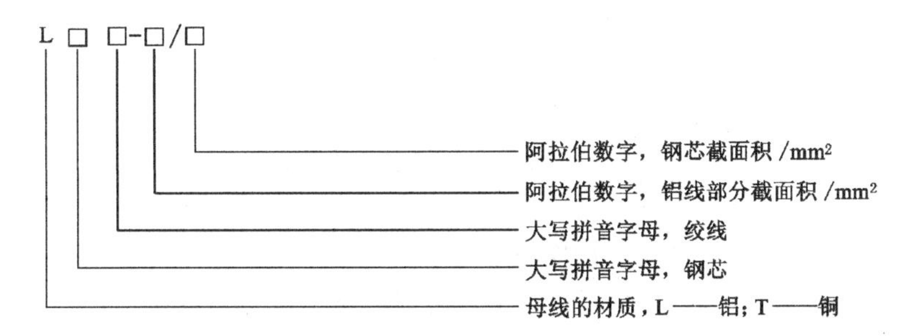

（2）软母线型号举例说明。例如，LGJ-185/10，其型号含义为：铝、钢芯、绞线，铝线部分截面积为 185 mm^2，钢芯截面积为 10 mm^2 的钢芯铝绞线；TJ-50，其型号含义为：铜、绞线，截面积为 50 mm^2 的铜绞线。

（3）硬母线的型号由几个大写的汉语拼音字母和阿拉伯数字组成，每个拼音和数字均代表一定含义。

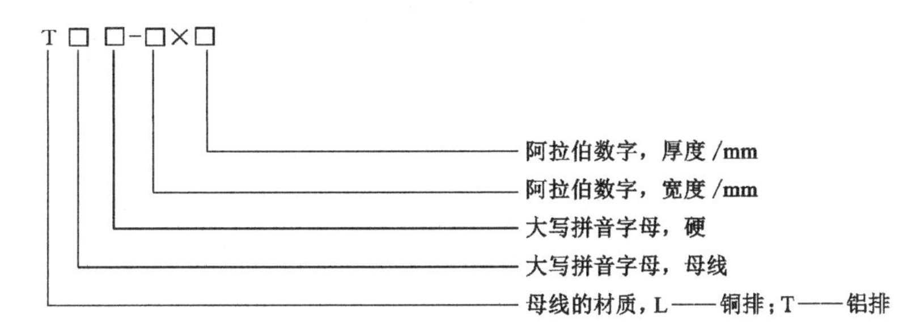

（4）硬母线型号举例说明。例如，TMY-100×10，其型号含义为：铜排、母线、硬，宽度 100 mm，厚度 10 mm；LMY-80×10，其型号含义为：铝排、母线、硬，宽度 80 mm，厚度 10 mm。

5. 母线的运行维护与巡视检查项目

（1）母线的正常运行

母线的正常运行是指母线在额定条件下，能够长期、连续地汇集和传输额定功率的工作状态。母线的电压等级完全取决于支持绝缘子的绝缘水平。因此，母线在正常运行时，支持绝缘子和悬式绝缘子应完好无损，无放电现象；软母线弧垂应符合要求，相间距离应符合规程规定，无断股、散股现象，硬母线应平、直，不应弯曲，各种电气距离应满足规程要求。

（2）对母线接头接触电阻的要求

母线接头应紧密，不应松动，不应有空隙，以免增加接触电阻。接头的接触电阻值不应大于相同长度母线电阻值的 1.2 倍。

（3）母线接头在运行中允许温度的要求

母线接头允许温度为 70 ℃（环境温度为 25 ℃），其接触面有锡覆盖层时，允许提高到 85 ℃，闪光焊时允许提高到 100 ℃。

判断母线发热有以下几种方法：① 变色漆；② 示温蜡片；③ 半导体点温计；④ 红外线测量仪；⑤ 紫外线测量仪；⑥ 利用雪天观察接头处雪的融化来判断是否发热。

（4）母线的巡视检查项目

正常巡视：

① 检查导线、金具有无损伤，是否光滑，接头有无过热现象。

② 检查瓷套有无破损及放电痕迹。

③ 检查间隔棒和连接板等金具的螺栓有无断损和脱落。

④ 在晴天，导线和金具无可见电晕。

⑤ 定期对接点、接头的温度进行检测。

⑥ 当母线及导线异常运行时，运行人员应针对异常情况进行特殊巡视。

⑦ 夜间闭灯检查无可见电晕。

⑧ 导线上无异物悬挂。

特殊巡视：

① 在大风时，母线的摆动情况是否符合安全距离要求，有无异常飘落物。

② 雷电后瓷绝缘子有无放电闪络痕迹。

③ 雷电天时，接头处积雪是否迅速融化和发热冒烟。

④ 天气变化时，母线有无弛张过大或收缩过紧的现象。

⑤ 雾天绝缘子有无污闪。

6. 母线运行中常见故障及处理

（1）常规型母线故障处理

① 当母线发生故障停电后，值班人员应立即报告值班调度员，并自行将故障母线上的断路器全部拉开，且应确保在故障后 15 min 内执行完毕。有自切装置的自切装置应及时停用。

② 当母线发生故障停电后，值班人员应对停电母线进行外部检查。

③ 找到故障点后，对能迅速隔离的，在隔离故障后，要仔细检查和判别母线能否恢复送电，以防因故障时空气游离作用而波及其他设备，引起故障。

④ 找到故障点后，对不能很快隔离的，若系双母线中的一组母线故障，应将故障母线上的各出线冷倒至运行母线恢复送电，但要防止联络线非同期并列。

⑤ 经过检查仍不能找到故障点时，可用外来电源对故障母线进行试送。

⑥ 如用本站主变压器或母联试送时，试送断路器必须完好，继电保护装置应完好，一般必须用有充电保护的断路器充电。母差或主变压器后备保护应有足够的灵敏度。

（2）封闭式母线故障处理

① 封闭式双母线一组母线故障时，若经外部检查未查到故障点，应禁止各元件冷倒母线，有条件时可进行零起升压。

② 封闭式双母线一组母线故障造成用户停电时，经外部详细检查若未发现故障迹象，有关设备的 SF_6 压力表计指示正常，且无其他异常，可采用以下方法处理：

a. 用无支接的电源线、空载变压器或三绕组变压器试送。

b. 用装有充电保护的母联断路器或带有支接的负荷线对母线试送。

c. 试送母线时，除电源断路器热备用外，其他各元件全部改冷备用。

d. 若试送成功，表明故障点不在母线本体上。拉开电源断路器，然后将重要的主变压器、馈线逐个单独试送。试送元件母线隔离开关合上的操作，应在停电状态下进行。

e. 试送成功的主变压器或馈线可冷倒至正常母线上运行，未试送的元件及该组母线进行停役待处理。

③ 封闭式单母线分段，其中一段母线故障或封闭式单母线故障后，可按上述方法处理。

(3) 一段母线失压的处理

① 断开连接在该母线上的所有开关，迅速恢复受影响的站用电，立即将停电范围、保护动作情况向调度汇报。

② 经检查该段设备无事故时，先断开该段电源开关，后送母联开关，恢复该段母线供电。

③ 经检查，确属该段设备或出线故障造成电源开关跳闸或越级跳闸的，将事故点断开后，再恢复该段母线供电。

④ 人员过失造成电源开关跳闸母线失压，值班员应立即合上电源开关，恢复送电。电厂的并网联络线发生误停开关后，严禁非同期合闸操作。

⑤ 对母线充电时，若发现母线电压很高，可能是出现谐振过电压，应采取送一台主变或一条空线路的措施消谐。

⑥ 双母线配电装置的一组母线故障，为迅速恢复正常运行，可将完好的元件倒至非故障母线上。

二、电力电缆线路

1. 电力电缆线路的特点

(1) 电缆线路的优点：① 不占用地上空间；② 供电可靠性高；③ 电击可能性小；④ 分布电容较大；⑤ 维护工作量少。

(2) 相较于架空线路的缺点：① 投资费用大；② 引出分支线路比较困难；③ 故障测寻比较困难；④ 电缆头制作工艺要求高。

2. 电力电缆基本结构和种类

电力电缆是指外包绝缘的绞合导线，有的还包有金属外皮并加以接地。因为三相交流输电必须保证三相送电导体相互间及对地的绝缘，因此需有绝缘层。为了保护绝缘和防止高电场对外产生辐射干扰通信等，又必须有金属护层。此外，为防止外力损坏，还必须有铠装和护套等。

(1) 电力电缆基本结构

电力电缆的基本结构由线芯、绝缘层、屏蔽层和保护层四部分组成。

① 线芯是电缆的导电部分，用来输送电能，是电缆的主要部分。我国目前电缆线芯的规格：10～35 kV 电缆的导电部分截面(mm^2)为 16、25、35、50、70、95、120、150、185、240、300、400、500、630、800 等 15 种规格。目前 16～400 mm^2 之间的 12 种是常用的规格。110 kV及以上电缆的截面规格(mm^2)为 100、240、400、600、700、845、920 等 7 种规格。现已有 1 000 mm^2 及以上规格。线芯按数目可分为单芯、双芯、三芯和四芯。按截面形状又可分为圆形、半圆形和扇形。

② 绝缘层是将线芯与大地以及不同相的线芯间在电气上彼此隔离，保证电能输送，是

电缆结构中不可缺少的组成部分。

③ 10 kV 及以上的电缆一般都有导体屏蔽层和绝缘屏蔽层。导体屏蔽层的作用是消除导体表面的不光滑所引起的导体表面电场强度的增加，使绝缘层和电缆导体有较好的接触。

④ 保护层的作用是保护电缆免受外界杂质和水分的侵入，以及防止外力直接损坏电缆。

(2) 常用电力电缆种类及适用范围

按电缆结构和绝缘材料种类的不同进行如下分类：

① 不滴漏油浸纸带绝缘型电缆。该电缆三线芯的电场在同一屏蔽内，电场的叠加使电缆内部的电场分布不均匀，电缆绝缘层的绝缘性能不能充分利用，因此这种结构的电缆只能用在 10 kV 及以下的电压等级。

② 不滴漏油浸纸绝缘分相型电缆。该电缆结构上使内部电场分布均匀和气隙减少，绝缘性能比带绝缘型结构好，因此适用于 20～35 kV 电压等级，个别可使用 66 kV 电压等级上。

③ 橡塑电缆：

a. 交联聚乙烯绝缘电缆。该电缆容许温升高，允许截流量较大，耐热性能好，适宜于高落差和垂直敷设，介电性能优良；但抗电晕、游离放电性能差。接头工艺虽较严格，但对技工的工艺技术水平要求不高，因此便于推广，是一种比较理想的电缆。如图 2-90、图 2-91 所示。

图 2-90　户内 6 kV 馈出线交联聚乙烯绝缘电缆 1

图 2-91　户内 6 kV 馈出线交联聚乙烯绝缘电缆 2

b. 聚氯乙烯绝缘电缆。该电缆化学稳定性高，安装工艺简单，材料来源充足，能适应高落差敷设，敷设维护简单方便；但因其绝缘强度低、耐热性能差、介质损耗大，并且在燃烧时会释放氯气，对人体有害，对设备有严重的腐蚀作用，所以一般只在 10 kV 及以下电压等级中应用。

c. 橡胶缘电缆。该电缆柔软性好，易弯曲，有较好的耐寒性能、电气性能、机械性能和化学稳定性，对气体、潮气、水的渗透性较好；但耐电晕、臭氧、热、油的性能较差。因此，一般只用在 138 kV 以下的电力电缆线路中。

(3) 电力电缆型号

① 型号:我国电缆产品的型号由几个大写的汉语拼音字母和阿拉伯数字组成。用字母表示电缆的类别、绝缘材料、导体材料、内护层材料、特征,用数字表示铠装层和外被层类型。我国电缆产品型号中的字母含义见表 2-4,外护层代号数字的含义见表 2-5。

表 2-4　电缆产品型号中的字母含义

序号	类别、特征	绝缘	导体	内护层	其他特征
1	电力电缆	Z—纸	T—铜芯	Q—铅包	D—不滴漏
2	K—控制	X—橡胶	L—铝芯	L—铝包	F—分相金属套
3	C—船用	V—PVC		Y—PE	P—屏蔽
4	P—信号	Y—PE		V—PVC	CY—充油
5	B—绝缘电线	YJ—XLPE			
6	ZR—阻燃				

表 2-5　外护层代号数字含义

代号	加强层	铠装层	外被层或外护套
0	—	无	—
1	径向铜带	联锁钢带	纤维外被
2	径向不锈钢带	双钢带	聚氯乙烯外护套
3	径、纵向铜带	细圆钢丝	聚乙烯外护套
4	径、纵向不锈钢带	粗圆钢丝	
5		皱纹钢带	
6		双铝带或铝合金带	

② 电缆型号举例说明:一般一条电缆的规格除标明型号外,还应说明电缆的芯数、截面、工作电压和长度。例如,ZQ22-3×70-10-300,其型号含义为:铜芯、纸绝缘、铅包、双钢带铠装、聚氯乙烯外护套,3 芯,截面 70 mm^2,电压为 10 kV,长度为 300 m 的电力电缆;YJLV22-3×150-10-400,其型号含义为:铝芯、交联聚乙烯绝缘、双钢带铠装、聚氯乙烯外护套,3 芯,截面 150 mm^2,电压为 10 kV,长度为 400 m 的电力电缆。

3. 电力电缆载流能力

电缆载流量是指某种电缆在输送电能时允许传送的最大电流值。电缆导体中流过电流时会发热,绝缘层中会产生介质损耗,护层中有涡流等损耗,因此,运行中的电缆是一个发热体。如果在某一状态下发热量等于散热量,电缆导体就有一个稳定的温度。刚好使导线的稳定温度达到电缆最高允许温度时的载流量,称为允许载流量或安全载流量。

在实际运用中的载流量有三类:① 长期工作条件下的允许载流量;② 短时间允许通过的电流;③ 短路时允许通过的电流。

(1) 电缆长期允许载流量

当电缆导体温度等于电缆最高长期工作温度,而电缆中的发热与散热达到平衡时的负载电流,称为电缆长期允许载流量。电缆导体的长期允许工作温度不应超过表 2-6 所规定的值。

表 2-6　电缆导体长期允许工作温度　　单位:℃

电缆种类	额定电流				
	3 kV 及以下	6 kV	10 kV	20～35 kV	110～330 kV
天然橡皮绝缘	65	65			
黏性纸绝缘	80	65	60	50	
聚氯乙烯绝缘	65	65			
聚乙烯绝缘		70	70		
交联聚乙烯绝缘	90	90	90	80	
充油纸绝缘				75	75

(2) 电缆允许短路电流

电缆线路如发生短路故障,电缆导体中通过的电流可能达到其长期允许载流量的几倍或几十倍,但短路时间很短,一般只有几秒钟或更短时间。由短路电流产生的损耗热量使导体发热、温度升高,由于时间短暂,绝缘层温度升高很少,因此规定当系统短路时,电流导体的最高允许温度不宜超过下列规定。

① 电缆线路无中间接头时,按表 2-7 的规定。

表 2-7　电缆线路无中间接头时最高允许温度　　单位:℃

绝缘种类	短路时导体最高允许温度	
天然橡皮绝缘		150
黏性纸绝缘	10 kV 及以下(铜导体)	220
	10 kV 及以下(铝导体)	220
	20～35 kV	175
聚氯乙烯绝缘	120	
聚乙烯绝缘		140
交联聚乙烯绝缘	铜导体	230
	铝导体	200
充油纸绝缘		160

② 电缆线路中有中间接头时,锡焊接头 120 ℃,压接接头 150 ℃,电焊或气焊接头与无接头时相同。

4. 电力电缆的运行维护与巡视检查项目

(1) 电力电缆投入运行

① 新装电缆线路,必须经过验收检查合格,并办理验收手续方可投入运行。

② 停电超过一个星期但不满一个月的电缆,重新投入运行前,应测量其绝缘电阻值,与上次试验记录比较不得降低 30%,否则必须做直流耐压试验。而停电超过一个月但不满一年的,则必须做直流耐压试验,试验电压可为预防性试验电压的一半。如油浸纸绝缘电缆,试验电压为电缆额定电压的 2.5 倍,时间为 1 min;停电时间超过试验周期的,必须做标准预防性试验。

③ 重做终端头、中间头和新做中间头的电缆，必须核对相位，测量绝缘电阻，并做耐压试验，全部合格后才允许恢复运行。

(2) 电力电缆线路维护

① 挖掘时必须有电缆专业人员在现场监护，交代施工人员有关注意事项。特别是在揭开电缆保护板后，应使用较为迟钝的工具将表面土层轻轻挖去，用铲车挖土时更应随时注意，不要铲伤电缆。

② 清扫户内外电缆、瓷套管和终端头，检查终端头内有无水分，引出线接触是否良好，接触不良者应予以处理。清扫油漆电缆支架和电缆夹，修理电缆保护管，测量接地电阻和电缆的绝缘电阻等。

③ 清除电缆沟的积水、污泥及杂物，保证沟内清洁，不积水。

④ 电缆线路上的局部土壤含有能损害电缆铅包的化学物质时，应将该段电缆装于管子中，并用中性的土壤作电缆的衬垫及覆盖，或在电缆上涂以沥青等，以防止电缆被腐蚀。

⑤ 电缆线路发生故障后，必须立即进行修理，以免拖延时间太长使水分大量浸入而扩大损坏的范围。

⑥ 按规程规定进行预防性试验，发现问题及时处理。

(3) 电力电缆线路巡视检查

电力电缆线路投入运行后，经常性的巡视检查是及时发现隐患、组织维修和避免引发事故的有效措施。

① 日常巡视检查的周期：有人值班的变电所，每班应检查一次；无人值班的，每周至少检查一次。遇有特殊情况，则根据需要做特殊巡视。

② 日常巡视检查内容：

a. 观察电缆线路的电流表，看实际电流是否超出了电缆线路的额定载流量。

b. 电缆终端头的连接点有无过热变色。

c. 油浸纸绝缘电力电缆及终端头有无渗、漏油现象。

d. 并联使用的电缆有无因负荷分配不均匀而导致某根电缆过热。

e. 有无打火、放电声响及异味。

f. 终端头接地线有无异常。

③ 定期检查周期：

a. 敷设在土壤、隧道以及沿桥梁架设的电缆，发电厂、变电所的电缆沟，电缆井电缆架信电缆段等的巡查，每三个月至少一次。

b. 敷设在竖井内的电缆，每半年至少一次。

c. 电缆终端头，根据现场运行情况每1～3年停电检查一次；室外终端头每月巡视一次，每年2月及11月进行停电清扫检查。

d. 对挖掘暴露的电缆，酌请加强巡视。

e. 雨后，对可能被雨水冲刷的地段，应进行特殊巡视检查。

④ 定期检查内容：

a. 直埋电缆线路：线路标桩是否完整无缺；路径附近地面有无挖掘；沿路径地面上有无堆放重物、建筑材料，有无临时建筑，有无腐蚀性物质；室外露出地面电缆的保护设施有无移位、锈蚀，其固定是否可靠；电缆进入建筑物处有无漏水现象。

b. 敷设在沟道、隧道及混凝土管中的电缆线路:沟道的盖板是否完整无缺;人孔及手孔井内积水坑有无积水,墙壁有无裂缝或渗漏水,井盖是否完好;沟内支架是否牢固,有无锈蚀;沟道、隧道中是否有积水或杂物;在管口和挂勾处的电缆铅包有无损坏,衬铅是否失落;电缆沟进出建筑物处有无渗、漏水现象;电缆外皮及铠装有无锈蚀、腐蚀、鼠咬现象。

c. 室外电缆终端头:终端头的绝缘套管是否完整、清洁、无闪络放电痕迹,附近有无鸟巢;连接点接触是否良好,有无发热现象;绝缘胶有无塌陷、软化和积水;终端头是否漏油,铅包及封铅处有无断裂;芯线、引线的相间及对地距离是否符合规定,接地线是否完好;相位颜色是否明显,是否与电力系统的相位相符。

5. 电力电缆运行中常见故障及处理

(1) 电力电缆线路常见故障

① 短路性故障:有两相短路和三相短路,多为制造过程中留下的隐患造成。

② 接地性故障:电缆某一芯或数芯对地击穿,主要由于电缆腐蚀、铅皮裂纹、绝缘干枯、接头工艺和材料等所造成。

③ 断线性故障:电缆某一芯或数芯全断或不完全断。电缆受机械损伤、地形变化的影响或发生过短路,都能造成断线情况。

④ 混合性故障:上述两种以上的故障。

(2) 电力电缆故障的处理

① 查找电缆故障部分,一般是用摇表测量绝缘电阻和做直流耐压试验并测量泄漏电流,测试缆芯对地或缆芯间绝缘状况。然后用故障探测仪找出故障点,切除故障部分。

② 切除电缆故障部分后,必须进行电缆绝缘的潮气试验和绝缘电阻试验。

③ 电缆故障修复后,必须核对相位,并做耐压试验,经试验合格后,方可恢复运行。

④ 无论电缆是在运行中或试验时发现的故障,其故障部位割除后应妥善保存,以便进行研究与分析,采取反事故措施。

⑤ 修理电缆线路故障,必须填写故障测试记录。

第三章 变电站倒闸操作

第一节 变电站电气主接线

一、变电站电气主接线

变电站的电气主接线是汇集和分配电能的通路，应满足运行的灵活性和可靠性、操作简便、经济合理、便于扩建等基本条件。在选择主接线类型时，应根据变电站所在系统中的地位、进出线回路数、设备特点、负荷性质等条件进行。

二、变电站电气主接线的作用

变电站电气主接线是指变电站的变压器、输电线路怎样与电力系统相连接，从而完成输配电任务。变电站的主接线是电力系统接线组成中的一个重要组成部分。主接线的确定，对电力系统的安全、稳定、灵活、经济运行以及变电站电气设备的选择、配电装置的布置、继电保护和控制方法的拟定将会产生直接的影响。

三、电气主接线的设计原则

1. 考虑变电站在电力系统中的地位和作用

变电站在电力系统中的地位和作用是决定主接线的主要因素。变电站是枢纽变电站、地区变电站、终端变电站、企业变电站还是分支变电站，要由它们在电力系统中的地位和作用的不同而定。地位和作用不同，对主接线的可靠性、灵活性和经济性的要求也不同。

2. 考虑近期和远期的发展规模

变电站主接线设计应根据 5～10 年电力系统发展规划进行。应根据负荷的大小和分布、负荷增长速度以及地区网络情况和潮流分布，并分析各种可能的运行方式，来确定主接线的形式以及所连接电源数和出线回数。

3. 考虑负荷的重要性分级和出线回数多少对主接线的影响

对一级负荷，必须有两个独立电源供电，且当一个电源失去后，应保证全部一级负荷不间断供电；对二级负荷，一般要有两个电源供电，且当一个电源失去后，能保证大部分二级负荷供电；三级负荷一般只需一个电源供电。

4. 考虑主变台数对主接线的影响

变电站主变的容量和台数，对变电站主接线的选择将产生直接的影响。通常对大型变电站，由于其传输容量大，对供电可靠性要求高，因此，对主接线的可靠性、灵活性的要求也高。而容量小的变电站，其传输容量小，对主接线的可靠性、灵活性要求也低。

5. 考虑备用容量的有无和大小对主接线的影响

发、送、变的备用容量是为了保证可靠地供电，适应负荷突增、设备检修、故障停运情况下的应急要求。电气主接线的设计要根据备用容量的有无而有所不同。例如，当断路器或母线检修时，是否允许线路、变压器停运；当线路故障时，允许切除线路、变压器的数量等，都直接影响主接线的形式。

四、电气主接线的基本要求

《220～500 kV变电所设计技术规程》(DL/T 5218—2005)规定："变电站的电气主接线应根据该变电站在电力系统中的地位，变电站的规划容量、负荷性质、线路、变压器连接元件总数、设备特点等条件确定。并应综合考虑供电可靠、运行灵活、操作检修方便、投资节约和便于过渡或扩建等要求。"在主接线设计中，应考虑以下几个方面。

1. 可靠性

可靠性是指主接线能可靠地工作，以保证对用户不间断地供电。主接线可靠性的具体要求有：

(1) 断路器检修时，不宜影响对系统的供电。

(2) 断路器或母线故障以及母线检修时，尽量减少停运回路数和停运时间，并要求保证对全部一级负荷和大部分二级负荷的供电。

(3) 尽量避免变电站全部停电的可靠性。

2. 灵活性

主接线应满足在调度、检修及扩建时的灵活性。

(1) 为了调度的目的，可以灵活地操作，投入或切除某些变压器及线路，调配电源和负荷能够满足系统在事故运行方式、检修方式以及特殊运行方式下的调度要求。

(2) 为了检修的目的，可以方便地停运断路器、母线及继电保护设备，进行安全检修，且不致影响电力网的运行或停止对用户的供电。

(3) 为了扩建的目的，可以容易地从初期过渡到其最终接线，在扩建过渡时，使一次和二次设备装置等所需的改造量为最小。

3. 经济性

主接线在满足可靠性、灵活性要求的前提下要做到经济合理。

(1) 投资省，主接线应简单清晰，以节约断路器、隔离开关、电流和电压互感器、避雷器等一次设备的投资，要能使控制保护不过于复杂，以利于运行并节约二次设备和控制电缆投资；要能限制短路电流，以便选择价格合理的电气设备或轻型电器；在终端或分支变电站推广采用质量可靠的简单电器。

(2) 占地面积小，主接线要为配电装置布置创造条件，以节约用地和节省构架、导线、绝缘子及安装费用。在不受运输条件限制的情况下采用三相变压器，以简化布置。

(3) 电能损失少，经济合理地选择主变压器的型号、容量和数量，避免两次变压而增加电能损失。电气主接线的确定对电力系统整体及发电厂、变电站本身运行的可靠性、灵活性和经济性密切相关，并且对电气设备的选择、配电装置选择、继电保护和控制方式的拟定有较大影响，因此，必须正确处理各方面的关系，全面分析有关影响因素，通过技术经济比较，合理确定主接线方案。

五、常用电气主接线的基本接线形式

常用电气主接线的基本接线有单母线分段接线、单母线分段带旁母接线和双母线接线等方式。

1. 单母线分段接线

单母线分段接线如图 3-1 所示。单母线用分段断路器 QF_D 进行分段，形成Ⅰ母和Ⅱ母，可以提高供电可靠性和灵活性。对重要用户可以从不同段引出两回馈电线路，由两个电源供电；当一段母线发生故障，分段断路器自动将故障段隔离，保证正常段母线不间断供电。

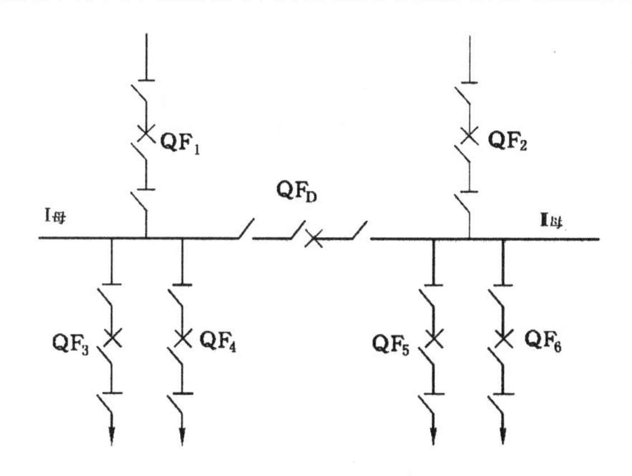

图 3-1　单母线分段接线

(1) 单母线分段接线方式的特点

单母线分段接线可以减少母线故障的影响范围，提高供电的可靠性。当一段母线有故障时，分段断路器在继电保护的配合下自动跳闸，切除故障段，使非故障母线保持正常供电。对于重要用户，可以从不同的分段上取得电源，保证不中断供电。

(2) 单母线分段接线方式

① 优点：用断路器把母线分段后，对重要用户可以从不同段引出两个回路，有两个电源供电；当一段母线发生故障，分段断路器自动将故障段切断，保障正常段母线不间断供电和不致使重要用户停电。

② 缺点：当一段母线或母线隔离开关故障或检修时，该段母线的回路都要在检修期间停电；当出线为双回路时，常使架空线路出现交叉跨越；扩建时需向两个方向均等扩建。

(3) 单母线分段接线方式的适用场合

① 6～10 kV 配电装置的出线回数为 6 回及以上时；

② 35～60 kV 配电装置的出线回数为 4～8 回时；

③ 110～220 kV 配电装置的出线回数为 4 回时。

2. 单母线分段带旁母接线

断路器经过长期运行和切断数次短路电流后都需要检修。为了能使采用单母线分段或双母线的配电装置检修断路器时，不致中断该回路供电，可增设旁路母线。

通常，旁路母线有三种接线方式：有专用旁路断路器的旁路母线接线；母联断路器兼作旁路断路器的旁路母线接线;用分段断路器兼作旁路断路器的旁路母线接线。

(1) 单母线分段带专用旁路断路器的旁路母线接线

图 3-2 所示为单母线分段带专用旁路断路器的旁路母线接线。接线中设有旁路母线 W_P、旁路断路器 QF_P 及母线旁路隔离开关 $Q_{SP_Ⅰ}$、$Q_{SP_Ⅱ}$、Q_{SP_P},此外在各出线回路的线路隔离开关的外侧都装有旁路隔离开关 QS_P,使旁路母线能与各出线回路相连。

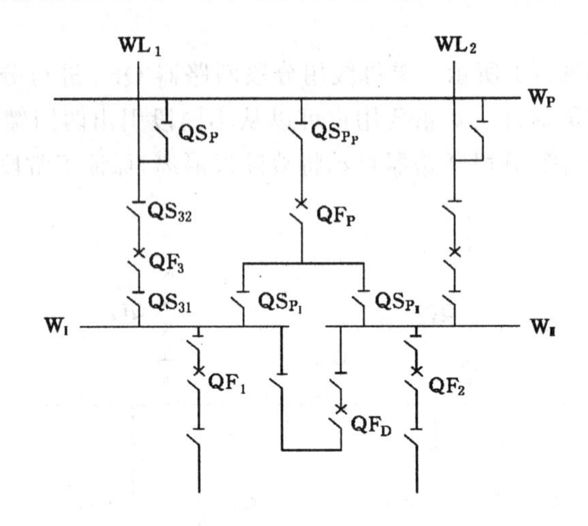

图 3-2 单母线分段带专用旁路断路器方式接线

在正常工作时,旁路断路器 QF_P 及各出线回路上的旁路隔离开关都是断开的,旁路母线 W_P 不带电。通常旁路断路器两侧的隔离开关处于合闸状态,即 QS_{P_P} 于合闸状态,而 $QS_{P_Ⅰ}$、$QS_{P_Ⅱ}$ 二者之一是合闸状态,另一侧为断开状态。例如 $QS_{P_Ⅰ}$ 合闸、$QS_{P_Ⅱ}$ 分闸,则旁路断路器 QF_P 对Ⅰ段母线各出线断路器的检修处于随时待命的"热备用"状态。

当出线 WL_1 的断路器 QF_3 需要检修时,$QS_{P_Ⅰ}$ 处于合闸状态(若属分闸状态,则与 $QS_{P_Ⅱ}$ 切换),则合上旁路断路器 QF_P,检查旁路母线 W_P 是否完好。如果旁路母线有故障,QF_P 在合上后会自动断开,就不能使用旁路母线;如果旁路母线是完好的,QF_P 在合上后不跳开,就能进行退出运行中的 QF_3 操作,即合上出线 WL_1 的旁路隔离开关 QS_P(两端为等电位),然后断开出线 WL_1 的断路器 QF_3,再断开两侧的隔离开关 QS_{32} 和 QS_{31},由旁路断路器 QF_P 代替断路器 QF_3 工作,QF_3 便可以进行检修,而出线 WL_1 的供电不致中断。

在上述的操作过程中,当检查到旁路母线完好后可先断开旁路断路器 QF_P,用出线旁路隔离开关 QS_P 对空载的旁路母线合闸,然后再合上旁路断路器 QF_P,之后再进行退出 QF_3 的操作。这一操作虽然增加了操作程序,但是可避免万一在倒闸过程中事故跳闸,QS_P 带负荷合闸的危险。

(2) 分段断路器兼作旁路断路器旁路母线接线

单母线分段带有专用旁路断路器的旁路母线接线极大地提高了可靠性,但这增加了一台旁路断路器的投资。

图 3-3 所示为分段断路器兼作旁路断路器的旁路母线接线,可以减少设备,节省投资。该接线方式在正常工作时,分段断路器 QF_D 的旁路母线侧的隔离开关 QS_3 和 QS_4 断开,主母线侧的隔离开关 QS_1 和 QS_2 接通,分段断路器 QF_D 接通。当 $W_Ⅰ$ 段母线上的出线断路

器要检修时，为了使 $W_{Ⅰ}$、$W_{Ⅱ}$ 段母线能保持联系，先合上分段隔离开关 QS_D，然后断开断路器 QF_D 和隔离开关 QS_2，再合上隔离开关 QS_4，然后合上 QF_D。如果旁路母线是完好的，QF_D 不会跳开，则可以合上该出线的旁路开关，最后断开要检修的出线断路器及其两侧的隔离开关，就可对该出线断路器进行检修。检修完毕后，使该出线断路器投入运行的操作顺序与上述的相反。

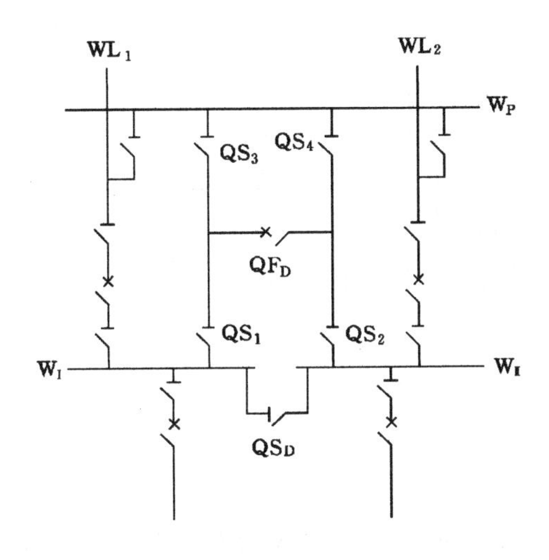

图 3-3　分段断路器兼作旁路断路器的旁路母线接线

(3) 旁路断路器兼作分段断路器的旁路母线接线

图 3-4 所示为旁路断路器兼作分段断路器的接线。该接线设置一台两个分段母线公用的旁路断路器，正常工作时，隔离开关 QS_1 和 QS_3 接通，旁路断路器 QF_P 接通，$W_{Ⅰ}$、$W_{Ⅱ}$ 段母线用旁路断路器 QF_P 兼作分段断路器，旁路母线处于带电运行状态。

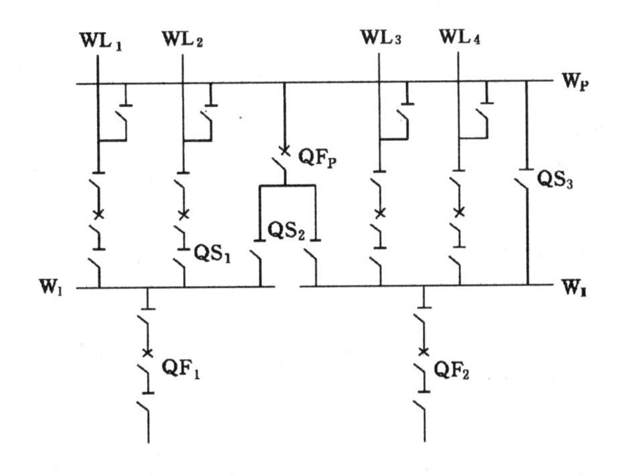

图 3-4　旁路断路器兼作分段断路器的旁路母线接线

当 $W_{Ⅰ}$ 母线上的出线断路器要检修时，先合上隔离开关 QS_2，以保持 $W_{Ⅰ}$、$W_{Ⅱ}$ 段母线间的联系，而后断开旁路母线与 $W_{Ⅱ}$ 段母线间的隔离开关 QS_3，再合上该出线回路的旁路隔离开关，最后断开要检修的出线断路器及其两侧的隔离开关，就可对该出线断路器进行检修。

3. 双母线接线

如图 3-5 所示，双母线接线的特点是具有两组母线 Ⅰ母、Ⅱ母。每一回路经一台断路器两组隔离开关分别与两组母线相连，母线之间通过母联断路器 QF(简称母联)连接。

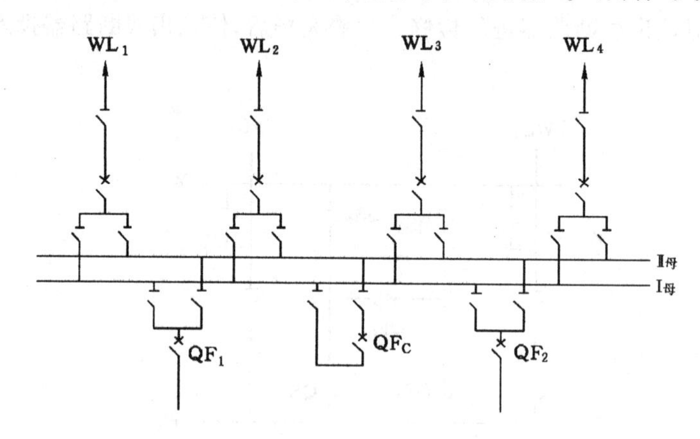

图 3-5　双母线接线

(1) 双母线接线方式

① 优点：供电可靠。通过两组母线隔离开关的倒换操作，可以轮流检修一组母线而不致使供电中断；一组母线故障后，能迅速恢复供电；检修任一回路的母线隔离开关时，只需断开此隔离开关所属的一条电路和与此隔离开关相连的该组母线，其他电路均可通过另一组母线继续运行，但其操作步骤必须正确；调度灵活，各个电源和各回路可以任意分配到某一组母线上，能灵活地适应电力系统中各种运行方式调度和潮流变化的需要；通过倒换操作可以组成各种运行方式。

② 缺点：主接线相对单母线分段较为复杂，双刀闸设计增加了操作的复杂性，同时增加了设备投资。

(2) 双母线接线方式的适用场合

① 出线带电抗器的 6～10 kV 配电装置。

② 35～60 kV 配电装置，当出线回数超过 8 回时，或连接电源较多、负荷较大时，可采用双母线。

③ 110～220 kV 配电装置，当出线回数超过 5 回时，一般采用双母线。

4. 桥式接线

桥式接线也是电气主接线的一种形式，分为内桥接线和外桥接线。如采用内桥和外桥接线相结合的方式，则称为全桥接线，如图 3-6 所示。

(1) 内桥接线

内桥接线的特点：连接桥断路器接在线路断路器的内侧，因此，线路的投入和切除比较方便。当线路发生故障时，仅线路断路器断开，不影响其他回路运行。但是当变压器发生故障时，与该台变压器相连的两台断路器都断开，从而影响了一回未发生故障线路的运行。由于变压器是少故障元件，一般不经常切换，因此系统中应用内桥接线较多，以利于线路的运行操作。

(2) 外桥接线

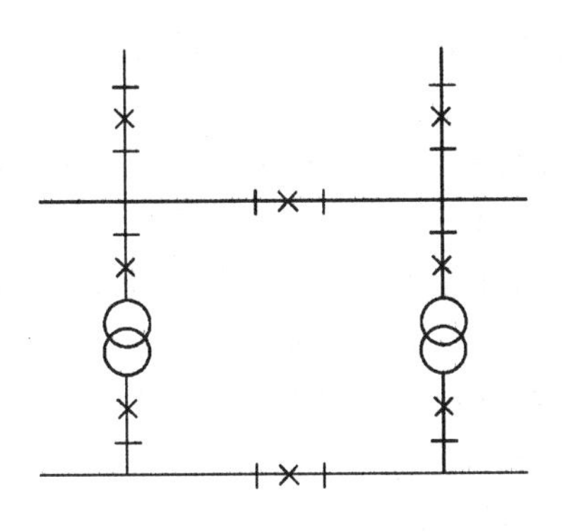

图 3-6　全桥接线

外桥接线的特点：连接桥断路器接在线路断路器的外侧。当线路发生故障时，需动作与之相连的两台断路器，从而影响一台未发生故障的变压器运行。因此，外桥接线只能用于线路短、检修和故障少的线路中。此外，当电网有穿越性功率经过变电站时，也采用外桥接线。

第二节　电气倒闸操作的基础知识

一、倒闸操作的基本知识

1. 倒闸及倒闸操作

变电站的电气设备有运行、热备用、冷备用和检修四种不同的状态。使电气设备从一种状态转换到另一种状态的过程叫倒闸，所进行的操作叫倒闸操作。

(1) 运行状态：是指设备或电气系统带有电压，其功能有效。母线、线路、断路器、变压器、电抗器、电容器及电压互感器等一次电气设备的运行状态，是指从该设备电源至受电端的电路接通并有相应电压（无论是否带有负荷），且控制电源、继电保护及自动装置正常投入。

(2) 热备用状态：是指设备已具备运行条件，经一次合闸操作即可转为运行状态的状态。母线、变压器、电抗器、电容器及线路等电气设备的热备用是指连接该设备的各侧均无安全措施，各侧的断路器全部在断开位置，且至少一组断路器各侧隔离开关处于合上位置，设备继电保护投入，断路器的控制、合闸及信号电源投入。断路器的热备用是指其本身在断开位置、各侧隔离开关在合闸位置，设备继电保护及自动装置满足带电要求。

(3) 冷备用状态：是指连接该设备的各侧均有明显断开点或可判断的断开点，且在断开点内该设备的各侧均无安全措施。

① 手车式断路器指断路器断开，拉至“柜外”位置（脱离柜体以外），即为冷备用状态。

② 断路器（开关）在冷备用状态时不用断开机构储能电源。

③ 母线冷备用时应包括该母线电压互感器同时处于冷备用。

④ 电压互感器和站用变冷备用状态应为拉开高、低压侧隔离开关（或断开断路器），取下低压熔断器。

⑤ 线路电压互感器在断路器处于冷备用时，可以不拉开高压侧隔离开关。

⑥ 没有隔离开关的线路电压互感器的状态(指运行、热备用、冷备用、检修)与线路的状态一致。

(4) 检修状态:指连接该设备的各侧在有明显断开点或可判断的断开点的前提下,且该设备已按工作需要在断开点内装设了接地线(或合上了接地开关)的状态。或该设备与系统彻底隔离,与断开点设备没有物理连接的状态。在该状态下设备的控制、合闸及信号电源等均应退出,保护和自动装置的退出按检修要求及现场运行规程等相关规定操作。

① 手车式断路器指断路器断开,拉至“柜外”位置(脱离柜体以外),二次插头取下,操作、合闸电源断开即为检修状态。

② 断路器检修:是指断路器处于冷备用后,操作、合闸电源断开,按工作需要在断路器两侧合上了接地开关(或装设了接地线)。

③ 线路检修:是指断路器处于冷备用后手车断路器应拉至“柜外”位置(脱离柜体以外),线路出线侧按工作需要合上了接地开关(或装设了接地线)。

④ 主变检修:是指主变各侧断路器处于冷备用后,主变各侧按工作需要装设了接地线(或合上了接地开关)。

⑤ 母线检修:是指母线冷备用后,在该母线上按工作需要合上了接地开关(或装设了接地线)。

⑥ 隔离开关检修:是指隔离开关冷备用后(指连接该设备的各侧均有明显断开点或可判断的断开点),在该隔离开关两侧按工作需要合上了接地开关(或装设了接地线)。

⑦ 其他电气设备检修:指连接该所需检修的设备,断路器处于冷备用后,虽未对设备做安全措施,但有设备停电检修的申请书或办理了设备检修第一种工作票,即一次设备不具备投入运行的条件。

(5) 二次设备:运用状态不进行定义,一般用投入与退出对其进行操作即可。

2. 倒闸操作术语

(1) 倒闸操作:是根据操作意图及设备操作技术原则将电网或电气设备从一种运用状态转变到另一种运用状态的操作,主要指拉、合某些断路器或隔离开关,依据设备工作票要求装、拆接地线(拉、合接地开关)等安全措施和改变继电保护或自动装置的运行定值或投、切方式,并按一定顺序(或逻辑关系)进行的一系列操作。

(2) 操作票:指为了保证电气设备倒闸操作的正确性,根据所下达操作指令(任务)的具体内容,以安全规程及其设备的技术原则,按一定的操作顺序(或逻辑关系)拟定书面程序,是进行电气操作的书面依据。包括调度操作指令票和变电站操作票。

(3) 操作任务:根据运行方式的需要或设备停电工作的要求,值班调度员或变电站值班负责人发布变更其管辖电网或设备运用状态的决定。

(4) 模拟预演(模拟操作):是指为保证倒闸操作的正确性和完整性,在电网或电气设备进行倒闸操作前,将已拟定的操作票在模拟系统上按照已定操作程序进行的演示操作。

(5) 事故抢修:指设备、设施发生事故或出现紧急状况时,为迅速恢复正常运行而将故障或异常的设备、设施进行处理的工作。

(6) 事故处理:指在发生危及人身、电网及设备安全的紧急状况或发生电网和设备事故时,为迅速解救人员、隔离故障设备、调整运行方式,以便迅速恢复正常运行的操作过程。

(7) 倒母线:是指双母线接线方式的变电站(开关站)将一组母线上的部分或全部线路或变压器按操作任务倒换到另一组母线上运行或热备用的操作。

(8) 倒负荷:将线路(或变压器)负荷转移至其他线路(或变压器)供电的操作。

(9) 母线正常方式:调度部门明确规定的母线正常接线方式(包括母联断路器状态)。

(10) 并列:两个单独电网(或发电机与电网),使用同期并为一个电网运行。

(11) 解列:将一个电网分成两个电气相互独立的部分运行,或将发电机与主网解除并列。

(12) 合环:合上电网内某断路器(或隔离开关),将网络改为环网运行。

(13) 同期合环:经同期闭锁合环。

(14) 解闭锁合环:不经同期闭锁直接合环。

(15) 解环:将环状运行的电网解为非环状运行。

(16) 试运行:发电机、变压器、锅炉等新(大修)设备正式投运前,并入电网运行。

(17) 充电:使线路、母线、变压器等电气设备带标称电压,但不带负荷。

(18) 送电:对设备充电并可带负荷。

(19) 代供:是指用旁路断路器或其他断路器代替停用断路器对其线路供电运行的操作。

(20) 兼供:是指一个断路器除了供本线路外,还通过旁路母线同时对另一条或几条线路供电。

(21) 试送电:指断路器跳闸后,经处理后再合闸送电。

(22) 强送电:指断路器跳闸后,未经处理即合闸送电。

(23) 用户限电:通知用户按调度指令要求自行限制用电。

(24) 拉闸限电:拉开线路断路器或隔离开关强行限制用户用电。

3. 操作常用动词

(1) 投入或退出:将自动重合闸、继电保护、安全自动装置、强励、故障录波装置等设备投入(或退出)运行。

(2) 投上或切除:将二次回路中的连接片接入或退出工作回路。

(3) 取下或给(投)上:将熔断器(或二次插头)退出或投入工作回路。

(4) 装设:将三相短路接地线(绝缘隔板或遮栏)安装于指定位置。

(5) 拆除:将已装设的三相短路接地线(绝缘隔板或遮栏)取下。

(6) 合上:使断路器(或隔离开关)由分闸位置转为合闸位置。

(7) 断(拉)开:使断路器(或隔离开关)由合闸位置转为分闸位置。

(8) 验电:用验电工具验明设备是否带电。

(9) 调整:是指变压器调压抽头位置或消弧线圈分接头切换的操作等。

二、倒闸操作的分类

(1) 监护操作:有人监护的操作。监护操作时,其中对设备较为熟悉者作监护。特别重要和复杂的倒闸操作,由熟练的运维人员操作,运维负责人监护。

(2) 单人操作:由一个人完成的操作。

① 单人值班的变电站或发电厂升压站操作时,运维人员根据发令人用电话传达的操作

指令填用操作票，复诵无误。

② 若有可靠的确认和自动记录手段，调控人员可实行单人操作。

③ 实行单人操作的设备、项目及人员需经设备运维管理单位或调度控制中心批准，人员应通过专项考核。

(3) 检修人员操作：由检修人员完成的操作。

① 经设备运维管理单位考试合格并批准的本单位的检修人员，可进行 220 kV 及以下的电气设备由热备用至检修或由检修至热备用的监护操作，监护人应是同一单位的检修人员或设备运维人员。

② 检修人员进行操作的接、发令程序及安全要求应由设备运维管理单位审定，并报相关部门和调度控制中心备案。

三、倒闸操作的基本条件

(1) 有与现场一次设备和实际运行方式相符的一次系统模拟图(包括各种电子接线图)。

(2) 操作设备应具有明显的标志，包括命名、编号、分合指示，旋转方向、切换位置的指示及设备相色等。

(3) 高压电气设备都应安装完善的防误闭锁装置。防误操作闭锁装置不得随意退出运行，停用防误操作闭锁装置应经设备运维管理单位批准；短时间退出防误操作闭锁装置时，应经变电运维班(站)长或发电厂当班值长批准，并应按程序尽快投入。

四、倒闸操作的基本要求

(1) 停电拉闸操作应按照断路器(开关)→负荷侧隔离开关(刀闸)→电源侧隔离开关(刀闸)的顺序依次进行，送电合闸操作应按与上述相反的顺序进行。禁止带负荷拉合隔离开关(刀闸)。

(2) 现场开始操作前，应在模拟图(或微机防误装置、微机监控装置)上进行核对性模拟预演，无误后，再进行操作。操作前应先核对系统方式、设备名称、编号和位置，操作中应认真执行监护复诵制度，宜全过程录音。操作过程中应按操作票填写的顺序逐项操作。每操作完一步，应检查无误后做一个"√"记号，全部操作完毕后进行复查。

(3) 监护操作时，操作人在操作过程中不准有任何未经监护人同意的操作行为。

(4) 远方操作一次设备前，宜对现场发出提示信号，提醒现场人员远离操作设备。

(5) 操作中产生疑问时，应立即停止操作并向发令人报告。待发令人再行许可后，方可进行操作。不准擅自更改操作票，不准随意解除闭锁装置。

(6) 电气设备操作后的位置检查应以设备各相实际位置为准，无法看到实际位置时，应通过间接方法，如设备机械位置指示、电气指示、带电显示装置、仪表及各种遥测、遥信等信号的变化来判断。判断时，至少应有两个非同样原理或非同源的指示发生对应变化，且所有这些确定的指示均已同时发生对应变化，方可确认该设备已操作到位。以上检查项目应填写在操作票中作为检查项。检查中若发现其他任何信号有异常，均应停止操作，查明原因。若进行遥控操作，可采用上述的间接方法或其他可靠的方法判断设备位置。

(7) 继电保护远方操作时，至少应有两个指示发生对应变化，且所有这些确定的指示均已同时发生对应变化，才能确认该设备已操作到位。

(8) 用绝缘棒拉合隔离开关(刀闸)、高压熔断器或经传动机构拉合断路器(开关)和隔离开关(刀闸)，均应戴绝缘手套。雨天操作室外高压设备时，绝缘棒应有防雨罩，还应穿绝缘靴。接地网电阻不符合要求的，晴天也应穿绝缘靴。雷电时，禁止就地倒闸操作。

(9) 装卸高压熔断器，应戴护目眼镜和绝缘手套，必要时使用绝缘夹钳，并站在绝缘垫或绝缘台上。

(10) 断路器(开关)遮断容量应满足电网要求。如遮断容量不够，应用墙或金属板将操动机构与该断路器(开关)隔开，应进行远方操作，重合闸装置应停用。

(11) 电气设备停电后，在未拉开有关隔离开关(刀闸)和做好安全措施前，不得触及设备或进入遮栏，以防突然来电。

(12) 在发生人身触电事故时，可以不经许可，即行断开有关设备的电源，但事后应立即报告调度控制中心和上级部门。

五、倒闸操作的基本原则

1. 一般原则

(1) 电气操作应根据调度指令进行。但在紧急情况下，为了迅速消除电气设备对电网、人身和设备安全的直接威胁，或为了迅速处理事故、防止事故扩大、实施紧急避险等，允许不经调度许可执行操作，但事后应尽快向调度汇报，并说明操作的原因及经过。

(2) 发布和接受操作任务时，必须互报单位、姓名，使用规范术语、双重命名，严格执行复诵制，双方录音。

(3) 下列情况可以不填用操作票：

① 事故处理。

② 拉开、合上断路器、二次空气开关(不包括同时操作多个二次空气开关的操作)、二次回路小刀闸的单一操作。

③ 给上(投上)或取下熔断器的单一操作(不包括同时操作多组熔断器)。

④ 投、切保护(或自动装置)的一块连接片或一个转换开关。

⑤ 拉开全厂(站)唯一合上的一组接地开关(不包含变压器中性点接地开关)或拆除全厂(站)仅有的一组使用的接地线。

⑥ 寻找直流系统接地或绝缘。

⑦ 变压器、消弧线圈分接头的调整。

以上除事故处理外，其他情况须记录在受令记录或运行记录中。

(4) 雷电时禁止进行户外操作(远方操作除外，且执行检查项目时，可以通过检查仪表和位置信号等来代替，但雷电后应及时到现场进行检查)。

(5) 电气操作应尽可能避免在交接班期间进行。如必须在交接班期间进行者，应推迟交接班或操作告一段落后再进行交接班。

(6) 禁止不具备电气操作资格的人员进行电气操作。电气操作资格指必须通过相关部门考试、考核认证批准的。

(7) 电网解列操作时，应首先平衡有功与无功负荷，将解列点有功功率调整接近于零，电流调整至最小，使解列后两个系统的频率、电压波动在允许范围之内。

(8) 电网并列必须使用同期装置进行操作。

(9) 电网合环操作尽量使用同期装置进行操作，不能使用该装置进行操作的，必须满足以下条件：

① 相序、相位一致。

② 500 kV 的电压差一般不应超过额定电压 10%，220 kV 电压差不应超过额定电压 20%。110 kV 及以下电压等级的电压差不做限制。

③ 频率相同，偏差不得大于 0.2 Hz。

④ 500 kV 的相角差一般不应超过 20°，220 kV 的相角差一般不应超过 25°。

(10) 变电站操作票实行"三审"制度：即操作票填写人自审、监护人初审、值班负责人复审。三审后的操作票在取得正式操作令后执行。

(11) 一次设备不允许无保护运行。一次设备带电前，保护及自动装置应齐全且功能完好、整定值正确、传动良好、连接片在调度要求的相应位置。末端变电站进线断路器无保护装置的除外。

(12) 变电站电压互感器、高压熔断器或站用变高压熔断器，只有在发生高压熔断器熔断需更换及要求检修时，在验明设备确无电压并做好安全措施后方可取下。

(13) 对经运行值班交接记录确认过的电气设备应用状态，在进行设备倒闸操作时，不需要增加操作或检查确认项目。

(14) 操作前，操作人和监护人必须用经审查正确的操作票对照模拟图进行模拟预演，无误后方可使用该操作票进行操作。

(15) 操作时，必须穿戴好经检查合格的绝缘手套和绝缘靴。

(16) 在进行操作的过程中，遇有断路器跳闸时，应暂停操作。

(17) 倒闸操作前应充分考虑：

① 系统运行方式和设备运行状态的变化，影响保护的工作条件或不满足保护的工作原理时，应退出相关保护。

② 系统中性点的运行方式，不得使 110 kV 及以上系统失去接地点。

③ 应检查防误闭锁装置电源在投入位置(操作时必须在监护人的监护下，按正常程序使用电脑钥匙进行操作)。原则上不允许在无防误闭锁装置或防误闭锁装置解锁状态下进行倒闸操作；特殊情况下要解锁操作的，须经运行主管领导批准，并做好相关记录。

④ 多回并列运行线路，若其中一回需停电，应考虑保护及自动装置的调整。在断开断路器前，必须检查其余运行线路负荷分配情况，确保运行线路不过负荷。

2. 断路器操作原则

(1) 断路器允许断开、合上额定电流以内的负荷电流及切断额定遮断容量以内的故障电流。

(2) 断路器控制电源必须待其回路有关隔离开关全部操作完毕后，方可退出，以防止误操作时失去保护电源。

(3) 断路器合闸前，应检查继电保护已按调度规定投入，断路器合闸后，应检查断路器确在合闸位置，自动装置已按调度规定投入。

(4) 检查断路器确在合闸位置的项目：

① 位置指示灯正确。

② 回路确有负荷指示。

③ 机械指示应在合闸位置，传动机构应在合闸状态。

④ 弹簧操作机构应检查弹簧是否储好能。

⑤ 液压操作机构应检查油泵电机打压是否恢复正常。

⑥ 气动机构的操作气压应满足规程要求。

(5) 断路器分闸前，应根据负荷情况判断断路器断开后，并列回路或环路是否会过负荷，是否会引起对用户停电，继电保护及自动装置是否满足要求，是否需要改变；如有疑问，应向调度员询问清楚后再进行操作。断路器分闸后，应检查断路器确在分闸位置，有并列回路或环路的应检查负荷转移是否正常。

(6) 断路器分闸操作时，若发现断路器非全相分闸，应立即合上该断路器。断路器合闸操作时，若发现断路器非全相合闸，应立即拉开该断路器。

(7) 检查断路器在分闸位置的项目：

① 位置指示灯正确。

② 回路负荷确无指示。

③ 机械指示应在分闸位置，传动机构在分闸状态。

(8) 用旁路断路器代供线路断路器前，旁路断路器保护应调整定值，与被代断路器定值相符并正确投入，重合闸切除。在合上旁路断路器后，先退出被代线路重合闸，后投入旁路断路器重合闸，恢复时顺序相反。

(9) 旁路断路器代供操作，应先用旁路断路器对旁路母线充电一次，正常后断开，再用被代断路器的旁路隔离开关对旁路母线充电，最后用旁路断路器合环。

(10) 旁路断路器代供装有双高频保护的线路断路器时，一般应先将线路断路器不能切换至旁路的高频保护停用，将能切换至旁路的高频保护切换至旁路。线路断路器恢复运行后再切换至本断路器运行，并投入不能切换至旁路的高频保护。

(11) 旁路断路器代主变断路器运行，代供电前应切除旁路断路器自身的线路保护及重合闸压板，投入相关保护和自动装置跳旁路断路器的压板。旁路断路器电流互感器与主变电流互感器转换前切除主变差动保护出口压板，代供电完成后测量主变差动保护出口压板各端对地电位正常后，再投入主变差动保护出口压板。

(12) 使用母联兼旁路断路器代替其他断路器时，应考虑母线运行方式改变前后，母联断路器继电保护和母线保护整定值的正确配合。

(13) 进行无专用旁路断路器的代供操作时，应将经操作隔离开关所闭合的环路所有断路器的操作电源断开。

(14) 下列情况下，必须退出断路器自动重合闸装置：

① 重合闸装置异常时。

② 断路器灭弧介质及机构异常，但可维持运行时。

③ 断路器切断故障电流次数超过规定次数时。

④ 线路带电作业要求退出自动重合闸装置时。

⑤ 线路有明显缺陷时。

⑥ 对新投或事故处理后的线路送电时。

⑦ 其他按照规定不能投重合闸装置的情况。

(15) 禁止用装有电抗器的分段断路器代替母联断路器倒母线。

3. 隔离开关操作原则

(1) 禁止用隔离开关拉开、合上带负荷设备或带负荷线路。

(2) 禁止用隔离开关拉开、合上空载主变。

(3) 允许使用隔离开关进行下列操作：

① 拉开、合上无故障的电压互感器及避雷器。

② 在系统无故障时，拉开、合上变压器中性点接地开关。

③ 拉开、合上无阻抗的环路电流。

④ 用室外三联隔离开关可拉开、合上电压在 10 kV 及以下，电流在 9 A 以下的负荷电流(室内不可以)。

⑤ 进行倒换母线操作。

⑥ 拉开、合上无故障站用变压器。

(4) 单相隔离开关和跌落保险的操作顺序：

① 三相水平排列者，停电时应先拉开中相，后拉开边相；送电操作顺序相反。

② 三相垂直排列者，停电时应从上到下拉开各相；送电操作顺序相反。

(5) 禁止用隔离开关拉开、合上故障电流。

(6) 禁止用隔离开关将带负荷的电抗器短接或解除短接。

(7) 电压互感器停电操作时，先断开二次空开(或取下二次熔断器)，后拉开一次隔离开关；送电操作顺序相反。一次侧未并列运行的两组电压互感器，禁止二次侧并列。

(8) 隔离开关操作前，必须投入相应断路器控制电源。

(9) 隔离开关操作前，必须检查断路器在断开位置，操作后必须检查其开、合位置，合时检查三相接触是否良好，拉开时检查三相断开角度是否符合要求。

(10) 用隔离开关进行等电位拉合环路时，应先检查环路中的断路器确在运行状态，并断开断路器的操作电源，然后再操作隔离开关。

4. 母线操作原则

(1) 母线操作时，应根据继电保护的要求调整母线差动保护运行方式。

(2) 母线停、送电操作时，应做好电压互感器二次切换，防止电压互感器二次侧向母线反充电。

(3) 用母联断路器对母线充电时，有母联断路器充电保护的应投入，充电正常后退出充电保护。

(4) 倒母线应考虑各组母线的负荷与电源分布的合理性。

(5) 对于曾经发生谐振过电压的母线，必须采取防范措施才能进行倒闸操作。

(6) 倒母线操作，应按规定投退和转换有关线路保护及母差保护，倒母线前应断开母联断路器的操作电源。

(7) 热备用断路器倒母线操作时，可先断开热备用断路器操作电源，再按先拉后合的原则操作母线隔离开关(此种情况，可不断开母联断路器的操作电源)。

(8) 运行设备倒母线操作时，母线隔离开关必须按“先合后拉”的原则进行。在多个设备倒母线操作的过程中，可以先合上需要转移到运行组母线上的隔离开关，由第三监护人对电压、电流切换情况进行检查，正确后再拉开需要停电组母线上运行的刀闸依次进行操作。

(9) 如果断路器带有断口均压电容器，会与电磁式母线电压互感器发生谐振的，在停母线操作时，应先断开电压互感器二次空开或熔断器，拉开电压互感器一次隔离开关后，再断开断路器；送电操作顺序相反。

(10) 母线电压互感器为电容式的，为避免直接用隔离开关操作产生过电压损坏电压互感器，在停母线操作时，应先断开电压互感器二次空开或熔断器，再用断路器将电压互感器停电，拉开一次隔离开关；送电操作顺序相反。

(11) 母联断路器停电，应按照断开母联断路器、先拉开停电母线侧隔离开关、后拉开运行母线侧隔离开关顺序进行操作；送电操作顺序相反。

(12) 两组母线的并、解列操作必须用断路器来完成。

5. 线路操作原则

(1) 线路送电操作顺序：应先合上母线侧隔离开关，后合上线路侧隔离开关，再合上断路器；停电操作时顺序相反。3/2 接线方式的，线路送电时一般先合上母线侧断路器，后合中间断路器，应选择大电源侧作为充电侧；停电操作时顺序相反。

(2) 线路停送电时，应防止线路末端电压超过额定电压的 1.15 倍。

(3) 500 kV 线路停电应先拉开装有并联高压电抗器一侧的断路器，再拉开另一侧断路器；送电时则相反。无并联高压电抗器时，应根据线路充电功率对系统的影响选择适当的停、送电端。避免装有并联高压电抗器的 500 kV 线路不带并联高压电抗器送电。

(4) 多端电源的线路停电检修时，必须先拉开各端断路器及相应隔离开关后，方可合上接地开关(或装设接地线)；送电时顺序相反。

(5) 220 kV 及以上电压等级的长距离线路送电操作时，线路末端不允许带空载变压器。

(6) 用小电源向线路充电时应考虑继电保护的灵敏度，防止发电机产生自励磁。

(7) 检修、改造后相位有可能发生变动的线路，恢复送电时应进行核相。

6. 变压器操作原则

(1) 变压器并列运行的条件：

① 电压比相同。

② 阻抗电压相同。

③ 接线组别相同。

(2) 电压比和阻抗电压不同的变压器，必须经过核算，在任意一台都不会过负荷的情况下可以并列运行。

(3) 变压器并列或解列运行前，应检查负荷分配情况，确认解、并列后不会造成任意一台变压器过负荷。

(4) 新投运或大修后的变压器应进行核相，确认无误后方可并列运行。

(5) 变压器停送电操作：

① 停电操作，一般应先停低压侧，再停中压侧，最后停高压侧(升压变压器和并列运行的变压器停电时可根据实际情况调整顺序)；操作过程中可以先将各侧断路器操作到断开位置，再逐一按照由低到高的顺序操作隔离开关到断开位置(隔离开关的操作须按照先拉变压器侧隔离开关，再拉母线侧隔离开关的顺序进行)。送电操作时顺序相反。

② 强油循环变压器投运前，应先投入冷却装置运行。

③ 切换变压器时，应确认并入的变压器带上负荷后才可以停下待停的变压器。

(6) 变压器中性点接地刀闸操作：

① 在 110 kV 及以上中性点直接接地系统中，变压器停、送电及经变压器向母线充电时，必须将中性点接地开关先合上，随后进行其他操作。操作完毕后，按系统方式要求决定是否拉开。操作前或后应进行中性点保护的相应切换。

② 并列运行中的变压器中性点接地需从一台倒换至另一台变压器运行时，应先合上另一台变压器的中性点接地开关，再拉开原来接地变压器的中性点接地开关。

③ 变压器中性点带消弧线圈运行的，需变压器停电时，应先将消弧线圈退出运行，再进行变压器操作；送电顺序与此相反。禁止变压器带消弧线圈送电或先停变压器后将消弧线圈退出运行。

④ 110 kV 及以上变压器处于热备用状态时，其中性点接地开关应合上。变压器投入运行后，按调度要求决定是否拉开。

(7) 未经试验和批准，一般不允许 500 kV 无高抗长线路末端带空载变压器充电。如需操作时，电压不应超过变压器额定电压的 110%。

(8) 变压器有载调压分接开关操作：

① 禁止在变压器生产厂家规定的负荷和电压水平以上进行主变分接头调整操作。

② 并列运行的变压器，其调压操作应轮流逐级或同步进行，不得在单台变压器上连续进行两个及以上的分接头变换操作。

③ 多台并列运行的变压器，在升压操作时，应先操作负载电流相对较小的一台，再操作负载电流较大的一台，以防止环流过大；降压操作时，顺序相反。

7. 并联补偿电容器和电抗器操作原则

(1) 当母线电压低于调度下达的电压曲线时，应优先退出电抗器，再投入电容器。

(2) 当母线电压高于调度下达的电压曲线时，应优先退出电容器，再投入电抗器。

(3) 调整母线电压时，应优先采用投入或退出电容器（电抗器），然后再调整主变分接头。

(4) 正常情况下，刚停电的电容器组，若需再次投入运行，必须间隔 5 min 以上。

(5) 电容器停、送电操作前，应将该组无功补偿自动投切功能退出。

(6) 电容器组停电接地前，应待放电完毕后方可进行验电接地。

(7) 当全站失压和供电段母线失压时，应退出电容器组运行。

8. 接地装置操作原则

(1) 消弧线圈倒换分接头或消弧线圈停、送电时，应遵循过补偿的原则。

(2) 倒换分接头前，必须拉开消弧线圈的隔离开关，并做好消弧线圈的安全措施（除自动切换外）。

(3) 正常情况下，禁止将消弧线圈同时接在两台运行的变压器的中性点上。如需将消弧线圈由一台变压器切换至另一台变压器的中性点上时，应按照“先拉开、后投入”的顺序进行操作。

(4) 经消弧线圈接地的系统，在对线路强送时，严禁将消弧线圈退出。系统发生接地时，禁止用隔离开关操作消弧线圈。

(5) 自动跟踪接地补偿装置在系统发生单相接地时起到补偿作用，在系统运行时必须同时投入消弧线圈。

(6) 系统发生接地故障时，不能进行自动跟踪接地补偿装置的调节操作。

(7) 系统发生单相接地故障时，禁止对接地变压器进行投、切操作。

(8) 当接地变压器(兼站用变)与另一台站用变接线组别不同时，禁止并列运行。

9. 继电保护及安全自动装置操作原则

(1) 当一次系统运行方式发生变化时，应及时对继电保护装置及安全自动装置进行调整。

(2) 同一元件(设备)或线路的两套及以上主保护禁止同时退出。

(3) 运行中的保护及自动装置需要停用时，应先切除相关连接片，再断开装置的工作电源。投入时，应先检查相关连接片在断开位置，再投入工作电源，检查装置正常，测量连接片各端对地电位正常后，才能投入相应的连接片。

(4) 保护及自动装置检修时，应将相关电源空气开关(熔断器)、信号电源隔离开关、保护和计量电压空气开关断开。

(5) 保护装置定检或校验时，应注意先将相关联跳连接片或启动其他保护的连接片切除后再进行。

10. 验电接地原则

(1) 在已冷备用的设备上验电前，除确认验电器完好、有效外，必须在相应电压等级的有电设备上检验报警正确，方能到需要接地的设备上验电。禁止使用电压等级不对应的验电器进行验电。

(2) 已冷备用的设备需要接地操作时，必须先验电。验明确无电压后，方可进行合接地开关或装设接地线的操作(在同一已冷备用的电气连接部分的设备临时增加工作的，需增加安全措施时，仍必须先验电。验明确无电压后，方可进行合接地开关或装设接地线的操作)。

(3) 验电完毕后，应立即进行接地操作。验电后因故中断未及时进行接地，若需继续操作，必须重新验电。

(4) 验电、装设接地线应有明确位置，装设接地线或合接地开关的位置必须与验电位置相符。

(5) 使用中的接地线必须编号，禁止编号重号。

(6) 装设接地线应先在专用接地桩上做好接地，再接导体端，拆除顺序相反。禁止用缠绕方法装设接地线。需要使用梯子时，禁止使用金属材料梯。

(7) 在电容器组上验电，必须先放电，放电完毕后再进行验电。

(8) 有出线铁塔的线路需在出线侧装设接地线时，应分别验明室外电缆头，线路隔离开关出线侧确无电压后，方可装设接地线。

(9) 500 kV 线路的验电接地操作，应将该线路操作至冷备用，且在线路电压互感器二次侧确认无电压后方可进行。

(10) GIS 组合电气合接地开关前，必须满足以下条件：

① 相关隔离开关必须拉开。

② 在二次侧确认应接地设备无电压。

③ 线路接地前必须与调度核实该线路确已停电。

(11) 对于不能进行线路验电的手车式断路器柜(固定密封断路器柜)合线路接地开关必须满足以下全部条件：

① 设备停电前检查带电显示器有电。

② 手车式断路器拉至柜外或检修位置。

③ 带电显示器显示无电。

④ 与调度核实线路确已停电。

(12) 不能直接验电的母线，合接地开关前必须核实连接在该母线上的全部隔离开关已拉开且闭锁，检查连接在该母线上的电压互感器的二次空开(或熔断器)已全部断开(取下)。

11. 更换站用变(电压互感器)高压侧熔断器的原则

更换站用变(电压互感器)高压侧熔断器，停电后应先验明隔离开关靠站用变(电压互感器)高压侧确无电压，装设一组接地线后再取下高压侧熔断器。恢复运行时，应先给上高压侧熔断器，再拆除安全措施。最后合上高压侧隔离开关后检查站用变(电压互感器)是否带电正常。

第三节 倒闸操作的流程

一、倒闸操作的一般规定

(1) 运行人员必须明确本站所有设备的调度划分，凡属调度范围内设备的一切倒闸操作，均应按调度命令进行，操作后应立即向调度回令。

(2) 变电站自行调度的设备需要停、送电的由用电单位出具停送电联系单，并于工作前一日 10 点前送达变电站，经过站长同意后方可操作设备。

(3) 倒闸操作必须根据值班调控人员或运维负责人的指令，受令人复诵无误后执行。发布指令应准确、清晰，使用规范的调度术语和设备双重名称。发令人和受令人应先互报单位和姓名，发布指令的全过程(包括对方复诵指令)和听取指令的报告时应录音并做好记录。操作人员(包括监护人)应了解操作目的和操作顺序。对指令有疑问时应向发令人询问清楚无误后执行。发令人、受令人、操作人员(包括监护人)均应具备相应资质。

(4) 除特殊规定外倒闸操作必须使用倒闸操作票，每张操作票只能填写一个操作任务。两人进行的操作，其中一人对设备较为熟悉者做监护。

(5) 倒闸操作可以通过就地操作、遥控操作、程序操作完成。遥控操作、程序操作的设备必须满足有关技术条件。

(6) 进行倒闸操作应穿长袖纯棉工作服，不得卷起袖口和裤腿，佩戴安全帽。用绝缘棒操作、加装绝缘挡板、操作机械传动的断路器(以下均称开关)、隔离开关(以下均称刀闸)、手车，用验电器验电或装、拆接地线时，均应戴安全帽和绝缘手套，并穿绝缘靴。

(7) 操作室外高压设备时，绝缘棒应有防雨罩。雷电时，室外设备一般不进行倒闸操作，禁止在就地进行倒闸操作。

(8) 装卸高压熔断器，应戴护目眼镜和绝缘手套，必要时使用绝缘夹钳，并站在绝缘垫或绝缘台上。

(9) 电气设备操作后的位置检查应以设备各相实际位置为准。无法看到实际位置时，应通过间接方法，如设备机械位置指示、带电显示装置、仪表及各种遥测、遥信等信号的变化来判断。判断时，至少应有两个非同样原理或非同源的指示发生对应变化，且所有这些确定的指示均已同时发生对应变化，方可确认该设备已操作到位。

(10) 高压电气设备都应安装完善的防误操作闭锁装置。防误操作闭锁装置不得随意退出运行，停用防误操作闭锁装置应经设备运维管理单位批准；短时间退出防误操作闭锁装置时，应经变电站运维班(站)长或发电厂当班值长批准，并按程序尽快投入。

(11) 解锁工具(钥匙)应封存保管，所有操作人员和检修人员严禁擅自使用解锁工具(钥匙)。若遇特殊情况需要解锁操作，应经运维管理部门防误操作闭锁装置专责人或运维管理部门指定并经书面公布的人员到现场核实无误并签字后，由运维人员告知当值调控人员，方能使用解锁工具(钥匙)。单人操作、检修人员在倒闸操作过程中禁止解锁。如需解锁，应待增派运维人员到现场，履行上述手续后处理。解锁工具(钥匙)使用后应及时封存并做好记录。

(12) 断路器(开关)遮断容量应满足电网要求。如遮断容量不够，应用墙或金属板将操动机构(操作机构)与该断路器(开关)隔开，应进行远方操作，重合闸装置应停用。

(13) 在发生人身触电事故时，可以不经许可，即行断开有关设备的电源，但事后应立即报告调度控制中心(或设备运维管理单位)和上级部门。电气设备停电后(包括事故停电)，在未拉开有关隔离开关(刀闸)和做好安全措施以前，不得触及设备或进入遮栏，以防突然来电。

(14) 下列各项工作可以不用操作票：

① 事故紧急处理。

② 拉、合断路器(开关)的单一操作。

③ 程序操作。

上述操作在完成后应做好记录，事故紧急处理应保存原始记录。

(15) 检修设备停电，应把各方面的电源完全断开(任何运用中的星形接线设备的中性点，应视为带电设备)。禁止在只经断路器(开关)断开电源的设备上工作。应拉开隔离开关(刀闸)，手车开关应拉至试验或检修位置，应使各方面有一个明显的断开点，若无法观察到停电设备的断开点，应有能够反映设备运行状态的电气和机械等指示。与停电设备有关的变压器和电压互感器，应将设备各侧断开，防止向停电检修设备反送电。

(16) 检修设备和可能来电侧的断路器(开关)、隔离开关(刀闸)应断开控制电源和合闸电源，隔离开关(刀闸)操作把手应锁住，确保不会误送电。

(17) 验电时，必须使用相应电压等级且合格的接触式验电器，在装设接地线或合接地刀闸处对各相分别验电。验电前，应先在有电设备上进行试验，确认验电器是否良好；无法在有电设备上进行试验时，可用工频高压发生器等确认验电器是否良好。

(18) 对无法进行直接验电的设备，可以进行间接验电：

① 对于封闭式开关柜

a. 凡装有鉴定合格且运行良好的三相带电显示器，可以作为线路有电或无电的依据。

b. 站内正常操作时，拉开开关前必须检查三相监视灯全亮，拉开开关后必须检查三相监视灯全灭，即可认为线路无电。如有一相与其他两相显示相反，则不应视为线路有电(或无电)。

c. 当开关由远方操作拉开或事故掉闸后，如带电显示器三相监视灯全灭，即可认为线路无电。

② 对于GIS设备

a. 合线路侧接地刀闸时,装有鉴定合格且运行良好的线路带电显示器可以作为验电依据,无带电显示器的以调度命令为准。

b. 在合其他接地刀闸前,无验电手段时可以不验电。

(19) 装设临时接地线应由两人进行。当验明设备确已无电压后,应立即将检修设备接地并三相短路。

(20) 装设接地线应先接接地端,后接导体端,接地线应接触良好,连接应可靠。拆接地线的顺序与此相反。装、拆接地线均应使用绝缘棒和戴绝缘手套。人体不得碰触接地线或未接地的导线,以防止感应电触电。

(21) 成套接地线应用有透明护套的多股软铜线组成,其截面不得小于25 mm^2,同时应满足装设地点短路电流的要求。禁止使用其他导线作接地线或短路线。临时接地线应装设于符合接地要求的指定部位,并使用专用的线夹固定在导体上,严禁用缠绕的方法进行接地或短路。

二、倒闸操作的技术规定

1. 断路器操作

(1) 一般情况下,电动合闸的断路器,不应手动合闸。

(2) 在控制屏上分合断路器时,操作控制开关不要用力过猛,以防损坏控制开关;也不要返回太快,以防时间过短断路器来不及合闸。

(3) 断路器操作后,应检查与其有关的信号及测量仪表的指示,以及到现场检查断路器的机械位置来判断断路器分、合的正确性。

2. 隔离开关操作

(1) 在手动合上隔离开关时,应迅速而果断。但在合闸行程终了时,不能用力过猛,以防损坏支持绝缘子或合闸过头。在合闸过程中,如果产生电弧,则要毫不犹豫地将隔离开关继续合上,禁止再将隔离开关拉开。

(2) 在手动拉开隔离开关时,应缓慢而谨慎,特别是动、静触头分离时,若产生电弧,则应立即反向合上隔离开关,并停止操作,查明原因。但切断空载变压器、空载线路、空载母线或拉系统环路均会产生一定长度的电弧,应快而果断,促使电弧迅速熄灭。

(3) 远方操作的隔离开关,不得在带电压下就地手动操作,以免失去电气闭锁。

(4) 隔离开关经操作后,必须检查其开、合的位置;合闸时检查三相刀片接触是否良好,拉开时三相断开角度要符合要求。以防由于操动机构发生故障或调节不当,出现操作后未全拉开和未全合上的不一致现象。

(5) 带有机械"五防"锁的隔离开关,操作后必须立即将机械锁锁上。

3. 验电

(1) 投入使用的高压验电器必须是经电气试验合格的验电器,高压验电器必须按规定定期试验,确保其性能良好。

(2) 使用高压验电器必须穿戴高压绝缘手套、绝缘鞋,并有专人监护。

(3) 在使用验电器之前,应首先检验验电器是否良好、有效外,还应在电压等级相适应的带电设备上检验报警是否正确,方能到需要接地的设备上验电,禁止使用电压等级不对应的验电器进行验电，以免现场测验时得出错误的判断。

(4) 验电器的伸缩式绝缘棒长度应拉足，验电时手握在手柄处不得超过护环，验电时人体与被验电设备保持安全距离，且验电器绝缘杆应避免与带电设备外壳接触。雨雪天气时不得进行室外直接验电。

(5) 验电时让验电器顶端的金属工作触头逐渐靠近带电部分，至氖泡发光或发出音响报警信号为止，不可直接接触电气设备的带电部分。验电器不应受邻近带电体的影响，以致发出错误的信号。

(6) 验电时如果需要使用梯子时，应使用绝缘材料的牢固梯子，并应采取必要的防滑措施，禁止使用金属材料梯。

(7) 验电完毕后，应立即进行接地操作。验电后因故中断未及时进行接地，若需要继续操作必须重新验电。

(8) 对线路的验电应逐相进行，对联络用的断路器或隔离开关或其他检修设备验电时，应在其进、出线两侧各相分别验电。

(9) 在电容器组上验电，应待其放电完毕后再进行。

4. 装拆接地线操作

装设接地线之前必须认真检查该设备是否确无电压，处于冷备用状态。在验明设备确无电压后，应立即装设接地线(或合上接地隔离开关)。装设接地线必须先接接地端，后接导体端，且接触良好。拆接地线的顺序与装接地线的顺序相反。

5. 高压熔断器操作

(1) 高压熔断器的操作顺序为：拉闸先拉中相，后拉边相；有风时，先拉中间相，再拉下风相，后拉上风相。合闸操作顺序相反。

(2) 不允许带负荷拉、合熔断器。采用绝缘杆单相操作高压熔断器，在误拉第一相时，不会发生强烈电弧，而在带负荷拉开第二相时，就会发生强烈电弧，导致弧光短路。所以要根据与第一相拉开时的弧光情况的比较，慎重地判断是否误操作，然后再决定是操作还是停止操作。

三、倒闸操作的基本步骤

1. 操作准备

复杂或重要性操作前由站长或值班负责人组织全体当班人员做好如下准备：

(1) 明确操作任务和停电范围，并做好分工。

(2) 值班负责人按工作票要求与调度人员沟通后拟定倒闸操作流程，确定挂接地线部位、组数及应装设的遮栏、悬挂的标示牌。明确工作现场邻近带电部位，制定出相关应急措施。由站长(副站长)审核，全体操作人员必须讨论学习。

(3) 考虑保护和自动装置相应变化及应断开的交、直流电源和防止电压互感器、站用变二次反高压的措施。

(4) 确认操作中使用的安全工器具完好无损，数量充足。

(5) 分析操作过程中可能出现的危险点并采取相应的措施。

2. 核对命令

(1) 接受调度令应使用录音电话，应保证录音设备完好，录音正常。

(2) 接受调度命令,应由值班负责人进行,接令时必须主动报出站名和姓名,再问清发令人姓名、发令时间。

(3) 接令时应随听随记,记录在“运行日志”中,接令完毕,应将记录的全部内容向发令人复诵一遍,并得到下令人认可。

(4) 接受调度命令时,一人接令,一人在旁监听。必要时通过播放录音使其他操作人员再次明确操作任务。

(5) 对调度命令有疑问时,应及时向发令人询问清楚;对错误令应提出纠正,未纠正前不准执行。如调度下令人员仍坚持时,操作人员必须听从命令执行。

3. 操作票填写

(1) 操作票由操作人员填写。

(2) “操作任务”栏应根据调度命令、工作票或用户停送电申请内容填写。

(3) 操作顺序应根据调度命令参照本站典型操作票和事先准备的操作顺序内容进行填写。

(4) 操作票填写后,由操作人和监护人共同审核。审核无误后,操作人、监护人分别签字,发令人处是调度下令的由监护人负责签名,是用户发令的由用户亲自签名。预先填好的操作票,必须核对“正式”令是否与“预备”令一致,运行方式是否有变化,若运行方式或正式调度令发生变化时,必须重新填写操作票。

4. 模拟操作(图板演习)

(1) 模拟操作前应结合调度令核对当时的运行方式。

(2) 模拟操作由监护人根据操作顺序逐项下令,由操作人复令执行。模拟项目是能够在模拟图板实际进行变位的操作项目,检查项目、投退保护硬压板等项目不需进行模拟。

(3) 模拟操作后应再次核对新运行方式与调度令是否相符。

(4) 拆、装地线,应有明显标志。

5. 监护、唱票和复诵

(1) 每进行一步操作,应按下列步骤进行:

① 操作人在前,和监护人到达操作设备前,监护人站左,操作人站右。

② 监护人手指并高声说出设备名称,操作人复诵确认设备名称。

③ 监护人手指操作部位,逐项下达操作指令。

④ 操作人手指操作部位,重复命令。监护人审核复诵内容和手指部位正确后,下达“执行”令。

⑤ 操作人执行操作。

⑥ 监护人和操作人共同检查操作质量。

⑦ 监护人在操作票本步骤画“√”,再告知操作人下步操作内容,直至操作完毕。

(2) 操作中遇有事故或异常,应停止操作,如因事故、异常影响原操作任务时,应报告调度,并根据调度令重新修改操作票。

(3) 由于设备原因不能操作时,应停止操作,检查原因,不能处理时应报告调度和生产管理部门。禁止使用非正常方法强行操作设备。因故不能操作而使操作票没有执行完毕,需在操作票“备注”栏内写明原因。

6. 质量检查和汇报

(1) 操作完毕全面检查操作质量，远方操作的设备也必须到现场检查设备实际位置。无误后悬挂标示牌和装设遮栏。

(2) 检查无问题应在最后一页操作票上填入终了时间，并在最后一步下边加盖“已执行”章。

(3) 操作完毕，属电调设备需及时向调度人员汇报，属自调设备需及时向站长或值班负责人汇报。

四、倒闸操作流程

变电站倒闸操作流程如图 3-7 所示。

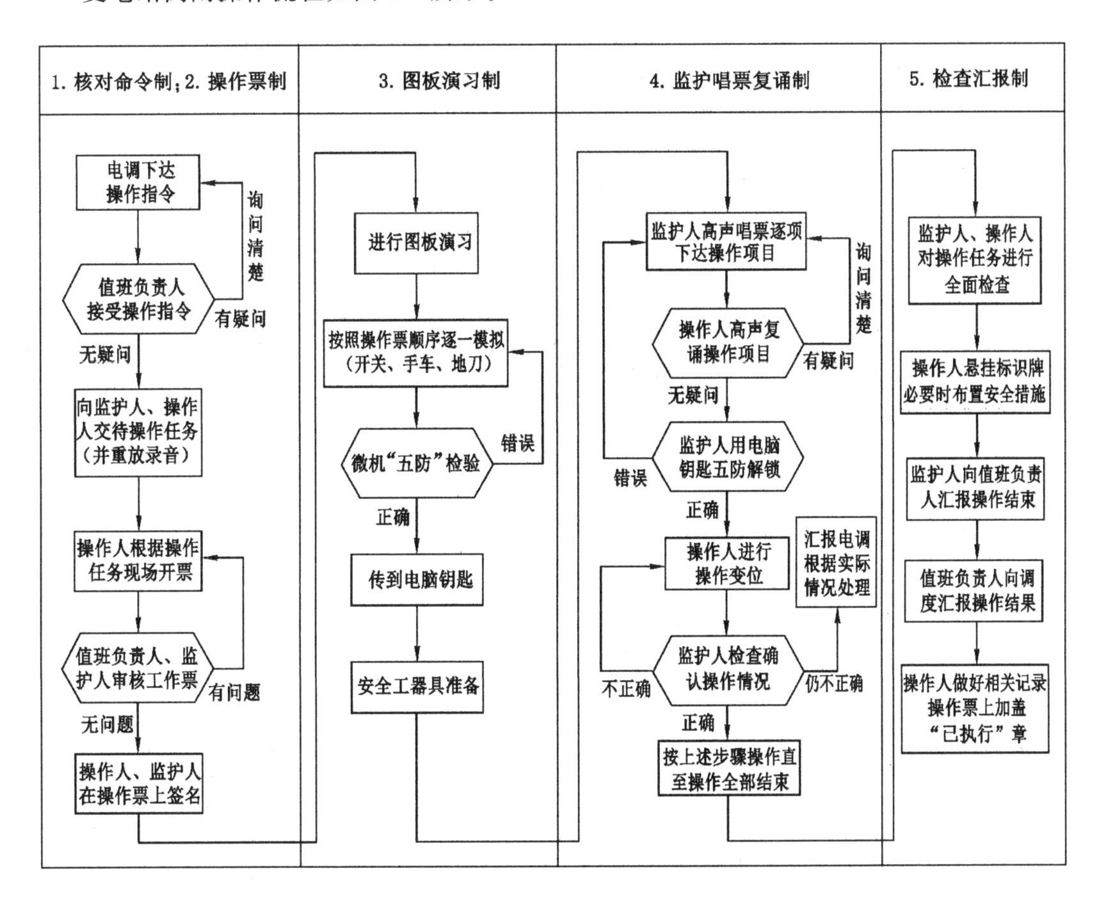

图 3-7　变电站倒闸操作流程图

五、倒闸操作范例

操作任务：井 605 板(动变一)停止运行，解除备用，做安全措施。

1. 核对命令制

电调：“井 605 板(动变一)对端已解除备用，命令：井 605 板(动变一)停止运行，解除备用，做安全措施，复诵”。

监护人:“井 605 板(动变一)停止运行,解除备用,做安全措施”。

电调:“正确,执行”。

2. 操作票制

操作人:用“五防”系统开出操作票,核对无误后,在“操作人”处签名。

监护人:审核操作票无误后,填写操作票号、发令时间,在“发令人”及“监护人”处签名(自调盘由用户联系人在“发令人”处签名)。

3. 图板演习制

监护人:“开始操作”。拿起电脑钥匙、操作票。

操作人:“是”。

副、主操作人齐步走到模拟图板前(操作人在前,监护人在后),两人面向模拟图板。

监护人:在操作票上填写操作开始时间。

监护人:手指井 605 盘位,说“井 605 板(动变一)”。

操作人:手指井 605 盘位,说“井 605 板(动变一)”。

监护人:“井 605 板(动变一)停止运行,解除备用,做安全措施,是否明白”。

操作人:手指盘位,说“明白”。

监护人:手指井 605 开关,说“断开井 605”。

操作人:手指开关,说“断开井 605”。

监护人:“执行”。

操作人:“是”,手动断开井 605。

监护人:手指井 605 手车,说“抽出井 605 手车”。

操作人:手指井 605 手车,说“抽出井 605 手车”。

监护人:“执行”。

操作人:“是”,手动示意操作。

监护人:手指井 605 地,说“推上井 605 地”。

操作人:手指井 605 地,说“推上井 605 地”。

监护人:“执行”。

操作人:“是”,手动推上井 605 地。

图板演习完,二人转身走向高压室,戴好安全帽,监护人拿好电脑钥匙、标识牌,操作人拿好安全工器具(绝缘手套、手车摇把、地刀操作柄),操作人在前,监护人在后,齐步走到井 605 板(动变一),两人一起齐步立正、转身面向盘面,监护人站左,操作人站右。

4. 监护、唱票复诵制

(1) 认盘位

监护人:向前一步手指井 605 板设备名称牌,说“井 605 板(动变一)”。

操作人:手指盘位名称牌,说“井 605 板(动变一)”。

监护人:“井 605 板(动变一)停止运行,解除备用,做安全措施,是否明白”。

操作人:手指盘位,说“明白”。放下手中的工器具,立正站好。

(2) 检查井 605 确无负荷

监护人:按微机保护装置“确定”键点亮装置,手指屏幕电流 I,说“检查井 605 有无负荷”。

操作人：手指屏幕电流 I，说“经检查确无负荷”。

监护人：检查无误后在操作项后打“√”。

（3）检查井 605 确为“就地”操作

监护人：手指“远方/就地”转换开关，说“检查是否为就地操作”。

操作人：手指“远方/就地”转换开关，说“经检查确为就地操作”（如为远方操作，应将操作把手打到“就地”位置后再汇报）。

监护人：检查无误后在操作项后打“√”。

（4）断开井 605

监护人：将电脑钥匙插入“五防”钥匙孔中，确认无误后，手指操作把手，说：“断开井605”。

操作人：手指开关操作把手，说：“断开井 605”。

监护人：“执行”。

操作人：“是”。手动断开操作把手。

监护人：检查无误后在操作项后打“√”。然后拔下电脑钥匙。

（5）检查井 605 确已断开

监护人：依次手指开关状态显示器开关状态指示灯和开关机械位置分合指示，说“检查井 605 是否断开”。

操作人：检查开关状态显示器开关状态指示灯为绿色分位，开关机械位置分合为“O”形分位，无误后，说“经检查，确已断开”。

监护人：检查无误后在操作项后打“√”。

（6）抽出井 605 手车，检查确已抽出

监护人：手指手车操作孔，说“井 605 手车”。

操作人：戴好绝缘手套，右手拿操作摇把并插入手车操作孔内，左手指手车操作孔，说“抽出井 605 手车”。

监护人：“执行”。

操作人：“是”。手动摇出手车，直至听到明显的行程开关“咔嗒”声。（如没听清可回一下再确认）取下操作摇把放于地上。

监护人：依次手指开关状态显示器手车位置指示灯和手车实际抽出位置，说“检查井 605 手车是否抽出”。

操作人：依次检查开关状态显示器手车位置指示灯为绿色分位，手车机械位置为抽出位置（靠近观察窗），手动复归保护装置告警，说“经检查确已抽出”。

监护人：检查无误后在操作项后打“√”。

（7）检查井 605 线路侧电压指示灯确已无电

监护人：手指井 605 地，说“准备合井 605 地”。

操作人：拿起地刀操作手柄，插入地刀操作孔，说“准备完毕”。

监护人：手指开关状态显示器三相指示灯，说“检查井 605 线路侧电压指示灯是否有电”。

操作人：手指开关状态显示器三相指示灯，确已不亮后，说“经检查三相指示灯无电”。

（8）推上井 605 地

监护人：手指地刀操作手柄，说“推上井 605 地”。

操作人：手握地刀操作手柄，说“推上井 605 地”。

监护人：“执行”。

操作人：“是”。手动顺时针旋转手柄约 60°，直至听到明显的机械变位声。取下地刀操作手柄，摘下绝缘手套放于地上。

监护人：检查无误后在操作项后打“√”。

(9) 检查井 605 地确已合好

监护人：依次手指开关状态显示器地刀位置指示灯和地刀操作孔，说“检查井 605 地是否已合好”。

操作人：依次检查开关状态显示器地刀位置指示灯为红色合位，地刀操作孔弯板不能抬起。

操作人、监护人到盘后检查地刀实际机械位置。操作人在前，监护人在后。到达盘位后立正站好。

监护人：手指井 605 设备名称牌，说“井 605 板(动变一)”。

操作人：手指井 605 设备名称牌，说“井 605 板(动变一)”。蹲下打开盘后照明灯，检查井 605 地实际机械位置为合位，地刀位置指示牌为“｜”形，检查无误后起立站好。

监护人：检查确认地刀位置，无误后关闭盘后照明灯，起立站好。

两人回到井 605 盘前立定站好。

监护人：手指井 605 设备名称牌，说“井 605 板(动变一)”。

操作人：手指井 605 设备名称牌，说“井 605 板(动变一)，经检查井 605 地确已合好”。

监护人：检查无误后在操作项后打“√”。

(10) 断开井 605 仪表室二次空开

监护人：拿起盘门钥匙，打开井 605 盘门，手指二次空开，说“断开井 605 仪表室二次空开”。

操作人：手指二次空开说“断开空开”。

监护人：“执行”。

操作人：依次断开全部二次空开，并检查二次空开确已断开。

监护人：检查无误后在操作项后打“√”。

(11) 全面检查

监护人：依次手指微机保护装置、开关状态显示器、手车、地刀，说“全面检查”。

操作人：依次手指微机保护装置、开关状态显示器、手车、地刀，核对操作位置正确后，悬挂标识牌，说“经检查井 605 板(动变一)具备工作条件”。

监护人：检查无误后在操作项后打“√”。

操作人拿起操作用具，和监护人走到工具柜将操作用具归位，依次走出高压室。

5. 检查汇报制

监护人：在操作票填写“操作结束后时间”，向电调汇报“你好，××站值班员×××，×点×分井 605 板(动变一)停止运行，解除备用，做安全措施，操作完毕”。

经电调认可后，操作人在操作票上加盖“已执行”章，做好相关记录。

第四节　单项操作

一、断路器的操作

1. 断路器的就地操作

(1) 操作时携带的用品及使用的安全工器具

① 按调度指令编写经过预演合格的倒闸操作票。

② 现场操作防误装置专用工具(钥匙)。

③ 现场操作录音装置。

④ 戴安全帽。

(2) 操作步骤及标准

① 合闸操作

a. 应事先检查液压、气压、弹簧机构储能等均应正常,合闸电源已投入。

b. 监护人宣读操作项目,操作人手指开关的名称、标示牌进行复诵。

c. 核对无误后,监护人发出"对,可以操作"的执行命令,操作人进行解锁。

d. 操作人将远方、就地操作把手切至就地位置。

e. 操作人手握开关把手,按正确合闸方向进行操作,将开关把手从分闸位置切至合闸位置,待绿灯灭、红灯亮后将开关把手返回合后位置,才可放手。

f. 操作中,操作人要检查灯光与表计是否正确。

g. 操作结束,操作人手离开关把手,回答"执行完毕"。

h. 操作后,现场检查开关实际位置。

i. 检查操作正确后操作人将远方、就地操作把手切至远方位置。

j. 监护人核对操作无误后,根据需要盖上闭锁帽或挂牌。

② 分闸操作

a. 应事先检查液压、气压、弹簧机构储能等均应正常,操作电源已投入。

b. 监护人宣读操作项目,操作人手指开关的名称、标示牌进行复诵。

c. 核对无误后,监护人发出"对,可以操作"的执行命令,操作人进行解锁。

d. 操作人将远方、就地操作把手切至就地位置。

e. 操作人手握开关把手,按正确分闸方向进行操作,将开关把手从合闸位置切至分闸位置,待红灯灭、绿灯亮后将开关把手返回分后位置,才可放手。

f. 操作中,操作人要检查灯光与表计是否正确。

g. 操作结束,操作人手离开关把手,回答"执行完毕"。

h. 操作后,现场检查开关实际位置。

i. 检查操作正确后操作人将远方、就地操作把手切至远方位置。

j. 监护人核对操作无误后,根据需要盖上闭锁帽或挂牌。

③ 危险点控制措施

a. 检查断路器位置要结合表计、机械位置指示、拉杆状态、灯光、弹簧拐臂等综合判断,严禁仅凭一种现象判断开关位置。

b. 严防走错间隔,造成误拉合运行断路器。

c. 正常情况下严禁使用万能钥匙操作。

2. 断路器的遥控操作

(1) 操作时携带的用品及使用的安全工器具

① 按调度指令编写经过预演合格的倒闸操作票。

② 现场操作录音装置。

③ 戴安全帽。

(2) 操作步骤及标准

① 将监控机画面切换至要遥控的断路器所在变电站系统接线图。

② 遥控操作开关前检查监控系统、遥信信息、遥测信息是否正确。

③ 监护人宣读操作项目,操作人员手指微机窗口内的断路器符号与编号进行复诵。

④ 核对无误后,监护人发出"对,可以操作"的执行令。

⑤ 操作人进行解锁或解密(再次确定所要遥控操作的断路器名称及编号,输入操作人、监护人密码),等待返校成功后,按正确顺序进行操作。

⑥ 操作结束,操作人回答"执行完毕"。

⑦ 监护人核对操作无误后,退出操作界面。

⑧ 检查开关位置要结合监控机信息窗口文字或系统图断路器变位指示及表计等情况确定。

⑨ 具备条件的现场检查断路器位置要结合机械位置指示、拉杆状态、弹簧拐臂等情况综合判断。

(3) 危险点控制措施

① 认真核对监控系统中要遥控设备的名称及编号,防止误拉合其他开关。

② 遥控操作必须两人进行,一人操作,一人监护。

③ 如现场检查断路器位置须戴安全帽。

④ 检查时严禁仅凭一种现象判断断路器位置。

3. 小车开关柜

(1) 操作时携带的用品及使用的安全工器具

① 按调度指令编写经过预演合格的倒闸操作票。

② 现场操作录音装置。

③ 戴安全帽。

(2) 操作步骤及标准

① 应事先检查弹簧机构储能等均应正常,操作电源已投入。

② 监护人宣读操作项目,操作人核对设备名称、标示牌进行复诵。

③ 核对无误后,监护人发出"对,可以操作"的执行命令。

④ 操作人将远方、就地操作把手切至就地位置,按分(合)闸按钮进行操作。

⑤ 操作结束,操作人手离操作设备,并回答"执行完毕"。

⑥ 操作后,检查断路器实际分(合)闸位置及指示灯指示是否正确。

⑦ 检查操作正确后操作人将远方、就地操作把手切至远方位置。

(3) 危险点控制措施

小车开关柜断路器就地分(合)闸操作前严禁打开柜门,若确认断路器已在分位,方可打开柜门进行下步操作。

二、隔离开关的操作

1. 手动操作隔离开关

(1) 操作时携带的用品及使用的安全工器具

① 按调度指令编写经过预演合格的倒闸操作票。

② 现场操作防误装置专用工具(钥匙)。

③ 现场操作录音装置。

④ 戴安全帽。

⑤ 戴绝缘手套。

⑥ 使用相应电压等级的合格的绝缘杆。

⑦ 雨天操作室外高压设备时,绝缘杆应有防雨罩,应穿绝缘靴。

⑧ 接地网电阻不符合要求的,晴天也应穿绝缘靴。

(2) 操作步骤及标准

① 操作隔离开关前必须检查相关开关在分闸位置。

② 监护人宣读操作项目,操作人手指隔离开关的名称、标示牌进行复诵。

③ 核对无误后,监护人发出“对,可以操作”的执行命令。

④ 操作人进行解锁,戴好绝缘手套,手握隔离开关把手,按正确拉合方向进行操作。

⑤ 操作后检查隔离开关分(合)位置、同期情况、触头接触深度等。

⑥ 如隔离开关没有合到位,允许用绝缘杆进行调整,但要加强监护。

⑦ 操作结束,操作人手离操作设备,并回答“执行完毕”。

⑧ 操作人将操作把手锁上。

(3) 危险点控制措施

① 监护人与操作人正确选择站位,风天操作尽量选择站在上风口。

② 停电操作顺序:先拉开线路侧隔离开关,再拉开电源侧隔离开关;送电顺序相反。

③ 拉合隔离开关开始时,应先试验隔离开关触头在受力后是否活动自如。

④ 拉隔离开关时,开始应慢而谨慎,当触头刚分离无问题后应果断,保证迅速灭弧。

⑤ 合隔离开关时,应迅速果断,在合闸结束时不可用力过猛,避免对绝缘子等产生冲击。

2. 遥控电动操作隔离开关

(1) 操作时携带的用品及使用的安全工器具

① 按调度指令编写经过预演合格的倒闸操作票。

② 现场操作录音装置。

③ 戴安全帽。

(2) 操作步骤及标准

① 将监控机画面切换至要遥控的隔离开关所在变电站系统接线图。

② 遥控操作隔离开关前检查监控系统、遥信信息、遥测信息是否正确。

③ 遥控操作隔离开关前必须检查相关开关是否在分闸位置。

④ 监护人宣读操作项目，操作人员手指微机窗口内的隔离开关符号与编号进行复诵。

⑤ 核对无误后，监护人发出“对，可以操作”的执行令。

⑥ 操作人进行解锁或解密（再次确定所要遥控操作的隔离开关名称及编号，输入操作人、监护人密码），等待返校成功后，按正确顺序进行操作。

⑦ 操作结束，操作人手离操作设备，并回答“执行完毕”。

⑧ 监护人核对操作无误后，退出操作界面。

⑨ 检查遥控隔离开关位置要结合监控机信息窗口文字或系统图隔离开关变位指示情况确定。

⑩ 具备条件的现场检查隔离开关分（合）位置、同期情况、触头接触深度等。

（3）危险点控制措施

① 停电操作顺序：先拉开线路侧隔离开关，再拉开电源侧隔离开关；送电顺序相反。

② 检查操作机构箱门电气闭锁回路正常。

③ 检查电动隔离开关操作电源开关是否在投入位置。

④ 操作后检查监控系统隔离开关变位信息是否正确。

⑤ 如现场检查隔离开关位置须戴安全帽。

3. 就地电动操作隔离开关

（1）操作时携带的用品及使用的安全工器具

① 按调度指令编写经过预演合格的倒闸操作票。

② 现场操作防误装置专用工具（钥匙）。

③ 现场操作录音装置。

④ 戴安全帽。

⑤ 戴绝缘手套。

⑥ 使用相应电压等级的合格的绝缘杆。

⑦ 雨天操作室外高压设备时，绝缘杆应有防雨罩，应穿绝缘靴。

⑧ 接地网电阻不符合要求的，晴天也应穿绝缘靴。

（2）操作步骤及标准

① 操作隔离开关前必须检查相关开关在分闸位置。

② 监护人宣读操作项目，操作人手指隔离开关的名称、标示牌进行复诵。

③ 核对无误后，监护人发出“对，可以操作”的执行命令。

④ 操作人进行解锁，检查隔离开关机构箱，选择开关在“就地”位置，并检查确认手动操作机构箱门锁好。

⑤ 操作人合上电动隔离开关，操作电源开关。

⑥ 操作人按分（合）闸按钮（旋转把手）进行操作。

⑦ 操作后检查隔离开关分（合）位置、同期情况、触头接触深度等。

⑧ 如隔离开关没有合到位，允许用绝缘杆进行调整，但要加强监护。

⑨ 操作结束，操作人回答“执行完毕”。

⑩ 操作结束后拉开电动隔离开关，操作电源开关。

⑪ 操作人将电动隔离开关机构箱门锁好

（3）危险点控制措施

① 监护人与操作人正确选择站位，风天操作尽量选择站在上风口。

② 停电操作顺序：先拉开线路侧隔离开关，再拉开电源侧隔离开关；送电顺序相反。

③ 检查操动机构箱门电气闭锁回路是否正常。

4. 小车开关（小车隔离开关）

（1）操作时携带的用品及使用的安全工器具

① 按调度指令编写经过预演合格的倒闸操作票。

② 现场操作防误装置专用工具（钥匙）。

③ 现场操作录音装置。

④ 戴安全帽。

⑤ 戴绝缘手套。

⑥ 小车开关操作（小车隔离开关）专用工具。

（2）操作步骤及标准

① 操作小车开关（小车隔离开关）前必须检查相关开关确在分闸位置。

② 操作小车开关（小车隔离开关），监护人宣读操作项目，操作人手指小车开关（小车隔离开关）的名称、标示牌进行复诵。

③ 核对无误后，监护人发出“对，可以操作”的执行命令。

④ 操作人使用专用工具，戴好绝缘手套，手握摇把，将小车开关（小车隔离开关）拉至试验位置或推至运行位置。

⑤ 操作后检查小车开关（小车隔离开关）位置指示灯指示是否正确。

⑥ 操作结束，操作人手离操作设备，并回答“执行完毕”。

（3）危险点控制措施

① 严防走错间隔。

② 拉出、推入小车开关时，要注意掌握小车开关行程，防止损坏小车开关。

③ 小车开关推入前必须检查车体无遗留物件。

5. GIS 隔离开关操作

（1）操作时携带的用品及使用的安全工器具

① 按调度指令编写经过预演合格的倒闸操作票。

② 现场操作录音装置。

③ 戴绝缘手套。

④ 戴安全帽。

（2）操作步骤及标准

① GIS 隔离开关合闸操作

a. 操作 GIS 隔离开关前必须检查相关开关确在分闸位置。

b. 监护人宣读操作项目，操作人手指 GIS 隔离开关的名称、标示牌进行复诵。

c. 核对无误后，监护人发出“对，可以操作”的执行命令。

d. 操作人将远方、就地操作把手切至就地位置。

e. 操作人手握隔离开关旋转把手，按正确合闸方向进行合闸操作。

f. 操作后检查隔离开关是否在合位。

g. 操作结束，操作人回答“执行完毕”。

h. 检查操作正确后操作人将远方、就地操作把手切至远方位置。

② GIS 隔离开关分闸操作

a. 操作 GIS 隔离开关前必须检查相关开关确在合闸位置。

b. 监护人宣读操作项目,操作人手指 GIS 隔离开关的名称、标示牌进行复诵。

c. 核对无误后,监护人发出“对,可以操作”的执行命令。

d. 操作人将远方、就地操作把手切至就地位置。

e. 操作人手握隔离开关旋转把手,按正确分闸方向进行分闸操作。

f. 操作后检查隔离开关是否在分位。

g. 操作结束,操作人回答“执行完毕”。

h. 检查操作正确后操作人将远方、就地操作把手切至远方位置。

(3) 危险点控制措施

① 停电操作顺序:先拉开线路侧隔离开关,再拉开电源侧隔离开关;送电顺序相反。

② 隔离开关旋转把手在隔离开关完全分合到位后,方可归位松手。

三、验电的操作

1. 操作时携带的用品及使用的安全工器具

(1) 按调度指令编写经过预演合格的倒闸操作票。

(2) 现场操作录音装置。

(3) 戴安全帽。

(4) 戴绝缘手套。

(5) 使用相应电压等级的合格的验电器。

(6) 对接地电阻不合格或降低的应穿绝缘靴。

2. 操作步骤及标准

(1) 装设接地线前要先验电。

(2) 验电前首先必须戴好绝缘手套,在同电压等级有电设备的导电部分上进行试验,验证验电器是否良好。

(3) 验证验电器确实完好后,操作人选择要安装接地线的位置,监护人确认是否正确。

(4) 执行验电时,监护人宣读操作项目,操作人手指向将要装设接地线的位置进行复诵。

(5) 核对无误后,监护人发出“对,可以操作”的执行命令。

(6) 操作人将验电器各节全部拔出,手握在安全挡以下位置,进行验电。

(7) 操作人在要装设接地线的相别均验过后,一并回答“确无电压”。

3. 危险点控制措施

(1) 使用相应电压等级的合格的接触式验电器,在装设接地线或合接地开关处对各相分别验电。

(2) 不得用绝缘杆代替验电器。

四、接地线(接地开关)的操作

1. 装拆接地线

(1) 操作时携带的用品及使用的安全工器具

① 按调度指令编写经过预演合格的倒闸操作票。

② 现场操作录音装置。

③ 戴安全帽。

④ 戴绝缘手套。

⑤ 使用相应电压等级的合格的绝缘拉杆。

⑥ 对接地电阻不合格或降低的应穿绝缘靴。

⑦ 雨天操作室外高压设备时,绝缘杆应有防雨罩。

(2) 接地线操作步骤及标准

① 装设接地线

a. 装设接地线前要对接地线进行检查,重点检查接地线夹端部牢固、线夹完好。

b. 监护人唱票、操作人手指要装设接地线的位置进行复诵。

c. 核对无误后,监护人发出“对,可以操作”的执行命令。

d. 装设接地线要按照“先装接地端、后装导体端,先装中相、后装边相”的顺序装设。

e. 线夹装设角度要适当,便于拆下接地线,并要拧紧,不得移动。

f. 接地线要装在被检修设备最近明显之处,如开关检修,接地线要装在检修开关两侧引线上。

g. 电缆及电容器接地前应逐相、逐个充分放电,串联电容器及与整组电容器脱离的电容器应逐个放电,装在绝缘支架上的电容器外壳也应放电。

h. 操作结束,操作人回答“执行完毕”。

② 拆除接地线

a. 拆除接地线时,监护人宣读操作项目,操作人手指向将要拆除的接地线进行复诵。

b. 核对无误后,监护人发出“对,可以操作”的执行命令。

c. 拆除接地线要按“先拆导体端、后拆接地端”的顺序进行。

d. 操作结束,操作人回答“执行完毕”。

e. 核对接地线编号及数量,检查接地线确已拆除。

(3) 危险点控制措施

① 监护人站立位置选择适当,避开可能下落的绝缘杆与接地线。

② 装设导体端时,要与带电部分保持安全距离,掌握好操作杆的方向与受力,防止带地线的操作杆向导电部分跌落。

③ 对电缆及电容器放电时,应采取措施,保证人身安全。

④ 装设接地线前应检查清理地面杂物,地线举起后不得低头行进或取物,应精力集中。

⑤ 装好的接地线三相不得缠绕。

⑥ 母线停电装设接地线前,核对与母线相连的隔离开关全部拉开。

⑦ 母线送电前,核对与母线相连的隔离开关全部拉开,接地线全部拆除。

2. 拉合接地刀闸

(1) 操作时携带的用品及使用的安全工器具

① 按调度指令编写经过预演合格的倒闸操作票。

② 现场操作录音装置。

③ 戴安全帽。

④ 戴绝缘手套。

⑤ 拉合接地开关专用工具。

⑥ 对接地电阻不合格或降低的应穿绝缘靴。

⑦ 雨天操作室外高压设备时,绝缘杆应有防雨罩。

(2) 操作步骤及标准

① 监护人唱票,操作人手指接地开关名称、标示牌复诵。

② 核对无误后,监护人发出“对,可以操作”的执行命令。

③ 操作人进行解锁,戴好绝缘手套,手握接地开关把手,按正确拉合方向进行操作。

④ 操作后检查接地开关分(合)位置、同期情况、触头接触深度等。

⑤ 如接地开关没有合到位,允许用绝缘杆进行调整,但要加强监护。

⑥ 操作结束,操作人手离操作设备,并回答“执行完毕”。

⑦ 操作人将接地开关操作把手锁上。

(3) 危险点控制措施

① 操作人特别注意合闸位置是否正确,先慢慢抬起,正确后迅速合入,保证接地良好。

② 母线停电合上接地开关前,核对与母线相连的隔离开关全部拉开。

③ 母线送电前,核对与母线相连的隔离开关全部拉开,接地开关全部拉开。

五、分接开关的操作

1. 电动有载操作

(1) 操作时携带的用品及使用的安全工器具

现场操作录音装置。

(2) 操作步骤及标准

① 在调度指令下,由监护人监护,操作人将要调整分接头的变压器远方、就地操作把手切至远方位置。

② 监护人宣读操作项目,操作人手指调压升(降)按钮的名称,进行复诵。

③ 核对无误后,监护人发出“对,可以操作”的执行命令,操作人方可按照操作方向进行分接头调整。

④ 操作时应同时记录时间、电压表和电流表的变化。

⑤ 核对位置指示器及动作计数器的指示。

⑥ 现场人员配合操作人检查分接开关位置及外观检查。

⑦ 操作结束,操作人回答“执行完毕”。

⑧ 全部操作结束后,核对调整后的电压值与调度指令相符,并填写有载调压开关调整记录。

注:当调整过程中出现电动调压失灵,按下急停按钮,并断开调压装置交流电源,在变压

器本体处手动调节到邻近挡位。

(3) 危险点控制措施

① 调整分接开关操作必须在一个分接变换完成后方可进行第二次分接变换。

② 有载调压开关每操作一挡后，应间隔 1 min 以上时间。

③ 每切换一分接位置记为调节一次，一般应尽可能调节次数不超过 5 次。

2. 手动有载操作

(1) 操作时携带的用品及使用的安全工器具

① 现场操作录音装置。

② 戴安全帽。

③ 戴绝缘手套。

④ 操作专用工具。

⑤ 对接地电阻不合格或降低的应穿绝缘靴。

(2) 操作步骤及标准

① 在调度指令下，由监护人监护，操作人将要调整分接头的变压器远方、就地操作把手切至就地位置。

② 监护人宣读操作项目，操作人手指向要操作的变压器位置进行复诵。

③ 核对无误后，监护人发出“对，可以操作”的执行命令，操作人方可用专用工具按照操作方向进行分接头调整。

④ 操作时应同时记录时间、电压表和电流表的变化。

⑤ 核对位置指示器及动作计数器的指示。

⑥ 操作结束，操作人回答“执行完毕”。

⑦ 全部操作结束后，核对调整后的电压值与调度指令相符，并填写有载调压开关调整记录。

(3) 危险点控制措施

当分接开关处在极限位置又必须手动操作时，必须确认操作方向无误后方可进行。

3. 无载操作

(1) 操作时携带的用品及使用的安全工器具

① 现场操作录音装置。

② 戴安全帽。

③ 戴绝缘手套。

④ 操作专用工具。

⑤ 万用表。

⑥ 对接地电阻不合格或降低的应穿绝缘靴。

⑦ 使用相应电压等级的合格的绝缘杆。

(2) 操作步骤及标准

① 调节消弧线圈分接头必须在系统无接地及相关断路器、隔离开关在分位状态下进行操作。

② 验电，装设接地线。

③ 监护人唱票，操作人手指分接开关位置复诵。

④ 核对无误后，监护人发出"对，可以操作"的执行命令。

⑤ 操作人使用专用工具，将分接开关调整到相应的位置。

⑥ 操作人用万用表测量该分接开关位置导通良好。

⑦ 操作结束，操作人回答"执行完毕"。

⑧ 拆除接地线。

⑨ 合上相关隔离开关、断路器。

(3) 危险点控制措施

① 消弧线圈必须停电，防止操作人员误登带电设备，造成人身触电。

② 登高作业采取必要的安全措施，防止造成操作人员高处坠落、摔伤。

六、熔断器的操作

1. 高压交流熔断器

(1) 操作时携带的用品及使用的安全工器具

① 按调度指令编写经过预演合格的倒闸操作票。

② 现场操作录音装置。

③ 戴安全帽。

④ 戴绝缘手套。

⑤ 使用相应电压等级的合格的绝缘拉杆。

⑥ 雨天操作室外高压设备时，绝缘杆应有防雨罩，应穿绝缘靴。

⑦ 接地网电阻不符合要求的，晴天也应穿绝缘靴。

⑧ 装卸高压熔断器应准备护目眼镜、绝缘垫等防护用具。

(2) 操作步骤及标准

① 取下高压交流熔断器：

a. 停用电压互感器熔断器时，根据需要退出相应保护。

b. 操作高压熔断器必须在相关断路器、隔离开关在分位状态下进行操作。

c. 监护人宣读操作项目，操作人手指熔断器名称、标示牌进行复诵。

d. 核对无误后，监护人发出"对，可以操作"的执行命令。

e. 操作人进行操作，取下高压熔断器时，应先取下中间相，再取下两边相；风天先拉下风侧，后拉上风侧。

f. 操作结束，操作人回答"执行完毕"。

② 装上高压交流熔断器：

a. 操作高压熔断器必须在相关断路器、隔离开关在分位状态下进行操作。

b. 在装上熔断器前应先检查熔断器是否良好。

c. 监护人宣读操作项目，操作人手指熔断器名称、标示牌进行复诵。

d. 核对无误后，监护人发出"对，可以操作"的执行命令。

e. 操作人进行操作，装上高压熔断器时，先装上两边相，再装上中间相；风天先装上风侧，后装下风侧。

f. 操作结束，操作人检查熔断器接触良好，回答"执行完毕"。

g. 投入电压互感器熔断器时恢复相应保护。

(3) 危险点控制措施

① 监护人站立位置选择适当，避开可能下落的绝缘杆与熔断器。

② 操作高压熔断器时要与带电部分保持安全距离，掌握好操作杆的方向与受力，防止带熔断器的操作杆向导电部分跌落。

2. 低压交流熔断器

(1) 操作时携带的用品及使用的安全工器具

① 按调度指令编写经过预演合格的倒闸操作票。

② 现场操作录音装置。

③ 戴安全帽。

④ 戴线手套、护目眼镜。

⑤ 交流熔断器操作专用工具。

(2) 操作步骤及标准

① 取下低压交流熔断器：

a. 停用电压互感器熔断器时，根据需要退出相应保护。

b. 监护人宣读操作项目，操作人手指熔断器名称、标示牌进行复诵。

c. 核对无误后，监护人发出“对，可以操作”的执行命令。

d. 操作人进行操作，取下交流熔断器时，先取下中间相，再取下两边相；取熔断器时必须完全取下，不得一端搭接。

e. 操作结束，操作人回答“执行完毕”。

② 装上低压交流熔断器：

a. 在装上熔断器前应先检查熔断器是否良好。

b. 监护人唱票，操作人手指熔断器名称复诵。

c. 核对无误后，监护人发出“对，可以操作”的执行命令。

d. 操作人进行操作，装上交流熔断器时，先装上两边相，再装上中间相，并检查接触是否良好。

e. 操作结束，操作人检查熔断器接触良好，回答“执行完毕”。

f. 投入电压互感器熔断器时恢复相应保护。

(3) 危险点控制措施

① 注意不得接触带电部分。

② 操作低压熔断器必须戴线手套，防止低压触电，装上熔断器时应戴护目眼镜。

3. 直流交流熔断器

(1) 操作时携带的用品及使用的安全工器具

① 按调度指令编写经过预演合格的倒闸操作票。

② 现场操作录音装置。

③ 戴安全帽。

④ 戴线手套、护目眼镜。

(2) 操作步骤及标准

① 取下直流熔断器：

a. 监护人唱票，操作人手指熔断器名称复诵。

b. 核对无误后，监护人发出“对，可以操作”的执行命令。

c. 操作人进行操作，取下熔断器时，先取正极，后取负极。

d. 操作结束，操作人回答“执行完毕”。

② 装上直流熔断器：

a. 在装上熔断器前应先检查熔断器是否良好。

b. 监护人唱票，操作人手指熔断器名称复诵。

c. 核对无误后，监护人发出“对，可以操作”的执行命令。

d. 操作人进行操作，装上熔断器时，先装负极，后装正极，并检查接触是否良好。

e. 操作结束，操作人回答“执行完毕”。

(3) 危险点控制措施

① 操作直流熔断器必须按正确的操作顺序进行，防止保护误动。

② 取熔断器时必须完全取下，不得一端搭接。

③ 注意不得接触带电部分。

④ 操作直流熔断器必须戴线手套，防止直流触电，装上熔断器时应戴护目眼镜。

第五节 综合操作

一、线路的倒闸操作

1. 操作原则

电气设备的操作要严格按照操作规程和安全规程执行，以确保倒闸操作的正确。即便是操作中发生事故，也要把事故影响限制在最小范围。

(1) 一般线路操作

线路停电操作应先断开线路断路器，然后拉开线路侧隔离开关，最后拉开母线侧隔离开关。线路送电操作与此相反。

在正常情况下，线路断路器在断开位置时，先拉合线路侧隔离开关或母线侧隔离开关都没多大影响。之所以要求遵循一定的操作顺序，是为了防止万一发生带负荷拉合隔离开关时，可把事故缩小在最小范围之内。

(2) $1\frac{1}{2}$断路器接线

线路停电操作时，先断开中间断路器，后断开母线侧断路器；拉开隔离开关时，由负荷侧逐步拉向母线侧。送电操作与此相反。

(3) 线路并联电抗器

在超高压电网中，为了降低线路电容效应引起的工频电压升高，在线路上并联电抗器。

(4) 线路合环

有多电源或双电源供电的变电站，线路合环时，要经过同期装置检定，并列点电压相序一致，相位差不超过容许值，电压差不得超过下面数值：220 kV 线路一般不超过额定电压的 20%；500 kV 线路一般不超过额定电压的 10%，最大不超过 20%。频率误差不大于 0.5 Hz。

新投入或线路检修后可能改变相位的，在合环前要进行相位校对。

（5）双回线路

双回线停送电时要考虑对线路零序保护和横差保护的影响。

在双回线路变单回线路或单回线路变双回线路时，线路零序保护定值应更改，以免引起零序保护不正确动作。

双回线路改单回线路时装有横差保护的线路，其横差保护要停用。由于横差保护是靠比较两平行线路的电流来反映故障，因此当其中一条线路停电时，就破坏了差动保护原理。

线路停电前，特别是超高压线路，要考虑线路停电后对其他设备的影响。

2．方法与步骤

（1）单母线接线的线路停电操作

线路断路器、线路停电检修的操作程序：

① 联系调度，根据值班调度员或运行值班负责人的指令，受令人复诵无误后开始执行操作。

② 检查线路负荷情况。

③ 退出重合闸。

④ 拉开断路器。

⑤ 检查断路器在开位。

⑥ 检查断路器三相电流表指示值为零。

⑦ 拉开断路器线路侧隔离开关。

⑧ 检查断路器线路侧隔离开关在开位。

⑨ 拉开断路器母线侧隔离开关。

⑩ 检查断路器母线侧隔离开关在开位。

⑪ 取下线路电压抽取 TV 二次熔断器。

⑫ 在断路器与母线侧隔离开关间引线上三相验电确无电压。

⑬ 在断路器与母线侧隔离开关间装设接地线一组。

⑭ 在断路器与线路侧隔离开关间引线上三相验电确无电压。

⑮ 在断路器与线路侧隔离开关间装设接地线一组。

⑯ 在线路侧隔离开关与线路间靠线路侧引线上三相验电确无电压。

⑰ 在线路侧隔离开关与线路间靠线路侧装设接地线一组。

⑱ 退出线路及断路器保护。

⑲ 取下断路器的操作和信号熔断器。

（2）单母线接线的线路送电操作

线路断路器、线路停电检修结束，恢复送电的操作程序：

① 联系调度，根据值班调度员或运行值班负责人的指令，受令人复诵无误后开始执行操作。

② 检查线路断路器单元接线完好无异物，具备送电条件。

③ 拆除断路器与母线侧隔离开关间接地线一组。

④ 检查断路器与母线侧隔离开关间接地线一组确已拆除。

⑤ 拆除断路器与线路侧隔离开关间接地线一组。

⑥ 检查断路器与线路侧隔离开关间接地线一组确已拆除。

⑦ 拆除线路侧隔离开关与线路间靠线路侧接地线一组。

⑧ 检查线路侧隔离开关与线路间靠线路侧接地线一组确已拆除。

⑨ 装上断路器的操作和信号熔断器。

⑩ 投入线路及断路器保护。

⑪ 检查断路器在断开位置。

⑫ 合上断路器母线侧隔离开关。

⑬ 检查断路器母线侧隔离开关在合位。

⑭ 合上断路器线路侧隔离开关。

⑮ 检查断路器线路侧隔离开关在合位。

⑯ 装上线路电压抽取 TV 二次熔断器。

⑰ 合上同期开关。

⑱ 检查同期表指示正确。

⑲ 合上断路器。

⑳ 检查断路器三相电流表指示正确。

㉑ 检查断路器在合位。

㉒ 重合闸按规定方式投入。

(3) 双母线带旁路接线的线路停电操作

线路断路器、线路停电检修的操作程序：

① 联系调度，根据值班调度员或运行值班负责人的指令，受令人复诵无误后开始执行操作。

② 检查线路负荷情况。

③ 退出重合闸。

④ 拉开断路器。

⑤ 检查断路器在开位。

⑥ 检查断路器三相电流表指示值为零。

⑦ 检查线路旁路隔离开关在开位。

⑧ 拉开断路器线路侧隔离开关。

⑨ 检查断路器线路侧隔离开关在开位。

⑩ 检查Ⅱ$_{母}$母线侧隔离开关在开位。

⑪ 拉开Ⅰ$_{母}$母线侧隔离开关。

⑫ 检查Ⅰ$_{母}$母线侧隔离开关在开位。

⑬ 取下线路电压抽取 TV 二次熔断器。

⑭ 在断路器与母线侧隔离开关间引线上三相验电确无电压。

⑮ 在断路器与母线侧隔离开关间装设接地线一组。

⑯ 在断路器与线路侧隔离开关间引线上三相验电确无电压。

⑰ 在断路器与线路侧隔离开关间装设接地线一组。

⑱ 在线路侧隔离开关与线路间靠线路侧引线上三相验电确无电压。

⑲ 在线路侧隔离开关与线路间靠线路侧装设接地线一组。

⑳ 退出线路及断路器保护。

㉑ 退出母差保护跳本线路断路器连接片。

㉒ 退出与线路有关的保护连接片。

㉓ 取下断路器的操作和信号熔断器。

(4) 双母线带旁路接线的线路送电操作

线路断路器、线路停电检修结束，恢复送电的操作程序：

① 联系调度，根据值班调度员或运行值班负责人的指令，受令人复诵无误后开始执行操作。

② 检查线路断路器单元接线完好无异物，具备送电条件。

③ 拆除断路器与母线侧隔离开关间接地线一组。

④ 检查断路器与母线侧隔离开关间接地线一组确已拆除。

⑤ 拆除断路器与线路侧隔离开关间接地线一组。

⑥ 检查断路器与线路侧隔离开关间接地线一组确已拆除。

⑦ 拆除线路侧隔离开关与线路间靠线路侧接地线一组。

⑧ 检查线路侧隔离开关与线路间靠线路侧接地线一组确已拆除。

⑨ 装上断路器的操作和信号熔断器。

⑩ 投入线路及断路器保护。

⑪ 投入母差保护跳本线路断路器连接片。

⑫ 装上线路电压抽取 TV 二次熔断器。

⑬ 检查断路器在断开位置。

⑭ 检查Ⅱ$_{母}$母线侧隔离开关在开位。

⑮ 合上Ⅰ$_{母}$母线侧隔离开关。

⑯ 检查Ⅰ$_{母}$母线侧隔离开关在合位。

⑰ 检查Ⅰ$_{母}$电压切换正确。

⑱ 检查线路旁路隔离开关在开位。

⑲ 合上断路器线路侧隔离开关。

⑳ 检查断路器线路侧隔离开关在合位。

㉑ 合上同期开关。

㉒ 检查同期表指示正确。

㉓ 合上断路器。

㉔ 检查断路器三相电流表指示正确。

㉕ 检查断路器在合位。

㉖ 重合闸按规定方式投入。

3. 线路停送电操作应注意的事项

(1) 线路停送电操作的一般注意事项

① 操作隔离开关前首先检查相应回路的断路器在断开位置，防止带负荷拉合隔离开关。

② 单电源线路停电应遵循以下原则进行操作：停电时，按先拉开断路器，再拉开负荷侧隔离开关，最后拉开母线侧隔离开关的顺序依次进行；送电操作顺序与此相反。

③ 双电源线路停送电操作，必须根据调度命令执行，做好记录和录音工作。

④ 隔离开关操作时，应到现场逐相检查其分合位置、同期情况、触点接触深度等项目，确保隔离开关操作正确。

⑤ 有远控装置的隔离开关当远控失灵时，经有关领导批准，并在现场监护的情况下就地进行电动或手动操作。

⑥ 隔离开关、接地开关和断路器之间安装有电气和机械闭锁装置，应按程序操作，当闭锁装置失灵时，应查明原因。经有关领导批准，方可解锁操作。

(2) 操作 66～110 kV 线路由冷备用转运行时的注意事项

① 线路由冷备用转运行，应检查保护按规定或调度命令确已投入。

② 线路由冷备用转运行后，应检查电压切换指示与线路所在母线一致，投重合闸后应检查投入正确。

③ 线路由冷备用转运行后，如母差保护投入运行，应检查母差保护屏上跳该线路断路器的保护连接片投入正确。

④ 线路断路器的保护出现故障或该保护退出运行调试，而线路又必须运行时，可用母联断路器或旁路断路器带送该线路运行。

⑤ 母联断路器串带或用旁路断路器串带线路断路器运行时投入的保护，应与原线路断路器保护一致，母差保护方式应做相应改变。

二、母线的倒闸操作

1. 操作原则

(1) 母线的充电。母线充电必须用断路器进行，不得用隔离开关对母线充电。用母线断路器充电时，其充电保护必须投入，充电正常后应停用充电保护。

(2) 倒母线操作。倒母线操作时，母联断路器应合上，并取下母联断路器的操作电源，这是因为若倒母线过程中由于某种原因使母联断路器分闸，此时母线隔离开关的拉合操作实质上就是对两条母线进行公平负荷解列、并列操作，在这种情况下，因解列、并列电流较大，隔离开关灭弧能力有限，会造成弧光短路。因此，母联断路器在合闸位置并取下其控制电源，可保护倒母线操作过程中母线隔离开关等电位，是重要技术措施。

所有负荷倒完后，断开母联断路器之前，应再次检查要停电母线上所有设备是否均倒至运行母线上，并检查母联断路器电流表指示是否为零。

倒母线时，要考虑倒闸操作过程对母线差动保护的影响，并注意有关二次隔离开关的拉合以及保护连接片的切换。

2. 方法与步骤

(1) 单母线接线的母线停电操作

母线停电检修的操作程序：

① 联系调度，根据值班调度员或运行值班负责人的指令，受令人复诵无误后开始执行操作。

② 检查母线所带出线负荷情况。

③ 退出母线所带出线重合闸。

④ 拉开母线所带出线断路器。

⑤ 检查母线所带出线断路器确在开位。

⑥ 检查母线所带出线断路器三相电流表指示值为零。

⑦ 拉开母线所带电源断路器。

⑧ 检查母线所带电源断路器确在开位。

⑨ 检查母线所带电源断路器三相电流表指示值为零。

⑩ 拉开断路器线路侧隔离开关。

⑪ 检查断路器线路侧隔离开关在开位。

⑫ 拉开断路器母线侧隔离开关。

⑬ 检查断路器母线侧隔离开关在开位。

⑭ 取下线路电压抽取 TV 二次熔断器。

⑮ 取下母线 TV 二次熔断器。

⑯ 拉开母线 TV 一次隔离开关。

⑰ 在母线 TV 一次隔离开关与母线间引线上三相验电确无电压。

⑱ 在母线 TV 一次隔离开关与母线间装设接地线一组。

⑲ 在各母线隔离开关与母线间引线上三相验电确无电压。

⑳ 在各母线隔离开关与母线间装设接地线一组。

㉑ 取下断路器的操作和信号熔断器。

(2) 单母线接线的母线送电操作

母线停电检修作业结束,母线恢复送电的操作程序:

① 联系调度,根据值班调度员或运行值班负责人的指令,受令人复诵无误后开始执行操作。

② 检查母线设备单元接线完好无异物,具备送电条件。

③ 拆除母线 TV 一次隔离开关与母线间装设接地线一组。

④ 检查母线 TV 一次隔离开关与母线间接地线一组确已拆除。

⑤ 拆除各母线隔离开关与母线间接地线。

⑥ 检查各母线隔离开关与母线间接地线确已拆除。

⑦ 装上向母线送电的电源断路器的操作和信号熔断器。

⑧ 投入向母线送电的电源的相关保护。

⑨ 检查向母线送电的电源断路器在开位。

⑩ 合上向母线送电的电源断路器母线侧隔离开关。

⑪ 检查向母线送电的电源断路器母线侧隔离开关在合位。

⑫ 合上向母线送电的电源断路器线路侧隔离开关。

⑬ 检查向母线送电的电源断路器线路侧隔离开关在合位。

⑭ 投入向母线送电的电源断路器充电保护。

⑮ 合上向母线送电的电源断路器。

⑯ 检查向母线送电的电源断路器在合位。

⑰ 检查向母线送电的电源断路器三相电流表指示正确。

⑱ 合上母线 TV 一次隔离开关。

⑲ 装上母线 TV 二次熔断器。

⑳ 检查母线 TV 二次电压表计指示正确。

㉑ 检查对母线充电正常。

㉒ 退出母线电源断路器充电保护。

(3) 双母线带旁路接线的母线停电操作

$\text{I}_{母}$线停电，$\text{I}_{母}$线负荷全部倒至$\text{II}_{母}$线运行，母联断路器停电检修的操作程序：

① 联系调度，根据值班调度员或运行值班负责人的指令，受令人复诵无误后开始执行操作。

② 检查母联断路器在合位。

③ 检查母联断路器三相电流表指示正确。

④ 将母差保护由双母线有选择运行方式改为单母线选择方式。

⑤ 取下母联断路器操作直流熔断器。

⑥ 检查在$\text{I}_{母}$线上运行的所有单元的$\text{I}_{母}$线隔离开关均在合位。

⑦ 合上在$\text{I}_{母}$线上运行的所有单元的$\text{II}_{母}$线隔离开关。

⑧ 检查在$\text{I}_{母}$线上运行的所有单元的$\text{II}_{母}$线隔离开关在合位。

⑨ 检查在$\text{I}_{母}$线上运行的所有单元的$\text{II}_{母}$线隔离开关电压切换正确。

⑩ 拉开在$\text{I}_{母}$线上运行的所有单元的$\text{I}_{母}$线隔离开关。

⑪ 检查在$\text{I}_{母}$线上运行的所有单元的$\text{I}_{母}$线隔离开关在开位。

⑫ 检查在$\text{I}_{母}$线上运行的所有单元的$\text{I}_{母}$线隔离开关电压切换正确。

⑬ 装上母联断路器操作直流熔断器。

⑭ 检查母联断路器三相电流表指示正确。

⑮ 取下$\text{I}_{母}$线 TV 二次熔断器。

⑯ 拉开$\text{I}_{母}$线 TV 一次隔离开关。

⑰ 检查$\text{I}_{母}$线 TV 二次电压表指示正确。

⑱ 拉开母联断路器。

⑲ 检查母联断路器在开位。

⑳ 检查母联断路器三相电流表指示值正确。

㉑ 拉开母联断路器$\text{I}_{母}$隔离开关。

㉒ 检查母联断路器$\text{I}_{母}$隔离开关在开位。

㉓ 拉开母联断路器$\text{II}_{母}$隔离开关。

㉔ 检查母联断路器$\text{II}_{母}$隔离开关在开位。

㉕ 在母联断路器与$\text{II}_{母}$线间引线上三相验电确无电压。

㉖ 在母联断路器与$\text{II}_{母}$线间装设接地线一组。

㉗ 在母联断路器与$\text{I}_{母}$线间引线上三相验电确无电压。

㉘ 在母联断路器与$\text{I}_{母}$线间装设接地线一组。

㉙ 退出所有主变压器保护跳母联连接片。

㉚ 取下母联断路器的操作和信号熔断器。

(4) 双母线带旁路接线的母线送电操作

母联断路器停电检修作业结束，$\text{I}_{母}$线、母联单元恢复送电的操作程序：

① 联系调度，根据值班调度员或运行值班负责人的指令，受令人复诵无误后开始执行

操作。

② 检查Ⅰ$_{母}$线设备单元接线完好无异物，具备送电条件。

③ 检查母联设备单元接线完好无异物，具备送电条件。

④ 拆除母联断路器与Ⅱ$_{母}$线间接地线一组。

⑤ 检查母联断路器与Ⅱ$_{母}$线间接地线一组确已拆除。

⑥ 拆除母联断路器与Ⅰ$_{母}$线间接地线一组。

⑦ 检查母联断路器与Ⅰ$_{母}$线间接地线一组确已拆除。

⑧ 装上母联断路器的操作和信号熔断器。

⑨ 投入所有主变压器保护跳母联连接片。

⑩ 投入母联断路器充电保护。

⑪ 检查母联断路器在开位。

⑫ 合上母联断路器Ⅱ$_{母}$隔离开关。

⑬ 检查母联断路器Ⅱ$_{母}$隔离开关在合位。

⑭ 合上母联断路器Ⅰ$_{母}$隔离开关。

⑮ 检查母联断路器Ⅰ$_{母}$隔离开关在合位。

⑯ 合上母联断路器。

⑰ 检查母联断路器三相电流表指示正确。

⑱ 检查母联断路器在合位。

⑲ 合上母线 TV 一次隔离开关。

⑳ 装上母线 TV 二次熔断器。

㉑ 检查母线 TV 二次电压表指示正确。

㉒ 退出母联断路器充电保护。

㉓ 取下母联断路器操作直流熔断器。

㉔ 检查在Ⅰ$_{母}$线上运行的所有单元的Ⅱ$_{母}$线隔离开关均在合位。

㉕ 合上在Ⅰ$_{母}$线上运行的所有单元的Ⅰ$_{母}$线隔离开关。

㉖ 检查在Ⅰ$_{母}$线上运行的所有单元的Ⅰ$_{母}$线隔离开关在合位。

㉗ 检查在Ⅰ$_{母}$线上运行的所有单元的Ⅰ$_{母}$线隔离开关电压切换正确。

㉘ 拉开在Ⅰ$_{母}$线上运行的所有单元的Ⅱ$_{母}$线隔离开关。

㉙ 检查在Ⅰ$_{母}$线上运行的所有单元的Ⅱ$_{母}$线隔离开关在开位。

㉚ 检查在Ⅰ$_{母}$线上运行的所有单元的Ⅱ$_{母}$线隔离开关电压切换正确。

㉛ 装上母联断路器操作直流熔断器。

㉜ 将母差保护由单母线选择方式改为双母线有选择运行方式。

3. 母线操作中的注意事项

(1) 单母线停电备用

① 断开接至该母线上的所有断路器，先断开负荷侧、后断开电源侧。

② 可不拉开母线电压互感器和接至该母线上的所用变压器侧隔离开关，但必须取下电压互感器低压侧熔断器，拉开所用变压器低压侧隔离开关。

(2) 单母线停电检修

① 断开接至该母线上的所有断路器。

② 拉开所有断路器两侧隔离开关，将母线电压互感器和接至该母线上的所用变压器从高、低压侧断开。

③ 在母线上工作地点验电、装设接地线。

（3）倒母线时断路器的操作

在运行中双母线接线切换母线的操作称为倒母线。倒母线时断路器及其隔离开关的操作应注意以下事项：

① 应将母线保护的选择元件退出，避免在转移电路的过程中，可能因某种原因造成联络断路器误跳闸而引起事故。

② 倒母线前必须检查两条母线确在并列运行状态，这是实现等电位操作倒母线必备的重要安全技术措施。另外，为防止母联断路器在倒母线过程中自动跳闸而引起带负荷拉合隔离开关，还应将母联断路器的直流操作熔断器取下。

③ 倒母线操作时，母线侧隔离开关的操作可采用两种倒换方式：a. 逐一单元倒换方式，即合上一组备用母线的母线侧隔离开关后，就立即拉开相应一组工作母线的母线侧隔离开关；b. 全部单元倒换方式，即把全部备用母线的母线侧隔离开关合上后，再拉开全部工作母线的母线侧隔离开关。由于第一种操作方式费时、费力，尤其是半高层布置方式的两组隔离开关一上一下，并且也不安全。如在倒母线操作中，母联断路器因故跳闸，则在拉合隔离开关时，即会造成弧光短路。若采用第二种方法，则只有在合第一个隔离开关和拉最后一个隔离开关时，才会造成弧光短路，相对而言短路的概率要小得多。因此，在倒母线操作中，若无特殊情况，都应采取第二种操作方式。

④ 要注意断路器电压回路切换和母差失灵保护出口连接片的切换。采用隔离开关重动继电器自动切换的，要注意检查重动继电器状态，防止重动继电器励磁或不返回：a. 重动继电器应励磁而不励磁时，会使保护、仪表、自动装置二次电压供电中断，还会使母差失灵保护动作后断路器拒动；b. 重动继电器应返回而不返回时，会使两母线电压互感器二次并列运行。如果二次回路发生故障，则会使两台电压互感器二次熔断器均熔断，中断两条母线上所有设备的保护、仪表、自动装置的供电电压。当母线停电时，会通过二次并列点向停电母线反充电，同样会使两台电压互感器二次熔断器熔断。

⑤ 注意有关保护，主要是母差保护运行方式的改变。倒母线完毕后，若一次接线不满足母线差动保护比相元件的正常工作条件，则其母线差动保护三极隔离开关就不再拉开，若一次接线能够满足比相元件工作条件，则母线差动保护三极隔离开关应再拉开。

（4）双母线同时工作时，一条母线停电的操作

① 倒母线：将所有断路器倒换在另一条工作母线上供电。其操作与倒母线时断路器的操作相同。

② 将欲退出的母线停电：a. 母线上无工作，可不拉开母线上电压互感器高压侧隔离开关，但必须断开电压互感器二次侧低压熔断器；b. 母线上有工作时，应拉开母线上电压互感器高压侧隔离开关，并在工作地点附近验电接地。

三、变压器的倒闸操作

1. 操作原则

变压器是电力系统重要的电气设备，投入或退出运行对系统影响较大。操作变压器要

考虑以下几个问题：

（1）变压器并列运行必须满足下列条件：连接组别必须相同；变比相等，容许相差5%；短路电压相等，容许相差10%。在变比和短路电压不相等时，如经过计算在任何一台变压器不会过负荷的情况下，允许并列运行。

（2）变压器在充电状态下及停送电操作时，必须将其中性点接地开关合上。中性点接地开关合上的主要目的是防止单相接地产生过电压和避免产生某些操作过电压。

（3）变压器送电时，先合电源侧断路器，停电时先断负荷侧断路器。

（4）两台变压器并列运行，在倒换中性点接地开关时，应先将原来未接地的中性点接地开关合上，再拉开另一台变压器中性点接地开关，并考虑零序电流保护的切换。

（5）新投入或大修后变压器有可能改变相位，合环前要进行核相。

2．方法与步骤

（1）单母线单变压器接线的变压器停电操作

主变压器停电检修的操作程序：

① 联系调度，根据值班调度员或运行值班负责人的指令，受令人复诵无误后开始执行操作。

② 检查站用变压器及低压交流设备运行正常。

③ 检查站内低压侧各断路器在开位。

④ 检查站内低压侧各断路器三相电流表指示正确。

⑤ 取下站内低压侧母线TV二次熔断器。

⑥ 拉开站内低压侧母线TV一次隔离开关。

⑦ 检查站内低压侧母线TV二次电压表指示正确。

⑧ 拉开主变压器低压侧主断路器。

⑨ 检查主变压器低压侧主断路器在开位。

⑩ 检查主变压器低压侧主断路器三相电流表指示正确。

⑪ 投入主变压器中性点直接接地零序保护。

⑫ 退出主变压器中性点间隙接地零序保护。

⑬ 合上主变压器中性点隔离开关。

⑭ 拉开主变压器高压侧主断路器。

⑮ 检查主变压器高压侧主断路器在开位。

⑯ 检查主变压器高压侧主断路器三相电流表指示正确。

⑰ 拉开主变压器高压侧靠主变压器侧主隔离开关。

⑱ 检查主变压器高压侧靠主变压器侧主隔离开关在开位。

⑲ 拉开主变压器高压侧靠高压母线侧主隔离开关。

⑳ 检查主变压器高压侧靠高压母线侧主隔离开关在开位。

㉑ 拉开主变压器低压侧靠低压母线侧主隔离开关。

㉒ 检查主变压器低压侧靠低压母线侧主隔离开关在开位。

㉓ 拉开主变压器低压侧靠主变压器侧主隔离开关。

㉔ 检查主变压器低压侧靠主变压器侧主隔离开关在开位。

㉕ 在主变压器低压侧主隔离开关靠主变压器侧引线上三相验电确无电压。

㉖ 在主变压器低压侧主隔离开关靠主变压器侧装设接地线一组。

㉗ 在主变压器高压侧主隔离开关靠主变压器侧引线上三相验电确无电压。

㉘ 在主变压器高压侧主隔离开关靠主变压器侧装设接地线一组。

㉙ 退出主变压器及高、低压侧主断路器保护。

㉚ 取下主变压器高、低压侧主断路器的操作和信号熔断器。

㉛ 拉开主变压器冷却装置低压电源断路器。

㉜ 检查主变压器冷却装置低压电源断路器在开位。

㉝ 检查主变压器冷却装置低压电源断路器三相电流表指示正确。

(2) 单母线单变压器接线的变压器送电操作

主变压器停电检修作业结束,恢复送电的操作程序:

① 联系调度,根据值班调度员或运行值班负责人的指令,受令人复诵无误后开始执行操作。

② 检查送电主变压器设备单元接线完好无异物,具备送电条件。

③ 检查送电主变压器低压侧母线完好无异物,具备送电条件。

④ 拆除主变压器低压侧主隔离开关靠主变压器侧接地线一组。

⑤ 检查主变压器低压侧主隔离开关靠主变压器侧接地线一组确已拆除。

⑥ 拆除主变压器高压侧主隔离开关靠主变压器侧接地线一组。

⑦ 检查主变压器高压侧主隔离开关靠主变压器侧接地线一组确已拆除。

⑧ 装上主变压器高、低压侧主断路器的操作和信号熔断器。

⑨ 投入主变压器及高、低压侧主断路器保护。

⑩ 合上主变压器冷却装置低压电源断路器。

⑪ 检查主变压器冷却装置低压电源断路器在合位。

⑫ 检查主变压器冷却装置低压电源断路器三相电流表指示正确。

⑬ 检查主变压器冷却装置按现场运行规程规定运行正常。

⑭ 检查主变压器中性点隔离开关在合位。

⑮ 检查主变压器高压侧主断路器在开位。

⑯ 合上主变压器高压侧靠高压母线侧主隔离开关。

⑰ 检查主变压器高压侧靠高压母线侧主隔离开关在合位。

⑱ 检查主变压器高压侧靠高压母线侧主隔离开关电压切换正确。

⑲ 合上主变压器高压侧靠主变压器侧主隔离开关。

⑳ 检查主变压器高压侧靠主变压器侧主隔离开关在合位。

㉑ 检查主变压器低压侧主断路器在开位。

㉒ 合上主变压器低压侧靠主变压器侧主隔离开关。

㉓ 检查主变压器低压侧靠主变压器侧主隔离开关在合位。

㉔ 合上主变压器低压侧靠低压母线侧主隔离开关。

㉕ 检查主变压器低压侧靠低压母线侧主隔离开关在合位。

㉖ 合上主变压器高压侧主断路器。

㉗ 检查主变压器高压侧主断路器在合位。

㉘ 检查主变压器高压侧主断路器三相电流表指示正确。

㉙ 检查对主变压器充电良好。

㉚ 合上主变压器低压侧主断路器。

㉛ 检查主变压器低压侧主断路器在合位。

㉜ 检查主变压器低压侧主断路器三相电流表指示正确。

㉝ 合上站内低压侧母线 TV 一次隔离开关。

㉞ 装上站内低压侧母线 TV 二次熔断器。

㉟ 检查站内低压侧母线 TV 二次电压表指示正确。

㊱ 拉开主变压器中性点隔离开关。

㊲ 退出主变压器中性点直接接地零序保护。

㊳ 投入主变压器中性点间隙接地零序保护。

㊴ 分别合上站内低压侧各断路器。

㊵ 分别检查站内低压侧各断路器在合位。

㊶ 分别检查站内低压侧各断路器三相电流表指示正确。

(3) 双母线带旁路接线的两台并列运行主变压器停电操作

1 号主变压器停电检修(正常 1 号主变压器中性点间隙接地,2 号主变压器中性点直接接地)的操作程序:

① 联系调度,根据值班调度员或运行值班负责人的指令,受令人复诵无误后开始执行操作。

② 检查站用变压器及低压交流设备运行正常。

③ 检查 1 号主变压器所带低压侧各回路已按计划停运或倒出。

④ 检查 1 号主变压器中性点直接接地零序电流保护Ⅱ段保护连接片投入位置。

⑤ 检查 1 号主变压器中性点直接接地零序电流保护Ⅰ段保护连接片投入位置。

⑥ 退出 1 号主变压器中性点间隙接地零序电流保护连接片。

⑦ 退出 1 号主变压器中性点间隙接地零序电压保护连接片。

⑧ 合上 1 号主变压器中性点隔离开关。

⑨ 检查低压侧母联断路器在合位。

⑩ 拉开 1 号主变压器低压侧主断路器。

⑪ 检查 1 号主变压器低压侧主断路器在开位。

⑫ 检查 1 号主变压器低压侧主断路器三相电流表指示正确。

⑬ 拉开 1 号主变压器高低压侧主断路器。

⑭ 检查 1 号主变压器高低压侧主断路器在开位。

⑮ 检查 1 号主变压器高低压侧主断路器三相电流表指示正确。

⑯ 检查 1 号主变压器低压侧主旁路隔离开关在开位。

⑰ 检查 1 号主变压器低压侧主$Ⅱ_{母}$隔离开关在开位。

⑱ 拉开 1 号主变压器低压侧主甲隔离开关。

⑲ 检查 1 号主变压器低压侧主甲隔离开关在开位。

⑳ 拉开 1 号主变压器低压侧主$Ⅰ_{母}$隔离开关。

㉑ 检查 1 号主变压器低压侧主$Ⅰ_{母}$隔离开关在开位。

㉒ 检查 1 号主变压器高压侧主旁路隔离开关在开位。

㉓ 检查 1 号主变压器高压侧主Ⅱ母隔离开关在开位。

㉔ 拉开 1 号主变压器高压侧主甲隔离开关。

㉕ 检查 1 号主变压器高压侧主甲隔离开关在开位。

㉖ 拉开 1 号主变压器高压侧主Ⅰ母隔离开关。

㉗ 检查 1 号主变压器高压侧主Ⅰ母隔离开关在开位。

㉘ 在 1 号主变压器高压侧主甲隔离开关主变压器间引线上三相验电确无电压。

㉙ 在 1 号主变压器高压侧主甲隔离开关主变压器间装设接地线一组。

㉚ 在 1 号主变压器低压侧主甲隔离开关主变压器间引线上三相验电确无电压。

㉛ 在 1 号主变压器低压侧主甲隔离开关主变压器间装设接地线一组。

㉜ 退出 1 号主变压器及高、低压主断路器保护。

㉝ 退出高、低压母差保护跳已停电的 1 号主变压器高、低压侧主断路器保护连接片。

㉞ 取下 1 号主变压器高、低压主断路器的操作和信号熔断器。

㉟ 拉开 1 号主变压器冷却装置低压电源断路器。

㊱ 检查 1 号主变压器冷却装置低压电源断路器在开位。

㊲ 检查 1 号主变压器冷却装置低压电源断路器三相电流表指示值正确。

(4) 双母线带旁路接线的两台并列运行主变压器送电操作

1 号主变压器停电检修作业结束,恢复送电(正常 1 号主变压器中性点间隙接地,2 号主变压器中性点直接接地)的操作程序:

① 联系调度,根据值班调度员或运行值班负责人的指令,受令人复诵无误后开始执行操作。

② 检查 1 号主变压器设备单元接线完好无异物,具备送电条件。

③ 拆除 1 号主变压器高压侧主甲隔离开关主变压器间接地线一组。

④ 检查 1 号主变压器高压侧主甲隔离开关主变压器间接地线一组确已拆除。

⑤ 拆除 1 号主变压器低压侧主甲隔离开关主变压器间接地线一组。

⑥ 检查 1 号主变压器低压侧主甲隔离开关主变压器间接地线一组确已拆除。

⑦ 装上 1 号主变压器高、低压主断路器的操作和信号熔断器。

⑧ 投入 1 号主变压器及高、低压主断路器保护。

⑨ 投入高、低压母差保护跳已停电的 1 号主变压器高、低压侧主断路器保护连接片。

⑩ 检查 1 号主变压器保护跳高、低压母联断路器保护连接片在退出位置。

⑪ 合上 1 号主变压器冷却装置低压电源断路器。

⑫ 检查 1 号主变压器冷却装置低压电源断路器在合位。

⑬ 检查 1 号主变压器冷却装置低压电源断路器三相电流表指示正确。

⑭ 检查 1 号主变压器冷却装置按现场运行规程规定运行正常。

⑮ 检查 1 号主变压器中性点隔离开关在合位。

⑯ 检查 1 号、2 号主变压器有载调压分接开关指示分接头位置一致。

⑰ 检查 1 号主变压器高压侧主断路器在开位。

⑱ 检查 1 号主变压器高压侧主旁路隔离开关在开位。

⑲ 检查 1 号主变压器高压侧主Ⅱ母隔离开关在开位。

⑳ 合上主变压器高压侧主Ⅰ母隔离开关。

㉑ 检查主变压器高压侧主Ⅰ母隔离开关在合位。

㉒ 检查1号主变压器高压侧主Ⅰ母隔离开关电压切换正确。

㉓ 合上1号主变压器高压侧主甲隔离开关。

㉔ 检查1号主变压器高压侧主甲隔离开关在合位。

㉕ 检查1号主变压器低压侧主断路器在开位。

㉖ 检查1号主变压器低压侧主旁路隔离开关在开位。

㉗ 检查1号主变压器低压侧主Ⅱ母隔离开关在开位。

㉘ 合上主变压器低压侧主Ⅰ母隔离开关。

㉙ 检查主变压器低压侧主Ⅰ母隔离开关在合位。

㉚ 检查1号主变压器低压侧主Ⅰ母隔离开关电压切换正确。

㉛ 合上1号主变压器低压侧主甲隔离开关。

㉜ 检查1号主变压器低压侧主甲隔离开关在合位。

㉝ 退出2号主变压器中性点直接接地零序电流保护Ⅱ段保护连接片。

㉞ 检查2号主变压器中性点直接接地零序电流保护Ⅰ段保护连接片在退出位置。

㉟ 检查2号主变压器中性点间隙接地零序电流保护连接片在退出位置。

㊱ 检查2号主变压器中性点间隙接地零序电压保护连接片在退出位置。

㊲ 检查1号主变压器中性点直接接地零序电流保护Ⅱ段保护连接片在投入位置。

㊳ 检查1号主变压器中性点直接接地零序电流保护Ⅰ段保护连接片在退出位置。

㊴ 检查1号主变压器中性点间隙接地零序电流保护连接片在退出位置。

㊵ 检查1号主变压器中性点间隙接地零序电压保护连接片在退出位置。

㊶ 合上1号主变压器高压侧主断路器。

㊷ 检查1号主变压器高压侧主断路器在合位。

㊸ 检查1号主变压器高压侧主断路器三相电流表指示正确。

㊹ 检查1号主变压器充电良好。

㊺ 投入2号主变压器中性点直接接地零序电流保护Ⅱ段保护连接片。

㊻ 合上1号主变压器低压侧主断路器。

㊼ 检查1号主变压器低压侧主断路器在合位。

㊽ 检查1号主变压器低压侧主断路器三相电流表指示正确。

㊾ 拉开1号主变压器中性点隔离开关。

㊿ 投入1号主变压器中性点间隙接地零序电流保护连接片。

(51) 投入1号主变压器中性点间隙接地零序电压保护连接片。

(52) 投入1号主变压器保护跳高、低压母联断路器保护连接片。

(53) 将低压母线倒回正常方式。

3. 变压器操作中的注意事项

(1) 空载拉合主变压器，应先将主变压器110 kV及以上系统侧的中性点接地开关合上，以防止出现操作过电压，危及变压器绝缘。

(2) 主变压器送电时，应先从电源侧充电，再送负荷侧。当两侧或三侧均有电源时，应先从高压侧充电，再送低压侧。从电源侧(或高压侧)充电具有以下优点：① 送电的变压器若有故障，保护动作的灵敏性较高，能够可靠动作。② 便于判断事故，处理事故。例如，在合变压器负荷侧断路器时，保护动作跳闸，说明故障在线路上。虽然都是保护跳闸，但故障范围的层次清楚，判断、处理事故比较方便。③ 利于监视。电流表都是装在电源侧，先合电源侧，如有问题可以从表上看到反映。

(3) 停电操作时，应先停负荷侧，后停电源侧；当两侧或三侧均有电源时，应先停低压侧，后停高压侧。

(4) 根据调度命令投入或退出有关保护。

第六节　倒闸操作相关注意事项

一、电业安全工作规程对倒闸操作的规定

由于倒闸操作直接关系到输、配电线路以及网络中的设备能否安全和正确地运行，而且直接关系到操作和监护人员的生命安全，因此在电业安全工作规程中特做出下述规定：

(1) 倒闸操作应使用倒闸操作票。倒闸操作票的样式见表 3-1。倒闸操作人员应根据值班调度员的操作命令填写倒闸操作票。操作命令应清楚明确，受令人应将命令内容向发令人复诵，核对无误。事故处理可根据值班调度员的命令进行操作，可不填写操作票。

表 3-1　变电站倒闸操作票

单位：××变电站　　　　　　　　　　　　　　　　编号：

<table>
<tr><td>发令人</td><td></td><td>受令人</td><td></td><td>发令时间</td><td>年　月　日　时　分</td></tr>
<tr><td colspan="4">操作开始时间：　年　月　日　时　分</td><td colspan="2">操作结束时间：　年　月　日　时　分</td></tr>
<tr><td colspan="6">(　)监护下操作　(　)单人操作　(　)检修人员操作</td></tr>
<tr><td colspan="6">操作任务：</td></tr>
<tr><td>顺序</td><td colspan="4">操作项目</td><td>√</td></tr>
<tr><td></td><td colspan="4"></td><td></td></tr>
<tr><td></td><td colspan="4"></td><td></td></tr>
<tr><td></td><td colspan="4"></td><td></td></tr>
<tr><td></td><td colspan="4"></td><td></td></tr>
<tr><td></td><td colspan="4"></td><td></td></tr>
<tr><td></td><td colspan="4"></td><td></td></tr>
<tr><td></td><td colspan="4"></td><td></td></tr>
<tr><td></td><td colspan="4"></td><td></td></tr>
<tr><td></td><td colspan="4"></td><td></td></tr>
<tr><td></td><td colspan="4"></td><td></td></tr>
<tr><td></td><td colspan="4"></td><td></td></tr>
<tr><td></td><td colspan="4"></td><td></td></tr>
<tr><td></td><td colspan="4"></td><td></td></tr>
<tr><td colspan="6">备注：</td></tr>
<tr><td colspan="4">操作人：</td><td colspan="2">监护人</td></tr>
</table>

(2) 倒闸操作前,应按操作票顺序与“五防”机核对相符。操作前后应检查核对现场设备名称、编号和开关刀闸断合位置。操作完成后,受令人应立即报告发令人。

(3) 操作中发生疑问时,不准擅自更改操作票,必须向值班调度人员报告,弄清楚后再进行操作。

(4) 倒闸操作应由两人进行,一人操作,一人监护。操作机械传动的开关或刀闸时,应戴绝缘手套。没有机械传动的开关、刀闸和跌落保险,应使用合格的绝缘棒进行操作。雨天操作应使用有防雨罩的绝缘棒。

(5) 雷电时,严禁进行倒闸操作和更换保险丝工作。

(6) 当发生严重危及人身安全的情况时,可不等待命令,即行拉开电源开关,但事后应立即报告领导。

二、操作票的填写、执行及规定

(1) 倒闸操作票应严格按《国家电网公司电力安全工作规程》中关于倒闸操作的规定及公司电网调度规程的规定填写。

(2) 操作票的编号原则:操作票编号按照5位阿拉伯数字编号,格式为“××-×××”。其中前两位为月份(01～12),后三位数字为操作票当月顺序号(001～999)。

(3) 操作票应用蓝色、黑色钢笔或碳素笔填写,操作票应该目的明确、任务清楚、逻辑严密、顺序正确,不得错项、漏项、倒项,操作内容无歧义,票面应整洁,字迹工整易辨认,盖章端正,不得涂改。

(4) 填写操作票应正确使用公司电网调度规程统一规范的术语,6 kV设备名称、编号应严格按照现场标示牌所示双重名称填写,110 kV、35 kV电压等级按运行要求填写。

(5) 一份操作票多页时,操作任务、模拟操作时间、发令人、监护人、操作人等只填写在第一页相应栏。

(6) 如一页票不能满足填写一个操作任务项目时,应紧接下一张操作票进行填写,在第一张操作票最后一行注明“下接××-×××号操作票”字样,在下一页操作票的操作项目栏的第一行注明“上接××-×××号操作票”。

(7) 填写错误而不执行的操作票不得撕毁,每页票都应立即在盖章处加盖“作废”章并保留。不列入操作票合格率考核范围。

(8) 填写合格的操作票全部未执行,在操作票所有页的盖章处加盖“未执行”印章,并在备注栏内说明原因。

(9) 操作人(填票人)、监护人(审核人)应当在审核操作票之后、正式操作之前手工签名。

(10) 一份操作票只能填写一个操作任务。一项连续操作任务不得拆分成若干单项任务而进行单项操作。

(11) 操作项目不得并项填写,除断路器的分合闸检查项外,一个操作项目栏内只应该有一个动词。

(12) 倒闸操作票各填写栏填写要求:

① 发令时间:调度发出操作任务(指令)的时间。

② 操作任务:明确设备由一种状态转为另外一种状态,或者系统由一种运行方式转为

另一种运行方式。应用中文按调度指令(或经值班负责人同意的表述方式)填写,并使用标准术语,目的、任务明确且具体,严禁使用字母代号和简写。需要做相应说明的,应在备注栏内填写。

③ 图板演习时间:开始图板演习的时间。

④ "√":每项倒闸操作项目完成后,由监护人在对应栏内打"√"。一个操作项目多栏填写时,在该操作项目第一行的相应栏内标注"√"。

⑤ 序号:操作项目的顺序号,阿拉伯数字 1、2、3…顺序填写。

⑥ 操作时间:记录每一项倒闸操作的具体时间,格式为"时-分"。

⑦ 操作结束后汇报时间:完成该项操作任务向调度汇报的时间。

⑧ 发令人:发出操作任务(指令)的人员。

⑨ 监护人:变电站操作票执行操作监护的人员。两人值班时,值班负责人即为监护人。

⑩ 操作人:变电站操作票执行操作的人员。

⑪ 备注:在操作中出现问题或因故中断操作及配合其他变电站操作时间过长等情况时填写。

(13) 使用计算机开票,开票前必须主接线图设备位置与实际位置一致。

(14) 为确保操作票无差错、漏项、顺序颠倒等现象,填写操作票时必须做到"四对照":

① 对照运行设备系统。

② 对照运行方式及模拟接线。

③ 对照工作任务及操作指令。

④ 对照现场运行设备技术原则及调度要求的操作顺序。

(15) 倒闸操作票由操作人填写,填写前应根据调度指令明确操作任务,了解现场工作内容和要求,并充分考虑此项操作对其管辖范围内设备的运行方式、继电保护、安全自动装置、通信及调度自动化的影响是否满足有关要求。

(16) 当"五防"机监控系统通信不正常时,开票人应人工"置位",使"五防"机一、二次系统图与现场设备状态相符。

(17) 变电站操作票"操作项目"栏填写的内容:

① 断开、合上的断路器。

② 拉开、推上的隔离刀闸。

③ 检查断路器和隔离刀闸的位置。

④ 推上刀闸前检查断路器在断开位置。

⑤ 装设、拆除的接地线及编号。

⑥ 继电保护和自动装置的调整。

⑦ 检查负荷分配。

⑧ 装上或拔掉二次回路及电压互感器回路的熔断器。

⑨ 断开或合上二次空气开关。

⑩ 检查、切换需要变动的保护及自动装置。

⑪ 投入、退出相关的保护硬压板。

⑫ 断开、合上断路器及电动刀闸等设备的操作电源、控制电源空气开关。

⑬ 合接地开关、装设接地线前在具体位置三相验电确无电压。

⑭ 主变及双回或多回线路进行停电操作前，检查另外的主变或线路不过负荷。

⑮ 检查断路器远方或就地操作。

(18) 操作票内下列项目不得用微机打印填写：

① 各种时间和人名。

② 签名。

③ 执行项目的打勾。

④ 每项操作的具体时间。

⑤ 接地线的编号。

(19) 变电站倒闸操作票应配备“已执行”“未执行”“作废”三种印章。

(20) 每月月底对本月已执行过的“两票”进行汇总、审核，统计“两票”份数及合格率，装订成册并进行保存，保存期至少为一年。

(21) 倒闸操作票常用语句范例

① 断路器：断开(合上)×××(设备双重名称)。

② 隔离刀闸：拉开(推上)×××(设备编号)。

③ 开关柜手车：推入(抽出)×××(设备编号)手车。

④ 接地线：

a. 在×××线路侧装设××接地线。

b. 拆除×××线路侧××接地线。

c. 拉开(推上)×××(设备编号)。

⑤ 保护硬压板：投入(退出)×××硬压板。

⑥ 熔断器：装上(拔掉)××××二次(一次)保险。

⑦ 空气开关：合上(断开)××××空气开关。

⑧ 主变挡位调整：将××号主变分接开关由×挡调至×挡。

⑨ 电压并列：切换××(设备编号)电压并列把手至“并列”或“解列”位置。

⑩ 检查用语：

a. 检查××(设备编号)断路器确在分闸位置。

b. 检查××(设备编号)断路器确在合闸位置。

c. 检查××(设备编号)隔离开关确已拉开(合好)。

d. 检查××(设备编号)确为“远方”或“就地”操作。

e. 检查××(设备编号)确无负荷。

f. 检查××(设备编号)电压并列指示灯亮(指示灯灭)。

g. “检查××主变带负荷运行正常”。

三、填用工作票的几种形式

《国家电网公司电力安全工作规程》规定在电气设备上工作，应填用工作票或按命令执行，其方式有下列三种：

(1) 填用第一种工作票。

(2) 填用第二种工作票。

(3) 口头或电话命令。

四、填用第一种工作票的工作

（1）高压设备上工作需要全部停电或部分停电者。

（2）二次系统和照明等回路上的工作，需要将高压设备停电者或做安全措施者。

（3）高压电力电缆需停电的工作。

（4）其他工作需要将高压设备停电或要做安全措施者。

填用变电站第一种工作票的格式见《国家电网公司电力安全工作规程（变电部分）》附录B。

五、填用第二种工作票的工作

（1）控制盘和低压配电盘配电箱、电源干线上的工作。

（2）二次系统和照明等回路上的工作，无须将高压设备停电者或做安全措施者。

（3）转动中的发电机、同期调相机的励磁回路或高压电动机转子电阻回路上的工作。

（4）非运行人员用绝缘棒和电压互感器定相或用钳形电流表测量高压回路的电流。

（5）大于规定距离的相关场所和带电设备外壳上的工作以及无可能触及带电设备导电部分的工作。

（6）高压电力电缆不需要停电的工作。

填用变电站第二种工作票的格式见《国家电网公司电力安全工作规程（变电部分）》附录D。

六、倒闸操作的相关注意事项

（1）倒闸操作前，必须了解系统的运行方式、继电保护及自动装置等情况，并应考虑电源及负荷的合理分布以及系统运行方式的调整情况。

（2）在电气设备送电前，必须收回并检查有关工作票，拆除安全措施，如拉开接地开关或拆除临时接地线以及警告牌，然后测量绝缘电阻。在测量绝缘电阻时，必须隔离电源，进行放电。此外，还应检查隔离开关和断路器是否在断开位置。

（3）倒闸操作前，应考虑继电保护及自动装置整定值的调整，以适应新的运行方式的需要；应防止因继电保护及自动装置误动作和拒动而造成事故。

（4）备用电源自动投入装置及重合闸装置，必须在所属主设备停运前退出运行。在所属主设备送电后，再投入运行。

（5）在进行电源切换或倒母线电源时，必须先切换备用电源自投装置。操作完毕后，再进行调整。

（6）在倒闸操作中，应注意分析表计的指示。倒母线时，应注意将电源分布平衡，并尽量减少母联断路器的电流，使之不超过限额，以免因设备过负荷而跳闸。

（7）在下列情况下，应将断路器的操作电源切断：① 断路器在检修；② 二次回路及继电保护装置上有人工作；③ 在倒母线过程中，拉合母线隔离开关、断路器旁路隔离开关及母线分段隔离开关时，必须断开母联断路器、分段断路器及旁路断路器的直流操作保险或二次空开，以防止在操作隔离开关的过程中出现因误跳或误合断路器而造成带负荷拉合隔离开关的事故；④ 在操作隔离开关前，应检查断路器确在断开位置，并断开直流操作保险或二次空开，以防止带负荷拉合隔离开关发生事故；⑤ 在继电保护故障的情况下，应断开断路器的直流操作保险或二次空开，以防止因断路器误合或误跳而造成的停电事故。

（8）倒闸操作必须两人进行，其中对设备熟悉者作为监护。操作中应使用合格的安全用具；高峰负荷时，避免操作；倒闸操作时，不进行交接班；变电站上空有雷电活动时，禁止进行室外电气设备的倒闸操作。

（9）必须持操作票进行操作，严禁只凭记忆，严禁不核对电气设备和开关设备的名称、编号和位置进行操作。

（10）在执行操作时，监护人要唱票，执行操作人要复诵，核对无误，监护人下达命令后，操作人方可进行操作。

（11）执行操作任务时，应专心致志，不得分散精力，以免误操作。更不允许无故中断操作，旁顾其他业务，以免酿成事故。

（12）倒闸操作结束后，应在运行值班日志上填写操作完成情况、结束时间、按照操作后的实际情况，将电脑钥匙执行过的操作信息上传至"五防"机，使之与设备实际状态相符。随后，向值班调度员汇报操作任务已完成。

七、倒闸操作应防止误操作的重点

（1）误拉、误合断路器或隔离开关。

（2）带负荷拉合隔离开关。

（3）带电挂地线（或带电合接地刀闸）。

（4）带地线合闸。

（5）非同期并列。

（6）误投退继电保护和电网自动装置。

（7）防止操作人员误入带电间隔、误登带电架构，避免人身触电。

第四章 设备的巡视检查与验收

第一节 设备巡视基本要求

设备巡视是变电运行维护的一项重要工作，是保证变电站能够安全运行的基础工作。变电站设备巡视的目的是为了监视设备的运行状态，掌握设备运行情况，通过对设备巡视检查，以便及时发现变电站运行设备的缺陷、隐患或故障，并采取相应措施及早予以消除，预防事故的发生，确保设备安全运行。

在设备工作中，也可能有一些错误的认识，认为现在的综合自动化变电站或无人值班变电站自动化程度非常高，一旦有异常，后台监控系统会立即发出信号，因此对设备巡视工作不够重视，过分地依赖后台监控系统。实际上，有时现场设备运行状况与监控系统的实时监控会有一定的偏差，也有可能一些设备的异常情况是无法用电接点传到后台的，如地基下陷、瓷瓶裂纹等。因此，搞好变电站的设备巡视工作，是每个变电运行人员担负的安全责任，应使运行人员重视设备巡视工作，使一些事故的隐患被消灭在萌芽之中。

一、执行《电力安全工作规程》的有关规定

《国家电网公司电力安全工作规程 变电部分》(Q/GDW 1799.1—2013)规定高压设备的巡视工作有：

(1) 经本单位批准允许单独巡视高压设备的人员巡视高压设备时，不准进行其他工作，不准移开或越过遮栏。

(2) 雷雨天气，需要巡视室外高压设备时，应穿绝缘靴，并不准靠近避雷器和避雷针。

(3) 火灾、地震、台风、冰雪、洪水、泥石流、沙尘暴等灾害发生时，禁止巡视灾害现场。灾害发生后，如需要对设备进行巡视时，应制定必要的安全措施，得到设备运行单位分管领导批准，并至少两人一组，巡视人员应与派出部门之间保持通信联络。

(4) 高压设备发生接地时，室内人员应距离故障点 4 m 以外，室外人员应距离故障点 8 m 以外。进入上述范围人员应穿绝缘靴，接触设备的外壳和构架时，应戴绝缘手套。

(5) 巡视室内设备，应随手关门。

(6) 高压室的钥匙至少应有 3 把，由运行人员负责保管，按值移交。1 把专供紧急时使用，1 把专供运维人员使用，其他可以借给经批准的巡视高压设备人员和经批准的检修、施工队伍的工作负责人使用，但应登记签名，巡视或当日工作结束后交还。

二、按照规定的巡视检查路线进行巡视检查

每个变电站都应研究并绘制一幅设备巡视检查路线图，报上级技术部门批准后实施。

在设备现场巡查路径上应有明显的前进箭头标记。值班员按照规定的巡查路线进行巡查，可以避免重复和漏巡。

三、设备巡视检查要做到认真、仔细、负责

值班员要严肃认真地做好设备巡视工作，依次巡视检查每台设备的每个部位，对于重要设备、关键部位的巡查要一丝不苟，发现设备缺陷及时做好记录，重要缺陷及时上报处理。巡查中出现异常情况或突发事故，要沉着冷静、果断采取应急措施。

四、设备巡视应按照相应时间的规定

1. 交接班巡视

在交接班时，交接双方应各派一名人员对一、二次设备进行依次全面的巡查。交班人员应向接班人员交代运行方式、设备运行情况、接地线装拆情况、设备检修情况、设备缺陷情况等。

2. 正常巡视

在交接班和班组进行，由接班人员会同交班人员共同进行，巡视结束且无问题后，办理运行交接手续。正常巡视每两个小时巡视一次。

3. 闭灯巡视

每周应进行闭灯巡视，巡视人员应携带手电筒，主要观察一、二次有无电晕、放电，设备的接头连接处、引线及端子是否接触不良，有无打火、发热、发红，对满负荷和超负荷的出线和设备，以及二次设备灯光信号是否正确、接线端子有无发热等现象，更要通过夜巡发现问题。

4. 特殊巡视

在特殊运行方式、特殊气候条件或设备出现严重缺陷、异常等情况下进行的设备巡视，遇有下列情况，应增加巡视次数：

(1) 气象条件恶劣的雷电、暴雨、大风、浓雾、冰雪、高温等天气时；

(2) 出线和设备在高峰负荷或过负荷时；

(3) 设备一般缺陷有发展但又不能消除，需要不断监视时；

(4) 新投入、检修后投入运行设备需监视者；

(5) 系统异常运行或发生事故时。

五、设备巡视的要求

(1) 设备巡视时，必须严格遵守《国家电网公司电力安全工作规程 变电部分》关于“高压设备巡视”的有关规定。

(2) 必须按本单位制定的《设备巡视标准化作业指导书》要求，按照规定巡视路线进行巡视。在巡视中，巡视人员应具有高度的工作责任心，做到不漏巡，及时发现设备缺陷或安全隐患，提高巡视质量。

(3) 按照《设备巡视标准化作业指导书》的规定，巡视前应认真做好危险点分析及安全措施，确保巡视人员和运行设备安全。

(4) 设备巡视时，应对照各类设备的巡视项目和标准，逐一巡视检查。在巡视中发现缺

陷或异常，要详细填写缺陷及隐患记录，及时汇报调度和上级。

(5) 对巡视人员的要求：

① 必须精神状态良好；

② 应戴安全帽并按规定着装；

③ 单独进入高压设备区的巡视人员应具有相应的技能等级和安全资质。

第二节　设备巡视检查方法

一、变电站电气设备的巡视检查方法

(1) 通过运行人员的眼观、耳听、鼻嗅、手触等感官为主要检查手段，发现运行中设备的缺陷及隐患。

(2) 使用工具和仪表，进一步探明故障性质。较小的障碍也可在现场及时排除。

二、常用的巡视检查方法

1. 目测法

目测法就是值班人员用肉眼对运行设备可见部位的外观变化进行观察来发现设备的异常现象，如变色、变形、移位、破裂、松动、打火冒烟、渗油漏油、断股断线、闪络痕迹、异物搭挂、腐蚀污秽等都可以通过目测法检查出来。因此，目测法是设备巡视检查最常用的方法之一。

2. 耳听法

变电站的一、二次电磁式设备(如变压器、互感器、继电器、接触器等)正常运行通过交流电后，其绕组会发出均匀节律和一定响度的“嗡嗡”声。运行值班人员应该熟悉掌握声音的特点，当设备出现故障时，会夹着杂音，甚至会有“噼啪”的放电声，可以通过正常时和异常时声音的变化来判断故障的发生和性质。

3. 鼻嗅法

电气设备的绝缘材料一旦过热会产生一种异味。这种异味对正常巡查人员来说是可以嗅别出来的。当正常巡查中嗅到这种异味时，应仔细检查，及时发现过热的设备与部位，直至查明原因。

4. 手触法

对带电的高压设备，如运行中的变压器、消弧线圈的中性点接地装置，禁止使用手触法测试。对不带电且外壳可靠接地的设备，检查其温度或温升时需要用手触式检查。二次设备发热、振动等可以用手触法检查。

5. 检测法

检查电气设备温度及温升也可用试温蜡片、测温仪(红外线成像仪)检查设备发红、发热情况。

三、变电站设备巡视的流程

设备巡视的流程包括巡视安排、巡视准备、核对设备、检查设备、巡视汇报等。

1. 巡视安排

设备巡视工作由值班负责人进行安排，巡视安排时必须明确本次巡视任务的性质（交接班巡视、正常巡视、闭灯巡视、特殊巡视），并根据现场情况提出安全注意事项。特殊巡视还应明确巡视的重点及对象。

2. 巡视准备

根据巡视任务性质准备智能巡检器，检查所需使用的钥匙、工器具、照明器具以及测量器具是否正确、齐全；检查着装是否符合现场规定，检查巡视人员对巡视任务、注意事项、安全措施和巡视重点是否清楚。

3. 核对设备

巡视人员认真核对设备名称和编号，按照变电站规定的设备巡视路线进行，不得漏巡。

4. 检查设备

设备巡视时，巡视人员应逐一检查巡视设备。巡视中发现紧急缺陷时，应立即终止其他设备巡视，仔细检查缺陷情况，详细记录，及时汇报。

5. 巡视汇报

全部设备巡视完毕后，由巡视负责人填写巡视结果，所有参加巡视人员分别签名。巡视性质、巡视时间、发现的问题，均应记录在运行工作记录簿中。巡视发现的设备缺陷，应按照缺陷管理制度进行分类定性，并详细向值班负责人汇报设备巡视结果，值班负责人将有关情况向站长（上级调度部门）汇报。必要时，值班负责人应再次与值班员进一步对有关设备缺陷或异常进行核实，站长及时向上级调度汇报设备缺陷发展事态，直至隐患得以消除。

第三节　变电站设备巡视检查项目

一、变电站设备巡视分类

1. 定期性巡视

(1) 控制室设备、操作过的设备，带有紧急或重要缺陷的设备在接班时应重点检查。

(2) 变电站所有设备在交接班时应全面详细检查。

(3) 每周一次闭灯巡视，检查导线接点及绝缘子的异常情况。对污秽严重的变电站户外设备，在雨天、雾天、放电严重时要增加巡视次数。

(4) 每天检查蓄电池温度、浮充电压、电流，每日在负荷高峰时对主要设备进行测温。

(5) 每星期一检查重合闸装置电源指示灯。

(6) 继电保护二次连接片每月核对一次。

(7) 站长每周对全站设备进行一次闭灯巡视检查。

2. 经常性巡视

(1) 监视各级母线电压、频率，监视主变压器有载分接头位置，投切电容器、电抗器。监视各线路、主变压器的电流，防止过负荷。

(2) 监视直流系统电压、绝缘及微机保护装置的运行状况。

3. 特殊性巡视

(1) 严寒季节应重点检查充油设备油面是否过低，导线是否过紧，接头有无开裂、发热等现象，绝缘子有无积雪结冰，加热器的运行情况等。

(2) 高温季节，重点检查充油设备油面是否过高，油温是否超过规定。检查变压器有无油温过高(允许油温 85 ℃，允许温升 55 ℃)及接头发热、蜡片熔化等现象。检查变压器冷却系统，检查开关室、母线室、蓄电池室排风机，检查导线是否过松。

(3) 大风时，重点检查户外设备底部附近有无杂物，检查导线振荡等情况，检查接头有无异常情况，检查安全措施是否松动。

(4) 大雨时，检查门窗是否关好，屋顶、墙壁有无渗漏水，电缆沟有无积水。

(5) 冬季重点检查防小动物进入室内的措施有无问题。电缆竖井室内出口封堵要严密，控制室、电缆层封墙、电缆出线孔封堵要严密并定期更换鼠药。

(6) 雷击后检查绝缘子、套管有无闪络痕迹，检查避雷器动作记录器并将动作情况填入专用记录簿中。平时要做好记录，做到现场数字、记录器、记录簿数据保持一致。

(7) 大雾、霜冻季节和污秽地区，重点检查设备瓷质绝缘部分的污秽程度，检查设备的瓷质绝缘有无放电等异常情况，必要时闭灯检查。

(8) 事故后重点检查信号和继电保护动作的情况，检查事故范围内的设备情况，如导线有无烧伤、断股，设备的油位、油色、油压等是否正常，有无喷油异常情况，绝缘子有无烧闪、断裂等现象。

(9) 高峰负荷期间重点检查主变、线路等回路的负荷是否超过额定值，检查过负荷设备有无过热现象。主变压器严重过负荷时，应每小时检查一次油温，1 h 测温一次，根据主变压器规程监视主变压器，及时汇报调度和有关领导。

(10) 新设备投入运行后，应每半小时巡视一次，4 h 后按正常巡视，对主设备投入后的正常巡视要延长到 24 h 后。新设备投入后重点检查有无异常，接点是否发热，有无渗漏油现象等。主变压器投入后重瓦斯保护改接为“信号”，24 h 后无异常情况方可将重瓦斯保护投入“跳闸”。

二、变电站设备巡视项目

1. 综合自动化后台机系统巡视项目

(1) 交接班巡视

① 检查后台机及“五防”机上显示的一次设备状态是否与现场一致。

② 检查监控系统各运行参数(母线电压，线路电流、有功功率，主变压器温度、分接开关位置、各侧电流、有功功率、无功功率、功率因数)是否正常、有无过负荷现象；其他模拟量显示是否正常。

③ 检查监控系统与各保护装置的通信状态是否正常。

④ 检查各遥测一览表中的实时数据能否刷新。

⑤ 查看报表中的时段参数及打印情况。

⑥ 查看电压棒图等各类曲线图。

⑦ 检查监控系统中“五防”锁状态是否闭锁。

⑧ 检查告警和事故音响是否良好。

⑨ 检查变电站计算机监控系统功能(包括控制功能、报警功能、历史数据存储功能等)是否正常。

⑩ 检查 SOE 信息记录内容明细。

⑪ 检查系统时间是否与 GPS 时钟一致(按设备维护制度执行)。

⑫ 检查 UPS 电源的运行情况(按设备维护制度执行)。

⑬ 检查“五防”钥匙是否充电运行正常。

⑭ 检查通信管理机单元(或网关)是否运行正常,数据是否正常更新。

(2) 正常巡视

交接班巡视项目中除⑦、⑪、⑫条外的其他巡视内容。

(3) 特殊巡视

后台机特殊巡视分检修后巡视和操作后巡视:

① 检修后巡视

a. 检查全站安全措施的布置情况(有操作时)。

b. 检查保护信息系统的整定值是否符合调度整定通知单要求(如有设备状态变更时和设备检修后)。

c. 核对继电保护及自动装置的投退情况是否符合调度命令要求(如对压板进行操作时)。

② 操作后巡视

a. 到设备现场检查后台机上显示的一次设备状态是否与现场一致。

b. 检查装置显示数据是否与实际一致。

2. 综合自动化间隔装置巡视项目

(1) 检查保护装置指示灯(电源指示灯、运行指示灯、设备运行监视灯、报警指示灯等)运行及显示数据是否正常。

(2) 检查运行调试把手是否在运行位置。

(3) 检查间隔层控制面板上有无异常报警信号,并与监控系统异常信号核对确认。

(4) 检查各保护测控装置及断路器(远方、就地)切换把手是否在远方位置。

(5) 检查各开关就地红绿灯和弹簧操作机构的储能指示灯指示是否正确,并与实际相符。

(6) 检查带电显示器面板显示与实际是否相符。

(7) 检查加热器及硬压板投运情况。

(8) 检查线路带电显示器显示情况。

3. 变压器巡视项目

(1) 变压器正常巡视项目

① 声音应正常。

② 油位(油位表)应正常,外壳清洁,无渗漏油现象。

③ 有载调压油位(油位表)指示应正常。

④ 三相负荷应平衡且不超过额定值。

⑤ 引线不应过松或过紧,连接处接触应良好,无发热现象。

⑥ 气体继电器内应充满油。

⑦ 防爆管玻璃应完整、无裂纹、无存油,防爆器红点应不弹出。

⑧ 冷却系统运行应正常。

⑨ 绝缘套管应清洁,无裂纹和放电打火现象。

⑩ 呼吸器应畅通,油封完好,硅胶不变色。

(2) 变压器新投入或大修后巡视项目

① 正常音响为均匀的“嗡嗡”声,如发现响声特大且不均匀或有放电声,应判断为变压器内部有故障。运行值班人员应立即进行分析并汇报,请有关人员鉴定。必要时将变压器停下来做试验或吊芯检查。

② 油位变化情况应正常,包括变压器本体、有载调压、调压套管等油位。如发现假油位应及时查明原因。

③ 用手触摸散热器温度是否正常,以证实各油管阀门是否均已打开,手感应与变压器温度指示一致,各部位油温应基本一致,无局部发热现象,变压器带负荷后油温应缓慢上升。

④ 监视负荷变化,三相负荷应基本一致,导线连接点应不发热。

⑤ 瓷套管应无放电、打火现象。

⑥ 气体继电器应充满油。

⑦ 防爆管玻璃应完整,防爆器红点不弹出,无异常信号。

⑧ 各部位应无渗漏油。

⑨ 冷却器油泵、风扇运转应良好,无异常信号。

(3) 变压器特殊巡视项目

① 过负荷运行:监视油温和油位变化、接头温度及冷却器的运行,做好异常情况记录,及时汇报上级调度。

② 变压器重瓦斯动作跳闸后。

③ 变压器油面过高或有油从油枕中溢出。

④ 变压器过电流保护动作。

4. 断路器巡视项目

(1) 真空断路器巡视项目

① 核对分合指示或指示灯的指示是否正确。

② 核对动作次数计数器上的读数。

③ 有无发生不正常声音、臭味等。

④ 有无部件损伤、附着异物。

⑤ 接线连接部件有无过热变色。

(2) SF_6 断路器巡视项目

① 核对分合指示或指示灯的指示是否正确。

② 核对动作次数计数器上的读数。

③ 有无发生不正常声音、臭味等。

④ 有无部件损伤、附着异物。

⑤ 接线连接部件有无过热变色。

⑥ SF_6 气体压力指示仪表是否在合格范围。

5. GIS 设备巡视项目

(1) GIS 设备正常巡视项目

① 检查各装置的机械指示、指示灯是否与实际相符,二次开关均在投入位置,防误锁均

在联锁状态。

② 检查各断路器、隔离开关及母线气室、电压互感器气室等压力表指针是否在正常范围内。

③ 有无放电、漏气、振动等异常声响和异味。

④ 检查主断路器和避雷器的动作计数器指示数，并做好记录。

⑤ 套管有无裂损、锈蚀损坏。

⑥ 组合电器的管道是否有变形、倾斜、不正常受力等异常。

⑦ 检查接线端子(包括二次)有无过热及松动现象。

⑧ 组合电器的其他外露部分及基础有无异常。

(2) GSI 设备特殊巡视项目

① 戴好防毒面具进入发生过严重故障的 GIS 室，看设备是否完好。

② 到 GIS 室对主要保护动作的设备进行巡视，检查断路器是否处在正常分闸位置，以便于判断事故原因及进行事故处理。

6. 低压交流柜巡视项目

(1) 检查交流电压、负荷电流指示是否正常。

(2) 检查运行中的低压交流分支红灯指示是否亮。

(3) 检查开关把手位置是否正确。

7. 直流系统巡视项目

(1) 电缆终端绝缘子完整、清洁，无裂纹和闪络痕迹，支架牢固，无松动锈蚀，接地良好。冷缩工艺铰链电缆终端无开裂现象。

(2) 外皮无损伤、过热现象，无漏油、漏胶现象，金属屏蔽皮接地良好。

(3) 根据负荷、温度电缆截面判断是否过负荷。

(4) 检查电缆有无异味。

(5) 接头连接应良好，无松动、过热现象。

(6) 检查充油式电缆油压是否正常。

(7) 电缆隧道及电缆沟内支架必须牢固，无松动或锈蚀，接地应良好。

8. 电容器巡视项目

(1) 电容器使用电压和运行电流不应超出厂家规定。

(2) 电容器箱体应无鼓肚、喷油、渗漏油，内部应无异响等现象，示温片不熔化。

(3) 户内电容器门窗应完整，关闭严密，通风装置良好。

(4) 瓷质部分应清洁、完整，无裂纹、电晕和放电现象，无松动和过热现象。

(5) 引线不应过紧或过松，接头应不过热。

(6) 与电容器相关的电抗器、放电电压互感器、熔断器、避雷器、引线等均应良好，接地应完好。

9. 电抗器巡视项目

(1) 接头接触应良好，无过热现象。

(2) 本体温度应正常。

(3) 本体、散热器应无渗漏油。

(4) 套管支持绝缘子应清洁，无破损、闪络痕迹。

（5）外壳接地应良好。

（6）周围无杂物，电抗器室门窗应关闭严密。

10. 消弧线圈巡视项目

（1）油色、油温、油位是否正常。

（2）内部是否无杂音，有无异味。

（3）外部各引线接触是否良好。

（4）套管是否清洁，无破损及裂纹。

（5）表计指示是否正常，接地是否良好。

11. 电力电缆巡视项目

（1）电缆终端绝缘子完整、清洁，无裂纹和闪络痕迹，支架牢固，无松动锈蚀，接地良好。

（2）外皮无损伤、过热现象，无漏油、漏胶现象，金属屏蔽皮接地良好。

（3）根据负荷、温度判断电缆截面是否过负荷。

（4）检查电缆有无异味。

（5）接头连接应良好，无松动、过热现象。

（6）检查充油式电缆油压是否正常。

（7）电缆隧道及电缆沟内支架必须牢固，无松动或锈蚀，接地应良好。

12. 母线巡视项目

母线巡视分软母线巡视和硬母线巡视：

（1）软母线巡视

① 软母线的表面应无断股，表面光滑整洁，无裂纹、麻面、毛刺、灯笼花，颜色应正常，无发热、变色、变红、锈蚀、磨损、变形、腐蚀、损伤或闪络烧伤。运行中应无严重的放电响声和成串的萤光，导线上无搭挂的杂物。

② 母线的连接部位接触应紧固，无松动、锈蚀、断裂、过热、发红放电现象，无悬挂物。而耐张绝缘子串连接金具应完整良好，并且无磨损、锈蚀、断裂。

③ 母线无过紧或过松现象，导线无剧烈振动现象。

（2）硬母线巡视

① 表面相色漆应清淅，无开裂、起层和变色现象，各部位示温无熔化。

② 伸缩节头应完好，无断裂、过热现象。

③ 运行中不过负荷，无较大的振动声。

④ 支持绝缘子应清洁，无裂纹、放电声及放电痕迹。

⑤ 母线各连接部分的螺丝应紧固，接触良好，无松动、振动、过热现象。

13. 绝缘子巡视项目

（1）绝缘子正常巡视

① 绝缘子应清洁、完整，无破损、裂缝。

② 线路绝缘子球头应无严重锈蚀，W 销应完全进入销口。

（2）绝缘子特殊巡视

① 阴雨、大雾天气，瓷质部位应无电晕和放电现象。

② 雷雨后应检查瓷质部分有无破裂、闪络痕迹。

③ 冰雹后应检查瓷质部分有无破损。

14. 避雷针、避雷器巡视项目

(1) 避雷针、避雷器正常巡视

① 瓷质应清洁，无裂纹、破损，无放电现象和闪络痕迹。

② 避雷器内部应无响声。

③ 放电计数器应完好，内部不进潮，上下连接线完好无损。检查计数器是否动作，每抄录一次计数器动作情况。

④ 引线应完整，无松股、断股。接头连接应牢固，且有足够的截面。导线不过紧或过松，不锈蚀，无烧伤痕迹。

⑤ 底座牢固，无锈蚀，接地完好。

⑥ 安装不偏斜。

⑦ 均压环无损伤，环面应保持水平位置。

(2) 避雷针、避雷器特殊巡视

① 雷雨时不得接近防雷设备，可在一定距离内检查避雷针的摆动情况。

② 雷雨后检查放电计数器动作情况，检查避雷器表面有无闪络，并做好记录。

③ 大风天气应检查避雷器，避雷针上有无搭挂物，以及摆动情况。

④ 大雾天应检查瓷质部分有无放电现象。

⑤ 冰雹后应检查瓷质部分有无损伤，计数器是否损坏。

15. 接地装置的巡视项目

① 检查接地引下线与设备的接地点连接是否良好，有无松动。

② 检查接地引下线有无损伤、引下线及入地处是否锈蚀。

③ 观察接地体周围的环境情况，接地体周围不应堆放有强烈腐蚀性的化学物质。

④ 设备大修后，应着重检查接地线是否牢固。

⑤ 明敷的接地线表面所涂的标志漆应完好。

第四节　设备验收标准

变电站设备验收是坚持设备技术质量标准的重要措施，也是保证安全可靠经济运行的重要环节。按照有关规程和国家电网公司技术标准经验收合格、验收手续齐全、符合运行条件后，才能投入运行。运行值班人员根据具体的一、二次设备的检修、调试大纲和细则，重点核对、检查验收项目，把好设备投运质量关，保证变电站设备安全运行。

一、变压器检修验收

变压器检修后要求验收和检查的主要项目如下：

(1) 变压器本体应清洁、无缺陷、外表整洁、无渗油和油漆脱落现象。

(2) 变压器各部的油位应正常，各阀门的开闭位置应正确。套管及绝缘子应清洁、无破损，爬距应满足要求。

(3) 变压器本体绝缘试验、绝缘油的简化试验、色谱分析和绝缘强度试验均应合格；试验项目齐全，无遗漏项目；检修、电试、油简化、油色谱分析、继电保护、瓦斯继电器等各项试验报告及时并完整。

(4) 变压器外壳接地应良好，接地电阻合格，铁芯接地、中性点接地、电容套管接地端接地应良好。钟罩结构的变压器的上、下钟罩之间应有连接片可靠连接。

(5) 有载分接开关位置应放置在符合调度规定或常用的挡位上，并三相一致；手动及电动操作指示均应正常，并进行1～2次全升降循环试验无异常情况。各挡直流电阻测量应合格，相间无明显差异，与历年测试值比较相差不大于±2%。

(6) 基础应牢固稳定并应有可靠的制动装置。

(7) 保护、测量、信号及控制回路的接线应正确，保护按整定书校验动作试验正确，记录齐全，保护的连接片在投入运行位置，且验收合格。二次小线的槽板走向合理，安装牢固，槽板的断口处应有防止二次线损伤的措施。槽板内的小线不允许有接头。

(8) 冷却器试运转、自启动信号装置的切换、启动应正常；油泵、风扇转动方向应正确，无异声。

(9) 呼吸器油封应完好，过气畅通，硅胶不变色。

(10) 变压器引线对地及相间距离应合格，连接母排应紧固良好，伸缩节连接应无过紧或过松现象，母排上应贴有示温蜡片。

(11) 防止过电压的保护装置应符合规程要求。

(12) 防爆管内部应无存油，防爆玻璃应完整，其呼吸小孔的螺丝位置应正确。压力释放阀安装良好，喷口向外，红点不弹出，动作发出信号试验正常。

(13) 变压器本体的坡度按制造厂商要求。若制造厂商无要求时，其安装坡度应合格(沿瓦斯继电器方向的坡度应为1%～1.5%，变压器油箱到油枕的连接管坡度应为2%～4%)。

(14) 相位以及接线组别应正确。三线圈变压器的二、三次侧必须与其他电源核相正确。油漆相位标示应正确、明显。

(15) 采用挡板式的瓦斯继电器时，其动作信号、流速应进行校验，瓦斯继电器正常时应充满油，箭头所指示油流方向应正确，无渗漏油，并有防护罩。

(16) 温度表及测温回路应完整、良好。温度表就地、遥测的指示应正确。

(17) 套管油封的放油小阀门和瓦斯继电器的放气小阀门应无堵塞现象，高压套管末屏接地良好。高压套管的升高法兰、冷却器顶部、瓦斯继电器和连接油管的各部位应放气。强迫油循环变压器投运前，应启动全部冷却设备并运行较长时间，将残留空气逸出。如瓦斯继电器上浮子频繁动作发出信号，则可能有漏气点，应查明原因处理后，方可投运。

(18) 变压器上无杂物或遗留物，临近的临时设施(如短接线)应拆除，永久设施如遮栏、扶梯等应牢固，现场应清扫干净。扶梯上应装有带锁的门盒。

(19) 一、二次工作票应全部结束，工作人员全部撤离现场。

二、断路器检修验收

1. 断路器的验收原则

(1) 标准验收

根据检修的内容并按标准进行验收，包括校对各项检修记录、调整记录、试验记录以及测量的技术数据。断路器及其操动机构的机械特性试验和预防性试验结果应符合标准。

(2) 重点验收

重点验收的内容包括断路器的各相主触头的总行程、超行程、分合闸速度、分合闸时间、同期性、接触电阻、真空度、SF_6 气体水分含量、漏气率、空压机压力、液压力、绝缘油牌号、油耐压、油简化试验结果、操动机构的主要机械调整尺寸等主要数据。

（3）外观验收

① 断路器的电气连接应牢固，接触可靠良好，连接处应有示温片。

② 断路器与操动机构之间的固定应可靠，接地良好。

③ 本体和机构的外表整洁，油漆完整，相色正确。

④ 断路器应有运行编号和名称。

⑤ 断路器及其操动机构的联动应正确，无卡阻情况。分合闸指示正确，切换开关动作正确可靠。计数器动作可靠且可信。

⑥ 油断路器、液压机构应无渗漏油情况，油位指示正确。

⑦ SF_6 气体断路器压力表指示与液压机构压力表指示均应正确并在合格范围内。压力表的有效期应经资质单位校验合格。

⑧ 真空断路器的连接部分无过热变色情况，试验判断真空度应在合格范围内。

⑨ 弹簧操动机构的连接可靠，无严重磨损情况，弹簧无变形。

⑩ 操动机构各部位的润滑良好，接点切换正确无误。

⑪ 断路器手车操作自如，闭锁到位可靠。

⑫ 户外断路器的防雨帽固定应牢靠，操动机构的加热器良好、密封垫应完整，控制电缆的穿孔应封堵。

⑬ 断路器以及操动机构上无遗留物，现场整洁无杂物。

⑭ 断路器的 SF_6 气体密度继电器的报警接点和闭锁操作回路接点位置应符合规定值，同时与后台机所报信息相符。监视 SF_6 气体压力的密度继电器和压力表应良好。

（4）二次联动验收

二次、控制、信号回路以及保护装置与断路器的联动正确无误。

（5）测试验收

① 应严格控制 SF_6 气体含水量，因为 SF_6 气体断路器内部的 SF_6 气体含水量超标时，在气温下降到一定程度时会造成凝露，从而会大大降低绝缘强度，容易发生绝缘事故。

a. 大修或交接投运的 SF_6 气体断路器本体内部灭弧室的 SF_6 气体含水量应小于 150 ppm(体积比)，其他气室含水量应小于 250 ppm(体积比)。

b. 运行中 SF_6 气体断路器含水量应小于 300 ppm(体积比)。

② SF_6 气体断路器的年漏气率应小于 1%。

③ 对液压及液压弹簧机构进行下列试验和检查：

a. 失压慢分试验时检查压力是否过高或过低、触点压力表与后台机所报信息是否相符。

b. 启泵、停泵、降压和分合闸闭锁以及零压闭锁试验时检查微动开关动作的正确性，与后台机所报信息是否相符。

c. 上述检查结束后，再进行试操作 3 次，配合继电保护联动试验，动作应正确无误。

④ 对弹簧机构进行下列试验和检查：

a. 进行慢分慢合试验时检查断路器在动作中应平滑、无跳动情况。

b. 储能电动机运转对机构弹簧储能试验时检查储能信号与后台机所报信息是否相符。

c. 试操作 3 次,配合继电保护联动试验(包括重合闸试验)时,动作应正确无误。

⑤ 其他验收

a. 检查特殊检修项目的完成情况记录,查明尚遗留的缺陷以及原因。

b. 检查检修中所消除的缺陷的完成情况记录,查明尚遗留的缺陷以及原因。

2. SF_6 气体断路器小修预试验收

(1) 检修与试验的各项数据应符合规程和标准要求。

(2) SF_6 气体微水量测定应符合规程和标准要求。

(3) SF_6 气体断路器的操动机构(弹簧、液压、液压弹簧或压缩空气机构)必须清洁和密封,且压力正常,微动开关触点接触应良好,启动正常。

(4) SF_6 气体断路器的动作计数器或空压机的动作计数器正常。

(5) 新充入的 SF_6 气体纯度应不小于 99.8%,且无漏气现象,各密封部位和防潮部位加热器应正常。

(6) SF_6 气体断路器各部位 SF_6 气体压力应正常(装有密度继电器的应无动作及压力低等信号)。

(7) 绝缘子清洁,无破损,连接排的松紧和距离应合格,相位正确,各部位螺丝应紧固。

(8) SF_6 气体断路器的远方、就地操作应正常,保护传动及信号灯指示正确。

(9) 分、合指示应正确,字迹要清楚,断路器机构接地良好。

(10) 二次接线紧固,接线正确,绝缘良好。

(11) 应了解特殊项目的检修及消缺情况。

(12) 工作现场应清洁。

3. 真空断路器检修验收

(1) 检查真空断路器的真空灭弧室应无异常,真空泡应清晰,屏蔽罩内颜色无变化。具体要求如下:

① 真空断路器是利用真空的高介质强度来灭弧。正常时真空度应保证在 0.013 3 MPa 以上。若低于此真空度,则不能灭弧。

② 由于现场测量真空度非常困难,因此一般以工频耐压方法来鉴别真空度的情况,即真空断路器在分闸下,两端耐压通过后,认为真空度合格,反之则不合格。

③ 根据内部屏蔽罩的颜色情况,即正常时金属屏蔽罩颜色明亮崭新,漏气后真空度降低,由于氧化原因,其表面呈暗色。

④ 真空断路器操作分闸时,真空度合格情况下弧光颜色应呈微蓝色。若真空度下降,弧光颜色会变为橙红色。

(2) 其他同"SF_6 气体断路器小修预试验收"部分。

4. 少油断路器检修验收

(1) 本体应无渗漏油,油位和油色正常。

(2) 瓷套、瓷瓶及拉杆绝缘子应清洁完整,无裂纹、无电晕放电现象。

(3) 喷油口方向正确,无喷油。接线端子、母线接头、开关外壳以及绝缘外壳无发热情况。开关实际位置与机构指示相符合。

(4) 加热器装置良好。

(5) 机构箱应密封良好,无进水现象;外壳应接地良好,基础完好。

(6) 操动机构各部位的润滑良好,接点切换正确无误。

(7) 断路器及其操动机构的机械特性试验和预防性试验结果应符合标准。

(8) 保护装置与断路器的联动正确无误。

5. 液压机构及液压弹簧机构检修验收

(1) 修试记录簿记录清楚。

(2) 油泵启动及停止时间应符合规定,压力表电触点的动作值符合规定。

(3) 油路无渗漏,常压油箱的油位应正常。

(4) 微动开关对应的压力值应符合规定,微动开关的动作正确。

(5) 检查防慢分油路应可靠。

(6) 机构箱门应关紧,并加锁。

三、电容器组检修验收

(1) 电容器组室内应通风良好,无腐蚀性气体及剧烈振动源。

(2) 电容器的容量大小应合理布置。

(3) 电容器室门向外开,要有消防设施,电容器下部要有黄沙槽。

(4) 电容器外壳应清洁,并贴有黄色示温蜡片,应无膨胀、喷油现象。

(5) 安装应牢固,支持绝缘子应清洁、无裂纹。

(6) 中性 CT 及放电 PT 回路应清洁,测试数据符合要求。

(7) 电容器室整洁、无杂物。

(8) 电容器成套柜外表应清洁;有网门的电容器组网门应清洁、无锈蚀、开闭正常,并加锁。

四、消弧线圈检修验收

(1) 检修与试验的各项数据应符合规程和标准要求,修试记录簿应记录清楚。

(2) 外壳无渗漏油,油漆无脱落,本体应整洁。

(3) 油位、油色正常。

(4) 套管清洁、完好、无裂纹。

(5) 桩头连接及接地线接触良好,电压指示灯安装良好,熔丝配置正确。

(6) 吸潮剂干燥、无潮解现象。

(7) 分接头位置正确,并有防护罩。

(8) 现场清洁、无杂物。

五、接地变压器检修验收

(1) 检修与试验的各项数据应符合规程和标准要求,检修试验记录簿应记录清楚。

(2) 本体整洁、无缺陷、无渗漏油,油漆无脱落。

(3) 油位和油色应正常,各阀门的开闭位置应正确。

(4) 外壳接地良好。

(5) 套管和支持瓷瓶清洁完好、无破损。

(6) 桩头连接接触良好,示温片放置正确。

(7) 瓦斯继电器同变压器的验收要求。

六、CT/PT 检修验收

(1) 技术资料应齐全。

(2) 根据《电气设备交接和预防性试验验收标准》的规定,试验项目无遗漏,试验结果应合格。

(3) 充油式互感器的外壳应清洁,油色、油位均应正常,无渗漏油现象。

(4) 绝缘子套管应清洁、完好、无裂纹。

(5) 一、二次接线应正确,引线接头连接接触应良好,TA 末端接地应良好,TV 二次应可靠接地。

(6) 外壳接地良好,相色正确、醒目。

七、避雷器的验收

(1) 各类避雷器的交接试验或预防性试验资料应齐全,试验结果合格。

(2) 外表部分应无破损、裂纹及放电现象。

(3) 引线应牢固,无断股、松股现象。

(4) 放电计数器或泄漏电流测试仪安装正确,计数器指示在零位。

(5) 避雷器的泄漏电流测试仪安装位置和角度应便于观察。

(6) 引线应适当松弛,不得过紧。

(7) 修试记录簿应记录清楚。

八、新装母线以及母线的验收

1. 新装母线的验收要求

(1) 母线相间及对地部分应有足够的绝缘距离,户外母线的绝缘子爬距应满足污秽等级的要求。

(2) 母线导体在长期通过工作电流时,最高温度不得超过 70 ℃。

(3) 母线要有足够的机械强度,正常运行时应能承受风、雪、覆冰的作用,人在母线上作业时应能承受一般工具及人体的作用,流过允许的短路电流时应不致损伤和变形。

(4) 母线导体接头的接触电阻应尽可能小,并有防氧化、防腐蚀、防振动的措施。

(5) 10 m 以上的硬母线应加装伸缩接头,软母线的弧垂应在合格范围内。

(6) 母线安装排列应整齐、美观,相色正确、清晰,便于巡视维护。

2. 母线的大修验收要求

(1) 检修与试验的各项数据应符合规程要求,修试记录簿应记录清楚。

(2) 户外软母线相间及对地应有足够的距离,无断股、松股现象。

(3) 户外软母线挡线及耐张绝缘子应清洁。

(4) 母线与各出线连接排的接头螺丝应拧紧。

(5) 室内母线与各连接排的接头处蜡片应齐全,母线的支持绝缘子应清洁、无裂纹。

(6) 母线上无短路线及遗留的任何杂物。

(7) 母线相色正确、清晰,硬母线伸缩接头应无断裂现象。

(8) 场地清洁。

九、电力电缆的验收

(1) 检查电缆及终端盒有无渗漏,绝缘胶是否软化溢出。

(2) 检查绝缘子套是否清洁、完整,有无裂纹及闪络痕迹,引线接头是否完好、紧固,是否有过热现象。

(3) 电缆的外皮应完整,支撑应牢固。

(4) 外皮接地良好。

(5) 高压充油电缆终端箱压力指示应无偏差,电缆信号盘无异常信号。

十、继电保护装置校验验收项目

1. 一般继电保护装置校验验收项目

(1) 检查核对继电保护装置上定值是否已按有关整定书规定设置。

(2) 运行操作部件(连接片、小开关、熔丝、电流端子等)是否恢复许可时状态。

(3) 检查继电器铅封是否封好,继电器内应无杂物。

(4) 询问并检查拆动的小线是否恢复。

(5) 无遗留工具、仪表在工作现场。

(6) 工作现场应做到工完料尽场地清,开挖的孔洞应封堵。

(7) 相应的一相设备(如断路器、隔离开关等)应在断开位置。

(8) 应填写详细的工作记录(如结论、发现问题、处理情况、运行注意事项等)。

(9) 接线变动后是否在相应图纸上做如实修改。

2. 新装继电保护装置竣工后增加验收项目

(1) 电气设备及线路有关实测参数应完整、正确。

(2) 全部继电保护装置竣工图纸符合实际。

(3) 装置定值符合整定通知单要求。

(4) 检验项目及结论符合检验和有关规程的规定。

(5) 核对电流互感器变比及伏安特性,其二次负载应满足误差要求。

(6) 屏前、屏后的设备应整齐、完好,回路绝缘良好,标志齐全、正确。

(7) 二次电缆绝缘良好,标号齐全、正确。

(8) 用一次负荷电流和工作电压进行验收试验,判断互感器极性、变比及其回路的正确,判断差动等保护装置有关元件及接线的正确性。

3. 微机保护增加验收项目

(1) 新竣工的微机保护装置

① 继保校验人员在移交前要打印出各 CPU 所有定值区的定值,并签字。

② 如果调度已明确该设备即将投运时的定值区,则向继保人员提供此定值区号,由继保人员可靠设置;如果未提出要求,则继保人员将各 CPU 定值区均可靠设置于“1”区。

③ 打印出该微机保护装置在移交前最终状态下的各 CPU 当前区定值,并负责核对,保证这些定值区均设置可靠。最后,双方人员在打印报告上签字。

（2）以前投运的微机保护装置

① 继保校验人员对于更改整定书和软件版本的微机保护装置，在移交前要打印出各CPU所有定值区的定值，并签字。

② 继保校验人员必须将各CPU的定值区均可靠设置于当初设备停役的定值区。

③ 打印出该微机保护装置在移交前最终状态下的各CPU当前区定值，并负责核对，保证这些定值区均设置可靠。最后，双方人员在打印报告上签字。

④ 验收手续结束后，继保人员不得再从事该设备的任何工作。否则，要重新履行验收手续。

⑤ 由于运行方式需要而改变定值区后，必须将定值打印出并与整定书核对。

十一、综合自动化装置(后台监控系统)的验收

（1）遥控屏有关电源指示灯应亮，在具备试操作条件下进行近控及后台机远控操作时，检查后台机上相应操作设备变位应正确，报警窗指示变位应正确。

（2）检查遥测屏上有关直流电源小开关应合上，电源指示灯亮，无异常情况。

（3）检查遥信屏上有关直流电源小开关应合上，电源指示灯亮。继电保护做联跳试验时，有关保护动作、预告信号应正确指示。

（4）检查遥调屏（电能表屏）有关直流电源小开关应合上，电源指示灯亮。

（5）检查后台监控机上相应设备信息量是否完备、齐全，一次接线是否正确，数据库是否建立等。

（6）检查打印机工作是否正常，当有事故或预告信号时，能否即时打印等。

（7）检查“五防”装置与后台机监控系统接口是否正常，能否正常操作。

（8）设备投运后，应检查模拟量显示是否正常。

十二、蓄电池的验收

（1）蓄电池室通风、采暖、照明等装置应符合设计的要求。

（2）布线应排列整齐，极性标志清晰正确。

（3）电池编号应正确，外壳清洁。

（4）极板应无严重弯曲、变形及活性物质剥落。

（5）初充电、放电容量及倍率校验的结果应符合要求。

（6）蓄电池组的绝缘应良好，绝缘电阻不小于0.5 MΩ。

十三、接地装置的验收

（1）整个接地网外漏部分和埋入部分的连接均应可靠，地线规格正确，油漆完好，标志齐全明显。

（2）避雷针的安装位置及高度符合设计要求。

（3）有完整且符合实际的设计资料图纸，供连接临时接地线用的连接板的数量和位置符合设计要求。

（4）接地电阻值符合有关规程的规定。

十四、绝缘子套管的验收

(1) 绝缘子套管的金属构架加工、配制、螺栓连接、焊接等应符合国际现行标准的有关规定。

(2) 油漆应完好，三相相序颜色正确，接地良好。

(3) 所有螺栓、垫圈、闭口销、锁紧销、弹簧垫圈、锁紧螺母等应齐全。

(4) 瓷件应完整、清洁，铁件和瓷件的交合处均应完整无损，充油套管应无渗油，油位应正常。

(5) 母线配置及安装架设应符合设计规定，连接正确，螺栓紧固，接触可靠，相间及对地电气距离符合要求。

十五、二次回路的验收

二次设备主要是对一次设备进行控制、监视、测量和保护，二次回路的正确接线、元件的正确调整和验收对整个变电站的安全运行有着极为重要的作用。

1. 保护校验等二次回路上工作完毕后应检查验收项目

(1) 工作中所接的临时短路线是否全部拆除，拆开的线头是否全部恢复。

(2) 继电保护压板的名称、投退位置是否正确，接触是否良好，各相关指示灯指示是否正确，定值与定值单是否相符。

(3) 接线螺栓是否紧固。

(4) 变动的接线是否有书面文字说明。

(5) 继电保护装置、继电保护定值的变更情况及运行中的注意事项，应记入相应的记录簿内。

(6) 距离保护、差动保护变动二次接线、电流互感器更换等工作完工后，必须由继电保护人员在带上负荷后实测，确认二次接线无误后，方可正式加入运行。

(7) 微机保护的操作键盘，运行人员不得随意操作，必要时需在保护人员指导下进线操作。

(8) 微机保护二次回路各部位的耐压水平应符合要求。

以上检查完毕后，值班员应协同保护人员带断路器做联动试验。断路器传动时，由值班人员进行。值班人员应认真核对传动的断路器位置、信号、动作是否可靠正确。值班人员负责将保护装置、保护定值变更情况与调度核对无误后，双方在保护记录上分别签字，才结束工作票。

2. 盘柜的验收检查项目

(1) 盘柜的固定接地应可靠，盘柜体应漆层完好、清洁整齐。

(2) 盘柜内所装电气元件应完好，安装位置正确、牢靠。

(3) 手车式配电柜的手车在推入或拉出时应灵活，机械或电气等闭锁装置符合规定要求，照明装置齐全。

(4) 柜内一次设备的安装质量验收要求符合《电气装置安装工程施工及验收规范》的有关规定。

(5) 操作及联动试验动作正确，符合设计要求。

(6) 所有二次接线应正确，连接应可靠，标志应齐全清晰。

(7) 保护屏、控制屏、直流屏、交流屏等，屏前、屏后必须标明名称。一块保护屏或控制屏有两个以上装置时，在不同装置间要有明显的分界线。正在运行中的设备，平面应有明显的运行标志。

第五节　变电站设备验收标准化作业检查项目

《标准化作业指导书》是变电站值班员进行标准作业正确指导的基准，是随着作业的顺序，对符合作业内容、作业安全、作业质量的要点进行明示。运行值班人员按照指导书进行作业，在工作中做到遵章守纪，减少事故的发生和对自己的伤害，提高了变电站班组安全管理水平，同时也提高了企业管理水平。针对不同设备验收编制的作业指导书，内容也会有所不同，有的岗位作业指导书内容较多，有的则比较简单。表 4-1～表 4-16 所列为变电站设备验收标准化作业指导书内容。

表 4-1　35 kV 双绕组变压器(含综合自动化保护)

序号	工序名称	流程名称	质量标准
1	保护传动	核对设备名称	验收人手指设备名称牌并复诵
2	保护传动	保护装置	保护装置清洁完好，压板位置正确，标识完好
3	保护传动	温度保护校验	保护装置"非电量"指示灯亮，预告警铃响，保护装置、后台机、语音报警报出相应告警信息
4	保护传动	复归信号	消音，复归保护装置信息
5	保护传动	轻瓦斯保护校验	保护装置"非电量"指示灯亮，预告警铃响，保护装置、后台机、语音报警报出相应告警信息
6	保护传动	复归信号	消音，复归保护装置信息
7	保护传动	过负荷保护校验	保护装置"非电量"指示灯亮，预告警铃响，保护装置、后台机、语音报警报出相应告警信息
8	保护传动	复归信号	消音，复归保护装置信息
9	保护传动	检查手车位置	变压器两侧手车确在试验位置
10	保护传动	合高压断路器	高压断路器确已合好
11	保护传动	合低压断路器	低压断路器确已合好
12	保护传动	重瓦斯保护校验	主变两侧断路器确已跳闸，开关把手信号灯绿灯亮，保护装置"非电量"及跳闸指示灯亮，事故喇叭响，保护装置、后台机、语音报警报出相应告警信息
13	保护传动	复归信号	消音，复归保护装置信息
14	保护传动	合高压断路器	高压断路器确已合好
15	保护传动	合低压断路器	低压断路器确已合好

表 4-1(续)

序号	工序名称	流程名称	质量标准
16	保护传动	过流保护校验	主变两侧断路器确已跳闸,开关把手信号灯绿灯亮,保护装置跳闸指示灯亮,事故喇叭响,保护装置、后台机、语音报警报出相应告警信息
17	保护传动	复归信号	消音,复归保护装置信息
18	保护传动	合高压断路器	高压断路器确已合好
19	保护传动	合低压断路器	低压断路器确已合好
20	保护传动	差动保护校验	主变两侧断路器确已跳闸,开关把手信号灯绿灯亮,保护装置跳闸指示灯亮,事故喇叭响,保护装置、后台机、语音报警报出相应告警信息
21	保护传动	复归信号	消音,复归保护装置信息
22	检修试验记录	检修试验记录	填写规范,试验项目完整,数据在允许范围内
23	检修试验记录	继电保护整定记录	填写规范,按继电保护方案整定校验
24	检修试验记录	仪表、电度表检修记录	填写规范、项目完整、符合实际
25	检修试验记录	设备缺陷记录	设备缺陷已消除,消除人已签字
26	外观检查	核对设备名称	验收人手指设备名称牌并复诵
27	外观检查	确认验收重点	工作负责人告知重点检修部位
28	外观检查	变压器本体	外表清洁,本体无渗漏、无缺陷
29	外观检查	油位油色	油标清晰,油位油色正常,各部位无渗漏
30	外观检查	瓷质部分	清洁完整,无破损裂纹,无放电痕迹
31	外观检查	接头部分	螺栓紧固,连接可靠,线夹无裂纹,接头无过热
32	外观检查	一次连接线	引线无断股散股,弧垂正常,伸缩接头无松动、短片
33	外观检查	母线桥架	清洁完整,无锈蚀、无进水
34	外观检查	瓦斯继电器	密封完整,充油正常,防雨罩牢固,引出线完好无松脱
35	外观检查	呼吸器	硅胶无受潮变色
36	外观检查	压力释放装置	清洁无油迹,二次电缆无破损
37	外观检查	遗留物	检查变压器无遗留物品
38	外观检查	散热器	阀门开闭正常,各部位无渗漏
39	外观检查	风扇	风扇试启动正常
40	外观检查	有载调压装置	清洁完好,挡位与后台一致
41	外观检查	温度计	固定牢固,防雨罩完好,引出线完好无松脱
42	外观检查	端子箱	清洁无杂物,箱门严密,锁具完好,二次线无松脱,电缆孔封堵严密
43	外观检查	二次线	接线规范,无松动
44	外观检查	全面检查	验收合格,具备投运条件
45	记录签字		审核无误后,验收负责人依次在各检修试验记录“验收人”栏签名
46	办理工作票终结手续		验收负责人检查各工作班工作票内容填写完整规范,与工作负责人双方签字

表 4-2　6 kV(KYN 型)封闭式开关柜

序号	工序名称	流程名称	质量标准
1	内部检查	核对盘面名称	验收人员手指设备名称牌进行确认
2	内部检查	确认手车室验收重点	检修负责人告知重点检修部位
3	内部检查	检查手车位置	确在检修位置
4	内部检查	绝缘部分	清洁完整,无破损裂纹、无放电痕迹
5	内部检查	触头	清洁完好无变形
6	内部检查	二次插头	外观完好无破损
7	内部检查	手车室	确无遗留物
8	内部检查	核对盘背名称	验收人员手指设备名称牌进行确认
9	内部检查	确认电缆室验收重点	检修负责人告知重点检修部位
10	内部检查	接头部位	螺栓紧固,连接可靠,无过热痕迹
11	内部检查	瓷质部分	清洁完整,无破损裂纹、无放电痕迹
12	内部检查	盘背附件	清洁完整无破损
13	内部检查	电缆室	清洁无遗留物
14	内部检查	检查后盘门	各盘门螺栓紧固,关闭严密
15	保护传动	核对设备名称	验收人员手指设备名称牌进行确认
16	保护传动	保护测控装置	装置完好,定值及压板正确,标志齐全
17	保护传动	检查手车位置	手车确在试验位置
18	保护传动	检查操作回路	操作、合闸空开及保险确已投入
19	保护传动	合断路器	断路器确已合好
20	保护传动	电流Ⅰ段保护试验	断路器确已跳闸,开关指示灯变绿,装置“跳闸”指示灯亮,事故喇叭响,保护装置、后台机、语音报警报出相应信息
21	保护传动	复归信号	消音消闪,开关把手打至分位,复归保护装置信号
22	保护传动	合断路器	断路器确已合好
23	保护传动	电流Ⅱ段保护试验	断路器确已跳闸,开关指示灯变绿,装置“跳闸”指示灯亮,事故喇叭响,保护装置、后台机、语音报警报出相应信息
24	保护传动	复归信号	消音消闪,开关把手打至分位,复归保护装置信号
25	保护传动	合断路器	断路器确已合好
26	保护传动	电流Ⅲ段保护试验	断路器确已跳闸,开关指示灯变绿,装置“跳闸”指示灯亮,事故喇叭响,保护装置、后台机、语音报警报出相应信息
27	保护传动	复归信号	消音消闪,开关把手打至分位,复归保护装置信号
28	检修试验记录	设备检修记录	记录填写规范,符合实际
29	检修试验记录	检修试验记录	填写规范,试验项目完整(包括测量绝缘电阻、交流耐压试验、导电回路电阻),数据在允许范围内

表 4-2(续)

序号	工序名称	流程名称	质量标准
30	检修试验记录	继电保护整定记录	填写规范，按保护方案整定校验
31	检修试验记录	仪表、电度表检修记录	填写规范，项目完整，符合实际
32	检修试验记录	设备缺陷记录	存在缺陷确已消除，消除人已签字
33	外观检查	核对盘面名称	验收人员手指设备名称牌进行确认
34	外观检查	确认仪表室验收重点	工作负责人告知重点检修部位
35	外观检查	盘面附件	清洁完整无破损
36	外观检查	二次线	接线规范无松动
37	外观检查	检查操作回路	操作、合闸空开及保险确已投入
38	外观检查	仪表室	清洁无遗留物
39	外观检查	关闭并检查盘门	各盘门螺栓紧固，关闭严密
40	操作检验	试推入手车，检查手车与地刀间机械闭锁	检查手车无法推入，与地刀间闭锁可靠
41	操作检验	拉开地刀	操作灵活，位置到位，指示正确，与后台同步
42	操作检验	防误检查	检查安全措施已全部拆除
43	操作检验	检查手车位置	确在试验位置
44	操作检验	断路器合闸校验	合闸到位，指示正确，储能正常，与后台同步
45	操作检验	试推入手车，检查开关与手车间机械闭锁	检查手车无法推入，与开关间闭锁可靠
46	操作检验	断路器分闸校验	分闸到位，指示正确，与后台同步
47	操作检验	检查断路器位置	确在分闸位置
48	操作检验	推入手车	操作灵活，位置到位，指示正确，与后台同步
49	操作检验	试推上地刀，检查地刀与手车间机械闭锁	检查地刀操作孔联锁弯板无法压下，地刀无法推上，与手车间闭锁可靠
50	操作检验	抽出手车	操作灵活，位置到位，指示正确，与后台同步
51	操作检验	全面检查	验收合格，具备投运条件
52	记录签字		审核无误后，验收负责人依次在各检修试验记录“验收人”栏签名
53	办理工作票终结手续		验收负责人检查各工作班工作票内容填写完整规范，与工作负责人双方签字

表 4-3　35 kV(KYN 型)封闭开关柜(配出线保护)

序号	工序名称	流程名称	质量标准
1	内部检查	核对盘面名称	验收人员手指设备名称牌进行确认
2	内部检查	确认手车室验收重点	检修负责人告知重点检修部位
3	内部检查	检查手车位置	确在检修位置
4	内部检查	绝缘部分	清洁完整，无破损裂纹、无放电痕迹
5	内部检查	触头	清洁完好无变形

表 4-3(续)

序号	工序名称	流程名称	质量标准
6	内部检查	二次插头	外观完好无破损
7	内部检查	手车室	确无遗留物
8	内部检查	核对盘背名称	验收人员手指设备名称牌进行确认
9	内部检查	确认电缆室验收重点	检修负责人告知重点检修部位
10	内部检查	接头部位	螺栓紧固,连接可靠,无过热痕迹
11	内部检查	瓷质部分	清洁完整,无破损裂纹、无放电痕迹
12	内部检查	盘背附件	清洁完整无破损
13	内部检查	电缆室	清洁无遗留物
14	内部检查	检查后盘门	各盘门螺栓紧固,关闭严密
15	保护传动	核对设备名称	验收人员手指设备名称牌进行确认
16	保护传动	保护测控装置	装置完好,定值及压板正确,标志齐全
17	保护传动	检查手车位置	手车确在试验位置
18	保护传动	检查操作回路	操作、合闸空开及保险确已投入
19	保护传动	合断路器	断路器确已合好
20	保护传动	电流Ⅰ段保护试验	断路器确已跳闸,开关指示灯变绿,装置“跳闸”指示灯亮,事故喇叭响,保护装置、后台机、语音报警报出相应信息
21	保护传动	复归信号	消音消闪,开关把手打至分位,复归保护装置信号
22	保护传动	合断路器	断路器确已合好
23	保护传动	电流Ⅱ段保护试验	断路器确已跳闸,开关指示灯变绿,装置“跳闸”指示灯亮,事故喇叭响,保护装置、后台机、语音报警报出相应信息
24	保护传动	复归信号	消音消闪,开关把手打至分位,复归保护装置信号
25	保护传动	合断路器	断路器确已合好
26	保护传动	投入重合闸保护	保护压板确已投入
27	保护传动	电流Ⅲ段保护及重合闸保护试验	断路器确已跳闸并重合,装置“跳闸”及“重合闸”指示灯亮,事故喇叭响,保护装置、后台机、语音报警报出相应信息
28	保护传动	复归信号	消音消闪,复归保护装置信号
29	检修试验记录	设备检修记录	记录填写规范,符合实际
30	检修试验记录	检修试验记录	填写规范,试验项目完整(包括测量绝缘电阻、交流耐压试验、导电回路电阻),数据在允许范围内
31	检修试验记录	继电保护整定记录	填写规范,按保护方案整定校验
32	检修试验记录	仪表、电度表检修记录	填写规范,项目完整,符合实际
33	检修试验记录	设备缺陷记录	存在缺陷确已消除,消除人已签字
34	外观检查	核对盘面名称	验收人员手指设备名称牌进行确认
35	外观检查	确认仪表室验收重点	工作负责人告知重点检修部位

表 4-3(续)

序号	工序名称	流程名称	质量标准
36	外观检查	盘面附件	清洁完整无破损
37	外观检查	二次线	接线规范无松动
38	外观检查	检查操作回路	操作、合闸空开及保险确已投入
39	外观检查	仪表室	清洁无遗留物
40	外观检查	关闭并检查盘门	各盘门螺栓紧固,关闭严密
41	操作检验	试推入手车,检查手车与地刀间机械闭锁	检查手车无法推入,与地刀间闭锁可靠
42	操作检验	拉开地刀	操作灵活,位置到位,指示正确,与后台同步
43	操作检验	防误检查	检查安全措施已全部拆除
44	操作检验	检查手车位置	确在试验位置
45	操作检验	断路器合闸校验	合闸到位,指示正确,储能正常,与后台同步
46	操作检验	试推入手车,检查开关与手车间机械闭锁	检查手车无法推入,与开关间闭锁可靠
47	操作检验	断路器分闸校验	分闸到位,指示正确,与后台同步
48	操作检验	检查断路器位置	确在分闸位置
49	操作检验	推入手车	操作灵活,位置到位,指示正确,与后台同步
50	操作检验	试推上地刀,检查地刀与手车间机械闭锁	检查地刀操作孔联锁弯板无法压下,地刀无法推上,与手车间闭锁可靠
51	操作检验	抽出手车	操作灵活,位置到位,指示正确,与后台同步
52	操作检验	全面检查	验收合格,具备投运条件
53	记录签字		审核无误后,验收负责人依次在各检修试验记录"验收人"栏签名
54	办理工作票终结手续		验收负责人检查各工作班工作票内容填写完整规范,与工作负责人双方签字

表 4-4　ZW 型真空断路器(配出线保护)

序号	工序名称	流程名称	质量标准
1	保护传动	核对设备名称	验收人手指设备名称牌并复诵
2	保护传动	保护装置	继电器清洁完好,压板位置正确,标志齐全
3	保护传动	检查刀闸位置	两侧刀闸确在断开位置
4	保护传动	合断路器	断路器确已合好
5	保护传动	过流保护试验	检查断路器确已跳闸,信号继电器掉牌,开关把手绿灯闪光,主控屏对应光字牌亮,事故喇叭响
6	保护传动	复归信号	解除音响,操作把手打到断开位置,复归信号继电器掉牌
7	保护传动	合断路器	断路器确已合好
8	保护传动	投入重合闸保护	保护压板确已投入

表 4-4(续)

序号	工序名称	流程名称	质量标准
9	保护传动	速断及重合闸保护试验	检查断路器确已跳闸并重合,速断及重合闸信号继电器掉牌,主控屏对应光字牌亮,事故喇叭响
10	保护传动	复归信号	解除音响,复归速断及重合闸信号掉牌
11	检修试验记录	设备检修记录	记录填写规范,内容符合实际
12	检修试验记录	检修试验记录	填写规范,试验项目完整(包括测量绝缘电阻、交流耐压试验、导电回路电阻),数据在允许范围内
13	检修试验记录	继电保护整定记录	填写规范,按保护方案整定校验
14	检修试验记录	仪表、电度表检修记录	填写规范,项目完整,符合实际
15	检修试验记录	设备缺陷记录	存在缺陷确已消除,消除人已签字
16	外观检查	核对设备名称	验收人手指设备名称牌并复诵
17	外观检查	确认验收重点	检修负责人告知重点检修部位
18	外观检查	瓷质部分	清洁完整,无破损裂纹、无放电痕迹
19	外观检查	接头部位	螺栓紧固,连接可靠,线夹无裂纹,接头无过热
20	外观检查	一次连接线	引线无断股散股
21	外观检查	操动机构箱	外表清洁,箱内无杂物,接线规范无松脱
22	外观检查	遗留物	检查开关无遗留物
23	外观检查	拆除接地线	接地线确已拆除
24	外观检查	端子箱	清洁无杂物、密封严密,锁具完好,二次接线规范无松脱
25	操作检验	防误检查	检查无遗漏物,安全措施已全部拆除
26	操作检验	检查刀闸位置	两侧刀闸在断开位置
27	操作检验	检查操作回路	操作、合闸保险确已投入
28	操作检验	断路器合闸校验	合闸指示正确,储能正常
29	操作检验	断路器分闸校验	分闸指示正确
30	操作检验	检查断路器位置	确在断开位置
31	操作检验	推上母线侧刀闸	操作灵活,三相同期、接触良好
32	操作检验	推上负荷侧刀闸	操作灵活,三相同期、接触良好
33	操作检验	拉开负荷侧刀闸	操作灵活,开断到位
34	操作检验	拉开母线侧刀闸	操作灵活,开断到位
35	操作检验	全面检查	验收合格,具备投运条件
36	记录签字		审核无误后,验收负责人依次在各检修试验记录“验收人”栏签名
37	办理工作票终结手续		验收负责人检查各工作班工作票内容填写完整规范,与工作负责人双方签字

表 4-5　LW 型 SF_6 断路器

序号	工序名称	流程名称	质量标准
1	检修试验记录	设备检修记录	记录填写规范，内容符合实际
2	检修试验记录	检修试验记录	填写规范，试验项目完整（包括测量绝缘电阻、交流耐压试验、导电回路电阻），数据在允许范围内
3	检修试验记录	仪表、电度表检修记录	填写规范，项目完整，符合实际
4	检修试验记录	设备缺陷记录	存在缺陷确已消除，消除人已签字
5	外观检查	核对设备名称	验收人手指设备名称牌并复诵
6	外观检查	确认验收重点	检修负责人告知重点检修部位
7	外观检查	瓷质部分	清洁完整，无破损裂纹、无放电痕迹
8	外观检查	接头部位	螺栓紧固，连接可靠，线夹无裂纹，接头无过热
9	外观检查	一次连接线	引线无断股散股
10	外观检查	SF_6 气体压力	SF_6 压力表指示正常
11	外观检查	操动机构箱	外表清洁，箱内无杂物，接线规范无松脱
12	外观检查	遗留物	检查开关无遗留物
13	外观检查	拆除接地线	安全措确已拆除
14	外观检查	端子箱	清洁无杂物、密封严密，锁具完好，二次接线规范无松脱
15	操作检验	防误检查	检查无遗漏物，安全措施已全部拆除
16	操作检验	检查刀闸位置	两侧刀闸在断开位置
17	操作检验	检查操作回路	操作回路开关确已合上
18	操作检验	断路器合闸校验	合闸指示正确，储能正常
19	操作检验	断路器分闸校验	分闸指示正确
20	操作检验	检查断路器位置	确在断开位置
21	操作检验	推上母线侧刀闸	操作灵活，三相同期、接触良好
22	操作检验	推上负荷侧刀闸	操作灵活，三相同期、接触良好
23	操作检验	拉开负荷侧刀闸	操作灵活，开断到位
24	操作检验	拉开母线侧刀闸	操作灵活，开断到位
25	操作检验	全面检查	验收合格，具备投运条件
26	记录签字		审核无误后，验收负责人依次在各检修试验记录“验收人”栏签名
27	办理工作票终结手续		验收负责人检查各工作班工作票内容填写完整规范，与工作负责人双方签字

表 4-6　35 kV(KYN 型)封闭式站变柜

序号	工序名称	流程名称	质量标准
1	内部检查	核对盘面名称	验收人员手指设备名称牌进行确认
2	内部检查	确认手车室验收重点	检修负责人告知重点检修部位
3	内部检查	检查手车位置	确在检修位置
4	内部检查	绝缘部分	清洁完整,无破损裂纹、无放电痕迹
5	内部检查	触头	清洁完好无变形
6	内部检查	站变本体	外表整洁无缺陷
7	内部检查	高压保险	外观完好,装取灵活,接触良好
8	内部检查	二次插头	外观完好无破损
9	内部检查	手车室	确无遗留物
10	内部检查	核对盘背名称	验收人员手指设备名称牌进行确认
11	内部检查	确认电缆室验收重点	检修负责人告知重点检修部位
12	内部检查	接头部位	螺栓紧固,连接可靠,无过热痕迹
13	内部检查	瓷质部分	清洁完整,无破损裂纹、无放电痕迹
14	内部检查	盘背附件	清洁完整无破损
15	内部检查	电缆室	清洁无遗留物
16	内部检查	检查后盘门	各盘门螺栓紧固,关闭严密
17	检修试验记录	设备检修记录	记录填写规范,内容符合实际
18	检修试验记录	检修试验记录	填写规范,试验项目完整(包括测量绝缘阻、吸收比、绕组直流电阻、介质损失),数据在允许范围内
19	检修试验记录	仪表、电度表检修记录	填写规范,项目完整,符合实际
20	检修试验记录	设备缺陷记录	存在缺陷确已消除,消除人已签字
21	外观检查	核对盘面名称	验收人员手指设备名称牌进行确认
22	外观检查	确认仪表室验收重点	工作负责人告知重点检修部位
23	外观检查	保护测控装置	装置完好,标志齐全
24	外观检查	盘面附件	清洁完整无破损
25	外观检查	二次线	接线规范无松动
26	外观检查	仪表室	清洁无遗留物
27	外观检查	检查盘门	各盘门螺栓紧固,关闭严密
28	操作检验	防误检查	检查安全措施已全部拆除
29	操作检验	检查二次开关	确已断开
30	操作检验	推入手车	操作灵活,位置到位,指示正确,与后台同步
31	操作检验	抽出手车	操作灵活,位置到位,指示正确,与后台同步
32	操作检验	全面检查	验收合格,具备投运条件
33	记录签字		审核无误后,验收负责人依次在各检修试验记录“验收人”栏签名
34	办理工作票终结手续		验收负责人检查各工作班工作票内容填写完整规范,与工作负责人双方签字

表 4-7　GG 型开关柜

序号	工序名称	流程名称	质量标准
1	保护传动	核对设备名称	验收人手指设备名称牌并复诵
2	保护传动	保护装置	继电器清洁完好,压板位置正确,标志齐全
3	保护传动	检查刀闸位置	两侧刀闸确在断开位置
4	保护传动	检查操作回路	操作、合闸保险确已投入
5	保护传动	合断路器	断路器确已合好
6	保护传动	过流保护试验	检查断路器确已跳闸,开关把手信号灯绿灯闪光,信号已掉牌,主控屏对应光字牌亮,事故喇叭响
7	保护传动	复归信号	解除音响,操作把手复位,复归信号掉牌
8	保护传动	合断路器	断路器确已合好
9	保护传动	速断保护试验	检查断路器确已跳闸,开关把手信号灯绿灯闪光,信号已掉牌,主控屏对应光字牌亮,事故喇叭响
10	保护传动	复归信号	解除音响,操作把手复位,复归信号掉牌
11	检修试验记录	设备检修记录	记录填写规范,内容符合实际
12	检修试验记录	检修试验记录	填写规范,试验项目完整(包括测量绝缘电阻、交流耐压试验、导电回路电阻),数据在允许范围内
13	检修试验记录	继电保护整定记录	填写规范,按保护方案整定校验
14	检修试验记录	仪表、电度表检修记录	填写规范,项目完整,符合实际
15	检修试验记录	设备缺陷记录	存在缺陷确已消除,消除人已签字
16	外观检查	核对设备名称	验收人手指设备名称牌并复诵
17	外观检查	确认验收重点	工作负责人告知重点检修部位
18	外观检查	引线接头	螺栓紧固,连接可靠,无过热痕迹
19	外观检查	瓷质部分	清洁完整,无破损裂纹、无放电痕迹
20	外观检查	油色油位	油位油色正常,无渗漏
21	外观检查	二次线	接线规范，无松动
22	外观检查	拆除接地线	安全措确已拆除
23	外观检查	遗留物	检查柜内无遗留物
24	外观检查	开关柜本体	外观无异常
25	外观检查	检查并关闭柜门	柜门开闭灵活,关闭严密
26	操作检验	防误检查	检查安全措施已全部拆除
27	操作检验	闭锁装置	锁具完好,灵活可靠
28	操作检验	检查刀闸位置	两侧刀闸在断开位置
29	操作检验	检查操作回路	操作、合闸保险确已投入
30	操作检验	断路器合分校验	分合闸正确
31	操作检验	检查断路器位置	确在断开位置

表 4-7(续)

序号	工序名称	流程名称	质量标准
32	操作检验	推上母线侧刀闸	操作灵活,三相同期、接触良好
33	操作检验	推上负荷侧刀闸	操作灵活,三相同期、接触良好
34	操作检验	拉开负荷侧刀闸	操作灵活,开断到位
35	操作检验	拉开母线侧刀闸	操作灵活,开断到位
36	操作检验	全面检查	验收合格,具备投运条件
37	记录签字		审核无误后,验收负责人依次在各检修试验记录“验收人”栏签名
38	办理工作票终结手续		验收负责人检查各工作班工作票内容填写完整规范,与工作负责人双方签字

表 4-8　110 kV(LVQB 型)电流互感器

序号	工序名称	流程名称	质量标准
1	检修试验记录	设备检修记录	记录填写规范,内容符合实际
2	检修试验记录	检修试验记录	填写规范,试验项目完整(包括测量绕组绝缘电阻、直流电阻、交流耐压试验、接线组别和极性、误差测量),数据在允许范围内
3	检修试验记录	仪表、电度表检修记录	填写规范,项目完整,符合实际
4	检修试验记录	设备缺陷记录	存在缺陷确已消除,消除人已签字
5	外观检查	核对设备名称	验收人手指设备名称牌并复诵
6	外观检查	确认验收重点	工作负责人告知重点检修部位
7	外观检查	互感器本体	外表清洁,本体无缺陷
8	外观检查	瓷质部分	清洁完整,无破损裂纹、无放电痕迹
9	外观检查	接头部位	螺栓紧固,连接可靠,线夹无裂纹,接头无过热
10	外观检查	连接线	引线无断股散股,二次线完好
11	外观检查	SF_6 气体压力	SF_6 压力表指示正常
12	外观检查	遗留物	检查互感器无遗留物品
13	外观检查	拆除接地线	安全措施确已拆除
14	外观检查	端子箱	清洁无杂物、密封严密,锁具完好,二次接线规范无松脱
15	操作检验	全面检查	验收合格,具备投运条件
16	记录签字		审核无误后,验收负责人依次在各检修试验记录“验收人”栏签名
17	办理工作票终结手续		验收负责人检查各工作班工作票内容填写完整规范,与工作负责人双方签字

表 4-9 35 kV 电压互感器

序号	工序名称	流程名称	质量标准
1	检修试验记录	设备检修记录	记录填写规范，内容符合实际
2	检修试验记录	检修试验记录	填写规范，试验项目完整，数据在允许范围内
3	检修试验记录	仪表、电度表检修记录	填写规范，项目完整，符合实际
4	检修试验记录	设备缺陷记录	设备缺陷已消除，消除人已签字
5	外观检查	核对设备名称	验收人手指设备名称牌并复诵
6	外观检查	确认验收重点	工作负责人告知重点检修部位
7	外观检查	电压互感器本体	外表清洁，本体无渗漏、无缺陷
8	外观检查	油位油色	油标清晰，油位油色正常，各部位无渗漏
9	外观检查	瓷质部分	清洁完整，无破损裂纹、无放电痕迹
10	外观检查	接头部分	螺栓紧固，连接可靠，线夹无裂纹，接头无过热
11	外观检查	一次连接线	引线无断股散股、二次线完好
12	外观检查	高低压保险	安装牢固，接触良好
13	外观检查	遗留物	检查无遗留物
14	外观检查	拆除接地线	检查安全措施已拆除
15	外观检查	端子箱	清洁无杂物，箱门严密，锁具完好，二次线无松脱，电缆孔封堵严密
16	外观检查	保护装置	继电器清洁完好，标志齐全
17	操作检验	防误检查	检查无遗留物，安全措施已全部拆除
18	操作检验	检查二次保险	二次保险确在断开位置
19	操作检验	推上隔离刀闸	操作灵活，三相同期、接触良好
20	操作检验	拉开隔离刀闸	操作灵活，开断到位
21	外观检查	全面检查	验收合格，具备投运条件
22	记录签字		审核无误后，验收负责人依次在各检修试验记录“验收人”栏签名
23	办理工作票终结手续		验收负责人检查各工作班工作票内容填写完整规范，与工作负责人双方签字

表 4-10 GN 型隔离刀闸

序号	工序名称	流程名称	质量标准
1	检修试验记录	设备检修记录	记录填写规范，内容符合实际
2	检修试验记录	检修试验记录	填写规范，试验项目完整（包括测量绝缘电阻、交流耐压试验、导电回路电阻），数据在允许范围内
3	检修试验记录	设备缺陷记录	存在缺陷确已消除，消除人已签字
4	外观检查	核对设备名称	验收人手指设备名称牌并复诵
5	外观检查	确认验收重点	检修负责人告知重点检修部位
6	外观检查	瓷质部分	清洁完整，无破损裂纹、无放电痕迹
7	外观检查	接头部位	螺栓紧固，连接可靠，线夹无裂纹，接头无过热
8	外观检查	一次连接线	连接线外观完好无破损

表 4-10(续)

序号	工序名称	流程名称	质量标准
9	外观检查	遗留物	检查无遗留物
10	外观检查	拆除接地线	安全措施确已拆除
11	操作检验	检查断路器位置	确在断开位置
12	操作检验	推上隔离刀闸	操作灵活,三相同期、接触良好
13	操作检验	拉开隔离刀闸	操作灵活,开断到位
14	操作检验	全面检查	验收合格,具备投运条件
15	记录签字		审核无误后,验收负责人依次在各检修试验记录"验收人"栏签名
16	办理工作票终结手续		验收负责人检查各工作班工作票内容填写完整规范,与工作负责人双方签字

表 4-11　GW 型隔离刀闸

序号	工序名称	流程名称	质量标准
1	检修试验记录	设备检修记录	记录填写规范,内容符合实际
2	检修试验记录	检修试验记录	填写规范,试验项目完整,数据在允许范围内
3	检修试验记录	设备缺陷记录	设备缺陷已消除,消除人已签字
4	外观检查	核对设备名称	验收人手指设备名称牌并复诵
5	外观检查	确认验收重点	工作负责人告知重点检修部位
6	外观检查	瓷质部分	清洁完整,无破损裂纹、无放电痕迹
7	外观检查	接头部分	螺栓紧固,连接可靠,线夹无裂纹,接头无过热
8	外观检查	一次连接线	引线无断股散股
9	外观检查	遗留物	检查无遗留物
10	外观检查	拆除接地线	检查安全措施已拆除
11	操作检验	检查断路器位置	断路器确在断开位置
12	操作检验	推上隔离刀闸	操作灵活,三相同期、接触良好
13	操作检验	拉开隔离刀闸	操作灵活,开断到位
14	操作检验	全面检查	验收合格,具备投运条件
15	记录签字		审核无误后,验收负责人依次在各检修试验记录"验收人"栏签名
16	办理工作票终结手续		验收负责人检查各工作班工作票内容填写完整规范,与工作负责人双方签字

表 4-12　避雷器

序号	工序名称	流程名称	质量标准
1	检修试验记录	设备检修记录	记录填写规范,内容符合实际
2	检修试验记录	检修试验记录	填写规范,试验项目完整,数据在允许范围内
3	检修试验记录	设备缺陷记录	设备缺陷已消除,消除人已签字
4	外观检查	核对设备名称	验收人手指设备名称牌并复诵

表 4-12(续)

序号	工序名称	流程名称	质量标准
5	外观检查	确认验收重点	工作负责人告知重点检修部位
6	外观检查	避雷器本体	外表清洁，本体无渗漏、无缺陷
7	外观检查	放电计数器	密封完好，动作次数正常
8	外观检查	绝缘部分	清洁完整，无破损裂纹、无放电痕迹
9	外观检查	接头部分	螺栓紧固，连接可靠，线夹无裂纹，接头无过热
10	外观检查	连接线	压接牢固，接触良好，无发热变色
11	外观检查	遗留物	检查无遗留物
12	外观检查	拆除接地线	检查安全措施已拆除
13	外观检查	全面检查	验收合格，具备投运条件
14	记录签字		审核无误后，验收负责人依次在各检修试验记录“验收人”栏签名
15	办理工作票终结手续		验收负责人检查各工作班工作票内容填写完整规范，与工作负责人双方签字

表 4-13　6 kV 干式电抗器

序号	工序名称	流程名称	质量标准
1	检修试验记录	设备检修记录	记录填写规范，内容符合实际
2	检修试验记录	检修试验记录	填写规范，试验项目完整，数据在允许范围内
3	检修试验记录	设备缺陷记录	设备缺陷已消除，消除人已签字
4	外观检查	核对设备名称	验收人手指设备名称牌并复诵
5	外观检查	确认验收重点	工作负责人告知重点检修部位
6	外观检查	电抗器本体	外表清洁，本体无渗漏、无缺陷
7	外观检查	瓷质部分	清洁完整，无破损裂纹、无放电痕迹
8	外观检查	接头部分	螺栓紧固，连接可靠，线夹无裂纹、接头无过热
9	外观检查	电抗器室	干净整洁，通风良好，门窗严密
10	外观检查	遗留物	检查无遗留物
11	外观检查	全面检查	验收合格，具备投运条件
12	记录签字		审核无误后，验收负责人依次在各检修试验记录“验收人”栏签名
13	办理工作票终结手续		验收负责人检查各工作班工作票内容填写完整规范，与工作负责人双方签字

表 4-14　6 kV 高压并联电容器组

序号	工序名称	流程名称	质量标准
1	检修试验记录	设备检修记录	记录填写规范，内容符合实际
2	检修试验记录	检修试验记录	填写规范，试验项目完整，数据在允许范围内
3	检修试验记录	设备缺陷记录	设备缺陷已消除，消除人已签字
4	外观检查	核对设备名称	验收人手指设备名称牌并复诵
5	外观检查	确认验收重点	工作负责人告知重点检修部位

表 4-14(续)

序号	工序名称	流程名称	质量标准
6	外观检查	放电 PT	外表清洁完整,各部位无渗漏
7	外观检查	电容器本体	外表清洁,本体无渗漏、无膨胀变形
8	外观检查	绝缘部分	清洁完整,无破损裂纹、无放电痕迹
9	外观检查	接头部分	螺栓紧固,连接可靠,线夹无裂纹,接头无过热
10	外观检查	遗留物	检查无遗留物
11	外观检查	拆除接地线	检查安全措施已拆除
12	外观检查	全面检查	验收合格,具备投运条件
13	记录签字		审核无误后,验收负责人依次在各检修试验记录"验收人"栏签名
14	办理工作票终结手续		验收负责人检查各工作班工作票内容填写完整规范,与工作负责人双方签字

表 4-15　6 kV 硬母线

序号	工序名称	流程名称	质量标准
1	检修试验记录	设备检修记录	记录填写规范,内容符合实际
2	检修试验记录	检修试验记录	填写规范,试验项目完整,数据在允许范围内
3	检修试验记录	设备缺陷记录	设备缺陷已消除,消除人已签字
4	外观检查	核对设备名称	验收人手指设备名称牌并复诵
5	外观检查	确认验收重点	工作负责人告知重点检修部位
6	外观检查	绝缘部分	清洁完整,无破损裂纹、无放电痕迹
7	外观检查	母线及连接线	无断股散股
8	外观检查	遗留物	检查无遗留
9	外观检查	全面检查	验收合格,具备投运条件
10	记录签字		审核无误后,验收负责人依次在各检修试验记录"验收人"栏签名
11	办理工作票终结手续		验收负责人检查各工作班工作票内容填写完整规范,与工作负责人双方签字

表 4-16　110 kV(35 kV)软母线

序号	工序名称	流程名称	质量标准
1	检修试验记录	设备检修记录	记录填写规范,内容符合实际
2	检修试验记录	检修试验记录	填写规范,试验项目完整,数据在允许范围内
3	检修试验记录	设备缺陷记录	设备缺陷已消除,消除人已签字
4	外观检查	核对设备名称	验收人手指设备名称牌并复诵
5	外观检查	确认验收重点	工作负责人告知重点检修部位
6	外观检查	绝缘部分	清洁完整,无破损裂纹、无放电痕迹
7	外观检查	接头部分	螺栓紧固,连接可靠,线夹无裂纹,接头无过热
8	外观检查	开口销	无锈蚀、开口到位

表 4-16(续)

序号	工序名称	流程名称	质量标准
9	外观检查	母线及连接线	无断股散股
10	外观检查	遗留物	检查无遗留物
11	外观检查	拆除接地线	检查安全措施已拆除
12	外观检查	全面检查	验收合格,具备投运条件
13	记录签字		审核无误后,验收负责人依次在各检修试验记录“验收人”栏签名
14	办理工作票终结手续		验收负责人检查各工作班工作票内容填写完整规范,与工作负责人双方签字

第五章　继 电 保 护

任何电力设备(线路、母线、变压器等)都不允许在无继电保护的状态下运行。因此,继电保护被形象地称为电力系统中“静静的哨兵”。故障和不正常运行情况常常是难以避免的,但事故却可以预防。电力系统继电保护装置就是装设在每一个电气设备,用来反映它们发生的故障和不正常运行情况,从而动作于断路器跳闸或发出信号的一种有效的反事故的自动装置。

第一节　继电保护基础知识

一、继电保护的作用和任务

1. 电力系统的三种运行状态

(1) 正常运行。指电压、电流、频率(转速)在规定的范围内,各个一次电气设备能够正常工作而不损坏的运行状态。

(2) 不正常运行。指电力系统中电气设备的正常工作遭到破坏但未出现故障的状态,比如像过负荷。

(3) 故障。通常指各种类型的短路和断线,包括各相导体之间或者导体对地的不正常连接、三相或者某相开断等。

2. 电力系统出现短路的后果

故障和不正常运行状态都可能导致严重后果,最危险的是短路故障,它可造成:

(1) 短路电流和故障点的电弧使得设备热损坏。

(2) 短路电动力造成设备机械损坏。

(3) 靠近短路的部分电力系统电压严重降低,破坏负荷稳定性,造成次(废)品。

(4) 引发电力系统振荡甚至系统瓦解。

(5) 造成电力系统事故甚至灾变。

3. 继电保护的作用

继电保护能够在变电站运行过程中发生故障(三相短路、两相短路、单相接地等)和出现不正常现象时(过负荷、过电压、低电压、低周波、瓦斯、控制回路断线等),迅速有选择性发出跳闸命令将故障切除或发出报警,从而减少故障造成的停电范围和电气设备的损坏程度,保证电力系统稳定运行。

4. 继电保护的任务

(1) 自动、迅速、有选择性地将故障元件从电力系统中切除,使故障元件免于继续遭受破坏,并保证其他元件迅速恢复正常运行。

(2) 反映电气元件不正常运行情况，根据不正常运行情况的种类和电气元件维护条件，发出信号，由运行人员进行处理或自动地进行调整或将那些继续运行会引起事故的电气元件予以切除。

(3) 继电保护装置还可以和电力系统中其他自动化装置配合，在条件允许时，采取预定措施，缩短事故停电时间，尽快恢复供电，从而提高电力系统运行的可靠性。

二、继电保护的基本要求

对于动作跳闸的继电保护，在技术上一般应满足四个基本要求：选择性、速动性、灵敏性、可靠性，即保护“四性”。

1. 选择性

选择性是指电力系统发生故障时，保护装置仅将故障元件切除，而使非故障元件仍能正常运行，以尽量缩小停电范围。

【例 5-1】 如图 5-1 所示系统中，当 K_3 发生短路时，应由距故障点最近的保护 6 动作，断开 QF_6，将故障线路 L_4 切除，使变电所 A 和 B 继续供电。当 K_1 点发生短路时，则应由保护 1 和 2 分别断开 QF_1 和 QF_2，将连接于变电所 A、B 的故障线路 L_1 切除，从而保证了系统中所有非故障部分继续运行。保护的这种动作就称为有选择性动作。

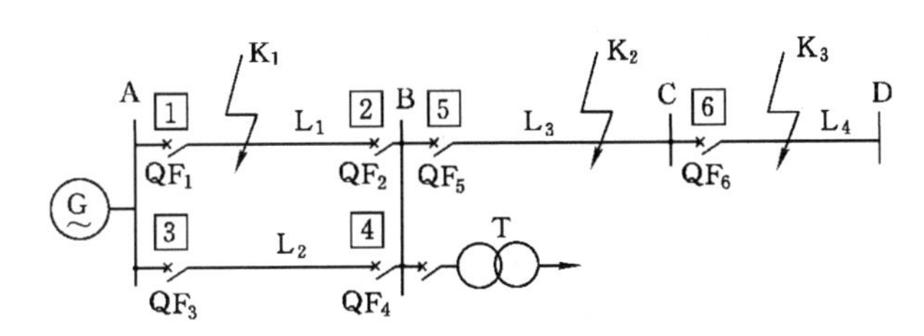

图 5-1　继电保护选择性示意图

若故障发生在 K_2 点时，理应由保护 5 切除故障线路，但由于保护 5 或断路器 QF_5 拒动不能切除故障线路时，则由保护 1 动作断开 QF_1，切除故障。保护的这种动作虽然切除了部分非故障元件，但在保护和开关拒动的情况下，还是最大限度地缩小了停电范围，所以也认为是有选择性的。保护 1 的作用，就称为后备作用。

总之，选择性就是故障点在区内动作、区外不动作。当主保护未动作时，由近后备或远后备切除故障，使停电面积最小。

例如，某一 6 kV 分盘线路侧三相短路，则该分盘的过流保护应该动作跳闸，切除故障回路；如果该分盘保护没有动作，而是由主变过流动作跳闸，则会切除所带的 6 kV 分盘，虽然相对扩大了停电面积，但从变电站整体来说，还是有选择性的。

2. 速动性

速动性就是快速切除故障。对于动作跳闸的保护，要求动作迅速的目的在于：

(1) 降低短路电流对故障设备的损坏程度，避免事故进一步扩大。

(2) 减少对用户正常用电的影响。

(3) 提高系统稳定性。

保护切除故障时间越长，短路点处电弧燃烧时间越长，故障设备损坏程度也就越严重。

则经济损失大、修复工期长，这点对贵重的大型设备显得更为重要。在发生故障初期，本来属于暂时性故障，但由于电弧燃烧时间长，就有可能发展成为永久性故障，这就降低了自动重合闸动作的成功率，即：

$$t = t_{bh} + t_{dl}$$

式中 t——故障切除时间；

t_{bh}——保护动作时间；

t_{dl}——断路器动作时间。

一般快速保护的动作时间为0.06～0.12 s，最快的可达0.01～0.04 s。

一般断路器的动作时间为0.06～0.15 s，最快的可达0.02～0.06 s。

注意：现在常说的开关跳闸时间一般都是单指保护动作时间，没有去注意还有断路器动作时间，原因就是因为断路器动作时间非常短，所以忽略不计。

3. 灵敏性

灵敏性指在规定的保护范围内，对故障情况的反应能力。满足灵敏性要求的保护装置应在区内故障时，不论短路点的位置、短路的类型及系统运行方式如何，都能灵敏地正确地反映出来。

保护装置的灵敏性，通常用灵敏系数来衡量，并表示为K_{lm}。

对反应于数值上升而动作的过量保护(如电流保护)：

$$K_{lm} = \frac{\text{保护区内金属性短路时故障参数的最小计算值}}{\text{保护的动作参数}} = \frac{I_{dmin}}{I_{dz}}$$

对反应于数值下降而动作的欠量保护(如低电压保护)：

$$K_{lm} = \frac{\text{保护的动作参数}}{\text{保护区内金属性短路时故障参数的最大计算值}} = \frac{U_{dz}}{U_{dmax}}$$

保护区内金属性短路时故障参数的最小计算值就是在最小运行方式下的值；保护区内金属性短路时故障参数的最大计算值就是在最大运行方式下的值；在进行继电保护整定计算时，常用到最大运行方式和最小运行方式。所谓最大运行方式，是指流过保护装置的短路电流为最大时的运行方式；最小运行方式是流过保护装置的短路电流为最小时的运行方式。

提示：对反应于数值上升而动作的过量保护(如过流保护)，其灵敏系数是一个大于1的数，即不管在什么运行情况下，其实际的短路电流应大于保护整定值，这样过流保护才能灵敏地动作；而对反应于数值下降而动作的欠量保护(如低电压保护)，其灵敏系数是一个小于1的数。

4. 可靠性

保护装置的可靠性是指在它的保护范围内发生属于它动作的故障时，应可靠动作，即不应拒动；而发生不属于它动作的情况时，则应可靠不动作，即不应误动。若保护不能满足可靠性要求，则保护装置本身就成为扩大事故和直接造成事故的根源，故可靠性是对保护装置最根本的要求。

总的来说，上述四个基本要求是分析研究继电保护性能的基础，在它们之间既有矛盾的一面，又有在一定条件下统一的一面。故在选用、设计保护装置时，应从全局出发，统一考虑。

三、继电保护的工作原理及分类

1. 继电保护的工作原理

电力系统发生故障时，其特点是电流增大、电压降低、电流与电压间的相位角也会发生变化。因此，应用于电力系统中的各种继电保护，绝大多数都是以反映这些电气量的变化为基础的，利用正常运行与故障时各电气量间的差别来实现。

根据所反映的上述各种电气量的不同，便构成各种不同原理和类型的继电保护，如：

(1) 反映电流改变的，有电流速断、定时限过流及零序电流保护等。

(2) 反映电压改变的，有低电压(或过电压)、零序电压保护等。

(3) 既反映电流，又反映电流与电压间相角改变的，有方向过电流保护。

(4) 既反映电压与电流的比值，又反映短路点到保护安装处阻抗(或距离)的，有距离保护等。

(5) 反映输入电流和输出电流之差的，有变压器差动保护等。

(6) 反映变压器内部故障时所产生的瓦斯气体，构成瓦斯保护；反映绕组温度升高而构成过负荷保护等。

【例 5-2】 简述 110 kV 变电站需配备哪些保护才能满足运行要求？

(1) 变压器应配备主保护(含本体保护)和后备保护

① 变压器主保护：主要包括差动保护和本体保护。

差动保护包括：差动电流速断保护；比率差动及二次谐波制动；CT 断线检测。

本体保护包括：重瓦斯、调压重瓦斯、压力释放、风冷消失跳闸及发跳闸信号(视硬压板投退位置)；轻瓦斯、调压轻瓦斯、油温过高、油位过低等告警信号。

② 变压器后备保护：主要包括复合电压闭锁过电流保护(方向)；零序电流保护(变压器中性点直接接地方式)、间隙零序电流保护(变压器中性点不接地运行方式)；过负荷保护。

(2) 线路保护系统

① 110 kV 线路保护：包括距离保护、零序电流保护、光纤纵差保护及三相一次重合闸等。

② 35 kV/6 kV 线路保护系统：包括瞬时电流速断保护(方向)、限时电流速断保护(方向)、定时限过电流保护、三相一次重合闸、低周减载和小电流接地等。

(3) 电容器保护

电容器保护过电流、过电压、低电压、不平衡电压或不平衡电流保护。

2. 继电保护的组成

继电保护一般情况是由三个基本部分组成的，即测量部分、逻辑部分和执行部分，如图 5-2 所示。

各基本部分的作用如下：

(1) 测量部分：测量从被保护对象输入的有关物理量(如电流、电压、阻抗、功率方向等)，并与已给定的整定值进行比较，根据比较结果给出“是”“非”“大于”“不大于”等具有“0”或“1”性质的一组逻辑信号，从而判断保护是否应该启动。

(2) 逻辑部分：根据测量部分输出量的大小、性质、输出的逻辑状态、出现的顺序或它们的组合，把启动测量元件送来的信号经过逻辑判断以检出是否故障或异常运行状态，最后确定是否应跳闸或发信号，并将有关命令传给执行元件。

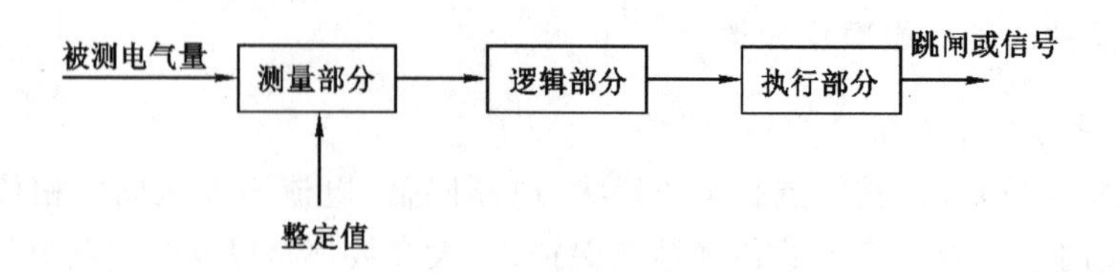

图 5-2 继电保护三个组成部分

完成逻辑判断功能的元件在电磁式保护中可以由一些中间继电器、过流继电器和时间继电器按照一定的接线方案组成。在晶体管和集成电路保护中则是由一些电子线路组成的功能插板完成。在微处理机保护中则是用软件系统的智能程序来完成。

(3) 执行部分:根据逻辑元件传送的信号,最后完成保护装置所担负的任务。例如,故障时→跳闸,不正常运行时→发信号,正常运行时→不动作。该执行部分可以理解为出口,即保护动作后发出的告警或跳闸命令。

【例 5-3】 常规变电站过流保护工作原理,如图 5-3 所示。

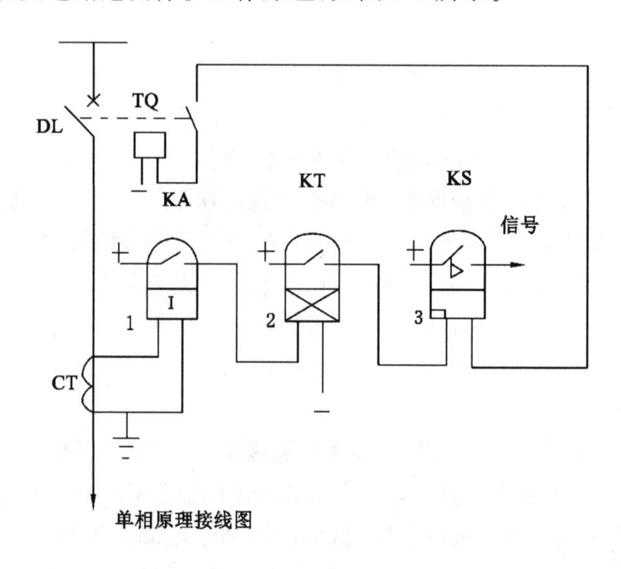

图 5-3 过流保护原理图

测量部分:由电流互感器 CT 的二次绕组连接电流继电器 KA 组成。

逻辑部分:在正常运行时,通过被保护元件的电流为负荷电流,小于电流继电器 KA 的动作电流,电流继电器不动作,其触点不闭合。当线路发生短路故障时,流经电流继电器的电流大于继电器的动作电流,电流继电器立即动作。

执行部分:电流继电器触点闭合,将逻辑回路中的时间继电器 KT 绕组回路接通电源,时间继电器 KT 动作,经整定时间 t 后闭合其触点,接通执行回路中的信号继电器 KS 绕组和断路器 DL 的跳闸线圈 TQ 回路,使断路器 DL 跳闸,切除故障线路。同时,信号继电器 KS 动作发出跳闸信号。

3. 继电保护的分类

(1) 按被保护的对象分类:输电线路保护、发电机保护、变压器保护、电动机保护、母线保护等。

(2) 按保护原理分类：电流保护、电压保护、距离保护、差动保护、方向保护、零序保护等。

(3) 按保护所反映故障类型分类：相间短路保护、接地故障保护、匝间短路保护、断线保护、失步保护、失磁保护及过励磁保护等。

(4) 按继电保护装置的实现技术分类：机电型保护(如电磁型保护和感应型保护)、整流型保护、晶体管型保护、集成电路型保护及微机型保护等。

(5) 按保护所起的作用分类：主保护、后备保护、辅助保护等。

(6) 按继电保护装置的构成分类：模拟型继电保护装置和数字型的微机继电保护。

第二节 常用继电保护原理及应用

一、输配电线路相间短路的电流保护

电力系统正常运行时，变压器、输配电线路等一次电气设备中流过的是负荷电流；电力系统中发生短路故障时，流过故障设备的电流会增大为短路电流。利用这个特点，可以通过测量电流的大小来反映一次电气设备的故障或异常运行情况。这种通过反映电流增大动作，从而将故障设备从电力系统中切除或发出告警信息的保护称为电流保护。

反映输电线路相间短路的电流保护，通常采用三段式，即第一段为电流速断保护，第二段为限时电流速断保护，第三段为定时限过电流保护。其中，一、二段联合作用构成线路的主保护，三段作为后备保护。当一、二段灵敏系数不够时，可采用电流、电压联锁速断保护。

1. 电流速断保护

对于仅反应于电流增大而瞬时动作的电流保护，称为电流速断保护。

动作时间：0 s。

电流整定原则：电流速断保护应躲过下一条线路出口处发生三相短路时的最大短路电流。

保护范围：本线路的一部分，且保护范围不稳定，随电力系统运行方式的改变而改变。最小保护区不应小于被保护线路全长的15%～20%，如图5-4中的l_{min}；最大保护区不应小于被保护线路全长的50%，如图5-4中的l_{max}。

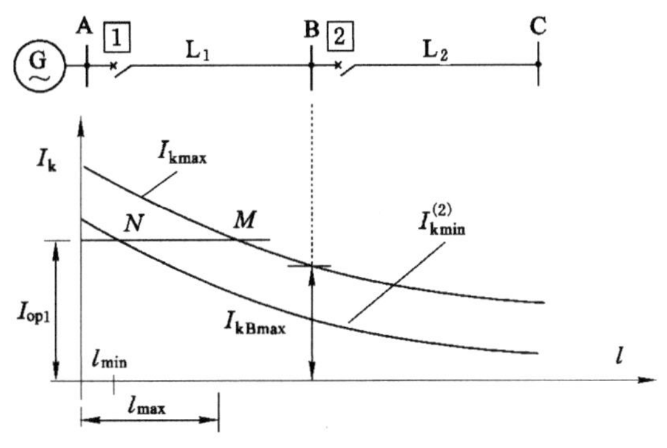

图5-4 电流速断保护范围示意图

2. 限时电流速断保护

在电流速断保护的基础上，增加了一个时间 Δt，可以和电流速断保护相配合，因动作带有延时，故称限时电流速断保护。

动作时间：比电流速断保护大一个时限级差 Δt。

电流整定原则：躲过相邻下一元件无时限电流速断保护范围末端短路时所产生的最大短路电流。

保护范围：本线路全长及下一段线路的一部分，如图 5-5 中的 I_{op}。

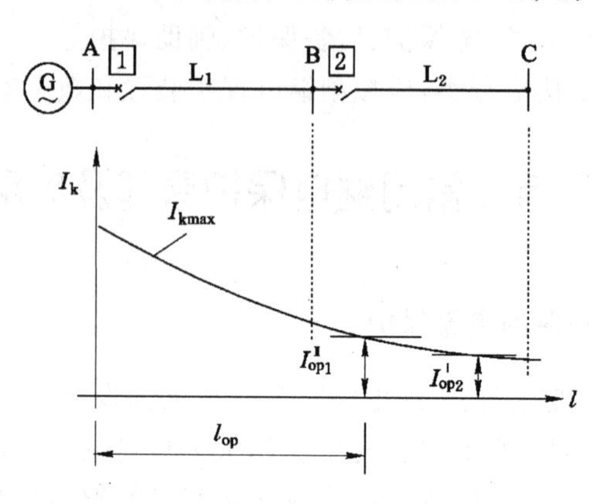

图 5-5　限时电流速断保护范围示意图

3. 定时限过电流保护

保护的动作时间是恒定的，与电流的大小无关。只要达到动作电流的整定值保护就动作，称为定时限过电流保护。

动作时间：比上级线路的定时限过电流保护的动作时间大一个时限级差 Δt，如图5-6中的 Δt。

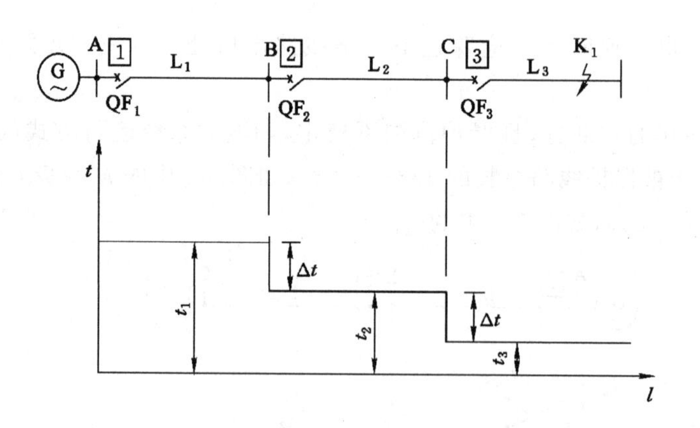

图 5-6　定时限过电流保护时限匹配图

电流整定原则：其启动电流按躲过最大负荷电流来整定。

保护范围：保护本线路全长，且能保护相邻线路的全长。作为本线路主保护的近后备保护以及相邻下一线路保护的远后备保护。

二、输配电线路的接地保护

我国的电力系统根据中性点接地方式的不同，可分为大电流接地系统和小电流接地系统。

大电流接地系统即中性点直接接地系统（一般是110 kV及以上的电网），在这种系统中如果发生了接地故障，设备中就会产生很大的短路电流，如不及时切除故障设备，后果不堪设想，所以这种系统中保护的任务是尽早地跳闸。

小电流接地系统即中性点不接地或经消弧线圈接地系统（一般是66 kV及以下的电网），在这种系统中如果发生了接地故障，流过设备的电流为电容电流，其值很小，系统可以继续运行一段时间，所以这种系统中保护的任务只是发信号。

1. 中性点直接接地系统

统计表明，接地故障的概率占总故障的90%左右，是继电保护重点防范的故障，所以尽管有如过流保护也能保护到这种故障类型，但还是要设置专用的接地保护，这就是零序保护，因为零序保护对接地故障而言更灵敏。

零序保护是依据零序电流、零序电压而动作的，在电力系统发生接地故障前后，零序分量会产生很大的变化，这是接地故障有别于相间故障的一个最突出的地方。

在中性点直接接地系统中，正常运行时，由于三相的电流和电压是对称的，所以此时的零序电流和零序电压都为零。但发生接地故障后，会产生很大的零序电流和零序电压，且变化规律如下：

① 故障点的零序电压最高，变压器中性点的零序电压最低，为零。

② 零序电流由故障处产生，其大小与中性点接地变压器的数目和分布有关，与系统运行方式无直接关系。

③ 零序电流仅在故障点与接地中性点之间形成回路，它是由故障点的零序电压产生的，其实际的流动方向是由故障点流向变压器的中性点，所以零序功率的方向为线路指向母线。

④ 零序电流和零序电压的大小与故障点位置的关系为：故障点离保护安装处越近，数值就越大；故障点离保护安装处越远，数值就越小。其变化类似于相间电流随故障点变化的规律，所以零序方向元件动作无死区。

我们可根据零序电流和零序电压的这些规律，构成输配电线路的接地保护。

零序电流保护的构成原理与整定思路类似于相间电流保护，只不过各段更加灵敏，这是因为它是依据零序电流而动作的。因此，零序电流保护也可采用阶梯时限特性，构成零序电流保护的三段：

(1) 零序速断保护：可以保护一部分输电线路，不能保护线路全长。按躲过被保护线路末端接地短路时，保护安装处测量到的最大零序电流整定。

(2) 限时零序电流速断保护：工作原理及整定原则与相间短路的限时电流速断保护相似。一般能够保护线路全长，在线路对端母线故障时有足够的灵敏度，其动作时间经相邻线路的零序一段动作时间大一个时限级差 Δt。

(3) 零序过电流保护：工作原理与反映相间短路的定时限过电流保护相似，可以作为本线路及相邻线路的后备保护。动作电流按最大不平衡电流整定。

2. 中性点非直接接地系统

中性点非直接接地系统(又称小电流接地系统)分为三种:中性点不接地方式、中性点经消弧线圈接地方式、中性点经电阻接地方式。

当发生单相接地短路时,由于故障点电流很小,而且三相之间的线电压仍然保持对称,对负荷的供电没有影响。因此,保护不必立即动作于断路器跳闸,可以继续运行 1～2 h,但是,在单相接地以后,其他两相的对地电压要升高$\sqrt{3}$倍。为了防止故障进一步扩大成两点或多点接地短路,此时保护应及时发出信号,以便运行人员采取措施予以消除。

(1) 中性点非直接接地系统单相接地故障的特点

① 中性点不接地系统发生单相接地故障的特点

发生单相接地时,系统各处故障相对地电压为零,非故障相对地电压升高至系统的线电压;零序电压大小等于系统正常运行时的相电压。

非故障线路上零序电流的大小等于其本身的对地电容电流,方向由母线指向线路。

故障线路上零序电流的大小等于全系统非故障元件对地电容电流的总和,方向为由线路指向母线。

② 中性点经消弧线圈接地系统单相接地故障的特点

在中性点不接地系统发生单相接地故障时,接地点要流过全系统的对地电容电流,如果此电流值很大,就会在接地点燃起电弧,引起弧光过电压,从而使非故障相对地电压进一步升高,使绝缘损坏,发展为两点或多点接地短路,造成停电事故。为解决此问题,通常在中性点接入一个电感线圈,这样当发生单相接地故障时,在接地点就有一个电感分量的电流通过,此电流与原系统中的电容电流相抵消一部分,使流经故障点的电流减小,因此称此电感线圈为消弧线圈。

相关规程规定 22～66 kV 电网单相接地时,若故障点的电容电流总和大于 10 A,10 kV 电网电容电流总和大于 20 A,3～6 kV 电网电容电流总和大于 30 A 时,中性点应采取经消弧线圈接地的运行方式。

(2) 中性点非直接接地系统中线路的接地保护

① 零序电压保护

在中性点非直接接地系统中,任一点发生接地短路时,都会出现零序电压。根据这一特点构成常规站的无选择性零序电压保护,又称绝缘监视装置,如图 5-7 所示。

② 零序电流保护

在中性点不接地系统中发生单相接地短路时,故障线路的零序电流大于非故障线路的零序电流,利用这一特点可构成零序电流保护。尤其在出线较多的系统中,故障线路的零序电流比非故障线路的零序电流大得多,保护动作更灵敏。

零序电流保护一般使用在有条件安装零序电流互感器的线路上,如电缆线路或经电缆引出的架空线路。对于单相接地电流较大的架空线路,如果通过故障线路的零序电流足以克服零序电流滤过器中不平衡电流的影响,保护装置也可以接于由三个电流互感器构成的零序回路中,如图 5-8 所示。

三、输电线路的距离保护

电流、电压保护具有简单、经济、可靠性高等突出优点,但是保护动作范围受系统运行方

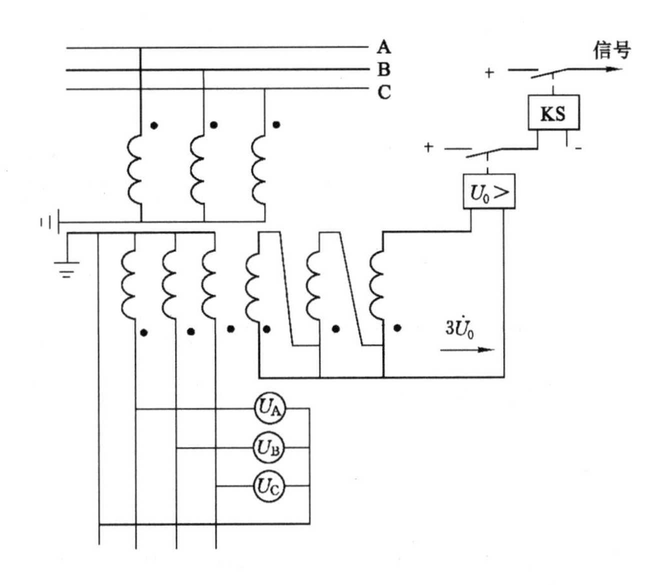

图 5-7　由零序电流互感器构成的零序电流保护

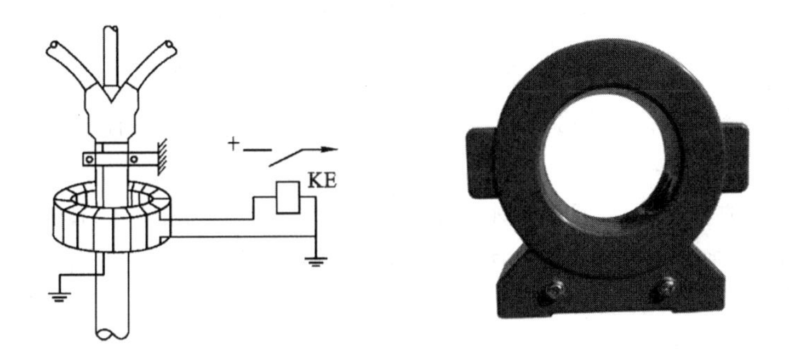

图 5-8　零序电流互感器

式的变化影响很大，尤其是在长距离重负荷的高压线路以及长、短线路的保护配合中，往往不能满足灵敏性的要求。因此，电压等级在 35 kV 及以上、运行方式变化较大的多电源复杂系统中，通常采用性能较完善的距离保护。

1. 距离保护的基本原理

所谓距离保护，是指反应保护安装处到故障点之间的距离，并根据这一距离的远近确定动作时限的一种保护装置，如图 5-9 所示。

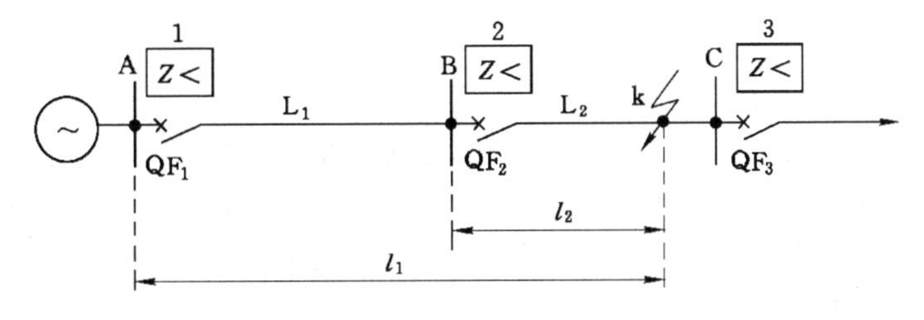

图 5-9　距离保护的工作原理

（1）电网正常运行时，保护安装处的电压为母线额定电压 U_n，线路中通过的电流为线路负荷电流 I_1，保护装置感受的阻抗（测量阻抗）为负荷阻抗 $Z_1=\frac{U_n}{I_1}$。

（2）当线路发生短路（k 点短路）时，保护安装处的电压为母线残余电压 U_{rem}，且 $U_{rem} \ll U_n$；线路中通过的电流为短路电流 I_k，且 $I_k \gg I_1$，保护装置感受的阻抗为短路阻抗 $Z_k=\frac{U_{rem}}{I_k}$。

显然 $\frac{U_{rem}}{I_k} \ll \frac{U_n}{I_1}$，反应测量阻抗的保护比电流保护灵敏度高。当线路发生故障时，保护装置的测量阻抗 Z_r 为线路的短路阻抗 Z_k，又由于线路每单位长度的阻抗为一固定值 Z，因此测量阻抗的大小与故障点到保护安装处的距离成正比。所以，距离保护实质上是反应阻抗降低而动作的阻抗保护。

2. 距离保护的构成

距离保护和前面讲述的电流保护相似，采用按照动作范围划分的具有阶梯时限特性的阶段式距离保护。通常采用三段式距离保护，分别称为距离保护的Ⅰ段、Ⅱ段和Ⅲ段。距离保护Ⅰ段和Ⅱ段共同作用，构成本线路的主保护；距离保护Ⅲ段是本线路的近后备保护和相邻线路的远后备保护。

（1）距离保护Ⅰ段。距离保护Ⅰ段和三段式电流保护的Ⅰ段相似，也不能保护本线路的全长。其保护范围为本线路全长的 80％～85％，动作时限为保护装置本身的固有动作时间。

（2）距离保护Ⅱ段。为了切除本线路末端 15％～20％范围内的故障，相似于三段式电流保护的考虑，距离保护Ⅱ段的保护范围为本线路的全长，并延伸至下一相邻线路距离保护Ⅰ段保护范围的一部分，动作时限应与下一相邻线路距离保护Ⅰ段的动作时限相配合，并大一个时限级差。

（3）距离保护Ⅲ段。距离保护Ⅲ段是本线路和相邻线路的后备保护，它的保护范围较大，其动作时限按阶梯形原则整定，即本线路距离保护Ⅲ段应比相邻线路中保护的最大动作时限大一个时限级差。

四、光纤纵差保护

输电线路的光纤纵差保护是用光导纤维作为通信信道的纵联差动保护。随着光纤通信技术的发展，光纤产量的增加、价格的下降，光纤通信已经成为电力系统的主要通信方式。随着光纤通信网络在电力系统中的快速普及，光纤纵差保护作为高压输电线路的主保护，将逐步取代高频保护。

光纤电流差动保护是在电流差动保护的基础上演化而来的，基本保护原理也是基于基本电流定律，它能够理想地使保护实现单元化，原理简单，不受运行方式变化的影响，而且由于两侧的保护装置没有电联系，提高了运行的可靠性。目前，电流差动保护在电力系统的主变压器、线路和母线上大量使用，其具有灵敏度高、动作简单可靠快速、能适应电力系统振荡、非全相运行等优点，是其他保护形式所无法比拟的。光纤电流差动保护在继承了电流差动保护优点的同时，以其可靠稳定的光纤传输通道保证了传送电流的幅值和相位正确可靠地传送到对侧。光纤纵差保护的结构组成如图5-10所示。

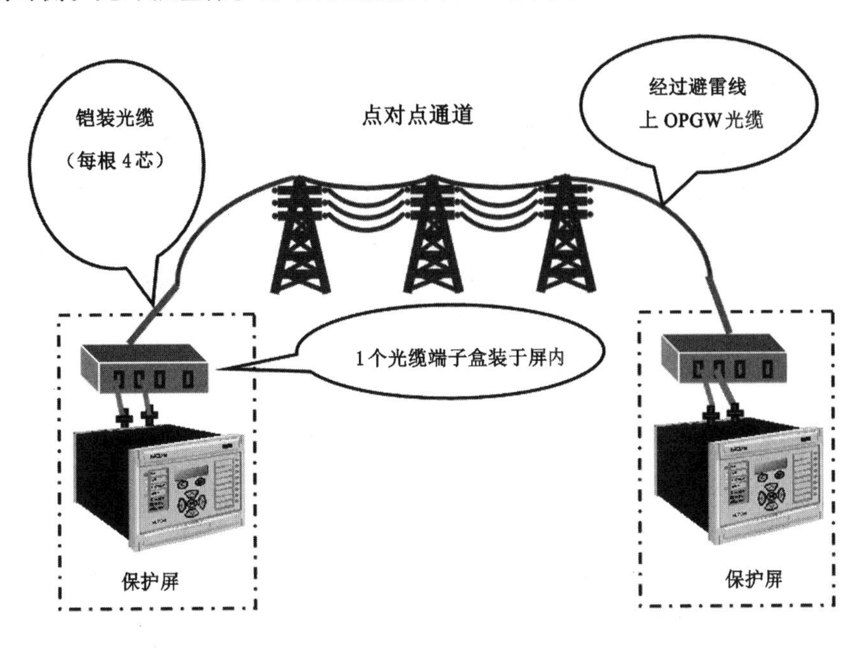

图5-10 光纤纵差保护结构组成示意图

1. 光纤通信的特点

(1) 通信容量大。光纤可同时传送150万路电话或几千路彩色电视信号。其通信容量十分巨大，这是任何其他通信方式无法比拟的。

(2) 抗干扰能力强。制造光导纤维的玻璃材料是绝缘介质，因此其抗电磁干扰的能力特别强，强电场、雷电等对光纤通信几乎没有影响。

(3) 原料资源丰富。光纤的主要原材料是二氧化硅，而二氧化硅在土层中的含量约占50%，因此制造光导纤维的玻璃材料在地球上非常丰富。

(4) 线路架设方便。光纤的质量轻、体积小，可以利用电力系统特有的输电线路、电力杆塔等，将光纤通信线路与电力线路结合在一起建设，更加方便、快捷。

2. 光纤通道

光纤通道一般由调制器、光源、中继器、光检测器、解调器构成，如图5-11所示。

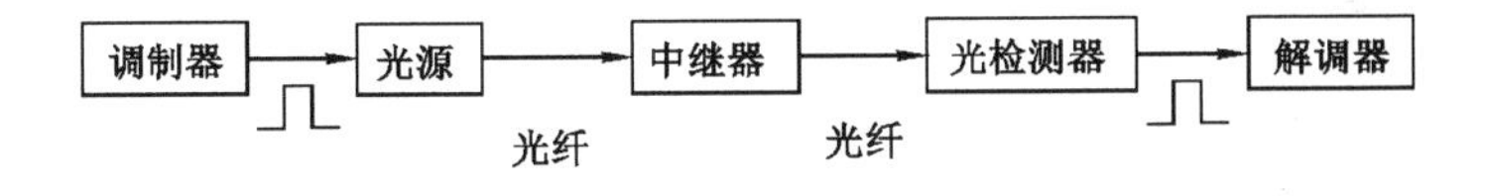

图5-11 光纤通道的构成框图

3. 光纤纵联电流差动保护的原理

首先理解什么是纵联差动，如图5-12所示。

从图5-12(a)中可以看出，CT接于线路的首尾端，测量的是线路首尾端的电流量，属于纵向比较，故称作纵联差动。图5-12(b)中CT接于几条线路的首端（或尾端），测量的几条线路首端（或尾端）的电流量，属于横向比较，故称作横联差动。

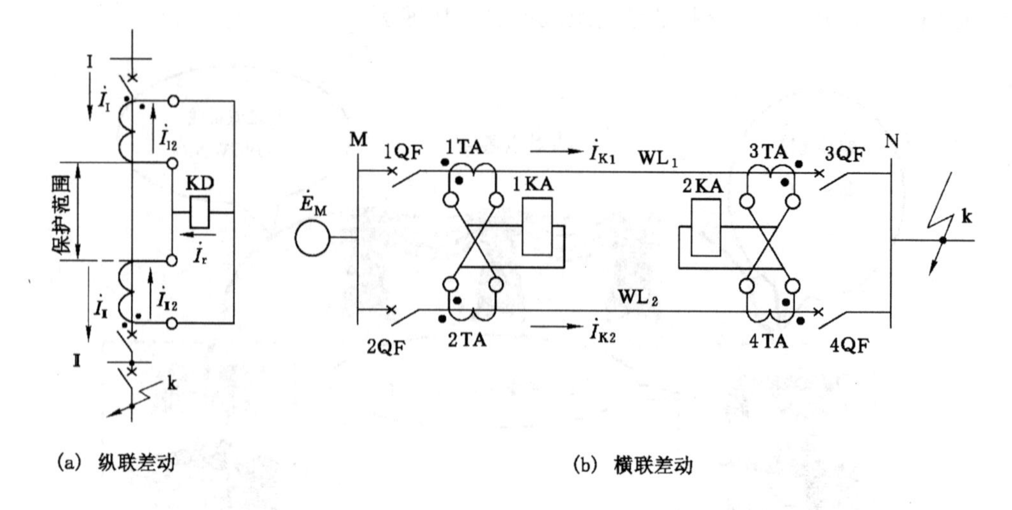

图 5-12　纵联差动和横联差动

图 5-13 为光纤纵联电流差动保护的构成示意图。将线路两侧电流互感器的二次电流分别送入 M 侧保护装置、N 侧保护装置，各侧保护装置对本侧的输入电流进行采样，滤波后转换为数字量，通过光纤通道将数据传送至对侧保护装置。各侧保护对本侧和对侧电流数据进行计算，并根据电流差动保护的判据进行判别。当判定为保护范围内部故障时，保护装置动作发出跳闸指令；如判为外部故障，则保护不动作。

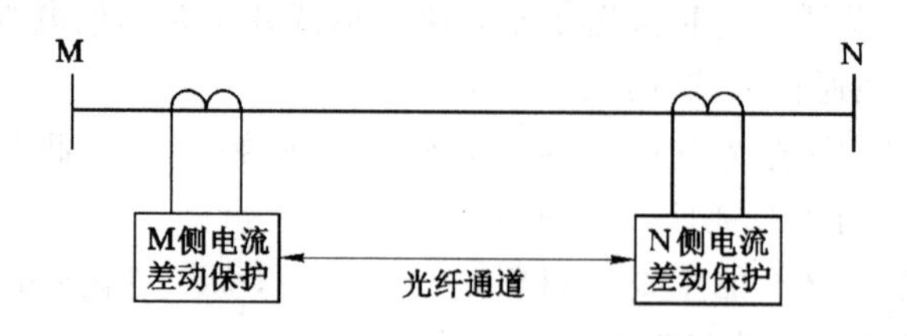

图 5-13　光纤纵联电流差动保护构成示意图

根据电流差动保护判据的不同，光纤纵联差动保护又分为突变量差动保护、高定值分相电流差动保护、低定值分量电流差动保护、零序电流差动保护等。

五、电力变压器保护

1. 常用电力变压器保护简介

电力变压器是电力系统中十分重要的元件，它的故障将对供电可靠性和系统的正常运行带来严重的影响。针对电力变压器的故障和不正常运行状态，电力变压器应装设主保护和后备保护。

(1) 电力变压器的主保护

电力变压器的主保护包括瓦斯保护、纵联差动保护和差流速断保护等。

① 瓦斯保护。变压器瓦斯保护是针对变压器油箱内的各种故障以及油面降低而设置的保护。瓦斯保护分为轻瓦斯保护和重瓦斯保护。其中，轻瓦斯保护动作于信号，重瓦斯保

护动作于跳开变压器各电源侧的断路器。

② 纵联差动保护。为防止变压器绕组、套管及引出线上的故障，应根据变压器容量的不同装设纵联差动保护。

③ 差流速断保护。为防止在较高短路水平（区内）时，由于电流互感器饱和时高次谐波量增加，产生极大的制动力矩而使差动元件拒动，所以设置差动速断元件，当短路电流达到4～10倍额定电流时，差动速断元件快速动作跳闸。

（2）电力变压器的后备保护

电力变压器的后备保护主要用来防止变压器的外部短路并作为主保护的后备保护。

① 复合电压启动的过电流保护。一般用于升压变压器及过电流保护灵敏性不满足要求的降压变压器上。变压器相间短路的后备保护既是变压器主保护的后备保护，又是相邻母线或线路的后备保护。

② 对于外部接地短路引起的变压器过电流应采用下列保护：

a. 对于中性点直接接地系统，为防止外部接地短路引起变压器过电流，应装设零序电流保护。

b. 当电力系统中部分变压器中性点接地运行，为防止发生接地短路时，中性点接地的变压器跳开后，中性点不接地的变压器（低压侧有电源）仍带接地故障继续运行，应根据具体情况装设专用的保护装置，如零序电压保护，中性点装设放电间隙及零序电流保护等。

③ 过负荷保护。变压器运行时电流超过过负荷整定值（一般按最大负荷或设备额定功率来整定）时，发出过负荷信号。

④ 其他保护。对于变压器温度及油箱内压力升高或冷却系统的故障，应按现行变压器标准的要求，装设可作用于信号或动作于跳闸的保护装置。

2. 复合电压闭锁过电流保护

复合电压闭锁过流保护的电压启动元件由低电压和负序电压组成。负序电压能够反映系统的不对称短路故障，低电压可以反映对称的三相短路。

复合电压简称复压。如图5-14所示，复合电压闭锁过电流保护，是指当系统出现短路故障时会出现短路电流，如果此时产生低电压或负序电压，则开放过电流保护，使保护动作，开关跳闸；如果此时低电压和负序电压均没有产生，则闭锁过流保护，使保护不动作。

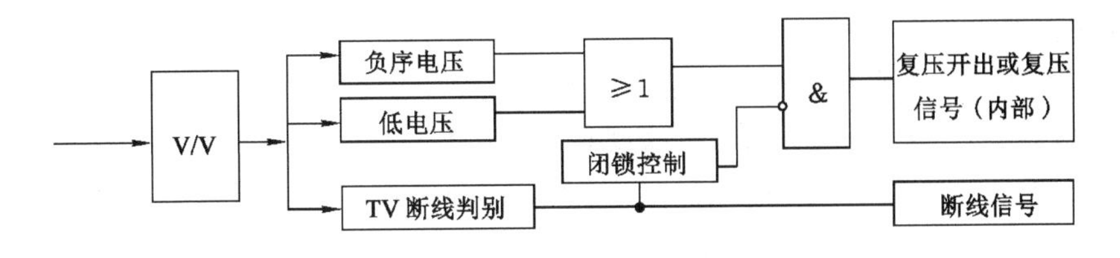

图5-14　复合电压动作逻辑框图

从复合电压动作逻辑框图可以看出，负序电压和低电压是“或”的关系。另外，复合电压需经过PT断线闭锁，即在PT断线的情况下，复合电压将被闭锁。

在复压闭锁过流保护中我们常用到"对侧复压开入",其含义是将对侧(如高压侧就视低压侧为对侧)复压当作一个遥信量引入。这主要是因为对于降压变压器,当中低压侧发生短路故障时,由于变压器的阻抗非常大,所以会在变压器高压侧形成非常大的残压,此残压有时候会超过低压闭锁定值,所以有可能使复压闭锁过流保护无法动作。因此,对于双绕组变压器,高压侧复压闭锁过流保护中就取低压侧的复合电压。

3. 变压器的接地保护

变压器的接地保护(又称变压器的零序保护)用于中性点直接接地系统中的电力变压器,以反映接地故障的后备保护。电力变压器的接地保护通常由主变压器零序电压元件、主变压器零序电流元件、主变压器间隙零序电流元件及时间元件构成,根据变压器中性点的接地方式进行选择配置。

变压器的接地保护分为中性点直接接地运行的变压器接地保护和中性点可能接地也可能不接地运行的变压器接地保护。

以下仅介绍中性点可能接地也可能不接地运行的变压器接地保护。

对于中性点可能接地也可能不接地运行的变压器,其接地保护需配置两套,一套作为中性点接地运行方式时的接地保护,另一套用于不接地运行时的接地保护。中性接地运行方式时的接地保护通常采用两段式零序过电流保护,而中性点不接地运行方式时的接地保护通常采用零序过电压保护和间隙零序过流保护相配合,如图 5-15 所示。

图 5-15　间隙零序电流保护配套设备

这种接地保护的整定计算、动作时限等与变压器中性点绝缘水平、过电压保护方式及并联运行的变压器台数有关。

变压器中性点绝缘水平分为全绝缘和半绝缘。全绝缘是指变压器中性点对地的绝缘和三相接线柱对地的绝缘水平相同;半绝缘就是主变的接线端对地的绝缘和中性点对地的绝缘不相同,中性点绝缘要比接线端绝缘要小,之所以绝缘强度小是因为中性点一般接地,即使不接地,三相电压对称,中性点电压也不大。

4. 变压器的非电量保护

非电量保护,顾名思义就是指由非电气量反映的故障动作或发信的保护,一般是指保护的判据不是电气量(电流、电压、频率、阻抗等),而是非电量,如瓦斯保护(通过油速整定)、温度保护(通过温度高低)、防爆保护(压力释放)等。

非电量保护可对输入的非电量接点进行 SOE 记录和保护报文记录并上传，主要包括本体重瓦斯、调压重瓦斯、压力释放、冷控失电、本体轻瓦斯、调压轻瓦斯、油温过高等，经压板直接出口跳闸或发信报警。

注意：针对每个单独非电量保护，如重瓦斯保护、温度保护等都配有保护硬压板，一般情况下，如果保护硬压板在投入位置，则保护作用于跳闸；如果保护硬压板在退出位置，则保护作用于告警。

第六章　变电站综合自动化系统基础知识

第一节　变电站综合自动化的主要内容和特点

一、变电站综合自动化的主要内容

变电站综合自动化的内容应包括：

(1) 变电站电气量的采集和电气设备(如断路器等)的状态监视、控制和调节。

(2) 通过变电站综合自动化技术实现变电站正常运行的监视和操作,保证变电站的正常运行和安全。

(3) 当发生事故时,由继电保护和故障录波等完成瞬态电气量的采集、监视和控制,并迅速切除故障,完成事故后的恢复操作。

对 110 kV 及以下电压等级变电站,以提高供电安全与供电质量,改进和提高用户服务水平为重点。采用自动化系统,利用现代计算机和通信技术,对变电站的二次设备进行全面的技术改造,取消常规的保护、监视、测量、控制屏,实现综合自动化,以全面提高变电站的技术水平和运行管理水平,并提供变电站无人值班的硬件支持。

此外,变电站综合自动化的内容还应包括监视高压电器设备本身的运行(如断路器、变压器和避雷器等的绝缘和状态监视等),并将变电站所采集的信息传送给电力调度,以便为电气设备监视和制订检修计划提供原始数据。

变电站实现综合自动化的基本目标是提高变电站的技术水平和管理水平,提高电网和设备的安全、可靠、稳定运行水平,降低运行维护成本,提高供电质量,并促进配电系统自动化。

二、变电站综合自动化的特点

变电站综合自动化就是通过监控系统的局域网通信,将微机保护、微机自动装置、微机远动装置采集的模拟量、开关量、状态量、脉冲量及一些非电量信号,经过数据处理及功能的重新组合,按照预定的程序和要求,对变电站实现综合性的监视和调度。因此,综合自动化的核心是自动监控系统,而综合自动化的纽带是监控系统的局域通信网络,它把微机继电保护、微机自动装置、微机远动功能综合在一起,形成一个具有远方功能的自动监控系统。变电站综合自动化系统最明显的特征表现在以下几个方面：

1. 功能综合化

变电站综合自动化技术是在微机技术、数据通信技术、自动化技术基础上发展起来的。是个技术密集、多种专业技术相互交叉、相互配合的系统。它综合了变电站除一次设备和交、直流电源以外的全部二次设备。在综合自动化系统中,微机监控系统综合了变电站的仪表屏、操作屏、模拟屏、变送器屏、中央信号系统等功能，远动的RTU功能及电压和无功补偿自动调节功能；微机保护(和监控系统一起)综合了故障录波、故障测距、小电流接地选线、自动按频率减负荷、自动重合闸等自动装置功能。上述综合自动化的综合功能是通过局域网各微机系统软、硬件的资源共享形成的，因此对微机保护和自动装置提出了更高的自动化要求。

2. 分级分布式、微机化的系统结构

综合自动化系统内各子系统和各功能模块由不同配置的单片机或微型计算机组成，采用分布式结构，通过网络、总线将微机保护、数据采集、控制等各子系统连接起来，构成一个分级分布式的系统。一个综合自动化系统可以有十几个甚至几十个微处理器同时并行工作，实现各种功能。

3. 测量显示数字化

长期以来，变电站采用指针式仪表作为测量仪器，其准确度低、读数不方便。采用微机监控系统后，彻底改变了原来的测量手段，常规指针式仪表全被显示器上的数字显示所代替，直观、明了。而原来的人工抄表记录则完全由打印机打印的报表所代替，这不仅减轻了值班员的劳动，而且提高了测量精度和管理的科学性。

4. 操作监视屏幕化

变电站实现综合自动化，不论是有人值班，还是无人值班，操作人员在变电站内，还是在主控站或调度室内，面对显示器，可对变电站的设备和输电线路进行全方位的监视与操作。常规庞大的模拟屏被显示器上的实时主接线画面取代；常规在断路器安装处或控制屏上进行的分合闸操作，被显示器上的鼠标操作或键盘操作所代替；常规的光字牌报警信号，被显示器画面闪烁和文字提示或语音报警所取代，即通过计算机上的显示器，可以监视全变电站的实时运行情况和对各开关设备进行操作控制。

5. 运行管理智能化

变电站综合自动化的另一个最大特点是运行管理智能化。智能化的含义不仅是能实现许多自动化的功能，例如：电压、无功自动调节，不完全接地系统单相接地自动选线，自动事故判别与事故记录，事件顺序记录，报表打印，自动报警等，更重要的是能实现故障分析和故障恢复操作智能化；而且能实现自动化系统本身的故障自诊断、自闭锁和自恢复等功能，这对于提高变电站的运行管理水平和安全可靠性是非常重要的，也是常规的二次系统所无法实现的。常规的二次设备只能监视一次设备，本身的故障必须靠维护人员去检查，本身不具备自诊断能力。

总之，变电站实现综合自动化可以全面地提高变电站的技术水平和运行管理水平，使其能适应现代化大电力系统运行的需要。

三、变电站自动化系统的优点

(1) 控制和调节由计算机完成，减轻了劳动强度，避免了误操作。

(2) 简化了二次接线，整体布局紧凑，减少了占地面积，降低了变电站建设投资。

(3) 通过设备监视和自诊断，延长了设备检修周期，提高了运行可靠性。

(4) 变电站综合自动化以计算机技术为核心，提供了很大的发展、扩充余地。

(5) 减少了人的干预，因而人为事故大大减少。

第二节　变电站综合自动化系统综合对比

一、常规变电站存在的问题

1. 安全性、可靠性不能满足现代电力系统高可靠性的要求

传统的变电站大多数采用常规的设备，尤其是二次设备中的继电保护和自动装置、远动装置等采用电磁型或晶体管式，结构复杂、可靠性不高，本身又没有故障自诊断的能力，只能靠一年一度的整定值校检发现问题、进行调整与检修，或必须等到保护装置发生拒动或误动后才能发现问题。

2. 供电质量缺乏科学的保证

随着生产技术水平的不断提高，各行各业对供电质量的要求越来越高。电能质量的主要指标一是频率，二是电压，三是谐波。频率主要由发电厂调节，而合格的电压则不单靠发电厂调节，各变电站也应该通过调节分接头位置和控制无功补偿设备进行调整，使电网运行在合格范围内。但常规变电站大多数不具备有载调压手段。至于谐波污染造成的危害，还没有引起足够的重视，缺乏有力的控制措施，且尚无科学的质量考核办法，不能满足目前发展电力市场的需求。

3. 不适应电力系统快速计算和实时控制的要求

现代电力系统必须及时掌握变电站的运行工况，采取一系列的自动控制和调节手段，才能保证电力系统优质、安全、经济运行。但常规变电站不能向调度中心及时提供运行参数和一次系统的实际运行工况，变电站本身又缺乏自动控制和调控手段，因此无法进行实时控制，不利于电力系统的安全、稳定运行。

4. 维护工作量大，设备可靠性差，不利于提高运行管理水平和自动化水平

常规保护装置和自动装置多为电磁型或晶体管型，其整定值必须在年度定期中停电校验，每年校验保护定值的工作量相当大，也无法实现远方修改保护或自动装置的定值。

总之，常规变电站的常规保护是由各种电磁式继电器构成，靠能量转换动作，保护原理基本上由硬件实现。如变压器保护，相位校正靠外部接线实现，抵制励磁涌流靠速饱和变流器，消除不平衡电流靠平衡线圈等。常规保护(包括电磁型和整流型)的优点是可靠性高、执行速度快，缺点是体积大、接线复杂、整定维护困难、无法实现远动功能及比较复杂的自动化功能。

后来出现了晶体管型、集成电路型保护装置，应用了先进的电子技术及控制技术，称为静止元件保护装置，其保护原理和实现方法都发生了质的飞跃，有了靠元件实现的计算能力，而且体积大大减小，自动化程度提高，但因为元器件质量和生产工艺等因素的限制而没有得到广泛应用，成为一代过渡产品。

二、综合自动化系统的优越性

1. 提高变电站的安全、可靠运行水平

变电站综合自动化系统中的各子系统，绝大多数都是由微机组成的，他们多数具有故障

诊断功能。除了微机保护能迅速发现被保护对象的故障并切除故障外，有的自控装置兼有监视其控制对象工作是否正常的功能，一旦发现其工作不正常，能及时发出告警信息。更为重要的是，微机保护装置和微机型自动装置具有故障自诊断功能，这是综合自动化系统比其常规的自动装置或“四遥”装置突出的特点，可使得采用综合自动化系统的变电站一、二次设备的可靠性大为提高。

2. 提高供电质量，提高电压合格率

由于在变电站综合自动化系统中包括有电压、无功自动控制功能，故对于具备有载调压变压器和无功补偿电容器的变电站，可以大大提高电压合格率，保证电力系统主要设备和各种负荷电器设备的安全，使无功潮流合理，降低网损，节约电能。

3. 简化了变电站二次部分的配置

在变电站综合自动化系统中，对某个电气量只需采集一次便可供系统共享。例如，微机保护、当地监控、远动不必各自独立设置采集硬件，而可以共享信息。当微机多功能保护装置兼有故障录波功能时，就可省去专用故障录波器。常规的控制屏、中央信号屏、站内的主接线屏等的作用，或者利用当地计算机监控操作、显示器显示来代替，或者由远动监控操作来代替，避免了设备重复。

4. 提高电力系统的运行、管理水平

变电站实现自动化后，监视、测量、记录、抄表等工作都由计算机自动完成，既提高了测量的精度，又避免了人为的主观干预。运行人员只要通过观看屏幕，就可对变电站主要设备和各输、配电线路的运行工况和运行参数一目了然。综合自动化系统具有与上级调度通信功能，可将检测到的数据及时送往调度中心，使调度员能及时掌握各变电站的运行情况，也能对它进行必要的调节与控制，且各种操作都有事件顺序记录可供查阅，大大提高了运行管理水平。

5. 减少维护工作量，减少值班员劳动量

综合自动化系统中，各子系统有故障自诊断功能，系统内部有故障时能自检出故障部位，缩短了维修时间。微机保护和自动装置的定值又可在线读出和检查，可节约定期核对定值的时间。而监控系统的抄表、记录自动化，值班员可不必定时抄表、记录。如果配置了与上级调度的通信功能，能实现遥测、遥信、遥控、遥调，则完全可实现无人值班，以达到减员增效的目的。

总之，综合自动化变电站的微机保护是以微处理机作为基本的实现手段和方法，通过快速数字处理实现故障诊断、出口、通信以及更为复杂的保护功能，有长记忆特性和强大的数据处理能力。其优点是功能完善、使用及维护方便、智能化程度高、体积小、适应一次系统灵活性大。可以说，微机保护将逐渐取代常规保护而成为当今电力自动化行业的主流产品。

三、综合自动化变电站与常规变电站的综合对比

通过对综合自动化系统的应用可以发现综合自动化变电站与常规变电站相比，有着无可比拟的优越性，下面以举例的形式从变电站的硬件设施和运行维护方面进行综合对比。

1. 硬件设施方面

硬件设施对比如图 6-1 所示。

具备功能	常规变电站（常规保护）		综合自动化变电站（微机保护）	
继电保护		采用电磁型继电器。结构复杂，可靠性不高，故障时只能被动发现，没有自检功能		采用微机继电保护装置。体积小，保护配置全，具有强大的逻辑判断和计算能力，性能稳定，可靠性高
中央信号	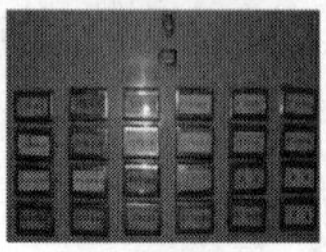	采用中央信号屏，直观、易识别，但信号单一，故障信息不能保存		后台机实时告警：具备语音、画面、文字三重报警，信息全面，利于综合判断，可保存故障信息
二次接线	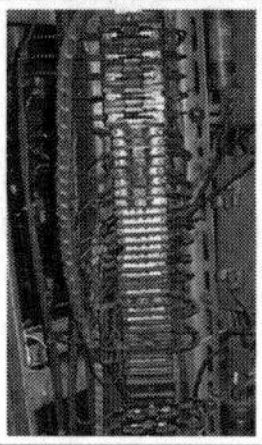	接线复杂，标识混乱，难于维护	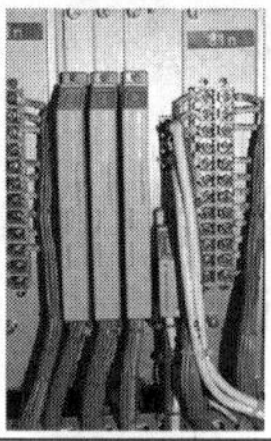	接线简单，标识清晰，维护简单
网络通信	 !	无此功能	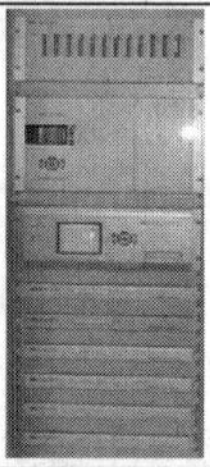	可实现微机保护装置与后台机的通信，并通过远动装置实现与电力调度的通信功能
记录事故数据	 !	无此功能		有事故录波功能，可以将事故前后的相关数据和波形记录下来，便于以后分析
高压开关柜		老式开关柜，操作不方便，不带防爆功能		新型开关柜，操作简便，具备防爆功能
自动及智能装置	 ?	配备较少，功能不完善	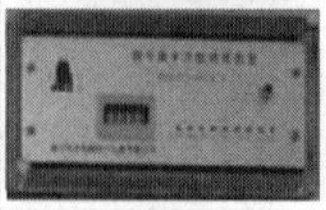	配备有完善的自动及智能装置，可靠性高
直流系统	 !	不能自动调节母线电压，没有在线监控功能	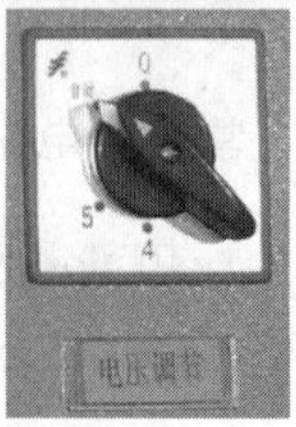	可以自动调节母线电压，具备在线监控功能

图 6-1　硬件设施对比

2. 运行管理方面

运行管理对比如图 6-2 所示。

具备功能	常规变电站（常规保护）		综自变电站（微机保护）	
倒闸操作		只能就地操作		提供就地操作或通过后台方操作，方式灵活，安全性高
负荷监测与记录		通过观看指针式表计，手工抄表，精度低，费时费力		系统自动记录各类实时和历史数据，可通过报表和曲线查看，抄表等工作可由计算机自动完成，精度高
保护定值查看		不能在继电器上直接查看	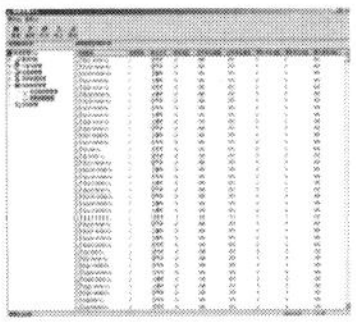	可随时查看保护定值和软压板状态
测量和监视仪表	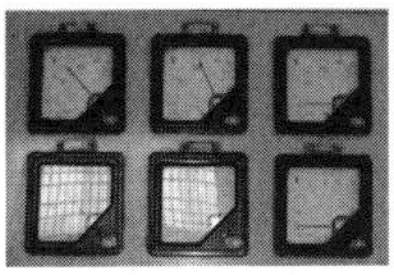	不直观，读取时需注意刻度值，误差较大	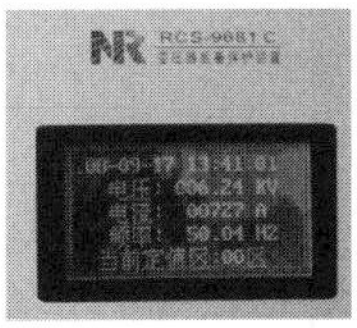	直观，可直接读数误差小

图 6-2　运行管理对比

第三节　变电站综合自动化系统的配置和硬件结构

一、变电站综合自动化系统的配置结构

变电站综合自动化采用自动控制和计算机技术实现变电站二次系统的部分或全部功能。为达到这一目的，满足电网运行对变电站的要求，变电站自动化系统体系结构如图 6-3 所示。

数据采集和控制、继电保护、直流电源系统三大块构成了变电站自动化基础。

通信控制管理是桥梁，联系变电站内各部分之间、变电站与调度控制中心，使之得以相互交换数据。

变电站主计算机系统对整个自动化系统进行协调、管理和控制，并向运行人员提供变电站运行的各种数据、接线图、表格等画面，使运行人员可远方控制开关分合，还提供运行和维

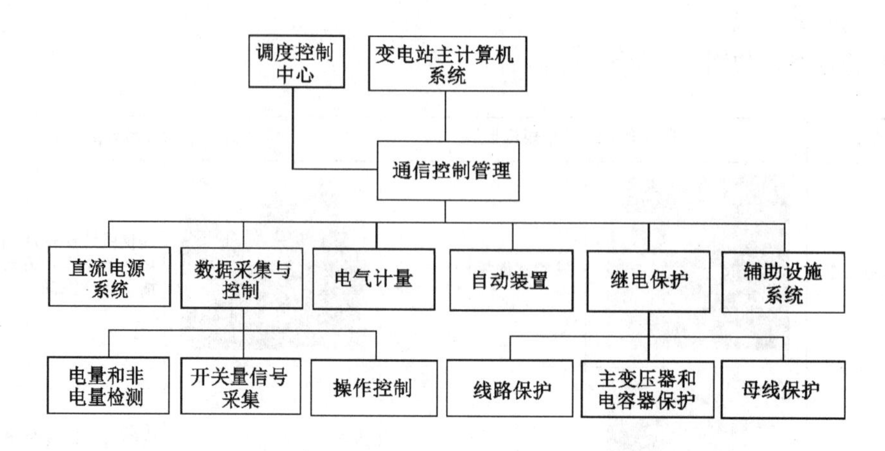

图 6-3　变电站综合自动化体系结构图

护人员对自动化系统进行监控和干预的手段。变电站主计算机系统代替了很多过去由运行人员完成的简单、重复、烦琐的工作，如收集、处理、记录、统计变电站运行数据和变电站运行过程中所发生的保护动作、开关分合闸等重要事件。其还可按运行人员的操作命令或预先设定执行各种复杂的工作。通信控制管理连接系统各部分，负责数据和命令的传递，并对这一过程进行协调、管理和控制。

同常规变电站电磁式二次系统相比，在体系结构上变电站自动化系统增添了变电站主计算机系统和通信控制管理两部分；在二次系统具体装置和功能实现上，计算机化的二次设备代替和简化了非计算机设备，数字化的处理和逻辑运算代替了模拟运算和继电器逻辑；在信号传递上，数字化信号传递代替了电压、电流模拟信号传递。

数字化使变电站自动化系统比变电站常规二次系统：数据采集更为精确、传递更为方便、处理更为灵活、运行更为可靠、扩展更为容易。

例如，在常规电磁式二次系统变电站里，运行人员通过查看模拟仪表的指针偏转角度来获取变电站运行数据，如母线电压、线路功率等，其误差较大。不同的人、站在不同的角度观察，会得出不同的数据。而采用变电站自动化技术，直接用数字表示各种测量值后，就没有上述现象。又如，继电保护异常和动作信号通过保护装置的信号继电器的触点传递给中央信号系统，所表达的内容非常简单，只能是“发生”或“未发生”。若要监测多项信号，则需要继电保护装置提供更多辅助触点，增加接线。采用微机保护后，利用计算机通信技术，仅用一根通信电缆便可得到保护各种状态以及测量值、定值等。

二、变电站综合自动化的结构模式

变电站综合自动化的结构模式主要有集中式、集中分布式和分层分布式三种。

1. 集中式结构

集中式一般采用功能较强的计算机并扩展其 I/O 接口（输入/输出接口），集中采集、集中处理计算，甚至将保护功能也集中做在一起。其系统结构如图 6-4 所示。这种方式提出得较早，其可靠性差，功能有限。

需要注意的是，集中式结构就像把变电站 6 kV 所有分盘的保护和测控任务集中用一

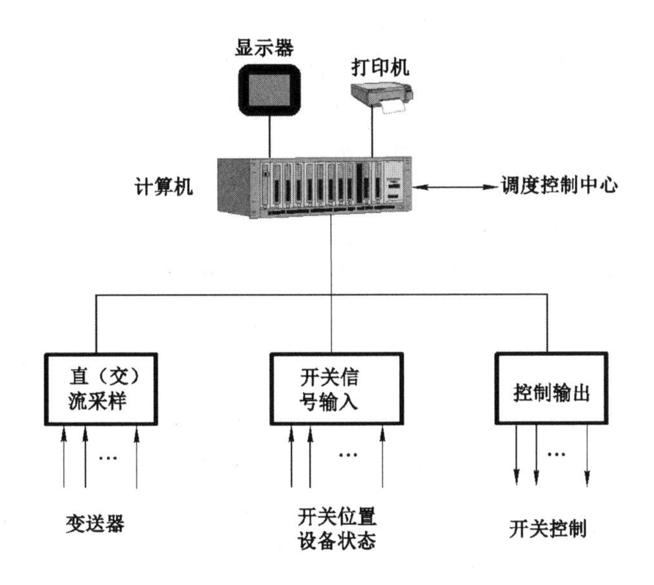

图 6-4　集中式系统结构框图

台(或两台)计算机来完成全部功能。可想而知,如果这台计算机有故障,则将影响其所连接的所有设备的保护和测控功能。

2. 集中分布式结构

集中分布式结构的最大特点是将变电站自动化系统的功能分散给多台计算机来完成。如图 6-5 所示。

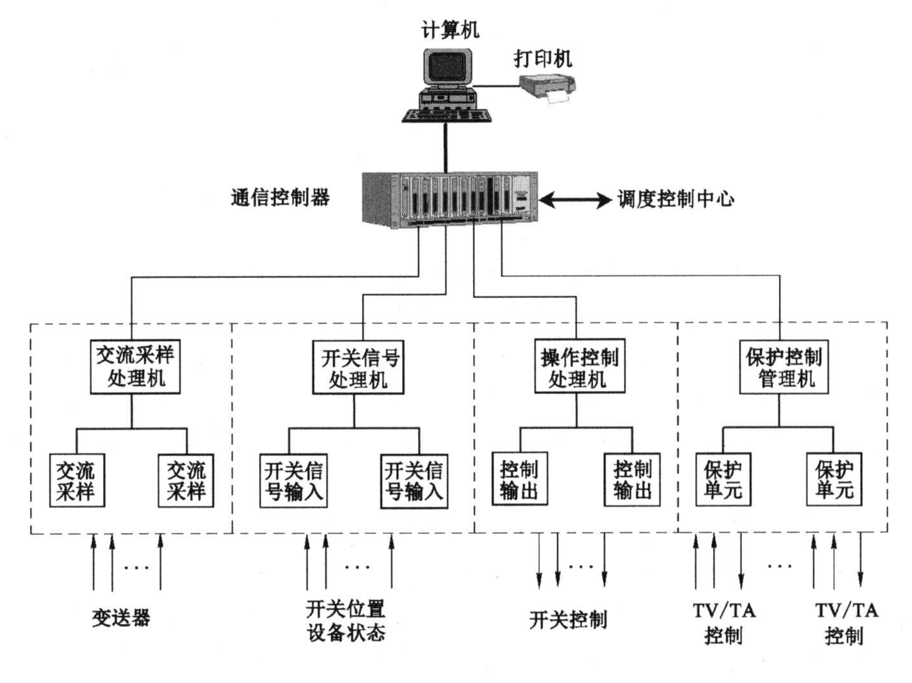

图 6-5　集中分布式结构框图

分布式模式一般按功能设计,采用主从 CPU 系统工作方式,多 CPU 系统提高了处理并行多发事件的能力,解决了 CPU 运算处理的瓶颈问题。分布式结构方便系统扩展和维护,局部故障不影响其他模式正常运行。该模式在安装上可以形成集中组屏或分层组屏两种系统组态结构,较多地使用于中低压变电站。

3. 分层分布式结构

分层分布式结构系统从逻辑上将变电站自动化系统划分为两层,即变电站层和间隔层。也可分为三层,即变电站层(站控层)、通信层(网络层)和间隔层。目前常用的为三层式结构,如图 6-6 所示。

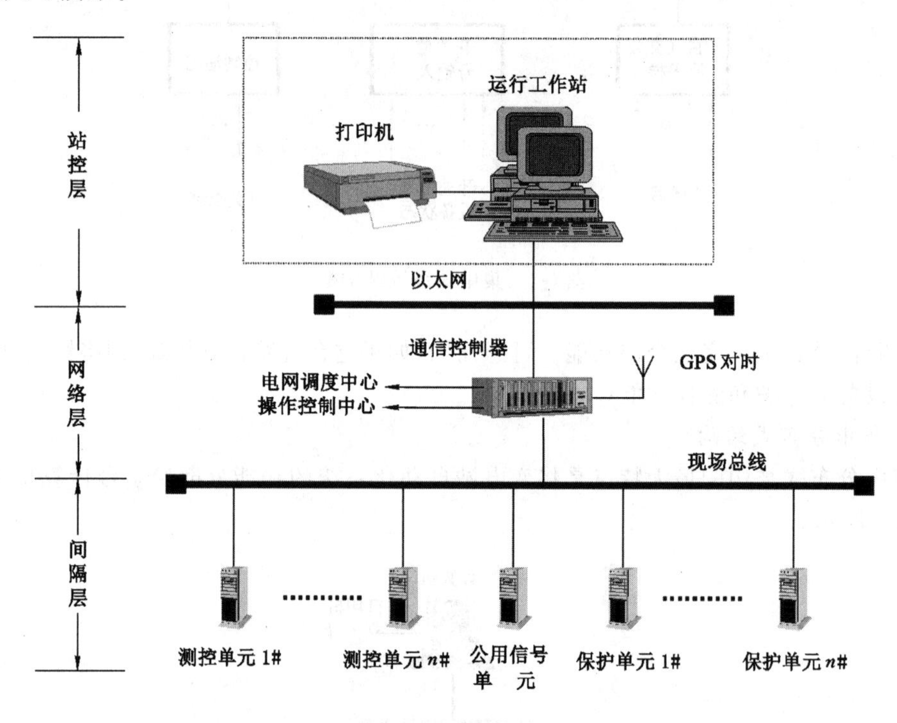

图 6-6　分层分布式结构框图

该系统是按照变电站的元件及断路器设计间隔进行设计,将变电站一个断路器间隔(即一个分盘)所需要的全部数据采集、保护和控制等功能集中由一个或几个智能化的测控单元完成。测控单元可直接放在断路器柜上或安装在断路器间隔附近,相互之间用光缆或特殊通信电缆连接。这种系统代表了现代变电站自动化技术发展的趋势,大幅度地减少了连接电缆,减少了电缆传送信息的电磁干扰,且具有很高的可靠性,比较好地实现了部分故障不相互影响,方便维护和扩展。

分层分布式的特点是继电保护相对独立,且具有与系统控制中心通信功能,模块化结构,所以可靠性高,便于设计和安装调试、管理。

分层与集中相结合:按每个电网元件(一条出线、一台变压器等)为对象,集测量、保护、控制为一体,设计在一个机箱内,安装在各个开关柜上。由监控主机通过网络进行管理和交换信息,但主变压器和高压线路保护装置仍集中组屏安装在控制室内,因此称为分布和集中相结合的结构,是当前综合自动化系统的主要结构形式。其特点是:

(1) 10～35 kV 馈线保护采用分散式结构,就地安装,节约控制电缆,通过现场总线与保护管理机交换信息。

(2) 重要保护集中安装在控制室内,对其可靠性较为有利。

(3) 其他自动装置(低周减载,备自投,无功综合控制装置)采用集中组屏。

(4) 减少电缆,减少占地面积。

(5) 组态灵活,检修方便。

第四节　变电站综合自动化系统的基本功能

变电站综合自动化系统的基本功能从国内外多年实践经验所形成的意见来看,可归纳为控制与监视功能、自动控制功能、测量表计功能、继电保护功能、与继电保护有关功能、接口功能、系统功能等七种功能。

变电站综合自动化是多专业性的综合技术,它以微型计算机为基础,实现了对变电站传统的继电保护、控制方式、测量手段、通信和管理模式的全面技术改造,实现了电网运行管理的一次变革。仅从变电站自动化系统的构成和所完成的功能来看,它是将变电站的监视控制、继电保护、自动控制装置和远动等所要完成的功能组合在一起,通过计算机硬件、模块化软件和数据通信网构成一个完整的系统。因此,其功能可以从以下几个方面来说明。

一、微机继电保护的功能

微机保护:是利用计算机构成的继电保护。

微机保护测控装置:是以微处理器为核心,根据数据采集系统所采集到的电气系统实时状态数据,按照给定算法来监测电力系统是否发生故障及故障的性质、范围等,并由此做出是否跳闸或报警等判断的一种安全装置。

微机继电保护功能是变电站综合自动化系统的最基本、最重要的功能。它包括变电站的主设备和输电线路的全套保护:高压输电线路的主保护和后备保护;变压器的主保护、后备保护以及非电量保护;母线保护;低压配电线路保护;无功补偿装置如电容器组保护;所用变保护等。

各保护单元,除应具备独立、完整的保护功能外,还应具备以下附加功能:

(1) 具有事件记录功能。事件记录,包括发生故障、保护动作出口、保护设备状态等重要事项的记录。

(2) 具有与系统对时功能(即 GPS),以便与系统统一时间,准确记录各种事件发生的时间。

(3) 存储多套保护定值。

(4) 具备当地人机接口功能。不仅可显示保护单元各种信息,且可通过它修改保护定值。

(5) 具备通信功能。提供必要的通信接口,支持保护单元与计算机系统通信协议。

(6) 故障自诊断功能。通过自诊断及时发现保护单元内部故障并报警。对于严重故障,在报警的同时应可靠闭锁保护出口。

(7) 各保护单元满足功能要求的同时,还应满足保护装置快速性、选择性、灵敏性和可靠性要求。

简单地说，可以从字面意思来理解“微机保护测控装置”的功能。微机是指利用微型计算机系统来实现各项功能；保护就是指装置所具备的各类保护功能，如过流、差动等；测控就是测量和控制，用于监测设备的实时参数，操作控制设备的位置、状态等。

二、运行监视和控制功能

运行监视和控制相当于正常的监视和控制，取代常规的测量系统，指针式仪表、常规的操作机构和模拟盘，以计算机显示和处理取代常规的告警、报警、中央信号、光字牌等；取代常规的远动装置等。其功能应包括以下几部分内容：

1. 数据采集的功能

数据采集是变电站自动化系统得以执行其他功能的基础。变电站的数据采集有两种：

(1) 变电站原始数据采集

原始数据指直接来自一次设备，如电压互感器(PT)与电流互感器(CT)的电压电流信号、变压器温度以及开关辅助触点、一次设备状态信号。

(2) 变电站自动化系统内部数据交换或采集

典型的如电能量数据、直流母线电压信号、保护动作信号等。这种方式在变电站自动化系统中已基本上被计算机通信方式所替代，或者说，可以看作系统内数据交换。

通俗地说，变电站自动化系统内部数据交换或采集是建立在原始数据采集的基础上，是对原始数据进行相关计算或逻辑判断后所得到的数据，如：电能量＝电流×电压×系数等。

变电站的数据采集包括模拟量采集、开关量采集和电能量采集。

① 模拟量的采集：变电站需采集的模拟量有各段母线电压、线路电压、电流、有功功率、无功功率，主变压器电流、有功功率和无功功率，电容器的电流、无功功率、馈出线的电流、电压、功率以及频率、相位、功率因数等。另外，还有少量非电量，如变压器温度等。模拟量采集有交流和直流采样两种形式。交流采样，即来自 PT 与 CT 的电压电流信号不经过变送器，直接接入数据采集单元。直流采样，是将外部信号如交流电压电流，经变送器转换成适合数据采集单元处理的直流电压信号后，再接入数据采集单元。在变电站综合自动化系统中，直流采样主要用于变压器温度、气体压力等非电量数据的采集。

② 开关量的采集：变电站的开关量有断路器的状态、隔离开关状态、有载调压变压器分接头的位置、同期检测状态、继电保护动作信号、运行告警信号等，这些信号都以开关量的形式通过光电隔离电路输入至计算机。

③ 电能量的采集：电能计量是对电能(包括有功和无功电能)的采集，并能实现分时累加、电能平衡等功能。

2. 安全监视功能

监控系统在运行过程中，对采集的电流、电压、主变压器温度、频率等量，要不断进行越限监视，如发现越限，立刻发出告警信号，同时记录和显示越限时间和越限值，另外还要监视保护装置是否失电，自动控制装置工作是否正常等。

3. 事件顺序记录

事件顺序记录包括断路器跳合闸记录、保护动作顺序记录。微机保护或监控系统采集环节必须有足够的内存，能存放足够数量或足够长时间段的事件顺序记录，确保当后台监控系统或远方集中控制主站通信中断时，不丢失事件信息，并应记录事件发生的时间（应精确至毫秒级）。

4. 故障记录、故障录波和测距

（1）故障录波与测距

110 kV 及以上的重要输电线路距离长、发生故障影响大，必须尽快查找出故障点，以便缩短修复时间，尽快恢复供电，减少损失。设置故障录波和故障测距是解决此问题的最好途径。变电站的故障录波和测距可采用两种方法实现，一种方法是由微机保护装置兼作故障记录和测距，再将记录和测距的结果送监控机存储及打印输出或直接送调度主站，这种方法可节约投资，减少硬件设备，但故障记录的量有限；另一种方法是采用专用的微机故障录波器，并且故障录波器应具有串行通信功能，可以与监控系统通信。

（2）故障记录

35 kV、10 kV 和 6 kV 的配电线路很少专门设置故障录波器，为了分析故障的方便，可设置简单故障记录功能。

故障记录是记录继电保护动作前后与故障有关的电流量和母线电压。故障记录量的选择可以按以下原则考虑：如果微机保护子系统具有故障记录功能，则该保护单元的保护启动的同时，便启动故障记录，这样可以直接记录发生事故的线路或设备在事故前后的短路电流和相关的母线电压的变化过程；若保护单元不具备故障记录功能，则可以采用保护启动监控和数据采集系统，记录主变压器电流和高压母线电压。记录时间一般可考虑保护启动前 2 个周波（即发现故障前 2 个周波）和保护启动。后 10 个周波以及保护动作和重合闸等全过程的情况，在保护装置中最好能保存连续 3 次的故障记录。

对于大量中低压变电站，没有配备专门的故障录波装置，而 6 kV（10 kV）出线数量大、故障率高，在监控系统中设置了故障记录功能，对分析和掌握情况、判断保护动作是否正确很有益处。

5. 操作控制功能

无论是无人值班还是少人值班变电站，操作人员都可通过后台机显示屏对断路器和隔离开关（断路器和隔离开关必须配备有电动操动机构）进行分、合操作，对变压器分接开关位置进行调节控制，对电容器进行投、切控制，同时要能接受遥控操作命令，进行远方操作。为防止计算机系统故障时无法操作被控设备，在设计时应保留人工直接跳、合闸手段（指就地操作），图 6-7 所示为装置就地操作把手。

图 6-7　装置就地操作把手

断路器操作应有闭锁功能，操作闭锁应包括以下内容：

(1) 断路器操作时，应闭锁自动重合闸。

(2) 就地进行操作和远方控制操作要互相闭锁，保证只有一处操作。

(3) 根据实时信息，自动实现断路器与隔离开关间的闭锁操作。

(4) 无论就地操作还是远方操作，都应有防误操作的闭锁措施，即要收到返校信号才执行下一项，必须有对象校核、操作性质校核和命令执行三步，以保证操作的正确性。

6. 人机联系功能

(1) 变电站采用微机监控系统后，最大的特点之一就是操作人员或调度员只要面对显示器的屏幕，通过操作鼠标或键盘，就可对全站的运行工况和运行参数一目了然，可对全站的断路器和隔离开关等进行分、合操作，彻底改变了传统的依靠指针式仪表和依靠模拟屏或操作屏等手段的操作方式。图 6-8 所示为值班人员远方进行倒闸操作。

图 6-8 值班人员远方进行倒闸操作

(2) 作为变电站人机联系的主要桥梁和手段的显示器，不仅可以取代常规的仪器、仪表，而且可实现许多常规仪表无法完成的功能。它可以显示的内容归纳起来有以下几方面：

① 显示采集和计算的实时运行参数(实时数据)：监控系统所采集和通过采集信息所计算出来的 U、I、P、Q、$\cos\varphi$、有功电能、无功电能及主变压器温度 T、系统频率 f 等，都可在后台机显示器的屏幕上实时显示出来。

② 显示实时主接线图：主接线图上断路器和隔离开关的位置要与实际状态相对应。进行断路器或隔离开关的操作时，在所显示的主接线图上，对所要操作的对象应有明显的标记(如闪烁等)。各项操作都应有汉字提示，同时在主接线图的显示画面上应显示出日期和时间(年、月、日、时、分、秒)。

③ 事件顺序记录显示：显示所发生的事件内容及发生事件的时间。

④ 越限报警显示：显示越限设备名称、越限值和发生越限的时间。

⑤ 历史趋势显示：显示主变压器负荷曲线、母线电压曲线等。

⑥ 保护定值和自控装置的设定值显示。

⑦ 其他：包括故障记录显示、设备运行状况显示等。

7. 输入数据

变电站投入运行后，随着负荷量的变化，保护定值、越限值等需要修改，甚至由于负荷的增长，需要更换原有的设备，如更换 CT 等。因此在人机联系中，必须有输入数据的功能。

需要输入的数据至少包括：① PT 和 CT 变比；② 保护定值和越限报警定值；③ 自动装置的设定值；④ 运行维护人员密码。

8. 打印功能

对于有人值班的变电站，监控系统可以配备打印机，完成以下打印记录功能：① 定时打印报表和运行日志；② 开关操作记录打印；③ 事件顺序记录打印；④ 越限打印；⑤ 召唤打印；⑥ 抄屏打印(打印显示屏上所显示的内容)；⑦ 事故追忆打印。运行人员可根据需要选择打印内容。

9. 数据处理与记录功能

监控系统除了完成上述功能外，数据处理和记录也是很重要的环节。历史数据的形成和存储是数据处理的主要内容。此外，为满足继电保护和变电站管理的需要，必须进行一些数据统计，其内容包括：① 主变和输电线路有功和无功功率每天的最大值和最小值以及相应的时间；② 母线电压每天定时记录的最高值和最低值以及相应的时间；③ 计算受配电电能平衡率；④ 统计断路器动作次数；⑤ 断路器切除故障电流和跳闸次数的累计数；⑥ 控制操作和修改定值记录。

10. 谐波分析与监视

保证电力系统的谐波在国标规定的范围内，也是电能质量的重要指标。随着非线性器件和设备的广泛应用，电气化铁路的发展和家用电器的不断增加，电力系统的谐波含量显著增加，并且有越来越严重的趋势。目前，谐波"污染"已成为电力系统的公害之一，主要表现在：谐波使电能的生产、传输和利用的效率降低，使电气设备过热、产生振动和噪声，并使绝缘老化，使用寿命缩短，甚至发生故障或烧毁；谐波可引起电力系统局部并联谐振或串联谐振，使谐波含量放大，造成电容器等设备烧毁；谐波还会引起继电保护和自动装置误动作，使电能计量出现混乱；对于电力系统外部，谐波对通信设备和电子设备会产生严重干扰。

因此，在变电站自动化系统中，要重视对谐波含量的分析和监视。对谐波污染严重的变电站采取适当的抑制措施，降低谐波含量，是一个不容忽视的问题。

第五节　变电站综合自动化系统的通信

通信是变电站综合自动化系统非常重要的基础功能，也是综合自动化变电站区别于常规站最明显的标志之一。借助于通信，各间隔中保护测控单元、变电站后台机、智能装置、电力调度得以相互交换信息和信息共享，提高了变电站运行的可靠性，减少了连接电缆和设备数量，实现了变电站远方监视和控制。

变电站综合自动化的主要目的不仅仅是用以微机为核心的保护和控制装置来替代变电站内常规的保护和控制装置，关键在于实现信息交换。通过控制和保护互连、相互协调，允许数据在各功能块之间互相交换，可以提高它们的性能。通过信息交换，互相通信，实现信息共享，提供常规的变电站二次设备所不能提供的功能，减少变电站设备的重复配置，简化设备之间的互连，从整体上提高变电站自动化系统的安全性和经济性，从而提高整个电网的自动化水平。因而，在综合自动化系统中，网络技术、通信协议标准、分布式技术、数据共享等问题，必然成为综合自动化系统的关键问题。

一、变电站综合自动化系统通信的基本概念

通信，是在信息源和受信者之间交换信息。信息源，指产生和发送信息的地方，如保护、测控单元。受信者，指接收和使用信息的地方，如计算机监控系统、远动系统等。

变电站综合自动化系统传送数据的目的不仅是为了交换数据，更主要是为了利用计算机来处理数据。可以说它是将快速传输数据的通信技术和数据处理、加工及存储的计算机技术相结合，从而给用户提供及时准确的数据。

变电站自动化通信主要涉及以下几个方面的内容：

(1) 各保护测控单元与变电站计算机系统通信。

(2) 各保护测控单元之间相互通信。

(3) 变电站自动化系统与电网自动化系统通信。

(4) 其他智能电子设备 IED 与变电站计算机系统通信。

(5) 变电站计算机系统内部计算机间相互通信。

二、通信系统的构成

通信系统的构成有：通信介质、通信接口、通信控制器、通信规约等，如图 6-9 所示。

图 6-9　通信系统的构成

1. 通信介质

为通信信号提供传输路径，有双绞线、同轴电缆、光纤等。

2. 通信接口

为特定形式的通信提供信号转换，如 RS485 接口、光纤接口、无线通信接口等。

综合自动化系统常用的通信接口标准主要有：通用串行通信接口、现场总线、以太网。

通用串行通信接口有：RS232、RS485、RS422 等。

现场总线有：WorldFIP、Canbus、LonWorks 等。

以太网有：双绞线以太网、光纤以太网、同轴电缆以太网等。

3. 通信控制器

通信控制器的基本功能为数据收发、串并转换；扩展功能为链路访问控制。通用通信控制器：只实现基本功能，通用性好，广泛地用于 RS485/232 通信。专用通信控制器：集基本功能与扩展功能于一体，通信能力提高了，但通用性降低了，如以太网、现场总线的通信控制器就属于此类。

4. 通信规约

为通信双方定义收信发信、协义和数据包格式，如远动规约、保护规约、电度表规约等。

三、变电站综合自动化系统的网络连接

目前综合自动化系统所采用的均为分层分布式结构，站控层、间隔层之间的数据通信由

网络层来实现,即网络层是站控层与间隔层的数据传输通道。如图 6-10 所示。

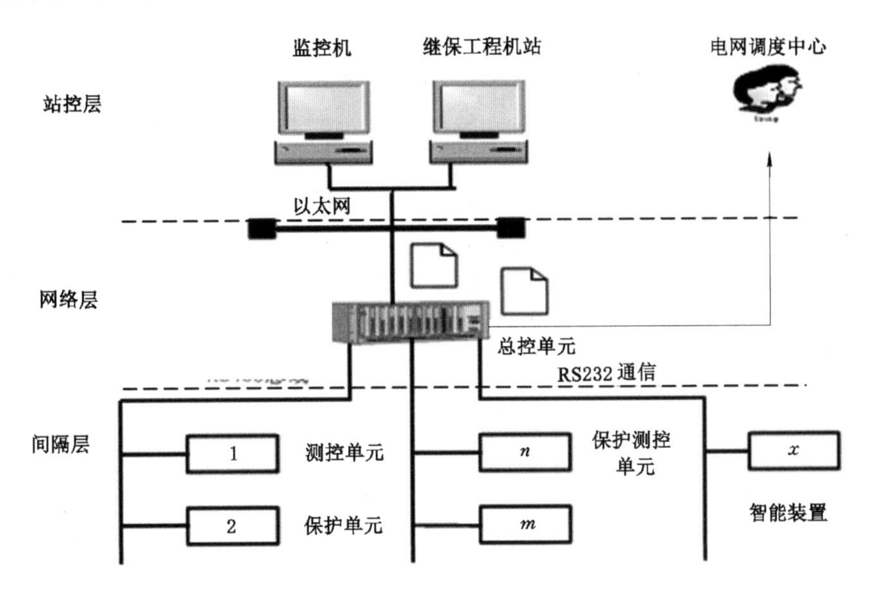

图 6-10　典型综合自动化系统结构

1. 站控层的网络连接

首先应该明确,变电站站控层的后台机、继保工程师站等计算机所构成的是一个小型的局域网。

大部分综合自动化系统的站控层网络一般采用以太网结构,即是由以太网构成的局域网。根据配置不同,可以分为单网和双网,如图 6-11 所示。单网结构简单,可靠性比双网结构低,多用于中小型 110 kV 以下变电站。双网结构在 A 网故障时,后台机可以由 B 网继续进行通信,可靠性高,多用于 110 kV 及以上变电站。

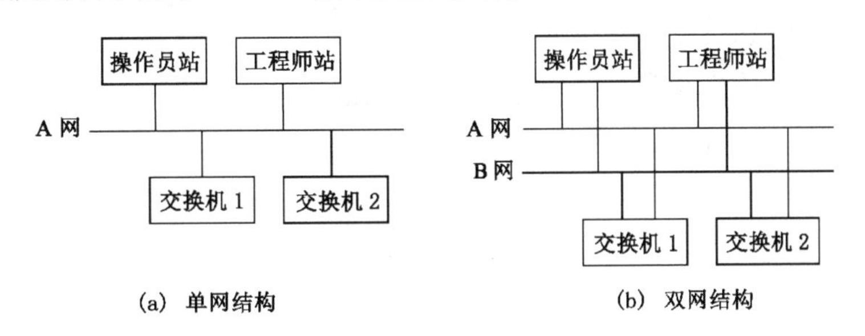

图 6-11　站控层单、双网结构

以太网具有传输数据容量大、速度快的优点,目前传输速率为 10M/100M,因此实时性很高,可以满足变电站自动化系统的通信要求。同时采用以太网可以简化网络接线,方便设计和施工。

2. 间隔层的网络连接

间隔层的网络主要完成对各电气单元之间的实时数据采集、处理、控制量的输出等功能。

根据其设备不同，采用的网络方式也不尽相同。

（1）直接接入以太网方式

直接接入以太网方式是将微机保护测控单元直接接入以太网进行通信。该种方式的优点是结构简单、数据传送速度较快。

（2）现场总线方式

现场总线是应用在生产现场，在微机化测量控制设备之间实现双向串行多节点数字通信的系统，也被称为开放式、数字化、多点通信的底层控制网络。

WorldFIP 现场总线是现场总线技术中的一种，具有通信速度快、通信距离远、介质冗余以及良好的抗电磁干扰能力，是变电站自动化系统中一种十分理想的通信方式。

WorldFIP 现场总线的特点有：

① 通信速率高，距离长；

② 通信效率高，实时性强；

③ 通信可靠性高；

④ 通信接口不易损坏。

四、变电站综合自动化系统常用的网络设备

变电站综合自动化系统常用的网络设备有网卡、交换机、调制解调器、规约转换器、RTU、双绞线等，如图 6-12 所示。

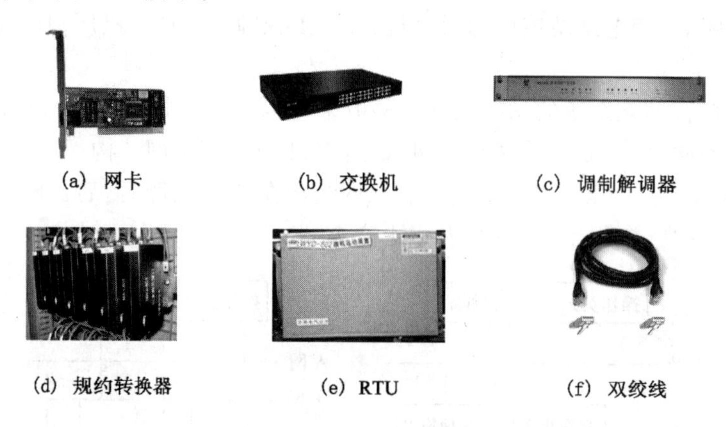

(a) 网卡　(b) 交换机　(c) 调制解调器

(d) 规约转换器　(e) RTU　(f) 双绞线

图 6-12　综合自动化系统常用网络设备

1. 网卡

网卡又称网络适配器，用于实现联网计算机和网线之间的物理连接，为计算机之间相互通信提供一条物理通道，并通过这条通道进行高速数据传输。

2. 交换机

交换机是在通信系统中完成信息交换功能的设备。简单地说，交换机可以使所连接的终端设备（如后台机、网络打印机等）实现同时进行高速数据传输的功能。

3. 调制解调器（Modem）

计算机在发送数据时，先由 Modem 把数字信号转换为相应的模拟信号，这个过程称为“调制”。经过调制的信号通过电话载波传送到另一台计算机之前，也要经由接收方的

Modem 负责把模拟信号还原为计算机能识别的数字信号，这个过程我们称“解调”。调制解调器正是通过这样一个“调制”与“解调”的数模转换过程，从而实现了两台计算机之间的远程通信。

4. 规约转换器(智能网关)

规约转换器的主要功能为后台计算机与保护装置、其他智能设备之间的接口转换及规约转换，可以支持多种通信接口和多种通信协议。

由于微机保护装置、其他智能设备等使用的语言(协议)和监控系统使用的语言(协议)不同，因此无法进行直接通信，规约转换如同一名翻译，把各类装置所使用的语言(协议)翻译为监控系统能看得懂的语言。

5. RTU

电力远动装置(RTU)是一种计算机智能化的产品，可广泛应用于电网调度自动化监控系统、变电站综合自动化系统，负责采集所在变电站电力运行状态的模拟量和状态量，监视并向调度中心传送这些模拟量和状态量，执行调度中心发往所在变电站的控制和调度命令。

6. 双绞线

双绞线就是平常所说的“网线”，用于连接微机保护装置、交换机、网关等设备。

五、通信规约

计算机通信如同两个人相互交流，必须说同一种语言。通信规约就是计算机通信的语言。数据通信中，计算机间传输的是一组二进制“0”“1”代码串。这些代码串在不同的位置可能有不同的含义。有的用于传输中的控制，有的是通信双方的地址，有的是通信要传输的数据，还有些是为检测差错而附加上的监督码元。这些，在通信之前必须双方约定。通信规约定义为控制计算机之间实现数据交换的一套规则。举例来说，英语和法语都用到了 26 个英文字母，但组合成的同一个单词其含义可能各不相同，规约就是定义这个单词含义的规则，并进行相应的“翻译”。

电力系统常用通信规约主要有：

(1) 按规约来源分：国际标准规约、国内标准规约、企业标准规约。

(2) 按规约用途分：远动规约、保护规约、电度表规约、智能设备互连规约。

(3) 远动规约：101 规约、104 规约、CDT 规约、SCI1801 规约、μ4F 规约。

(4) 保护规约：103 规约、61850 规约、LFP 规约。

(5) 电度表规约：IEC102 规约、部颁电度表规约、威盛电度表规约。

(6) 智能设备互连规约：MODbus 规约、保护规约、远动规约、企业自定义规约。

第七章　变电站直流电源系统

第一节　直流电源系统的基础知识

一、直流电源系统的作用

在变电站中，直流电源系统是为各种控制、自动装置、继电保护、信号等提供可靠的直流电源并作为工作电源；它还为操作提供可靠的操作电源；当站内的站用电失去后，直流电源还要作为应急的后备电源。不难看出，直流系统在变电站运行中的重要作用是显而易见的。

1. 电力操作电源型号定义

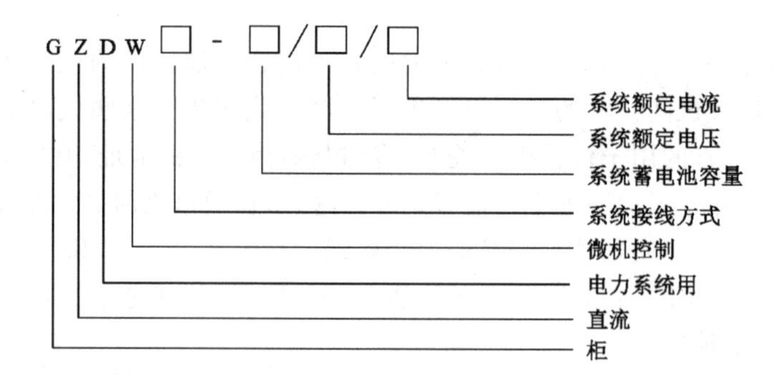

2. 直流电源柜组成结构

图 7-1 所示为综合自动化变电站使用的 GZDW 型直流电源柜，分别由充电屏、馈电屏和电池屏三大部分组成。

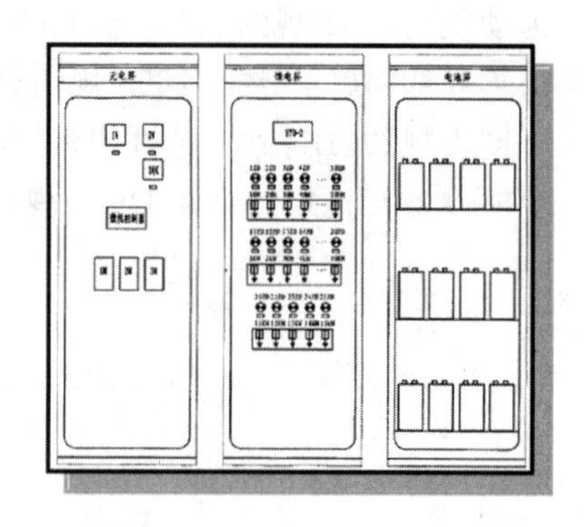

图 7-1　综合自动化变电站使用的 GZDW 型直流电源柜

充电屏主要是由机柜、整流模块系统、监控系统、绝缘监测单元、电池巡检单元、开关量检测单元、降压单元及一系列的交流输入、直流输出、电压显示、电流显示等配电单元组成。

馈电屏主要由各馈出回路空开、指示灯和有些安装的直流绝缘在线监测装置等组成。

电池屏就是一个可以摆放多节电池的机柜。电池屏中的电池一般是由2～12 V的电池以9节到108节串联方式组成，对应的电压输出也就是110 V或220 V。目前使用的电池主要是铅酸电池或阀控式密封免维护铅酸电池。

二、直流电源系统工作原理

直流电源系统中将两路交流电源经过交流切换后输入一路交流电源，给各个充电模块供电。充电模块将输入的三相交流电转为直流电，给蓄电池充电，同时给合闸母线负载供电，另外合闸母线通过降压装置给控制母线供电。

直流电源系统中的各个监控单元受主监控的管理和控制，通过通信线将各监控单元采集的信息送给监控单元统一管理。主监控显示直流系统的各种信息，用户也可触摸显示屏查询信息及操作，系统信息还可以接入远程监控系统。

直流电源系统除交流监控、直流监控、开关量监控等基础单元外，还可以配置绝缘监测、电池巡检等功能单元，用来对直流系统进行全面监控。

三、直流电源系统常用名词术语

初充电：新的蓄电池在交付使用前为完全达到荷电状态所进行的第一次充电。

恒流充电：充电电流在充电电压范围内维持在恒定值的充电。

均衡充电：为补偿蓄电池在使用过程中产生的电压不均匀现象，使其恢复到规定的范围内而进行的充电。

浮充电：在充电装置的直流输出端始终并接着蓄电池和负载，以恒压充电方式工作。正常运行时充电装置在承担经常性负荷的同时向蓄电池补充充电，以补偿电池的自放电，使蓄电池组以满容量的状态处于备用。

核对性放电：在正常运行中的蓄电池组，为了检验其实际容量，将蓄电池组脱离运行，以规定的放电电流进行恒流放电，只要其中一个单体蓄电池放到了规定的终止电压，应停止放电。

直流母线：直流电源屏内的正、负极主母线。

合闸母线：直流电源屏内供断路器电磁合闸机构等动力负荷的直流母线。

控制母线：为继电保护控制回路提供电源的直流母线。

四、直流电源系统的工作状态

直流电源系统的工作状态可分为初充电状态、浮充电状态、均充电状态和核对性放电等。

1. 初充电状态

此工作状态只是在使用传统铅酸蓄电池时，对蓄电池进行初充电的一种工作状态。使用前应将动力母线及控制母线负载全部断开，否则过高的电压会损坏直流系统的终端用电设备。初充电时，首先将微机监控单元均充电压设定值设置到所需初充电电压，手动启动均充电状态，对蓄电池进行初充电，充电完毕后，再将均充电压设定值设回到所需均充电压值。

2. 浮充电状态

系统正常长期工作状态为浮充电状态。浮充电压一般取 2.23～2.27 V 乘上电池节数。浮充是蓄电池组的一种供(放)电工作方式,是指将蓄电池组与电源线路并联连接到负载电路上,它的电压大体上是恒定的,仅略高于蓄电池组的断路电压,由电源线路所供的少量电流来补偿蓄电池组局部作用的损耗,以使其能经常保持在充电满足状态而不致过充电。因此,蓄电池组可随电源线路电压上下波动而进行充放电。当负载较轻而电源线路电压较高时,蓄电池组即进行充电;当负载较重或电源发生意外中断时,蓄电池组则进行放电,分担部分或全部负载。这样,蓄电池组便起到稳压作用,并处于备用状态。

浮充供电工作方式可分为半浮充和全浮充两种。当部分时间(负载较轻时)进行浮充供电,而另部分时间(负载较重时)由蓄电池组单独供电的工作方式,称为半浮充工作方式,或称定期浮充工作方式。倘若全部时间均由电源线路与蓄电池组并联浮充供电,则称为全浮充工作方式,或称连续浮充工作方式。

3. 均充电状态

均充是在系统交流输入失电、蓄电池较大容量放电后,进行快速补充充电而采用的一种运行方式,同时也作为消除长期浮充电状态运行的蓄电池差异而采用的一种运行方式。均充电压一般取 2.35～2.40 V 乘上电池节数。

均充模式以定电流和定时间的方式对电池充电,充电较快。充电电压与浮充相比要大。均充是对电池保养时经常用的充电模式,这种模式还有利于激活电池的化学特性。

4. 核对性放电状态

蓄电池在长期运行一定时间后,按相关运行维护规程,应对其进行核对容量充放电试验。系统可选择加装核对性放电装置(功能)或有源逆变放电装置(功能)。

浮充电状态、均充电状态是系统经常工作状态,此时蓄电池接于系统直流母线运行。通过微机监控单元自动按运行曲线控制或人为操作微机监控单元前面板,可以实现两种工作状态的转换。

五、蓄电池种类及容量标识

1. 蓄电池的种类

电力用蓄电池一般采用铅酸蓄电池、阀控免维护铅酸蓄电池和镉镍蓄电池等。

(1) 铅酸蓄电池

电极主要由铅及其氧化物制成,电解液是硫酸溶液的一种蓄电池。

(2) 阀控免维护铅酸蓄电池

所谓“阀控”,俗称全密封免维护,就是利用电池加液口上的一个控制阀(盖)来控制电池内部的压力,尽量减少内部由于化学反应而造成的水分损失,以延长电池的使用寿命。因为电池在化学反应中释放气体,使电池内部气压升高,如果这些被释放出的气体不能及时被内部重新吸收和化合,就将使外壳膨胀甚至裂开。这些气体是如何产生的,又如何控制气体的产生速度、如何控制电池内部的压力,这就牵涉一个使用和维护的问题,为了更好地做好上述工作,有必要了解一下电池的工作原理和工作情况。

以往的电池都是开放式的,由于充放电时的电化学反应中造成水分的消耗,所以在使用过程中要经常测相对密度和加电瓶水等。

(3) 镉镍蓄电池

镉镍电池是由两个极板组成,一个是用镍做的,另一个是用镉做的,这两种金属在电池中发生可逆反应,因此电池可以重新充电。镍镉电池的优点是“结实”、价格便宜;缺点是镉金属对环境有污染,电池容量小,寿命短。

2. 蓄电池的容量

我国铅酸蓄电池型号大致分为三段:串联的单体电池数、电池的类型与特征、额定容量。下面以图 7-2 所示铅酸蓄电池为例,具体说明电池型号含义

图 7-2　铅酸免维护蓄电池

该电池为变电站直流系统用蓄电池,型号为 6FM150,其含义为:

6——单体电池个数,表明该块电池内部由 6 个单体电池组成;

FM——阀控(F)、免维护(M);

150——额定容量(150 A·h)。

蓄电池的额定容量用“C”表示,单位安时(A·h),它是放电电流安(A)和放电时间小时(h)的乘积。由于对同一个电池采用不同的放电参数所得出的安时是不同的,为了便于对电池容量进行描述、测量和比较,必须事先设定统一的条件。实践中,电池容量被定义为:用设定的电流把电池放电至设定的电压所给出的电量。也可以说,电池容量是:用设定的电流把电池放电至设定的电压所经历的时间和这个电流的乘积。

为了设定统一的条件,首先根据电池构造特征和用途的差异,设定了若干个放电时率,最常见的有 20 h、10 h 和 2 h 时率,写做 C20、C10 和 C2,其中 C 代表电池容量,后面跟随的数字表示该类电池以某种强度的电流放电到设定电压的小时数。于是,用容量除小时数即得出额定放电电流。也就是说,容量相同而放电时率不同的电池,它们的标称放电电流却相差甚远。

例如,一个电池容量 10 A·h、放电时率为 2 h,写作 10C2,它的额定放电电流为 10/2=5 (A);而一个汽车启动用的电池容量为 54 A·h、放电时率为 20 h,写作 54C20,它的额定放电电流仅为 54/20=2.7 (A)。换一个角度讲,这两种电池如果分别用 5 A 和 2.7 A 的电流放电,则应该分别能持续 2 h 和 20 h 才下降到设定的电压。

上述所谓设定的电压是指终止电压(单位 V)。终止电压可以简单地理解为:放电时电池电压下降到不至于造成损坏的最低限度值。终止电压值不是固定不变的,它随着放电电流的增大而降低,同一个蓄电池放电电流越大,终止电压可以越低,反之应该越高。也就是说,大电流放电时容许蓄电池电压下降到较低的值,而小电流放电就不行,否则会造成损害。

第二节　直流电源系统的组成

变电站直流电源系统基本由交流输入部分、整流充电模块、降压装置及馈线输出开关部分、蓄电池、系统监控部分、绝缘检测装置、电池巡检装置、开关量检测单元、DC/DC 48 V 输出等部分构成，如图 7-3 所示。

一、交流输入单元

1. 交流输入切换装置

如图 7-4 所示，其作用是为直流电源系统整流充电模块提供 2 路 380 V 交流电源，并实现两路交流电源的自动切换。系统默认第一路交流电源为主电源，特殊情况可用两路交流输入切换开关手动选择任一路交流电源投入使用。在交流线路上还安装有防雷器，即浪涌保护器，可以有效地防止过电压的冲击，保障电源系统正常运行。

2. 交流输入工作状态(图 7-5)

(1) 交流输入正常时

系统交流输入正常时，两路交流输入经过交流切换控制板选择其中一路输入，并通过交流配电单元给各个充电模块供电。充电模块将输入三相交流电转换为 220 V 或 110 V 直流电源(各变电站均采用 220 V 直流电源)，经隔离二极管隔离后输出，一方面给电池充电，另一方面给合闸回路负载供电。此外，合闸母线还通过降压装置(硅链)为控制母线提供电源。

(2) 交流输入停电或异常时

交流输入停电或异常时，充电模块停止工作，由电池供电。监控模块监测电池电压、放电时间，当电池放电到一定程度时，监控模块告警。交流输入恢复正常以后，充电模块对电池进行充电。

3. 交流输入配电部分工作原理

如图 7-6 所示，交流Ⅰ路和交流Ⅱ路通过交流进线端子分别接输入空开 1 和 2 以及接触器 1 和 2，然后经过各充电模块开关给各充电模块供电。交流检测单元将检测的两路交流电压分别送到配电监控模块和交流自动切换板，用于显示和控制。

交流接触通过机械联锁和电气互锁两种方式来防止两路交流电源同时接入，以保证交流供电可靠运行。两路交流电源可实现自动切换控制在其中一路运行。在默认设置下，第一路交流电源为主电源，给系统供电。特殊情况下，可通过充电柜面板上的切换开关手动投入其中一路交流电源。

二、整流充电模块

1. 整流充电模块的作用

整流充电模块就是把交流电整流成直流电的单机模块，也就是通常所说的高频开关，如图 7-7 所示。一般以通过电流大小来标称(如 2 A 模块、5 A 模块、10 A 模块、20 A 模块等)。它可以多台并联使用，实现了 $N+1$ 冗余(指重复配置系统的一些部件，即当某一设备发生损坏时，它可以自动作为后备式设备替代该设备)。模块输出是 220 V 稳定可调的直流电压。

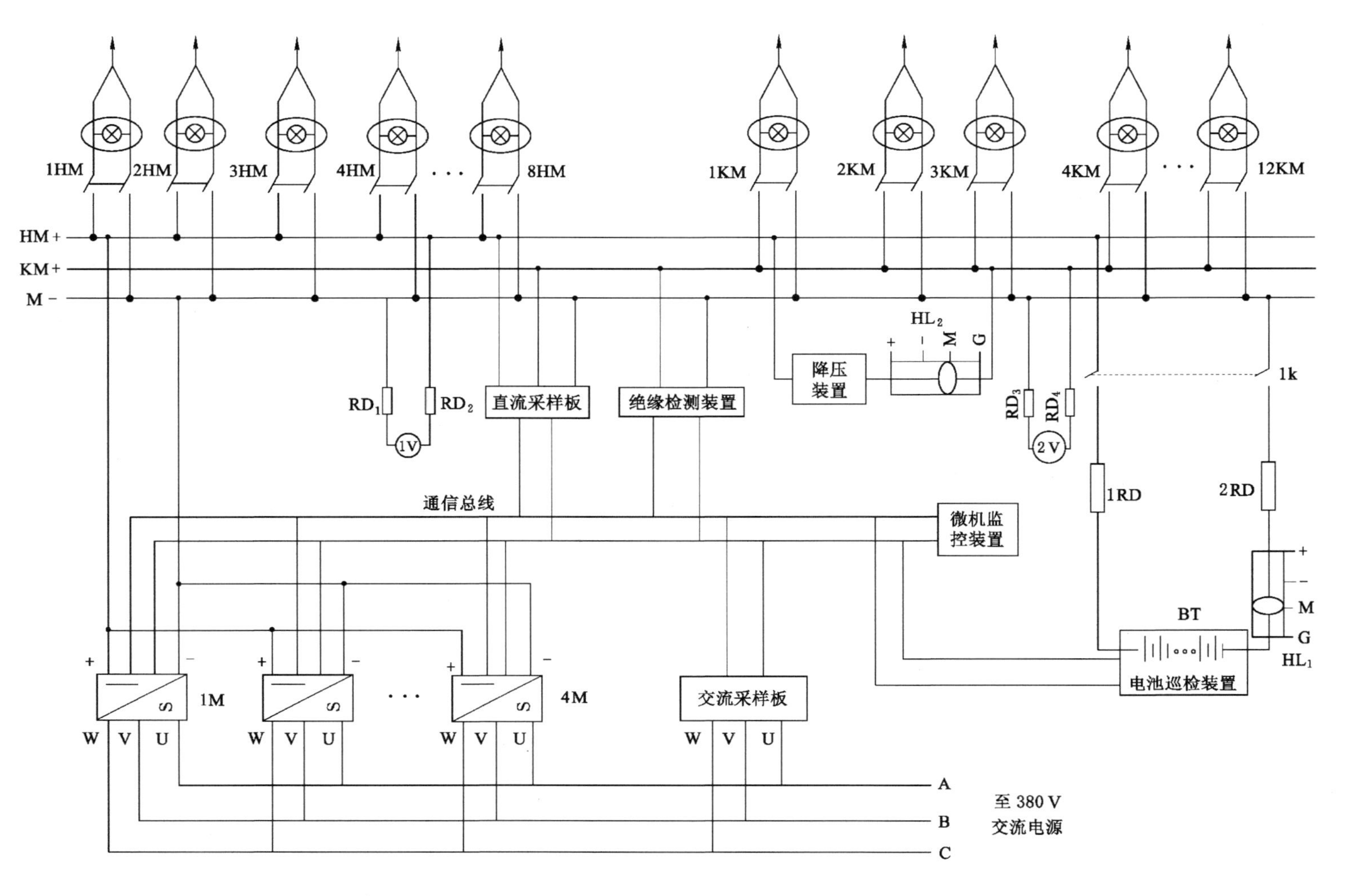

图 7-3　直流电源系统结构组成图

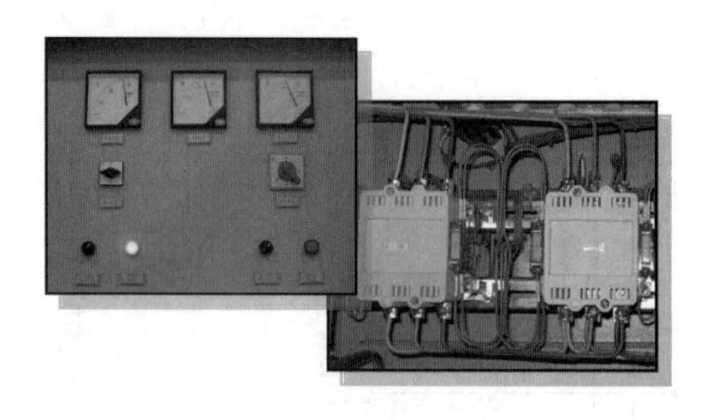

图 7-4　交流输入切换装置

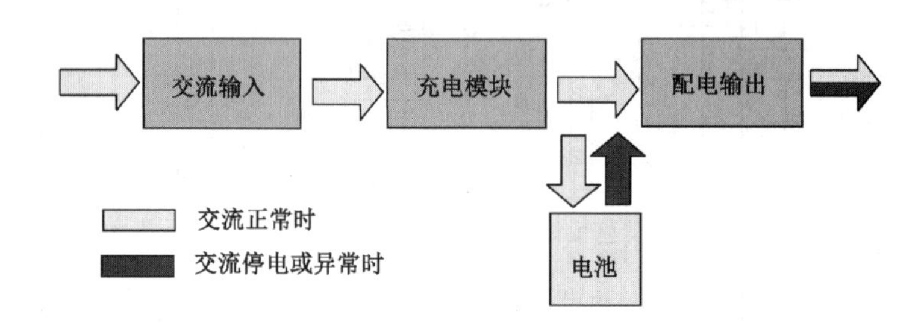

图 7-5　交流输入工作状态示意图

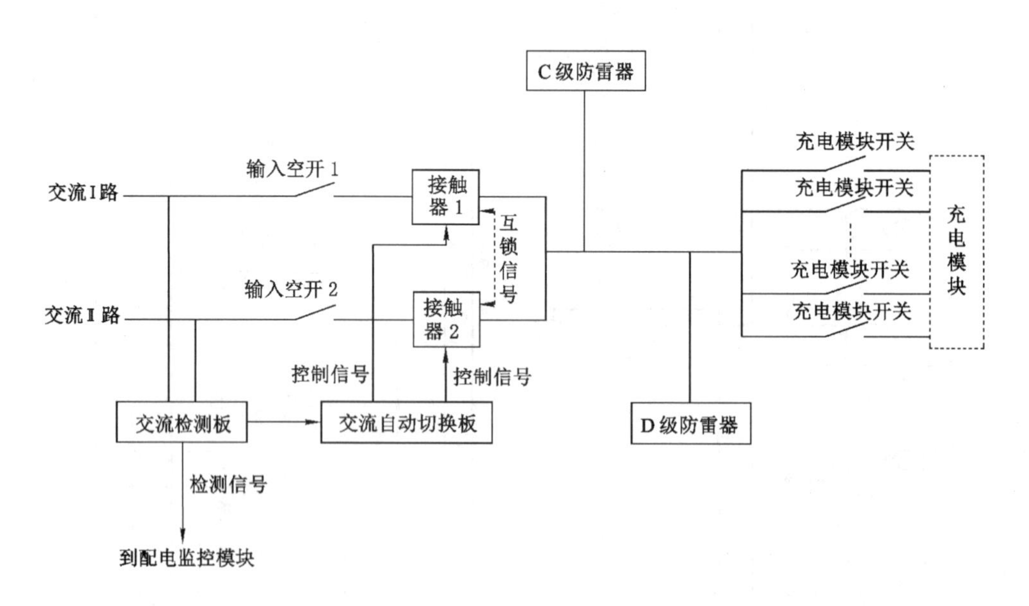

图 7-6　交流输入部分交流原理框图

开关整流器的并联和热插拔已成为通信电源的基本运行方式，也称 $N+1$ 冗余供电方式。$N+1$ 冗余供电方式不仅降低了电源成本，并且可保证供电不中断。这种冗余供电方式的实质是通过并联平行操作的电源模块提供分布式电源。所有的模块并联运行，平均负担当前的负载，电源阵列比额定容量多配置一个功率模块，当一个模块出现故障时，特设的

图 7-7　直流电源系统高频开关

电路将故障模块从负载上断开，其他模块将立即支持所有负载，使其连续不间断地供电。替换模块后的控制电路和蓄电池均能在线运行。

整流模块是电力操作电源的重要核心部件，除实现 AC/DC 变换，还有系统控制、告警等功能。整流模块可在自动（监控模块控制）和手动（人为控制）两种工作方式下工作。模块自身有较为完善的各种保护功能，如输入过压保护、输出过压保护、输出限流保护、输出短路保护、并联保护和过温保护等。

2. 整流充电模块的选择

充电/浮充电装置采用多个高频开关电源模块并联，$N+1$ 热备份工作。高频开关电源模块数量配置可按如下公式选择（即确定 N 的数值）：

$$N \geqslant (\text{最大经常性负荷}+\text{蓄电池充电电流})/\text{模块额定电流}$$

例如：直流电源系统电压等级为 DC220 V，蓄电池容量为 200 A 时，经常性负荷为 4 A（最大经常性负荷不超过 6 A）。那么充电电流（0.1C10×200 A·h）+最大经常性负荷（约 6 A）=26（A）。若选用 10 A 额定电流的电源模块 3 台即可满足负荷需求（$N=3$），但考虑到再加一个备用模块，共 4 个电源模块并联即可构成所需系统。

3. 整流充电模块工作原理

如图 7-8 所示，三相 380 V 交流电首先经过尖锋抑制和 EMI 电路，主要作用是防止电网上的尖锋和谐波干扰串入模块中，影响控制电路的正常工作；同时也抑制模块主开关电路产生的谐波，防止传输到电网上，对电网产生污染，其作用是双向的。

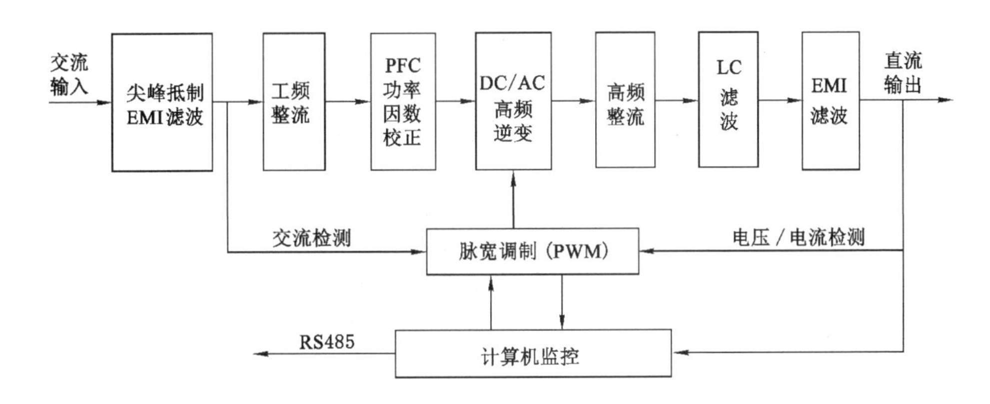

图 7-8　充电模块工作原理图

三相交流电经过工频整流后变成脉动的直流，在滤波电容和电感组成的 PFC 滤波电路的作用下，输出约 520 V 左右的直流电电压。电感同时具有无源功率因数校正的作用，使模块的功率因数达到 0.92。主开关 DC/AC 电路将 520 V 左右的直流电转换为 20 kHz 的高频脉冲电压，在变压器的次级输出。DC/AC 变换采用移相谐振高频软开关技术。变压器输出的高频脉冲经过高频整流、LC 滤波和 EMI 滤波，变为 220 V 的直流电压。

充电模块(高频开关)面板上有控制开关、状态指示灯和数码管显示，它们是充电模块与人交流的窗口，显示充电模块的输出电压或电流值，指示均浮充状态和各种保护告警状态。通过控制开关来设置、控制充电模块的工作方式和地址，调整其输出电压。

充电模块(高频开关)具有 CPU，能监视、控制模块自身的运行情况，而且可以脱离系统监控模块独立运行。

三、降压装置

降压装置就是降压稳压设备，是将合母电压输入降压装置，降压装置再输出到控母，调节控母电压在设定范围内。通常合母电压为 240 V 左右，控母电压为 220 V 左右，当合母电压变化时，降压单元自动调节，保证输出电压稳定。降压单元也是以输出电流的大小来标称的。

充电模块在对蓄电池进行均衡充电、浮充电时，充电电压通常高于控制母线正常工作所需的电压范围，因而须配置调压装置把传送至控制母线的电压限制在要求范围内。目前调压装置主要分两种：一种是无级调压模块，调压精度 0.5%左右。不过目前无级降压斩波技术还不是很成熟，经常发生故障，所以没有得到广泛使用。另一种是硅链分级调压装置。由于硅链调压装置的性能完全能满足现今各类高频开关直流电源系统的要求，故目前直流系统用的调压装置基本上都是硅链调压装置。硅链调压装置通常由 5 组硅二极管串接分压，每组 10 个硅二极管，每个可降压 0.7 V，5 组总共可降 35 V 电压。正常时装置控制开关置于“自动”位置，合母电压经装置自动降压后输出控制母线所需的稳定直流电，以上两部分共同组成直流输出系统。当自动调压模块控制电路发生故障时，可以通过手动调整其输出。调压硅链模块若断开，整个控制母线就无电压，二次设备无直流电源。现在有些接线方式是在控制母线上也挂一个充电模块，设置为手动状态，输出电压调为要求值，作为调压装置损坏时的备用。

降压装置一般由分 5 级的降压硅链、手动调压开关、投切用大功率继电器等构成，如图 7-9 所示。

图 7-9　直流电源系统降压装置

四、馈线输出开关部分

馈线输出开关的作用是将直流输出电源分配到每一路输出。各直流输出支路采用相应规格的直流断路器(空气开关),保证在直流侧故障时各支路能可靠分断。电压及电流信号的检测采用带隔离的器件或电路,保证了强弱点之间的可靠隔离。

馈线输出开关包括合闸母线空开、控制母线空开、逆变输出开关等,根据不同要求安装在馈电柜内或充电柜的下面,如图 7-10 所示。

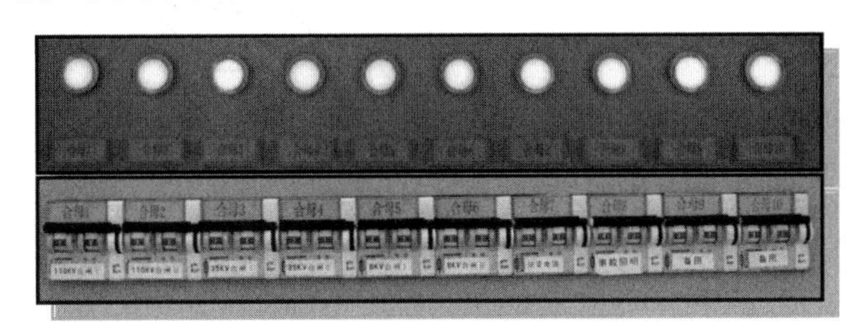

图 7-10　馈线输出开关部分

五、蓄电池

目前各综合自动化站通常使用的蓄电池大部分为免维护铅酸蓄电池,额定电压 220 V,若电池单体电压为 2 V,选用 104 只或 108 只;若电池单体电压为 12 V,选用 18 只。

1. 免维护铅酸蓄电池的特点

(1) 体积小、重量轻。

(2) 自放电少:小于 3%每月,其他式的约 30%每月。

(3) 免维护操作,无酸雾溢出。

(4) 无流动的电解液,可以卧式放置。

(5) 可带电出厂,安装后即可使用。

(6) 柜内安装。

(7) 没有环境污染。

(8) 不用防酸处理,可不用电池房和通风设备,节省造价,可并柜使用。

(9) 安全阀设计是蓄电池的安全保护措施。

2. 免维护铅酸蓄电池的结构组成

免维护铅酸蓄电池由正、负极板,隔板,防爆陶瓷过滤器,电解液,电池槽(外壳),安全阀,接线端子等组成,如图 7-11 所示。

3. 电池容量的选择

电池容量选择时要进行直流负荷的统计,直流负荷按性质分为经常负荷、事故负荷、冲击负荷。经常负荷主要是保护、控制、自动装置和通信设置。事故负荷是指停电后必须由直流系统供电的负荷,如 UPS、通信设备等。冲击负荷是指极短时间内施加的大电流负荷,如断路器分合闸操作等。根据上述三种直流负荷统计就可以计算出事故状态下的直流持续放电容量。一般 110 kV 的变电站直流系统的蓄电池要选择一组电池,电池容量为 100～150 A・h,35 kV 的是 50～100 A・h。

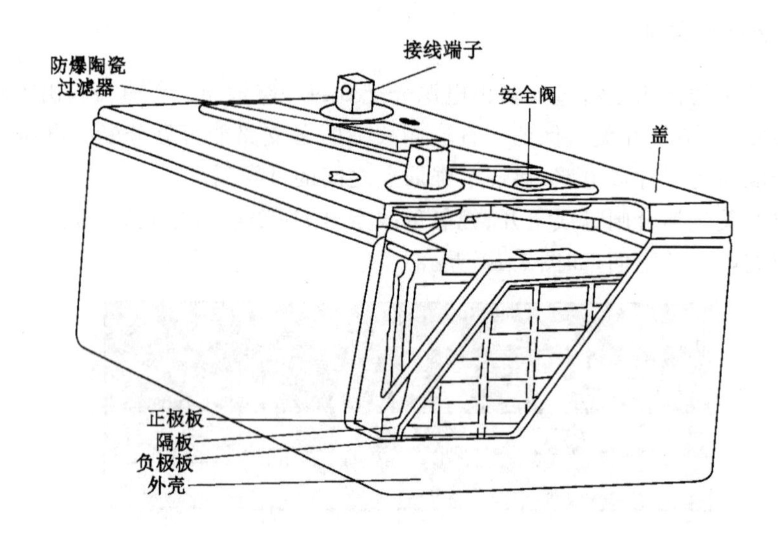

图 7-11 免维护铅酸蓄电池结构图

六、系统监控单元

监控系统是整个直流系统的控制、管理核心，其主要任务是：对系统中各功能单元和蓄电池进行长期自动监测，获取系统中的各种运行参数和状态，根据测量数据及运行状态及时进行处理，并以此为依据对系统进行控制，实现电源系统的全自动管理，保证其工作的连续性、可靠性和安全性。监控系统目前分为两种：一种是按键型，另一种是触摸屏型。监控系统提供人机界面操作，实现系统运行参数显示、系统控制操作和系统参数设置，如图 7-12 所示。

一般直流监控系统主要可以完成以下功能：直流电源系统各参数点（交流输入电压、充电机输出电压、充电机输出电流、蓄电池充/放电电流、动力母线电压、控制母线电压、正负母线对地电压）的测量、显示、越限告警功能；控制充电机对蓄电池按 DL/T 459—2017 标准规定的直流电源系统运行曲线运行（蓄电池管理功能）；根据需求完成 DC/DC 48 V(24 V)电源监控，DC/AC 逆变电源监控，外接负载蓄电池活化充放电控制功能；实现对直流电源系统内其他智能装置通信管理，完成对综合自动化系统后台监控通信，完成“四遥”功能。

七、绝缘检测装置

直流系统绝缘监测单元是监视直流系统绝缘情况的一种装置，可实时监测线路对地漏电阻，此数值可根据具体情况设定。当线路对地绝缘降低到设定值时，就会发出告警信号。直流系统绝缘监测单元目前有母线绝缘监测、支路绝缘监测两类。

图 7-13 所示为 HYD-2 型直流系统绝缘在线监测装置，该装置可同时在线检测多个（如 D 型装置可以检测 512 个馈线支路）馈线支路接地状况，可显示接地支路号、接地极性、支路接地电阻和接地时间；循环显示母线电压、负母线对地电压、正母线对地电阻和负母线对地电阻；采用直流传感器，不受对地电容影响；中文界面，易学好用；具有 RS232 和 RS485 接

口，可与上位机通信。C 型装置还可以检测馈线空气开关的状态，有 110 V 和 220 V 之分。C、D 型装置采用分布式采集单元，通过 485 通行方式同主机进行通信。

图 7-12　直流系统监控单元

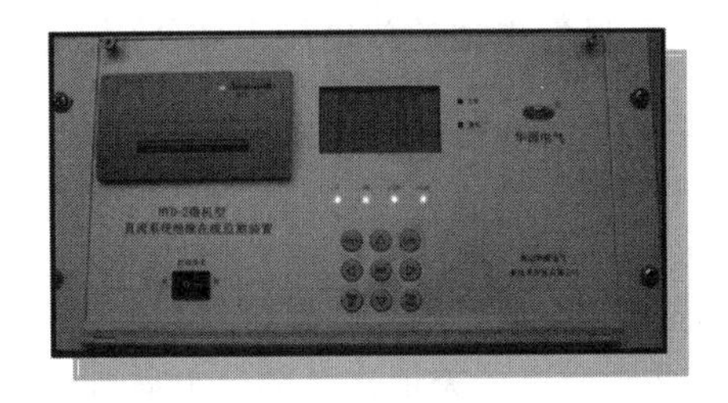

图 7-13　HYD-2 型直流系统绝缘在线监测装置

八、蓄电池巡检装置

电池巡检单元就是对蓄电池在线电压情况巡环检测的一种设备，可以实时检测到每节蓄电池电压的多少，当哪一节蓄电池电压高过或低过设定时，就会发出告警信号，并能通过监控系统显示出是哪一节蓄电池发生了故障。电池巡检单元一般能检测 2～12 V 的蓄电池和巡环检测 1～108 节蓄电池，同时在线监测蓄电池组所有单体蓄电池运行工况、4 路特征点温度、2 路蓄电池组总电压、蓄电池组充/放电电流。

九、开关量检测单元

开关量检测单元是对开关量在线检测及告警干节点输出的一种设备。比如在整套系统中哪一路断路器发生故障跳闸或者是哪路熔断器熔断后，开关量检测单元就会发出告警信号，并能通过监控系统显示出是哪一路断路器发生故障跳闸或者是哪路熔断器熔断。目前开关量检测单元可以采集到 1～108 路开关量和多路无源干节点告警输出。

十、DC/DC 48 V 通信部分

通信电源模块安装/连接与充电电源模块安装/连接过程相似，只不过通信电源模块输入、输出端口均为 2 芯，航空插头尺寸小于充电电源模块。最后切记通信电源模块后面板 15 芯 D 型端子与充电电源模块后面板 15 芯 D 型端子不能并接，只需要将电压电流采样信号接入微机监控单元。

第三节　直流电源系统的基本操作和异常检查

直流电源系统的铅酸电池需要定期维护，对于阀控免维护铅酸蓄电池来说，所谓免维护的说法也是不确切的，因为这里所说的“免维护”只是无须人工加酸加水，而非真正意义上的免维护，相反其维护要求变得更高。

电池长期不用或长期处于浮充状态，电池极板的活性物质很易硫化，当活性物质越来越少时，电池的放电能力也越来越差，直至放不出电。此外，由于电池之间的离散性，单体电池之间的实际电压不尽相同，电池标称的浮充电压只是一种均值，所选定的浮充电压并不能满足每一节电池的要求，如果电池长期处于浮充状态，其结果必定是部分电池的电量能保证充

满，而有一部分电池是无法充满的，这一部分电池表现出来的电压是虚的，需要放电时，其放电能力很差。因此，要求充电系统具备定期对电池做维护性的均充活化功能，以免电池硫化、虚充，确保电池的放电能力和使用寿命。

一、直流电源系统的基本操作

1. 交流输入

两路 AC 380 V 交流输入分别接入充电馈电柜（或充电柜）的下部两个交流输入空气开关上，两个空气开关依次全部合上后，两路交流输入可实现自动切换。

2. 母线电压调整

母线电压调整是指合闸母线经由降压装置馈电给控制母线的主接线方式。

3. 手动调压

手动调压是当自动调压部分发生故障时使用的一种调压方式。操作充电馈电柜或充电柜面板上万能转换开关，观察控制母线电压值，将开关打至控制母线所需电压即可。一般顺时针方向为电压增加，反之则减少。

4. 自动调压

自动调压是由微机监控单元按设定值自动调节降压装置，在正常工作状态下保证控制母线电压波动范围在±2.5%内。万能转换开关打在“自动”位置上时即为自动调压运行方式。

二、直流电源系统的一般维护

1. 直流系统接地查找一般原则

(1) “直流接地”信号发出后，可通过直流屏监控器和绝缘检查装置找出接地支路号及接地状态，支路号的排列大都是按直流馈线屏馈线开关从上至下或从左到右的顺序，绝缘检查装置还可以显示接地电阻（接地电阻小于15～20 kΩ 时报警），判断接地程度，可通过绝缘检查开关判断正对地、负对地电压，判断接地程度。有时绝缘检查装置判断不出支路只报“直流母线接地”，此时有可能直流母线接地，也有可能是支路接地。

(2) 直流接地信号发出后，必须停止二次回路上的工作，值班员应详细询问情况，及时纠正检修人员的不规范行为。

(3) 利用万用表测量正对地、负对地电压，核对绝缘检查装置的准确性。万用表必须是高内阻的，否则会造成另一点接地。

(4) 如无法找出准确接地回路时，可采用拉路寻找法。拉路寻找时应遵循先拉次要直流回路，再拉控制、保护等重要回路。试拉时间不应超过 3 s。其查找顺序为：事故照明回路→逆变电源回路→合闸回路→控制回路→装置电源回路。

2. 交流过欠压故障

(1) 确认交流输入是否正常。

(2) 检查空气开关或交流接触器是否在正常运行位置。

(3) 检查交流采样板上采样变压器和压敏电阻是否损坏。

(4) 其他原因。

3. 空气开关脱扣故障

(1) 首先检查直流馈出空气开关是否有在合闸的位置而信号灯不亮,若有则要确认此开关是否脱扣。

(2) 其他原因。

4. 熔断器熔断故障

(1) 检查蓄电池组正、负极熔断器是否熔断。

(2) 检查熔断信号继电器是否有问题。

(3) 其他原因。

5. 母线过欠压

(1) 用万用表测量母线电压是否正常。

(2) 检查充电参数及告警参数设置是否正确。

(3) 检查降压装置(若有)控制开关是否在自动位置。

(4) 其他原因。

6. 母线接地

(1) 先看微机控制器负对地电压和控母对地电压是否平衡。如果是负对地电压接近于零,则为负母线接地;如果是正对地电压接近于零,则为正母线接地。

(2) 采用高阻抗的万用表实际测量母线对地电压,判断有无接地。

(3) 如果系统配置独立的绝缘检测装置,可以直接从该装置上查看。

7. 模块故障

(1) 确认电源模块是否有黄灯亮。

(2) 电源模块黄灯亮表示交流输入过欠压或直流输出过欠压或电源模块过热,因此首先检查交流输入及直流输出电压是否在允许范围内和模块是否过热。

(3) 电源模块当输出过压时,将关断电源输出,只能关机后再开机恢复。因此,当确认外部都正常时,关告警电源模块后再开电源模块,看电源模块黄灯是否还亮,若还亮,则表示模块有故障。

8. 绝缘检测装置报接地

首先看故障记录,确认哪条支路发生接地,是正接地还是负接地,接地电阻值是多少;然后将故障支路接地排除。

9. 电池巡检仪报单只电池电压过欠压

首先查看故障记录,确认哪几只电池电压不正常,然后查看该只电池的保险和连线有无松动或接触不良。

10. 蓄电池充电电流不限流

(1) 首先确认系统是否在均充状态。

(2) 其次充电机输出电压是否已达到均充电压。若输出电压已达到均充电压,则系统处在恒压充电状态,不会限流。

(3) 检查模块同监控之间并接线是否可靠连接。

(4) 其他原因。

11. 蓄电池直观检查

(1) 蓄电池壳子是否清洁

每个蓄电池都应保持清洁。如果蓄电池盖上有污垢和灰尘，就有可能在蓄电池端子之间或端子与地之间形成导电通路，从而引起短路或接地故障。

(2) 蓄电池壳子和盖子是否损坏

如果蓄电池壳子和盖子破裂或有渗透，应更换蓄电池。蓄电池壳子上有裂缝时，导电的电解液会从蓄电池中渗透出来，造成接地故障。即使没有电解液渗透，也是非常严重的问题。因为电解液的水分可能通过裂缝蒸发损失，使电解液干涸，最后造成蓄电池的内阻增大和产生的热量增大。

如果蓄电池壳子严重膨胀和永久性变形，说明这个蓄电池已经过热并遭受热失控。热失控还会导致蓄电池产生更多的气体、电解液干涸和极板损坏。在这种情况下，应更换蓄电池。

(3) 蓄电池端子是否损坏

蓄电池正负极端子弯曲或其他形式的损坏可造成连接电阻的增大。端子损坏的蓄电池应更换。如果在端子上的保护油脂融化，表明连接点已经很热，这是端子松动的结果。在此情况下，应将此连接端子拆开，检查损坏情况，然后重新安装。

第四节　直流电源系统运行维护管理

一、运行管理

(1) 直流电源系统设备的运行维护工作按设备管理权限划分。

(2) 运行主管单位每年应对所辖运行直流电源系统进行检查评价，落实直流电源系统设备的缺陷，综合分析直流电源系统存在的问题，正确做出设备状态评估，提出技术改造和检修意见。

(3) 现场运行规程中应有直流电源系统运行维护和事故处理等有关内容，并应符合本厂(站)直流电源系统实际。

(4) 运行单位应有直流系统维护管理制度。

(5) 对直流系统进行定期维护工作应纳入年度、月度工作计划。

(6) 运行人员对发现的直流系统缺陷，应按维护管理职责和权限及时处理或上报。

(7) 具备两组蓄电池的直流系统应采用母线分段运行方式，每段母线应分别采用独立的蓄电池组供电，并在两段直流母线之间设联络开关或刀闸，正常运行时该联络开关或刀闸应处于断开位置。

(8) 直流熔断器和空气断路器应采用质量合格的产品，其熔断体或定值应按有关规定分级配置和整定，并定期进行核对，防止因其不正确动作而扩大事故。

(9) 直流电源系统同一条支路中熔断器与空气断路器不应混用，尤其不应在空气断路器的上级使用熔断器，防止在回路故障时失去动作选择性。严禁直流回路使用交流空气断路器。

二、阀控蓄电池的运行及维护

(1) 阀控蓄电池组正常应以浮充电方式运行，浮充电压值应控制为(2.23～2.28)V×

N，一般宜控制在2.25 V×N(25 ℃时)；均衡充电电压宜控制为(2.30～2.35)V×N。

(2) 运行中的阀控蓄电池组主要监视蓄电池组的端电压值、浮充电流值、每只单体蓄电池的电压值、运行环境温度、蓄电池组及直流母线的对地电阻值和绝缘状态等。

(3) 阀控蓄电池在运行中电压偏差值及放电终止电压值应符合表7-1的规定。

表7-1　阀控蓄电池在运行中电压偏差值及放电终止电压值的规定

阀控密封铅酸蓄电池	标称电压/V		
	2 V	6 V	12 V
运行中的电压偏差值	±0.05	±0.15	±0.3
开路电压最大最小电压差值	0.03	0.04	0.06
放电终止电压值	1.80	5.40(1.80×3)	10.80(1.80×6)

(4) 在巡视中应检查蓄电池的单体电压值，连接片有无松动和腐蚀现象，壳体有无渗漏和变形，极柱与安全阀周围是否有酸雾溢出，绝缘电阻是否下降，蓄电池通风散热是否良好，温度是否过高等。

(5) 阀控蓄电池组的充放电包括：

① 恒流限压充电：采用I10电流进行恒流充电，当蓄电池组端电压上升到(2.3～2.35)V×N限压值时，自动或手动转为恒压充电。

② 恒压充电：在(2.3～2.35)V×N的恒压充电下，I10充电电流逐渐减少，当充电电流减少至0.1I10电流时，充电装置的倒计时开始启动，当整定的倒计时结束时，充电装置将自动或手动转为正常的浮充电方式运行。浮充电电压值宜控制为(2.23～2.28)V×N。

③ 补充充电：为了弥补运行中因浮充电流调整不当造成的欠充，根据需要可以进行补充充电，使蓄电池组处于满容量。其程序为：恒流限压充电→恒压充电→浮充电。补充充电应合理掌握，确在必要时进行，防止频繁充电影响蓄电池质量和寿命。

④ 阀控蓄电池的核对性放电：长期处于限压限流的浮充电运行方式或只限压不限流的运行方式，无法判断蓄电池的现有容量、内部是否失水或干枯，通过核对性放电可以发现蓄电池容量缺陷。

a. 一组阀控蓄电池组的核对性放电：全站(厂)仅有一组蓄电池时，不应退出运行，也不应进行全核对性放电，只允许用I10电流放出其额定容量的50%。在放电过程中，蓄电池组的端电压不应低于2 V×N。放电后，应立即用I10电流进行限压充电→恒压充电→浮充电。反复放充2～3次，蓄电池容量可以得到恢复。若有备用蓄电池组替换时，该组蓄电池可进行全核对性放电。

b. 两组阀控蓄电池组的核对性放电：全站(厂)若具有两组蓄电池时，一组运行，另一组退出运行并进行全核对性放电。放电用I10恒流，当蓄电池组电压下降到1.8 V×N时，停止放电。隔1～2 h后，再用I10电流进行恒流限压充电→恒压充电→浮充电。反复放充2～3次，蓄电池容量可以得到恢复。若经过3次全核对性放充电，蓄电池组容量均达不到其额定容量的80%以上，则应安排更换。

c. 阀控蓄电池组的核对性放电周期：新安装的阀控蓄电池在验收时应进行核对性充放电，以后每2～3年应进行一次核对性充放电，运行了6年以后的阀控蓄电池，宜每年进行一次核对性充放电。

d. 备用搁置的阀控蓄电池，每 3 个月进行一次补充充电。

(6) 阀控蓄电池的浮充电电压值应随环境温度变化而修正，其基准温度为 25 ℃，修正值为±1 ℃时 3 mV，即当温度每升高 1 ℃，单体电压为 2 V 的阀控蓄电池浮充电电压值应降低 3 mV，反之应提高 3 mV；阀控蓄电池的运行温度宜保持在 5～30 ℃，最高不应超过 35 ℃。

(7) 根据现场实际情况，应定期对阀控蓄电池组进行外壳清洁工作。

(8) 当交流电源中断不能及时恢复，使蓄电池组放出容量超过其额定容量的 20%及以上时，在恢复交流电源供电后，应立即手动或自动启动充电装置，按照制造厂规定的正常充电方法对蓄电池组进行补充充电。或按恒流限压充电→恒压充电→浮充电方式对蓄电池组进行充电。

(9) 电池室的温度宜保持在 5～30 ℃，最高不应超过 35 ℃，并应通风良好。

(10) 蓄电池室应照明充足，并应使用防爆灯。凡安装在台架上的蓄电池组，应有防震措施。

(11) 应定期检查蓄电池室调温设备及门窗情况。每月应检查蓄电池室通风、照明及消防设施。

三、充电装置的运行及维护

1. 充电装置的运行监视

(1) 应定期对充电装置进行如下检查：交流输入电压、直流输出电压、直流输出电流等各表计显示是否正确，运行噪声有无异常，各保护信号是否正常，绝缘状态是否良好。

(2) 交流电源中断，蓄电池组将不间断地向直流母线供电，应及时调整控制母线电压，确保控制母线电压值的稳定。当蓄电池组放出容量超过其额定容量的 20%及以上时，恢复交流电源供电后，应立即手动启动或自动启动充电装置，按照制造厂规定的正常充电方法对蓄电池组进行补充充电，或按恒流限压充电→恒压充电→浮充电方式对蓄电池组进行充电。

2. 维护及检测

维护人员应定期对充电装置进行检查和维护工作，并应按照有关规定项目进行定期检测。

(1) 应定期对充电装置输出电压和电流精度、整定参数、指示仪表进行校对。

(2) 宜定期进行稳压、稳流、纹波系数和高频开关电源型充电装置的均流不平衡度等参数测试。

四、微机监控装置的运行及维护

(1) 运行中直流电源装置的微机监控装置，应通过操作按钮切换检查有关功能和参数，其各项参数的整定应有权限设置和监督措施。

(2) 当微机监控装置故障时，若有备用充电装置，应先投入备用充电装置，并将故障装置退出运行。无备用充电装置时，应启动手动操作，调整到需要的运行方式，并将微机监控装置退出运行，经检查修复后再投入运行。

五、直流系统巡视检查项目

1. 正常巡视检查项目

(1) 蓄电池室通风、照明及消防设备完好，温度符合要求，无易燃、易爆物品。

(2) 蓄电池组外观清洁，无短路、接地。

(3) 各连片连接牢靠无松动，端子无生盐，并涂有中性凡士林。

(4) 蓄电池外壳无裂纹、漏液，呼吸器无堵塞，密封良好，电解液液面高度在合格范围。

(5) 蓄电池极板无龟裂、弯曲、变形、硫化和短路，极板颜色正常，无欠充电、过充电，电解液温度不超过 35 ℃。

(6) 典型蓄电池电压、密度在合格范围内。

(7) 充电装置交流输入电压、直流输出电压、电流正常，表计指示正确，保护的声、光信号正常，运行声音无异常。

(8) 直流控制母线、动力母线电压值在规定范围内，浮充电流值符合规定。

(9) 直流系统的绝缘状况良好。

(10) 各支路的运行监视信号完好、指示正常，熔断器无熔断，自动空气开关位置正确。

2. 特殊巡视检查项目

(1) 新安装、检修、改造后的直流系统投运后，应进行特殊巡视。

(2) 蓄电池核对性充放电期间应进行特殊巡视。

(3) 直流系统出现交/直流失压、直流接地、熔断器熔断等异常现象处理后，应进行特殊巡视。

(4) 出现自动空气开关脱扣、熔断器熔断等异常现象后，应巡视保护范围内各直流回路元件有无过热、损坏和明显的故障现象。

第八章　变电站事故处理

电力系统事故是指由于电力系统设备故障或人员操作失误而影响电能供应数量或质量超过规定范围的事件。电力系统事故依据事故范围大小可分为两大类:局部事故和系统事故。

局部事故是指系统中个别元件发生故障,使局部的电压发生变化,用户用电受到影响的事故。系统事故是指系统内主要联络线路跳闸或失去电源,引起全系统频率、电压急剧变化,造成供电电能数量或质量超过规定范围,甚至造成系统瓦解或大面积停电的事件。如果因小系统事故或设备故障造成线路或电器元件的断路器跳闸,变电站的运行人员对这类事故往往是根据调度的命令进行处理。但引起电力系统事故的原因是多方面的,如自然灾害(雷击、树障、山火、覆冰、大风、污闪等)、设备缺陷、管理维护不当、抢修质量不高、外力破坏、运行方式不合理、继电保护错误、继电保护装置设备损坏、回路绝缘损坏、二次接线错误、继电保护误碰与误操作、运行值班员误操作(带负荷拉合隔离开关、带地线合闸、带电挂地线、走错间隔、误分合断路器、误入室内带电间隔、错投退保护连接片等)、设备检修后验收不到位、基建期间遗留的问题、事故处理不当造成扩大事故等。

电力系统发生事故或故障时,将造成电气设备损坏、部分或大面积停电事故,严重影响安全生产和居民日常生活。因此,在电力系统发生事故造成设备发生故障时,变电站的值班员需要及时、准确地处理事故,尽快隔离故障,恢复供电,减少停电范围,将对电力系统的稳定运行起着重要的作用。特别要防止因事故处理不当造成的事故扩大或引起电力系统的解列和振荡。

变电站是电力系统中变换电压、接受和分配电能、控制电力的流向和调整电力的设施,因此,变电站事故是电力系统事故的组成核心。

第一节　事故处理基本原则及步骤

一、变电站事故处理的一般原则

电力系统发生事故时,变电站运行人员应在上级值班调度员的指挥下处理事故,并做到如下几点:

(1)变电站事故和异常处理,必须严格遵守电力安全工作规程、调度规程、现场运行规程以及有关安全工作规定,服从调度指挥,正确执行调度命令。

(2)遇有断路器跳闸事故时,变电站值班员应立即准确地向有关上级值班调度员报告事故概况。汇报内容包括汇报人姓名、变电站名称、事故发生的时间和地点,断路器跳闸情况、继电保护及自动装置动作情况,频率、电压、潮流的变化和设备状况等,以便调度及时掌握现场情况，并制订合理的处理方案。当值班员对现场做进一步检查后，可将已查明的现场基本情况在适当的时候再次向调度汇报。当事故处理完毕后，可根据调度的要求，做进一步的补充汇报，并根据调度的要求提供现场事故报告。

(3) 如果对人身和设备的安全没有构成威胁时，应尽力设法保证设备安全运行，一般情况下，不得轻易停运设备；如果对人身和设备的安全构成威胁时，应尽力设法解除这种威胁；如果危及人身和设备的安全时，应立即停止设备运行。

(4) 在处理事故时，应根据现场情况和有关规程规定，启动备用设备运行，采取必要的安全措施，对未发生事故的设备进行必要的安全隔离，保证其正常运行，防止事故扩大。

(5) 在处理事故过程中，首先应保证站用电的安全运行和正常供电。当系统或有关设备事故和异常运行造成站用电停电事故时，应首先处理和恢复站用电的运行，以确保站用电的供电。

(6) 事故处理时值班员应根据当时断路器的跳闸情况、运行方式、天气状况、工作情况、继电保护及自动装置动作情况、后台机数据及信号、设备情况，及时判明事故的性质和范围。

(7) 尽快对已停电的用户特别是重要用户回路(煤矿用户主井、通风等)电源尽快恢复供电。

(8) 当设备损坏无法自行处理时，应立即向上级调度汇报，在检修人员到达现场之前，应先做好现场的安全措施。

(9) 为了防止事故扩大，在事故处理的过程中，变电站的值班员应与电调保持联系，主动将事故处理的进展及现场情况汇报电调。

(10) 事故处理要坚持“保人身、保设备、保电网”的原则。应迅速限制事故的发展，解除对人身和设备的威胁，并尽快恢复对已停电用户的供电。事故处理必须按照调度指令进行；有危及人身、设备安全的事故时，应按有关规定进行处理。

(11) 每次事故处理完毕后，都要做好详细的记录，并根据要求填写登记在值班日志、事故记录、跳闸记录上。

(12) 若设备故障需要检修，变电站值班员应根据电力安全相关工作规程布置好安全措施。

二、事故处理的主要任务

(1) 尽快限制事故的发展，消除事故的根源，解除对人身和设备的威胁。

(2) 用一切可能的方法保持对用户的正常供电，保证站内电源正常。

(3) 尽快对以停电的用户恢复供电，对重要用户应优先恢复供电。

(4) 及时调整系统的运行方式，使其恢复正常运行。

三、事故处理的一般程序

(1) 及时检查并记录断路器跳闸情况、继电保护及自动装置的动作情况，后台计算机监控系统的数据变化及告警信息。

(2) 迅速对故障范围内的一、二次设备进行外部检查，并将检查情况向调度及主管领导汇报。

(3) 根据事故特征,分析判断事故范围和停电范围。

(4) 根据调度指令采取措施,限制事故的发展,消除对人身和设备安全的威胁。

(5) 迅速隔离故障设备或排除故障。

(6) 隔离故障点后,对无故障设备尽快恢复送电,以减小对系统的影响。

(7) 对损坏的设备做好安全措施,并向厂调及有关上级汇报,由专业检修人员处理故障。

(8) 做好事故处理的全过程详细记录,事故处理结束后编写现场事故报告。

事故处理的一般程序步骤可概括为:迅速检查、准确判断、简明汇报、隔离故障、限制发展、排除故障、恢复供电、整理资料。

四、事故处理的组织原则

(1) 各级当值调度员是领导事故处理的指挥者,应对事故处理的正确性、及时性负责。变电站当班值班负责人是现场事故、异常处理的负责人,应对汇报信息和事故操作处理的正确性负责。因此,变电站运行人员要和值班调度员密切配合,迅速果断地处理事故。在事故处理和异常中必须严格遵守电力安全工作规程、事故处理规程、调度规程、运行规程及其他有关规定。

(2) 发生事故和异常时,运行人员应坚守岗位,服从调度指挥,正确执行当值调度员和值班负责人的命令。值班负责人要将事故和异常现象准确无误地汇报给当值调度员,并迅速执行调度命令。

(3) 运行人员如果认为调度命令有误时,应先指出,并做必要解释。但当值调度员认为自己的命令正确时,变电站运行人员应立即执行。如果值班调度员的命令直接威胁人身或设备的安全,则在任何情况下均不得执行。当班值班负责人接到此类命令时,应该把拒绝执行命令的理由报告值班调度员和本单位总工程师,并记录在值班日志中。

(4) 如果在交接班时发生事故,而交接班的签字手续尚未完成,交班人员应留在自己的岗位上,进行事故处理,接班人员可在当班值班负责人的领导下协助事故处理。

(5) 事故处理时,除有关领导和相关专业人员以外,其他人均不得进入主控室和事故地点,事前已进入的人员均应迅速离开,便于事故处理。发生事故和异常时,运行人员应及时向站长汇报。站长可以临时代理值班负责人工作,指挥事故处理,但应立即报告值班调度员。

(6) 发生事故时,如果不能与值班调度员取得联系,则应按调度规程和现场事故处理规程中有关规定处理。这些规定应经本单位的总工程师批准。

五、事故处理的要求和有关规定

(1) 变电站的事故处理必须严格遵守电力安全工作规程、事故处理规程、调度规程、现场运行规程、反事故措施以及其他有关规定。

(2) 事故和异常处理过程中,运行人员应认证监视监控画面和表计、信号指示。事故及处理过程应在值班日志、事故障碍记录及断路器跳闸等记录簿上做好详细记录。

(3) 对设备的检查要认真、仔细,正确判断故障的范围及性质,汇报术语准确并简明扼要,所有电话联系均应录音。

(4) 事故处理可以不用操作票,但为了提高操作的正确性,可参考典型操作票操作。操作中应严格执行操作监护制度并认真核对设备的名称、编号、位置和拉合方向，防止误操作。事故抢修、试验可以不用工作票，但应使用事故抢修单。所有事故抢修、试验均应履行工作许可手续。事故处理后恢复送电的操作应填写倒闸操作票。

(5) 下列各项操作现场运行人员可不等调度指令而自行进行：

① 将直接威胁人身或设备安全的设备停电。

② 确知无来电可能性时，将已损坏的设备隔离。

③ 当站用电源部分或全部停电时，恢复其电源。

④ 交流电压回路断线或交流电流回路断线时，按规定将有关保护或自动装置停用，防止保护和自动装置误动。

⑤ 单电源负荷线路断路器由于误碰跳闸，将断路器立即合上。

⑥ 当确认电网频率、电压等参数达到自动装置整定动作值而断路器未动作时，立即手动断开应跳的断路器。

⑦ 当母线失压时，将连接该母线上的断路器断开(除调度指定保留的断路器外)。

除自行管辖的站用变压器停电处理以外，以上事故紧急处理以后应立即向调度汇报。

(6) 发生事故后应将事故的详细情况及时汇报给本单位的生产领导。发生重大事故或者有人员责任的事故，在事故处理结束以后，运行人员应将事故处理的全过程资料进行汇总，汇总资料应完整、准确、明了。编写出详细的现场事故报告，以便专业人员对事故进行分析。现场事故报告应包括以下内容：

① 发生事故的事件、事故前后的负荷情况等。

② 中央信号、表计指示断路器跳闸情况和设备告警信息。

③ 保护、自动装置动作情况。

④ 微机保护的打印报告及对其进行的分析。

⑤ 故障录波器打印报告及测距。

⑥ 现场设备的检查情况。

⑦ 事故处理过程和时间顺序。

⑧ 人员和设备存在的问题。

⑨ 事故初步分析结论。

六、事故处理的注意事项

1. 准确判断事故的性质和影响范围

(1) 运行人员在处理故障时应沉着、冷静、果断、有序地将各种故障现象，如断路器动作情况、潮流变化情况、信号报警情况、保护及自动装置动作情况、设备的异常情况，以及事故的处理过程做好记录，并及时向调度汇报。

(2) 运行人员在平时应了解全站保护的相互配合和保护范围，充分利用保护和自动装置提供的信息，便于准确分析和判断事故的范围和性质。

(3) 运行人员要全面了解保护和自动装置的动作情况，在检查保护和自动装置动作情况时应依次检查，做好记录，防止漏查、漏记信号影响对事故的判断。

(4) 为准确分析事故原因和故障查找，在不影响事故处理和停送电的情况下，应尽可能保留事故现场和故障设备的原状。

2. 限制事故的发展和扩大

(1) 故障初步判断后，运行人员应到相应的设备处进行仔细地查找和检查，找出故障点和导致故障发生的直接原因。若出现着火、持续异味等危及设备或人身安全的情况，应迅速进行处理，防止事故的进一步扩大。确认故障点后，运行人员要对故障进行有效的隔离，然后在调度的指令下进行恢复送电操作。

(2) 发生越级跳闸事故，要及时拉开保护拒动的断路器和拒分断路器的两侧隔离开关。在操作两侧隔离开关前，一般需要解除"五防"闭锁，因而应提前做好准备，以便缩短事故停电时间。在拉隔离开关前，必须检查该回路供电的断路器在断开位置，防止带负荷拉隔离开关。

(3) 对于事故紧急处理中的操作，应注意防止系统解列或非同期并列。对联络线，应经过并列装置合闸，确认线路无电时方可解除同期闭锁合闸。

(4) 用控制开关操作合闸，若合闸不成功，不能简单地判断为合闸失灵，应注意在合闸过程中监视表计指示和保护动作信息，防止多次合闸于故障线路或设备，导致事故的扩大。

(5) 加强监视故障后线路、变压器的负荷状况，防止因故障致使负荷转移，造成其他设备长期过负荷运行，及时联系调度消除过负荷。

3. 恢复送电时防止误操作

(1) 恢复送电时应在调度的统一指挥下进行，运行人员应根据调度命令，考虑运行方式变化时本站自动装置、保护的投退和定值的更改，满足新运行方式的要求。

(2) 恢复送电和调整运行方式时要考虑不同电源系统的操作顺序。

(3) 运行人员在恢复送电时要分清故障设备的影响范围，先隔离故障设备，对于经判断无故障的设备，按调度命令恢复送电，防止误操作导致故障的扩大。

4. 故障时应保证站用交直流系统的正常运行

站用交直流系统是变电站正常运行、操作、监视、通信的保证。交直流系统异常会造成失去保护自动装置、操作、通信、变压器冷却系统电源，将使得事故处理更困难，若在短时间内交直流系统不能恢复，会使故障范围扩大，甚至造成电网事故和大面积停电事故。因而事故处理时，应设法保证交直流系统正常运行。

第二节　线路事故处理

本节讲解线路的简单故障类型和现象、故障原因及线路事故处理的基本步骤。

一、线路简单的事故处理

下面以 35 kV 及 6 kV 线路几种简单的故障类型为例介绍线路简单的事故处理：线路瞬时性故障跳闸后重合闸动作成功；线路永久性跳闸后重合闸动作未成功；线路故障断路器跳闸后重合闸未动作等。

1. 线路简单的故障类型

线路故障分为瞬时性故障和永久性故障，其中瞬时性故障出现的概率最大，为线路故障的 70%～80%。线路故障按其性质可分为单相接地故障、相间接地故障、相间短路故障。

发生不同性质的线路故障，一次系统电气参数的变化是不同的，同时，也与线路的中性点接地方式密切相关。下面对中性点直接接地系统的线路故障情况进行简要分析。

（1）单相接地故障

① 中性点直接接地系统单相接地时，故障相电流增大，电压降低（若为金属接地，故障相电压为零）。

② 出现负序、零序电压，在短路点负序、零序电压最高。

（2）相间接地短路

① 中性点直接接地系统两相接地短路时，故障相电流增大，电压降低。

② 出现负序、零序电压，在短路点负序、零序电压最高。

（3）相间短路故障

① 中性点直接接地系统两相短路时，故障相电流增大，电压降低。

② 出现负序电压、电流，在短路点负序电压最高，未出现零序电压、电流。

（4）三相短路故障

① 中性点直接接地系统三相短路时，电流增大，电压降低。

② 无负序、零序电压及电流。

2. 线路故障的原因

线路故障的原因很多，情况比较复杂。如站内线路出现设备支撑绝缘子、线路绝缘子闪络，大雾、大雪等天气原因造成沿面放电，线路走廊树木过高、鸟巢等引起对地、相间短路等瞬时性故障，设备缺陷、施工隐患、外力破坏、绝缘子破损等永久性故障以及瞬时性故障发展为永久性故障等。

3. 线路事故处理的一般要求

（1）线路保护动作跳闸，无论重合闸装置是否动作或动作成功与否，均应对断路器进行外部检查。

（2）线路断路器跳闸后，重合闸装置有投入但不动作，可强送电一次。

（3）线路有电缆或按规定不能投重合闸（如线路作业要求重合闸推出）的线路发生跳闸后，未查明原因不能送电。

（4）断路器遮断容量不够、跳闸次数累计超过规定次数，重合闸装置退出运行，保护动作跳闸后，一般不能试送电。

（5）线路发生跳闸后，现场运行人员应立即向调度员做线路断路器跳闸等情况的简要汇报。经检查后，再详细汇报如下内容：

① 跳闸时保护装置及安全自动装置告警动作情况。

② 断路器动作情况及外部有无明显缺陷。

③ 对故障跳闸线路的有关设备进行检查的情况。

④ 其他线路状态及潮流情况。

⑤ 故障滤波器、故障测距情况。

4. 线路事故处理的基本步骤

（1）解除音响，记录故障时间，检查自动化故障信息显示，确认后复归信号。

（2）检查保护动作情况，确认后复归信号。

（3）根据上述现象初步判断故障性质、范围。

（4）到现场检查断路器实际位置及线路保护范围内的设备有无短路、接地故障；设备（如电流互感器、断路器等）情况是否完好。

(5) 根据调度指令进行处理。

(6) 做好相关记录。

5. 线路瞬时性故障跳闸后重合闸动作成功的事故处理

(1) 现象

报警,自动化信息显示某线路保护"出口跳闸""重合闸动作""保护动作",故障录波动作。

(2) 巡视检查

① 巡视检查保护室,某线路保护屏上故障线路保护及重合闸等信号灯亮,并指示性质及故障相别、测距等情况(对只配置过流保护的线路,则保护只显示故障相别、故障电流等信息),微机保护打印出详细的报告,经两人确认无误后复归保护信号。

② 到现场检查断路器实际位置及线路保护范围内的设备有无短路、接地等故障,检查故障某线路断路器间隔设备有无异常。

(3) 分析判断

根据事故现象和现场巡视检查,可以判断为线路瞬时性故障跳闸后重合闸动作成功。

(4) 处理步骤

线路瞬时性故障跳闸后重合闸动作成功,值班人员应做好断路器跳闸记录,核对断路器故障跳闸次数,若达到临时检修次数,应汇报上级及有关部门通知检修人员进行临时检修。

6. 线路永久性故障跳闸后重合闸动作未成功的事故处理

(1) 现象

报警,自动化信息显示某断路器位置指示闪烁,显示某线路保护"重合闸动作""出口跳闸""保护动作""重合闸动作后加速"等信号,故障录波动作。

(2) 巡视检查

① 巡视检查保护室,故障线路保护屏上故障线路保护及重合闸等信号灯亮,并指示故障性质及故障相别、测距等情况(对只配置过流保护的线路,则保护只显示故障相别、故障电流等信息),微机保护打印出详细的报告,经两人确认无误后复归保护信号。

② 到现场检查断路器实际位置及线路保护范围内的设备有无短路、接地等故障,检查跳闸断路器间隔设备有无异常。

(3) 分析判断

根据事故现象和现场巡视检查,可以判断为线路永久性故障跳闸后重合闸动作未成功。

(4) 处理步骤

根据调度指令将故障线路停电,做好安全措施,待故障排除后再根据调度指令送电。

7. 线路故障断路器跳闸重合闸未动作

(1) 现象

报警,自动化信息显示跳闸断路器位置指示灯绿灯闪烁,显示某线路"出口跳闸""保护动作"等信号,故障录波动作。

(2) 巡视检查

① 巡视检查保护室,故障线路保护屏上故障线路保护等信号灯亮,并指示故障性质及故障相别、测距等情况(对只配置过流保护的线路,则保护只显示故障相别、故障电流等信息),微机保护打印出详细的报告,经两人确认无误后复归保护信号。

② 到现场检查断路器实际位置及线路保护范围内的设备有无短路、接地等故障，检查跳闸断路器间隔设备有无异常。检查断路器外观、压力值等有无异常。

(3) 分析判断

根据故障现象和现场巡视检查，可以判断为线路故障断路器跳闸重合闸未动作。

(4) 处理步骤

① 断路器外观、压力值等检查未发现明显异常，而重合闸正常投入未动作时，可以手动强送电一次，然后报告调度。对重合闸因故停用、双回路供电线路及架空充电线路等，不得强送，应根据调度指令送电。

② 对重合闸正常投入而重合闸拒动的线路，应汇报调度及有关部门，由专业人士查找拒动的原因。

③ 如果强送不成功，根据调度指令将故障线路停电，做好安全措施，待故障排除后再根据调度指令送电。

二、线路复杂的事故处理

1. 线路较复杂的故障类型

(1) 35 kV(或 6 kV)线路故障断路器拒动。

(2) 35 kV(或 6 kV)线路故障保护拒动。

2. 35 kV(或 6 kV)线路故障断路器拒动

(1) 现象

报警，自动化信息显示主变压器中压侧(35 kV 侧)或主变压器低压侧(6 kV)"复压过流"保护动作，相应的主变压器中压侧或低压侧断路器闪烁，分段断路器闪光(当 35 kV 或 6 kV 侧在并列运行时)，对应母线失压，失压母线上的电容器组低电压保护动作。某 35 kV(或 6 kV)线路"保护动作"信号灯亮。

(2) 巡视检查

① 巡视检查保护室，主变压器保护屏显示主变压器 35 kV(或 6 kV)"复压过流保护动作"，某 35 kV(或 6 kV)线路保护屏显示"出口跳闸""保护动作"，电容器组保护屏显示"保护动作"等信号，微机保护打印出详细的报告，经两人确认无误后复归保护信号。

② 到现场检查主变压器 35 kV(或 6 kV)断路器实际位置及主变压器 35 kV(或 6 kV)侧过流保护范围内设备有无明显异常，主变压器本体外观有无明显异常。

(3) 分析判断

根据事故现场和现场巡视检查，站内设备未发现异常现象，由于 35 kV(或 6 kV)线路保护动作，而该线路断路器在合闸位置，可以初步判断为某 35 kV(或 6 kV)线路故障断路器拒动引起主变压器后备保护动作。

(4) 处理步骤

① 拉开失压母线上各线路断路器，发现出现"保护动作"信号的线路断路器无法拉开，到现场检查该断路器在合闸位置，可以判断该开关拒动，应在确保没有的电压的情况下拉开其两侧隔离开关(对手车式断路器，按下紧急分闸按钮，将断路器拉开，后将手车断路器拉至试验位置进行隔离)。

② 根据调度指令，在失压母线上的各断路器均在拉开的情况下，合上主变压器跳闸侧

断路器(对分段断路器有充电保护的,可用分段断路器对失压母线进行充电),对母线充电正常后,恢复其他线路和设备的运行。

③ 如果失压母线上有电容器组,在母线恢复正常运行后根据母线电压情况投入电容器组。

3. 35 kV(或 6 kV)线路故障保护拒动

(1) 现象

报警,自动化信息显示主变压器中压侧(35 kV 侧)或主变压器低压侧(6 kV)"复压过流"保护动作,相应的主变压器中压侧或低压侧断路器闪烁,分段断路器闪烁(当 35 kV 或 6 kV侧在并列运行时),对应母线失压,失压母线上的电容器组低压保护动作。

(2) 巡视检查

① 巡视检查保护室,主变压器保护屏显示主变压器 35 kV(或 6 kV)"复压过流保护动作",电容器组保护显示"保护动作"等信号,微机保护打印出详细的报告,经两人确认无误后复归保护信号。

② 到现场检查主变压器 35 kV(或 6 kV)断路器实际位置及主变压器 35 kV(或 6 kV)侧过流保护范围内设备有无明显异常,主变压器本体外观有无明显异常。

(3) 分析判断

根据事故现场和现场巡视检查,站内设备未发现异常现象,可以初步判断为某 35 kV(或 6 kV)线路故障保护拒动引起主变压器后备保护动作。

(4) 处理步骤

① 根据调度指令,在失压母线上的各断路器均在拉开的情况下,合上主变压器跳闸侧断路器,对母线充电正常后,依次逐条线路试送,试合各线路断路器时,应密切注意线路的相关表计及保护是否再次动作。当试送到某条线路时,主变压器"复压过流"保护再次动作,则说明这条线路故障而该线路保护拒动,应将该线路转冷备用后再重复上述步骤,恢复无故障线路的运行。

② 如果失压母线上有电容器组,在母线恢复正常运行后根据母线电压情况投入电容器组。

三、线路故障事故处理的注意事项

(1) 单电源线路开关事故跳闸,应立即检查开关及保护动作情况。重合闸不成功或雷雨大风天气时不得强送,无重合闸或重合闸未动作的开关在无异常的情况下,可不经调度指令强送一次,并将结果及时汇报调度。

(2) 双电源线路开关事故跳闸,不得强送,应立即对开关进行外观检查并做好记录,汇报调度,按调度指令进行处理。

(3) 线路故障跳闸,重合不良,如无特殊规定,允许强送一次。若线路强送不成,一般不再强送。

(4) 有下列情况之一者禁止强送电:

① 线路跳闸或重合不良的同时伴有明显的故障现象,如火光、爆炸声、系统振荡等。

② 空充电线路。

③ 有特殊要求的线路。

四、线路事故处理过程中可能存在的危险点

(1) 线路故障跳闸后，没有认真检查该线路间隔的所有设备，可能在该断路器因为切除故障电流后存在故障，在恢复该断路器运行时，如果再次合闸于故障线路将造成该断路器保护等严重故障。

(2) 线路故障后未确认断路器在断开位置就拉开断路器两侧刀闸，可能引起带负荷拉隔离开关。

(3) 线路断路器跳闸后，没有记录事故跳闸累计次数，可能因断路器事故跳闸次数累计超过规定次数，在断路器再次切除故障电流时可能会引起爆炸等事故。

(4) 对电缆(海缆)线路或按规定不能投重合闸的线路发生跳闸后，未查明原因就对该线路强送电。

(5) 110 kV 线路故障引起 110 kV 某段母线失压，在恢复主变压器运行时，没有合上主变压器中性点隔离开关，可能因为操作过电压等造成主变压器绝缘损坏。

(6) 在用分段断路器对母线充电后，未停用分段断路器充电保护，在母线带上负荷时引起充电保护动作，分段断路器跳闸。

五、危险点的预控措施

(1) 线路故障后应对故障间隔所属设备全面进行检查，防止其设备在切断故障电流后存在安全隐患而恢复运行。

(2) 要拉开断路器两侧的隔离开关时，应确认该断路器确在断开位置，否则应在确认该断路器没有电压的情况下(如断开该断路器的上级电源)方可拉开两侧隔离开关。

(3) 线路断路器跳闸后，应及时记录事故跳闸累计次数，如果事故跳闸累计次数超过规定次数，应立即上报。

(4) 电缆(海缆)线路或按规定不能投重合闸的线路发生跳闸后，应待查明原因后才能强送。

(5) 在合上主变压器高压侧断路器前，应先合上中性点接地刀闸，并进行零序保护和间隙保护的切换。

(6) 利用分段断路器对母线充电正常后，应立即解除分段断路器充电保护。

六、事故案例分析处理

以某公司 35 kV 变电站为例，分析和处理一起电源线路故障造成一段母线失压的事故，如图 8-1 所示。

(1) 运行方式

焦吕 2 运行带 35 kV 东母负荷，月吕 2 运行带 35 kV 西母负荷，吕 350 热备，吕 1# 主变运行带 6 kV 东母负荷，吕 2# 主变带 6 kV 西母负荷，吕 60 热备；吕 1# 站变带站内低压负荷运行，吕 2# 站变充电运行。

(2) 事故现象

① 公共测控柜警铃响，后台机告警显示“1# 主变复压保护动作”“TV 断线告警”，35 kV、6 kV 东母电压棒图消失，主接线图东母电流值为零，西母运行正常。

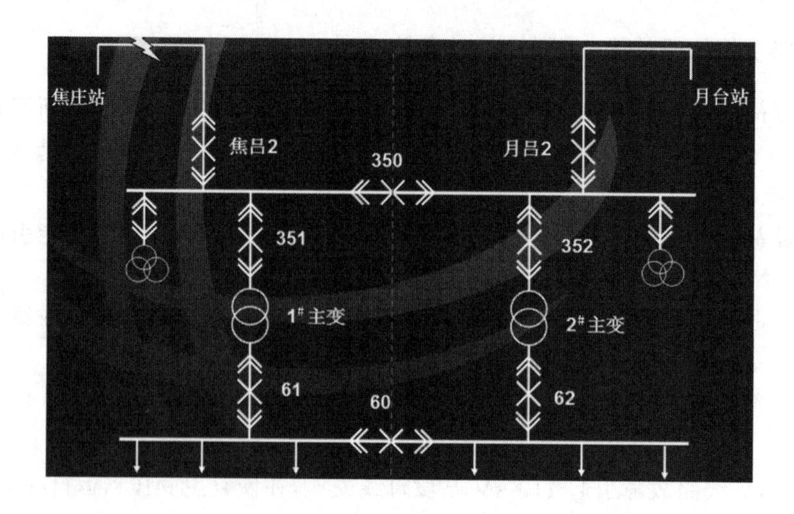

图 8-1　电源线路故障造成一段母线失压事故

② 焦吕线路及 1# 主变测控柜发现测控装置电压、电流为零，告警灯亮，显示相关告警信息。

(3) 检查

检查吕 35 kV 东母设备无异常情况，立即向当班电调调度员汇报，经确认线路故障，电源对端已经跳闸。

(4) 判断

焦吕线线路发生短路故障，线路跳闸。

(5) 处理

① 断开故障进线断路器焦吕 2，合上 35 kV 联络开关吕 350，恢复吕 35 kV、6 kV 东母正常供电。

② 汇报电调、厂调及有关领导，做好事故相关记录。

第三节　变压器事故处理

本节讲解主变压器简单故障类型和现象、故障原因及主变压器事故处理的基本步骤。通过对主变压器简单故障原因分析及处理步骤的讲解，学习主变压器事故现象，判断主变压器故障性质，处理主变压器简单故障。

一、主变压器跳闸处理原则

(1) 主变压器断路器跳闸时，应首先根据保护动作情况和跳闸时的外部现象，判明故障原因后再进行处理。

(2) 检查相关设备有无过负荷现象。一台主变压器跳闸后应严格监视其他运行中的主变压器负荷。

(3) 主变压器主保护(差动、瓦斯保护)动作，在未查明原因、消除故障前不得送电。

(4) 如果只是过流等后备保护动作，检查主变压器无问题后可以送电。

(5) 当主变压器跳闸时，应尽快转移负荷、改变运行方式，同时查明故障时何种保护动作。在检查主变压器跳闸原因时，应查明主变压器有无明显异常现象，有无外部短路、线路故障，有无明显的异常声响、喷油等现象。如果确实证明主变压器各侧断路器跳闸不是由于内部故障引起的，而是由于外部短路或保护装置误动造成的，则可以申请试送一次。

(6) 如因线路故障，保护越级动作引起主变压器跳闸，则在故障线路隔离后，即可恢复主变压器运行。

(7) 主变压器跳闸后应首先考虑确保站用电的供电。

(8) 主变压器在运行中发生下列严重异常情况时，应立即停止运行：

① 主变压器内部声响异常或声响明显增大，并伴随有爆裂声。

② 压力释放装置动作(同时伴有其他保护动作)。

③ 主变压器冒烟、着火、喷油。

④ 在正常负荷和冷却条件下，主变压器温度不正常并不断上升超过运行运行值(应确定温度计正常)。

⑤ 主变压器严重漏油使油位降低，并低于油位计的指示限度。

⑥ 套管有严重破损和放电现象。

二、主变压器差动保护动作处理

1. 差动保护动作跳闸的原因

(1) 主变压器引出线及变压器绕组发生多相短路。

(2) 单相严重的匝间短路。

(3) 在大电流接地系统中绕组及引出线上的接地故障。

(4) 保护二次回路问题引起保护误动作。

(5) 差动保护用电流互感器二次回路故障。

2. 差动保护动作跳闸现象

报警，自动化信息显示主变压器“差动保护”动作，主变压器各侧断路器闪烁，相应的电流、有功功率、无功功率等指示为零。根据接线形式和备用电源装置配置的不同，可能发“备自投装置动作”“TV 断线告警”等信号。

3. 巡视检查

(1) 巡视检查保护室，主变压器保护屏显示“差动保护动作”信号，微机保护打印出详细的报告，经两人确认无误后复归保护信号。

(2) 到现场检查差动保护范围内的所有设备有无接地、短路、闪络或破裂的痕迹等。检查主变压器本体有无异常，包括油面、油温、油色是否正常等。

4. 分析判断

(1) 检查发现主变压器本身有异常和故障迹象或差动保护范围内一次设备有故障现象，可以判断是主变压器差动保护范围内设备故障引起的主变压器保护动作。

(2) 检查未发现异常及故障现象，但有气体保护动作，即使只是报出轻瓦斯保护信号，属主变压器内部故障的可能性极大。

(3) 检查主变压器及差动保护范围内的一次设备，未发生异常及故障现象，主变压器气体保护未动作，其他设备和线路保护均无动作信号，应通过对主变压器进行试验后才能准确判断是保护误动还是一次设备存在故障。

(4) 检查主变压器及差动保护范围内的一次设备,未发现异常及故障现象,主变压器气体保护未动作,其他设备和线路保护均无动作信号,但直流系统有“直流接地”信号出现,可能是因为直流多点接地造成保护误动作。

5. 处理步骤

(1) 检查发现主变压器本身有异常、故障现象或差动保护范围内一次设备有故障现象,应根据调度指令将故障点隔离或主变压器转检修,由相关专业人员进行检查、试验、处理。试验合格后方可投入运行。

(2) 检查未发现任何异常及故障现象,但有气体保护动作,即使只是报出轻瓦斯保护信号,属主变内部故障可能性极大,应经过内部检查并经试验合格后方可投入运行。

(3) 检查主变压器及差动保护范围内一次设备,未发生异常及故障现象,主变压器气体保护未动作,其他设备和线路保护均无动作信号,根据调度指令将主变压器转检修,测量主变压器是否绝缘,若无问题,根据调度指令试送一次。

(4) 检查主变压器及差动保护范围内的一次设备,未发现异常及故障现象,主变压器气体保护未动作,其他设备和线路保护均无动作信号,但直流系统有“直流接地”信号出现,可能是因为直流多点接地造成保护误动作,根据调度指令将主变压器转检修,由专业人员进行检查。

(5) 如果中低压侧没有备自投或备自投未动作,断开失压母线上的所有断路器,并检查是否确实断开,发现未断开的,应在确保没有电压的情况下断开其两侧隔离开关(对手车式断路器,按下紧急分闸按钮,将断路器拉开,后将手车断路器拉至试验位置进行隔离)。根据其他运行变压器的负荷情况向调度申请通过合上中低压侧分断路器恢复中低压侧母线及全部或部分线路运行。

(6) 如果运行中的主变压器出现过负荷,应根据现场运行规程的过负荷倍数和允许运行时间等规定,向调度申请转移负荷或进行压负荷。

三、主变压器重瓦斯保护动作处理

1. 重瓦斯保护动作跳闸的原因

(1) 主变压器内部严重故障。

(2) 保护二次回路问题引起保护误动作。

(3) 某些情况下,由于油枕内的隔膜安装不良,造成呼吸器堵塞,油温发生变化后,呼吸器突然冲开,油流冲动使重瓦斯保护误动作。

(4) 外部发生穿越性短路故障(浮筒式气体继电器可能误动)。

(5) 主变压器附近有较强的振动。

2. 重瓦斯保护动作跳闸现象

报警,自动化信息显示主变压器“重瓦斯保护”动作,主变压器各侧断路器闪烁,相应的电流、有功功率、无功功率等指示为零。中低压侧备自投装置投入时,备自投装置动作。

3. 巡视检查

(1) 巡视检查保护室,主变压器保护屏显示“重瓦斯保护动作”信号,微机保护打印出详细的报告,经两人确认无误后复归保护信号。

(2) 到现场检查主变压器本体有无异常,检查的主要内容:油温、油位、油色情况,有无着火、爆炸、喷油、漏油等情况，外壳是否有变形，气体继电器内有无气体，防爆管隔膜是否有冲破等。

4. 分析判断

(1) 若主变压器差动保护等同时动作，说明主变压器内部有故障。

(2) 若主变压器外部检查有明显异常和故障痕迹(如喷油)，说明主变压器内部故障。

(3) 取气检查分析，如果气体继电器内的气体有色、有味、可燃，则无论主变压器外部检查有无明显异常或故障现象，都应判定为内部故障。

(4) 检查主变压器本体未发现异常及故障现象，气体继电器内充满油，无气体，其他设备和线路保护均无动作信号，但直流系统有“直流接地”信号出现，可能是因为直流多点接地造成保护误动作。

5. 处理

(1) 根据调度指令将故障点隔离或主变压器转检修，由相关专业人员进行检查、试验、处理。试验合格后方可投入运行。

(2) 如果中低压侧没有备自投或备自投未动作，断开失压母线上的所有断路器，并检查是否确实断开，发现未断开的，应在确保没有电压的情况下断开其两侧隔离开关(对手车式断路器，按下紧急分闸按钮，将断路器拉开，后将手车断路器拉至试验位置进行隔离)。根据其他运行变压器的负荷情况向调度申请通过合上中低压侧分断路器恢复中低压侧母线及全部或部分线路运行。

(3) 如果运行中的主变压器出现过负荷，应根据现场运行规程的过负荷倍数和允许运行时间等规定，向调度申请转移负荷或进行压负荷。

变压器内部严重的故障，瓦斯保护和差动可能同时动作。

四、主变压器后备保护动作处理

变压器过流等后备保护动作跳闸，主保护没有动作，一般应视为外部(差动保护范围以外)故障，即母线故障或线路故障越级，使变压器后备保护动作跳闸。

1. 变压器后备保护的保护范围

变压器过流等后备保护动作跳闸，要正确判断故障范和停电范围，动作时跳哪些断路器。

(1) 单侧电源双绕组降压变压器。后备保护一般装在高压侧，作低压侧母线及各分路的后备保护。动作时跳开变压器两侧断路器。

(2) 单侧电源的三绕组降压变压器。低压侧后备保护，分别作相应的中低压侧母线和线路的后备保护，第一时限跳本侧母线分段(或母线)断路器，第二时限跳变压器本侧(有故障的一侧)断路器。高压侧的后备保护作中低压侧的总后备保护，又是变压器本体的后备保护，动作时跳变压器三侧断路器，其动作时限大于中低压侧后备保护的动作时限。有的三绕组变压器，中压或低压侧不装过流等后备保护，由高压侧相间后备保护的第一、二时限代替；高压侧后备保护动作时，其第一时限跳中压侧(或低压侧)的母线分段(或母联)断路器，第二时限跳变压器的中压(或低压)侧断路器，其第三时限跳变压器三侧断路器。

(3) 多侧电源的三绕组降压变压器。

① 其一侧带有方向的后备保护(如方向零序过流保护，复合电压闭锁方向过流保护

等)，各作为本侧母线及线路的后备保护。动作时，第一时限跳本侧母线分段(或母联)断路器，第二时限跳变压器本侧断路器。

② 高中压侧不带方向的后备保护(如零序过流保护，复合电压闭锁过流等)，既可以作为各自本侧母线及线路的后备保护，又可以作为变压器及另两侧的后备保护。动作时，跳变压器的三侧断路器(高中压侧同时又有带方向的后备保护时)。

(4) 对于降压变压器，其 110 kV 及以上中性点的零序过流保护、中性点间隙零序过流保护，跳开主变压器各侧断路器。中性点间隙零序过流保护，用于变压器中性点不接地运行时，系统有接地故障，中性点接地的变压器跳闸以后，电网零序电压升高，中性点放电间隙击穿放电，中性点间隙零序过流保护动作，跳开主变压器各侧断路器。变压器后备保护动作单侧跳闸时，跳闸侧一段母线失压。三侧跳闸时，中低压侧可能各有一段母线失压。

2. 主变压器后备保护动作的处理原则

(1) 如果过电流保护动作，发现电压下降、冲击、弧光、声响等现象，应对变压器外部进行检查；如果能及时排除故障，则可试送一次，否则应采取安全措施准备抢修；如果未发现问题，也可试送一次；对无差动保护的变压器，除进行外部检查外，还应进行绝缘测定检查。

(2) 如果是低压出线发生故障，线路保护拒动，则可手动打掉故障线路开关，然后对变压器送电。

(3) 如果由于差动保护范围内发生故障，差动保护失灵，则应按差动保护动作处理。

(4) 如果为二次回路故障，则属误动或误碰，值班人员可立即试送电。

(5) 应首先检查保护及断路器的动作情况。如果是保护动作，断路器拒绝跳闸造成越级，则应在拉开拒跳断路器两侧的隔离开关后，将其他非故障线路送电。如果是因为保护未动作造成越级，则应将各线路断路器断开，再逐条线路试送电，发现故障线路后，将该线路停电，拉开断路器两侧的隔离开关，再将其他非故障线路送电。最后再查找断路器拒绝跳闸或保护拒动的原因。

五、变压器油枕内油位过高或过低的故障及处理

变压器的油位是随着变压器内部油量的多少、油温的高低、变压器所带负荷的变化、周围环境温度随季节的变化而变化的。此外，变压器的渗漏油以及渗水等，也都会影响油位的变化。

油枕的容积，一般为变压器容积的 10%左右。如油位过高，易引起溢油，造成浪费。若油位过低，当低于变压器上盖时，会使变压器引接线部分暴露在空气中，降低了绝缘强度，有可能造成内部闪络，同时由于增大了油与空气的接触面积，使油的绝缘强度迅速降低。当油位降低并遇到变压器轻负荷、停电或冬季低温等情况时，则油位会继续下降，有可能使轻瓦斯继电器动作。

值班人员如发现油位过低而油位计内看不见油位时，应设法加油。在缺油不太严重，即在夜间看不到油位而在白天能看到油位时，则应继续加强观察后再做处理。

在大型强油循环水冷却的变压器中，若发现油位降低，应立即查明原因，检查水中是否有油花，以防止油中渗水而危及变压器的绝缘，因为既然油渗入水内，水便有可能渗入油内。

从以上分析得知，变压器在运行中一定要保持正常油位，所以运行人员必须经常检查油位计的指示。在油位过高时(如夏季)应设法放油，在油位过低时(如冬季)应设法加油，以维

持正常油位，确保变压器的安全运行。

六、变压器分接开关的故障及处理

1. 无载分接开关的故障及处理

(1) 故障的现象

值班人员在检查变压器时，如发现变压器油箱内上部有"吱吱"的放电声，电流表随着响声发生摆动，瓦斯保护可能发出信号，油的闪光点急剧下降，此时可初步判断为分接开关故障。若故障继续发展下去，则分接开关可能会被烧坏，造成非三相送电。

(2) 故障的原因。

① 弹簧压力不足，滚轮压力不均，使有效接触面积减少，以及镀银层机械强度不够而严重磨损等引起分接开关在运行中被烧坏。

② 分接开关接触不良，引出线连接和焊接不良，经受不起短路冲击而造成分接开关故障。

③ 在倒换分接头时，由于分接头位置切换错误，引起分接开关烧坏。

④ 由于相间绝缘距离不够，或者绝缘材料的电气绝缘强度低，在过电压（大气过电压或操作过电压）的情况下，绝缘击穿，造成分接开关相间短路。

(3) 故障的处理

值班人员应监视变压器的运行情况，如电流、电压、温度、油位、油色和声音的变化，试验人员应立即取油样进行气相色谱分析，以鉴定故障的性质，值班人员应将分接开关切换到完好的另一挡上（切换后经测量证明），此时，变压器仍可继续运行。

为了保证变压器的安全运行，应采取有效的预防性措施，将事故消灭在萌芽状态。变压器在投入运行前或调换分接头位置时，必须测量各分接头的直流电阻。因为分接开关的接触部分在运行中可能会烧伤，未用的分接头长期浸在油中可能会产生氧化膜等，都会造成倒换分接头后接触不良的现象，所以无载调压的变压器倒换分接头时，必须测量直流电阻，且测得的三相电阻应平衡，如发现不平衡时，其相差值不得超过 2%，并应参考历次测试的数据进行核对。在倒换分接头位置时，应核对油箱外的分接指示器与内部分接头连接情况是否一致，以保证接线良好，且应将分接开关手柄转动 10 次以上，以消除触头部分的氧化膜及油污，然后再调至所需要的分接头位置上，将变压器投入运行。

2. 有载分接开关的故障及处理

(1) 过渡电阻在切换过程中被击穿烧断，在烧断处发生闪络，引起触头间的电弧越拉越长，并发出异常声音。

(2) 分接开关由于密封不严而进水，造成相间闪络。

(3) 由于分接开关滚轮卡住，使分接开关停在过渡位置上，造成相间短路而烧坏。

(4) 调压分接开关油箱不严密，造成油箱内与主变压器油箱内的油相连通，而使两个油位指示器的油位相同，这样，使分接开关的油位指示器出现假油位，造成分接开关油箱内缺油，危及分接开关的安全运行。所以，在大型有载调节的变压器油枕上，装有两个油位指示器，一个是指示有载分接开关油箱内的油位，另一个是指示变压器油箱内的油位，两个油箱是隔离的，所以这两个油位指示是不相同的，在运行中应注意检查。

七、变压器的严重异常现象分析及处理

1. 变压器在运行中所发生的严重异常现象

(1) 变压器的油箱内有强烈而不均匀的噪声和放电的声音。变压器在运行中出现强烈而不均匀的噪声且振动加大,是由于铁芯的穿心螺丝夹得不紧,使铁芯松动,造成硅钢片间产生振动。振动能破坏硅钢片间的绝缘层,并引起铁芯局部过热。至于变压器内部有"吱吱"的放电声,则是由于绕组或引出线对外壳闪络放电,或是铁芯接地线断线,造成铁芯对外壳(地)感应而产生的高电压发生放电引起的,放电的电弧可能会损坏变压器的绝缘。

(2) 变压器油枕或防爆管喷油。油枕喷油或防爆管薄膜破裂喷油表示变压器的内部已有严重损伤。喷油使油面降低到油位指示计的最低限度时,有可能引起瓦斯保护动作,使变压器各侧断路器自动跳闸。如瓦斯保护因故没有动作而使油面低于顶盖时,则引出线绝缘降低,造成变压器内部有"吱吱"的放电声,且在变压器顶盖下形成空气层,造成油质劣化,此时,应切断变压器电源,以防止事故扩大。

(3) 变压器在正常负荷和正常冷却方式下,如果变压器油温不断升高,则说明变压器内部有故障,如铁芯着火或绕组匝间短路。

铁芯着火是由涡流引起或夹紧铁芯用的穿心螺丝绝缘损坏造成的。因为涡流会使铁芯长期过热而引起硅钢片间的绝缘破坏,此时,铁损增大,油温升高,使油的老化速度加快,减少了气体的排出量,所以对油分析时,可以发现油中有大量的油泥沉淀,油色变暗,闪光点降低等。而穿心螺丝绝缘破坏后,会使穿心螺丝短接硅钢片,这时便有很大的电流通过穿心螺丝,使螺丝过热,并引起绝缘油的分解,油的闪光点降低,使其失掉绝缘性能。

铁芯着火若逐渐发展,会引起油色逐渐变暗,闪光点降低,这时由于靠近着火部分温度很快升高,致使油的温度逐渐达到着火点,造成故障范围内的铁芯过热、熔化,甚至熔焊在一起。在这种情况下,若不及时断开变压器,就可能发生火灾或爆炸事故。

(4) 油色变化过甚,在取油样进行分析时,可以发现油内含有炭粒和水分,油的酸价增高,闪光点降低,绝缘强度降低,这说明油质急剧下降,这时很容易引起绕组与外壳间发生击穿事故。

(5) 在套管上有大的碎片和裂纹,或表面有放电及电弧的闪络痕迹时,尤其在闪络时,会引起套管的击穿,因为这时发热很剧烈,套管表面膨胀不均,甚至会使套管爆炸。

(6) 变压器着火,此时则将变压器从电网切断后用消防设备进行灭火。在灭火时,须遵守相关规程的有关规定。

对于上述故障,在一般情况下,变压器的保护装置会动作,将变压器各侧的断路器自动跳闸。如保护因故未动作,则应立即手动停用变压器,由检修人员进行修理。如有备用变压器且时间允许的话,最好先把备用变压器投入运行,再停用工作变压器。

2. 特殊情况的处理

运行中的变压器发生下列现象之一者,可不经调度批准,立即停止运行,若有备用电源或变压器,应先将备用电源或变压器投入:

(1) 变压器声音异常,有爆裂声。

(2) 在正常负荷和冷却条件下,变压器温度异常并不断上升。

(3) 储油柜、释压器或安全气道严重喷油。

（4）套管严重破损和有放电现象。

（5）严重漏油使油面下降，低于油位计的指示限度。

（6）油色变黑，油内出现炭质。

八、主变压器事故处理危险源及预控

1. 主变压器事故处理过程中可能存在的危险点

（1）一台主变压器故障跳闸后，若中低压侧并列运行或备自投动作后，未能及时处理其他运行中变压器过负荷，造成运行主变压器过热。

（2）主变压器故障未能明确，就盲目对主变压器充电，会引起事故扩大甚至损害主变压器。

（3）对内桥接线方式的，一台主变压器故障跳闸后，未将该主变压器跳 110 kV 侧母联断路器侧断路器的压板解除，当对故障主变压器保护进行试验时可能引起 110 kV 母联断路器侧断路器跳闸，遇到特殊运行方式将扩大事故。

（4）跳闸主变压器经检修、试验合格后送电时，中性点没有保持接地，可能引起操作过电压损害主变压器。

（5）变压器着火时，未根据现场实际的火情情况，盲目进行排油，威胁人身安全。

2. 预控措施

（1）一台主变压器事故跳闸后，应立即根据事故前的负荷情况考虑主变压器过负荷问题。根据主变压器过负荷倍数和相应的允许运行时间，向调度申请转移负荷或压负荷，确保主变压器正常运行。

（2）主变压器故障跳闸，一定要经过专业人员进行检查、试验合格后方可投入运行。

（3）应解除故障变压器跳其他回路断路器的保护压板。

（4）跳闸主变压器恢复送电时，其中性点应接地。

（5）变压器着火时，应根据现场实际的着火情况确定是否进行排油。切不可盲目靠近着火的变压器。

九、事故案例分析处理

以某公司 35 kV 变电站为例，分析和处理一起主变过流保护动作跳闸事故，如图 8-2 所示。

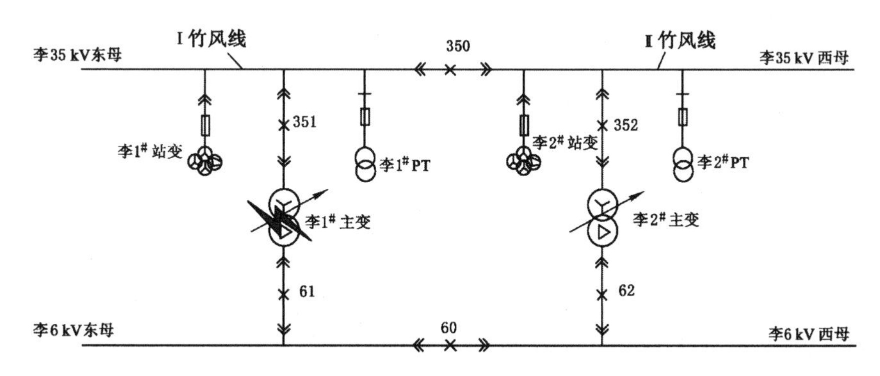

图 8-2　主变过流保护动作跳闸事故电路图

过流保护动作大致可分为三种情况：

1. 6 kV 母线(或相连设备)故障造成主变过流保护动作

(1) 运行方式

Ⅰ竹风 2 运行带 35 kV 东母，Ⅱ竹风 2 运行带 35 kV 西母；李 350 热备，李 1#、2# 主变分段运行，李 60 热备；李 1# 站变带全站低压负荷运行，李 2# 站变热备。

(2) 事故现象

事故喇叭响铃，全站事故总图标红绿闪烁，光字牌高后备过流闪烁，6 kV 高压室有爆炸声。

(3) 检查项目

① 值班负责人检查后台机告警窗口显示“李 1# 主变高后备过流Ⅲ段，(李 601)自投总闭锁合”。

② 检查后台机主接线图，李 1# 主变、6 kV 东母(李 61 及各馈出线)电压、电流等遥测值全部为零(与微机保护装置显示一致)。李 351、李 61 开关在分位闪烁。

③ 检查后台机电压棒图显示 6 kV 东母电压为零。

④ 检查李 1# 主变高后备装置(李 351 装置)显示“过流Ⅲ段”，同时“跳闸”“报警”灯亮。李 1# 主变低后备装置(李 61 装置)“报警”“跳闸”灯亮。李 351 跳闸灯亮，李 61 跳闸灯亮。检查光字牌显示“1# 主变后备保护动作”灯亮。

⑤ 另一名值班人员检查运行中的李 1# 主变无声响，穿戴绝缘工具进入 6 kV 高压室发现有浓烟和焦糊味(进入高压室前开启排风扇)。

⑥ 检查站内其他保护无异常。

(4) 判断

根据检查情况判断为 6 kV 东母母线故障造成李 1# 主变过流保护动作。

(5) 处理

① 解除音响。

② 检查确定备自投闭锁成功，通知用户转移 6 kV 东母负荷，将 6 kV 东母停运解备，等待检修人员前来处理。

③ 汇报电调、厂调、车间，通知用户并做好相关记录。

2. 6 kV 某一回路故障，其开关拒动或保护装置失灵造成主变过流保护动作

(1) 运行方式

Ⅰ竹风 2 运行带 35 kV 东母，Ⅱ竹风 2 运行带 35 kV 西母；李 350 热备，李 1#、2# 主变分段运行，李 60 热备；李 1# 站变带全站低压负荷运行，李 2# 站变热备。

(2) 事故现象

事故喇叭响铃，全站事故总图标红绿闪烁，光字牌高后备过流闪烁。

(3) 检查项目

① 值班负责人检查后台机告警窗口显示“李 1# 主变高后备过流Ⅲ段，(李 601)自投总闭锁合”。

② 检查后台机主接线图，李 1# 主变、6 kV 东母(李 61 及各馈出线)电压、电流等遥测值全部为零(与微机保护装置显示一致)。李 351、李 61 开关在分位闪烁。

③ 检查后台机电压棒图显示 6 kV 东母电压为零。

④ 检查李 1# 主变高后备装置(李 351 装置)显示“过流Ⅲ段”，同时“跳闸”“报警”灯亮。

李 1# 主变低后备装置(李 61 装置)“报警”“跳闸”灯亮。李 351“跳闸”灯亮，李 61“跳闸”灯亮。检查光字牌显示“1# 主变后备保护动作”灯亮。

⑤ 另一名值班人员检查运行中的李 1# 主变无声响，检查 6 kV 高压室李 607 保护装置“告警”“跳闸”灯亮，报“过流Ⅰ段动作”，但开关未跳闸。

⑥ 检查站内其他保护无异常。

(4) 判断

根据检查情况判断为李 607 回路故障未跳闸造成李 1# 主变过流越级跳闸。

(5) 处理

① 解除音响。

② 检查确定备自投闭锁成功，按照电调命令手动将李 607 停运解备，然后合上李 351，主变充电正常后合上李 61，恢复 6 kV 东母供电。

③ 汇报电调、厂调、车间，通知用户并做好相关记录。

3. 李 1# 主变过流保护动作，但现场检查未发现明显异常，6 kV 各回路保护未动作

(1) 运行方式

Ⅰ竹风 2 运行带 35 kV 东母，Ⅱ竹风 2 运行带 35 kV 西母；李 350 热备，李 1#、2# 主变分段运行，李 60 热备；李 1# 站变带全站低压负荷运行，李 2# 站变热备。

(2) 事故现象

事故喇叭响铃，全站事故总图标红绿闪烁，光字牌高后备过流闪烁。

(3) 检查项目

① 值班负责人检查后台机告警窗口显示“李 1# 主变高后备过流Ⅲ段，(李 601)自投总闭锁合”。

② 检查后台机主接线图，李 1# 主变、6 kV 东母(李 61 及各馈出线)电压、电流等遥测值全部为零(与微机保护装置显示一致)。李 351、李 61 开关在分位闪烁。

③ 检查后台机电压棒图显示 6 kV 东母电压为零。

④ 检查李 1# 主变高后备装置(李 351 装置)显示“过流Ⅲ段”，同时“跳闸”“报警”灯亮。李 1# 主变低后备装置(李 61 装置)“报警”“跳闸”灯亮。李 351“跳闸”灯亮，李 61“跳闸”灯亮。检查光字牌显示“1# 主变后备保护动作”灯亮。

⑤ 另一名值班人员检查运行中的李 1# 主变无声响，检查 6 kV 各回路保护未动作，站内其他保护无异常。

(4) 判断

根据检查情况判断为李 1# 主变过流保护动作。

(5)处理

① 解除音响。

② 检查确定备自投闭锁成功，按照电调命令，断开该段母线所有馈线开关，合上李 351，主变充电正常后合上李 61，按照紧急合闸顺序依次进行试送，若送至某回路如李 607 时，主变过流再次保护动作跳闸，此时将李 607 停运解备，合上李 351、李 61，正常后继续试送其他回路，直至全部运行正常，恢复 6 kV 东母供电。

③ 汇报电调、厂调、车间，通知用户及修试检查人员，做好相关记录。

若发生备自投误动作，导致全站失压，则立即解除备自投保护，断开李 60，合上李 352、

李 62，恢复 6 kV 西母供电，然后再处理东母过流故障。

第四节　母线及所连设备事故处理

本节讲解母线故障现象、故障原因及母线事故处理的基本步骤。通过对母线故障原因分析、处理步骤的讲解及案例分析，能够根据母线事故现象，分析母线事故性质，处理母线事故。

一、变电站母线主要接线方式

变电站母线主要接线方式有：单母线接线方式（图 8-3）、单母线分段接线方式（图 8-4）、单母线分段带旁路接线方式（图 8-5）、双母线分段接线方式（图 8-6）以及桥形接线方式（含内桥、外桥、扩展式内桥）等。

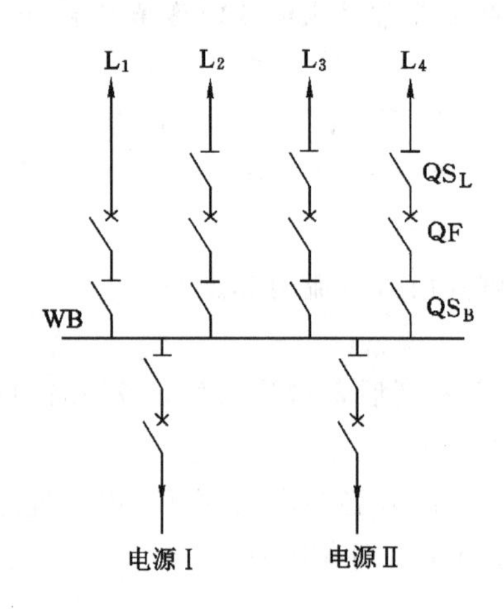

图 8-3　单母线接线方式

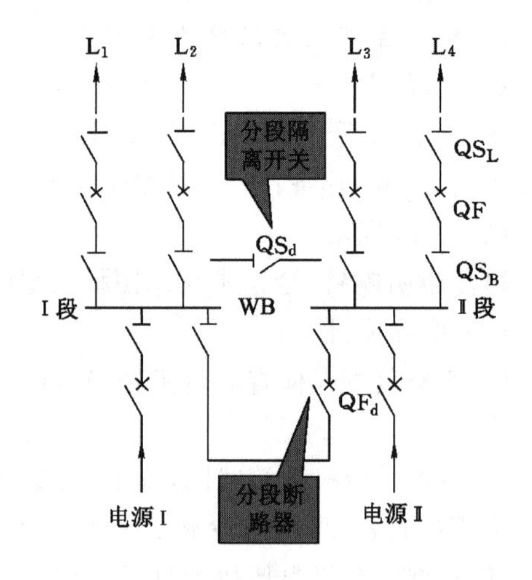

图 8-4　单母线分段接线方式

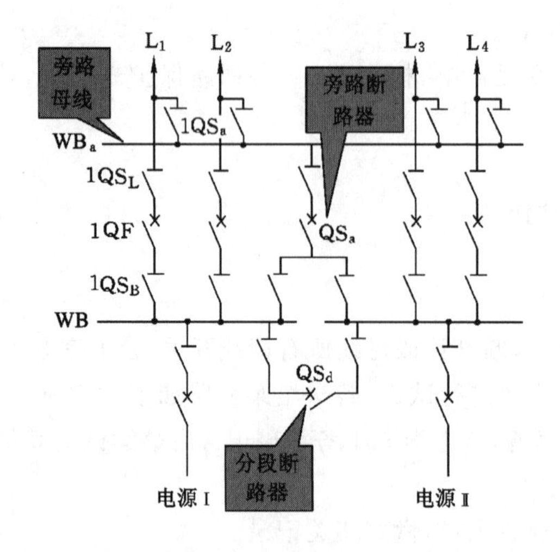

图 8-5　单母线分段带旁路接线方式

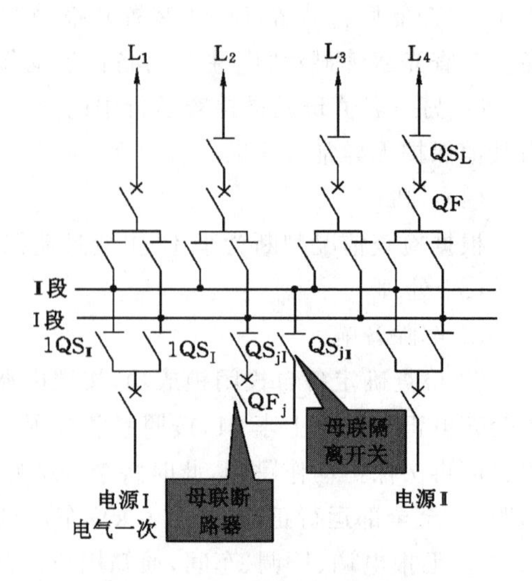

图 8-6　双母线分段接线方式

二、母线故障的类型

1. 母线单体接地故障

对小电流接地系统，母线单项接地故障的现象和线路单项接地的现象相同，在确认为母线故障且故障点无法隔离的，应根据调度指令将负荷转移后将母线停电，待故障排除后再根据调度指令送电。如果故障点可以隔离（如故障点在某线路母线侧隔离开关和断路器之间），则在故障点隔离之后恢复母线和其他正常设备的运行。

对大电流接地系统，母线发生单项接地故障，对单母线分段接线的（母线无母差保护），将会使得主变压器对应侧的断路器及分段断路器跳闸。对内桥接线的，则对应的主变压器差动保护动作。

2. 母线相间故障

对小电流接地系统（如 35 kV、10 kV 侧），母线发生相间故障，将会使得主变压器对应侧的断路器及分段断路器跳闸。

对大电流接地系统，母线发生相见故障，对单母线分段接线的，将会使得其上级电源断路器跳闸。对内桥接线的，则对应的主变压器差动保护动作。

三、母线故障的主要原因

通常而言，变电站母线故障主要有污闪、相间短路（接地）故障、单相接地故障、两相（三相）短路故障、金属性接地故障等。变电站母线故障事故产生原因主要可归纳为以下两方面原因：

1. 客观因素引发的母线故障

(1) 一般原因：电流（电压）互感器、断路器、母线等电气设备质量差，容易造成设备爆炸等事故，从而引起母线故障事故。

(2) 主要原因：断路器套管与母线绝缘子之间产生闪络现象，设置于母线与断路器之间的电流互感器与母线上的电压互感器在操作切换过程中，损坏了隔离开关与断路器之间的绝缘子，从而引发母线故障。同时，线路断路器继电保护拒动越级跳闸，也会造成母线失电事故。

(3) 外部原因：如天气原因或者环境因素引发的母线故障。其中，尤以雾闪发生的频率较高。而如工业污染等环境因素也会造成母线故障。

2. 人为原因引发的母线故障

变电站运行人员的人为误操作是引发母线故障事故的重要原因，占变电站母线故障总体的五分之一左右。例如，在运行人员在带负荷的情况下拉动隔离开关，这一误操作很容易造成电弧现象产生，从而引起母线故障。变电站运行人员人为误操作引发的母线故障事故多属于相当严重的三相故障。同时，在配电装置布置中，若大量采用高层布置的形式，在变电站电气系统中其中一组母线产生故障的情况下，采用此种配电装置方式，有可能使电气系统另一组母线产生故障，从而造成大面积停电事故。同时，电气系统设备爆炸或者环境、天气因素等，也有可能引起变电站母线故障的转换。

3. 原因总结

(1) 误操作（如带电合接地刀闸或悬挂接地线等）或操作时设备损坏（如母线侧隔离开

关瓷瓶断裂等)。

(2) 母线及连接设备的绝缘子发生闪络,引起母线接地或短路。

(3) 母线上设备发生故障,如母线上设备引线接头松动造成接地,断路器、隔离开关、互感器、避雷器等发生绝缘击穿接地或短路故障。

(4) 外力破坏、悬浮物等引起母线接地或短路等。

四、母线故障的一般处理步骤

(1) 解除音响,记录故障时间,检查后台监控系统故障信息显示,确认后复归信号。

(2) 根据事故前运行方式及事故后几点保护和安全自动装置动作情况,后台机及装置信息显示、断路器跳闸等情况,综合判明故障性质及故障发生的范围。若站用消失,应根据本站站用电接线情况(如利用备用电压器)恢复站用电,特别是夜间时应投入事故照明。

(3) 到保护室检查保护动作信号,确认后复归保护信号。

(4) 到现场母线及连接设备上检查有无故障迹象。

(5) 拉开失压母线上的所有断路器,并检查是否确实拉开,发现未拉开的,应在确保没有电压的情况下拉开其两侧隔离开关。

(6) 若高压侧母线失压,造成中低压侧母线失压,经现场确认中低压侧母线无故障象征(如变压器中低压侧没有保护动作信号,在中低压侧母线上无分路保护动作信号,现场检查没有发现中低压侧母线上设备有故障点等),可以利用备用电源或合上母线分段断路器,先恢复中低压侧母线运行(应考虑其他运行主变压器的负荷情况),再处理高压侧母线故障。

(7) 采取以上措施后,根据保护动作情况、母线及连接设备上有无故障、故障能否迅速隔离,按不同情况采取相应的措施处理。

五、母线事故处理要点

(1) 若是由母线上的设备、元件故障引起的母线故障,则应及时切除该故障元件,以快速恢复该条母线的供电。在故障处理中,运行人员应以继电保护装置的实际动作状况,或者是爆炸声等事故现象等为依据,正确判明母线事故产生位置,进行及时调度处理。

(2) 若由线路故障产生越级跳闸引发母线失电,此时母线的位置及其强送时没有突出的短路现象,在故障处理中,就应及时拉开故障线路开关,使母线能够快速恢复送电。

(3) 若线路开关或者是 10 kV 母线故障时,应立即采取有效措施隔离故障线路。在故障处理中,若不能及时辨别出故障线路的情况下,可采取拉开全部的出现开关的方式,以外电源为媒介冲击母线。

(4) 对采用单主变的变电站而言,在其母线无保护情况下的故障处理中,需拉开包括分段开关在内的故障母线上的全部开关,并采用主变的旁路闸刀实施非故障母线线路的倒供,并将高压侧的电源开关合上,恢复非故障母线的负载供电;而对于采用双主变双电源的变电站而言,母线故障多采用分列运行的方式进行,在母线故障处理中,应及时采取措施将故障母线隔离,在避免带负荷的情况下拉合闸刀,恢复正常母线的供电。

(5) 在母差保护误动情况下的母线故障处理中,应对母差的保护方式进行及时调整,实现开关的及时切换,从而对恢复固定连接式的母差保护。同时,在母线故障处理中,通常母线故障之后,会产生负序电压或者电压趋近于零的特点,此时可运用电压闭锁等方式,以防止差流太大或者保护装置发生异常引起母差保护误动。而且在运行方式调整过程中，还应及时对相应的母差保护接点实际情况进行检查，确保其变位信号的正确性。此外，还可采用交叉去流变二次级的方式避免母差保护与线路保护流变故障死区产生。为防止压变故障引发的事故产生，应退出母差用二次端子，此时若开关处于运行状态且差动保护因故停用时，在退出的过程中，首先应确保在流变短接之后再进行，从而避免流变开路的问题产生。总之，在故障处理中，首要步骤即是考虑保护误动的情况下，应立即拉开电容器开关，停止保护工作，在故障保护装置退出之后，应及时对母线充电，确保其正常运行。

(6) 单母线运行时，经检查没有发现明显故障点，应选择适当电源强送一次。不良时，切换至备用母线运行。

(7) 双母线运行时，应断开母联断路器，经检查没发现明显故障点，应立即选择适当电源分别强送一次，然后恢复强送良好的母线运行。

(8) 在处理母线事故过程中要注意以下问题：

① 尽量不用母联断路器试送母线。

② 注意防止非同期合闸，对端有电源的线路必须联系调度处理。

③ 受端无电源的线路，可不经联系送出(另有规定者除外)。

④ 母线靠线路对端保护者，在试送电前应将对端的重合闸停用。

(9) 经判断是由于连接在该母线上的元件故障造成的，即将故障元件切除，然后恢复该母线送电。

(10) 母线故障，在电话未联系通时，运行人员要正确判断。根据上述原则，能自行处理的先自行处理；处理不了的应做好一切准备，并积极与调度联系。

六、母线事故处理危险点源预控

1. 母线事故处理过程中可能存在的危险点

(1) 失压母线上的断路器未全部拉开，在事故处理过程中可能发生对故障母线再次充电。

(2) 对多段式母线接线，故障点在母线电压互感器上，将母线电压互感器隔离，一次并列后未进行电压互感器二次并列，未仔细检查就恢复该母线上线路(主变压器)运行，使得线路(主变压器)保护失去交流电压。

(3) 对多段式母线接线，故障点在母线电压互感器上，当母线电压互感器一次侧隔离开关拉开后二次开关未拉开，对该段母线充电后进行电压互感器二次并列操作，可能发生反充电引起正常运行的另一段母线电压互感器二次开关跳闸，造成保护失去交流电压。

(4) 失压母线上的拒动断路器没有发现或未隔离，在对母线充电时将引起充电断路器再次跳闸。

(5) 母线故障后，未对设备进行全面检查，没有发现故障点或是故障点没有全部找到，造成误判断或是事故处理时造成事故扩大。

(6) 母线故障引起接在该段母线上的主变压器失压后，未密切关注其他运行主变压器的负荷情况，可能引起其他运行中的主变压器出现过负荷。

2. 预控措施

(1) 母线失压时应立即拉开失压母线上的所有断路器。

(2) 失压母线充电后，应进行电压互感器二次并列操作，再恢复该母线上线路(主变压器)运行。

(3) 母线电压互感器故障隔离，应注意拉开电压互感器二次开关。

(4) 在手动拉开失压母线上的断路器时，应检查断路器确在已拉开位置。

(5) 母线故障时，现场运行值班人员应根据继电保护及自动装置动作情况、断路器跳闸情况、仪表指示、运行方式、现场发现故障的声光等信号，判断故障性质和范围，并对故障母线上的各元件设备进行检查，及时准确发现故障点。如未发现故障点，未经试验不得强送电。

(6) 密切关注其他运行主变压器的负荷情况。如果运行中的主变压器出现过负荷，应根据现场运行规程的过负荷倍数和允许运行时间等规定，向调度申请转移负荷或进行压负荷。

七、事故案例分析处理

以某公司为例，分析和处理一起 PT 接地爆炸事故，如图 8-7 所示。

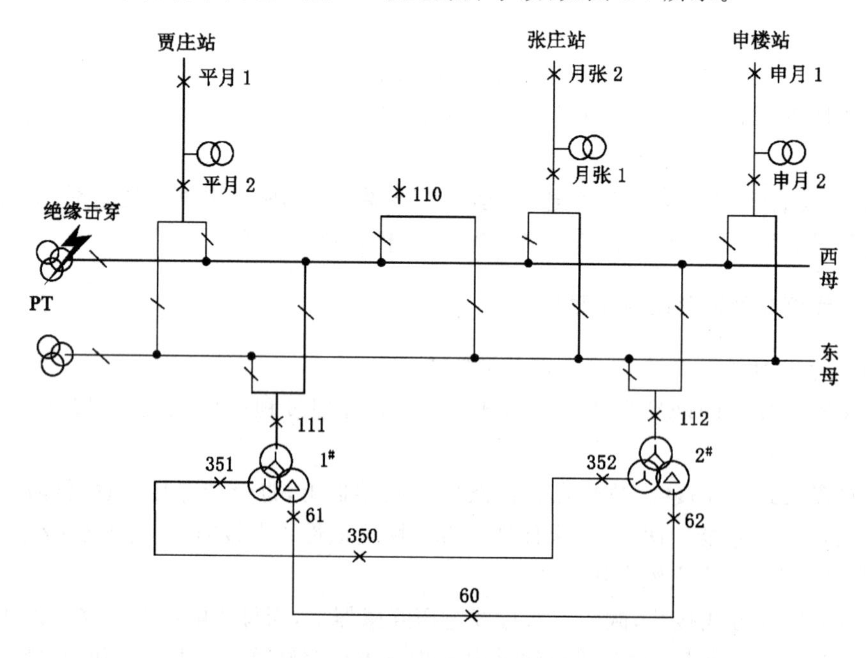

图 8-7　母线连接设备事故电路图

(1) 运行方式

平月 2 东合西断带月 110 kV 东母运行，申月 2 西合东断带月 110 kV 西母运行，月张 1 西合东断带负荷运行，月 110 热备，月 1# 主变 111 东合西断带月 35 kV 东母及 6 kV 南母运行，月 2# 主变 112 西合东断带月 35 kV 西母及 6 kV 北母运行，Ⅰ月尚 1 东合、Ⅱ月尚 1 西合、月寨 1 东合、月吕 1 西合运行，Ⅰ电月 2 东合、Ⅱ电月 2 西合并网发电，贾月 2 东合热备，月 6 kV 站内低压负荷，月 35 kV 站变西合东断充电运行。

(2) 事故现象

① 后台机：语音报“事故”，告警信息显示“Ⅱ电月 2 低电压保护动作跳闸、断路器位置

分”“月 6 kV 2# 无功补偿低电压动作跳闸、断路器位置分”，一次接线图显示Ⅱ电月 2、6 kV 2# 无功补偿断路器由“红”变“绿”并闪烁，月 110 kV、35 kV 西母、6 kV 北电压为零，申月 2、月张 1、月 2# 主变三侧及 35 kV 西母、6 kV 北母各回路电流为零。

② 申月 2 保护装置：“TV 断线告警”，月 2# 主变高、中、低后备保护装置：“复压保护动作”，按下“信号复归”按钮后显示申月 2 及月 2# 主变高、中、低电流值为零。

(3) 检查项目

① 室外设备：月 110 kV 西母 PT 冒烟，外部绝缘碎裂，周围其他设备未受影响。

② 高压室 35 kVⅡ电月 2、6 kV 2# 无功补偿跳闸，6 kV 北母、35 kV 西母 PT 电压表指示为零，其他设备无异常。

(4) 判断

月 110 kV 2# PT 故障爆炸造成申月线上级电源跳闸失压，月 110 kV、35 kV 西母、6 kV 北母失压。

(5) 处理

① 汇报电调，按命令断开月 112，拉开月 112 西，合上月 2# 主变中性点地，合上月 112 东，合上月 112，恢复月 35 kV 西母、6 kV 北母正常供电，拉开月 2# 主变中性点地。

② 断开申月 2、月张 1，断开月 110 kV 2# PT 二次电压空开，拉开月 110 kV 西表。

③ 及时汇报电调、厂调，做好相关记录。

第五节　站用交、直流系统事故处理

本节介绍站用交、直流系统简单故障类型和现象，以及站用交、直流系统事故处理的基本步骤。通过分析讲解及案例介绍，能根据两系统事故现象判断故障性质，能处理两系统简单事故。

一、站用低压配电屏支路故障

1. 站用低压配电屏支路故障现象

变电站站用负荷主要有远动屏、火灾报警、逆变电源、直流充电机、主变压器冷却风扇、断路器储能、事故照明、逆变电源、主变压器调压控制、配电装置、照明箱等。有的支路二次开关跳闸，自动化信息报警；有的支路故障，二次开关跳闸，因此，要结合巡视才能发现。

2. 站用低压配电屏支路故障处理步骤

(1) 到站用低压配电屏查找所跳的二次开关支路。

(2) 断开该支路的所有下级二次开关。

(3) 合上该支路二次开关，若再次跳闸说明该支路故障或支路二次开关故障，应立即上报缺陷并联系检修人员进行检查。

(4) 合上站用低压配电屏所跳的支路二次开关，正常后再逐一合上下级二次开关，同时检查二次开关容量配置是否符合配置标准。当合到某一下级二次开关时，站用低压配电屏支路二次开关再次跳开，应立即断开该二次开关。重新合上低压配电屏支路二次开关，逐一合上其他下级二次开关，上报缺陷并联系检修人员。

二、站用变压器低压侧断路器跳闸

1. 站用变压器低压断路器跳闸现象

站用变压器低压断路器跳闸(或低压侧熔断器熔断)现象与站用电接线的形式有关,例如两台站用变压器同时工作,分别带 380 V Ⅰ、Ⅱ段母线,分段断路器断开,其现象为:报警,自动化信息显示“站用电某段母线失电”,380 V 某段母线站用配电屏上各配电支路电流表、电压表显示为“零”。

2. 站用变压器低压断路器跳闸处理步骤

(1) 断开失压的低压母线上各二次开关(或熔断器),检查该段母线上有无异常。

(2) 若 380 V 母线上无故障现象,合上站用变压器低压侧二次开关(或更换熔断器),试送母线成功后,逐条分路检查无异常后试送(先试送主干线、后送分支线)一次,以查出故障点。对于经检查有异常现象的分支,不能再投入运行。

(3) 若发现母线上有故障现象,应立即排除或隔离后合上站用变压器低压侧二次开关(或更换熔断器),试送母线成功后,逐条恢复各分路运行。若试送不成功,则将重要的负荷(如主变压器冷却器电源、直流充电装置、监控机电源等)倒至另一段低压母线上供电。应注意逐条分路倒换,并注意在倒换时有无异常,若出现短路现象应立即将其拉开,再恢复正常支路的运行,同时立即联系检修人员进行抢修。

三、站用变压器故障

1. 站用变压器故障现象

站用变压器故障,其故障现象与站用电接线的形式、站用变压器高压侧装设熔断器还是断路器,以及有无备自投装置有关,例如两台站用变压器同时工作,分别带 380 V Ⅰ、Ⅱ母线,分段断路器断开,站用变压器高压侧采用断路器,配置两段式电流保护。其现象为:报警,自动化信息显示“某号站用变压器回路断路器闪烁”,某号站用变压器电流保护动作,显示“站用电某段母线失压”,某号站用变压器回路表计读数为零,380 V 某段母线站用配电屏上各配电支路电流表为“零”,失压母线电压表读数为零。

2. 站用变压器故障处理步骤

(1) 记录故障时间,检查后台监控机上的故障信息,确认后复归信号。

(2) 到保护室检查保护动作信号,确认后复归保护信号(站用变压器没有装设保护的,此项略)。

(3) 到现场对保护范围内设备进行检查。应对站用变压器进行外部检查,重点检查支柱绝缘子、套管等有无短路现象,站用变压器本体是否有异常。

① 若是站用变压器速断保护跳闸,应立即将该站用变压器进行隔离,汇报调度,经专业人员对该站用变压器试验合格后方可投使用。

② 若是站用变压器过流保护动作,经外部检查未发现异常的,可汇报调度,根据调度指令试送一次。一般情况下,如果另一台站用变压器运行正常,则应在对跳闸站用变压器进行试验合格后再恢复运行。

③ 若是站用变压器没有装设备自投装置的,应手动合上 380 V 分段断路器,这时应注意断开停电的站用变压器的低压侧断路器。

④ 若是装设备自投装置动作后380 V分段低压断路器再次跳闸，则说明该段380 V母线或某条支路有短路故障，应在查明故障的支路后恢复该段380 V母线运行。

⑤ 若是380 V供电线路故障，支路断路器未能断开造成越级跳闸，则应隔离该支路后恢复站用电供电。

(4) 若380 V装设备自投装置且动作成功，则等在明确具体故障后再恢复站用变压器正常运行方式。

四、直流系统充电机故障

1. 直流系统充电机故障现象

其现象为：报警，自动化信息显示"充电机输出电压异常"，充电机屏显示充电模块"故障"或"微机监控单元报警"，告警信号灯亮。

2. 直流系统充电机故障处理步骤

(1) 若有两台硅整流充电机，应先断开故障充电机后，再合上备用充电机，两台充电机不得并列运行。

(2) 使用充电模块，应先断开故障充电模块，再合上备用充电模块。

(3) 充电机故障会导致蓄电池组电压下降，所投入充电机可先均充段时间，待蓄电池组电压上升至额定电压后，切换为浮充方式。

(4) 若只有单台充电，应严密监视直流母线的电压，采取措施(如限制部分不重要的直流负荷)确保直流母线电压在允许范围内，并立即汇报调度，等待专业人员进行处理。

五、蓄电池故障

1. 蓄电池故障现象

其现象为：报警，自动化信息显示"蓄电池熔断器熔断" 及"直流母线电压异常"等信息。

2. 蓄电池故障处理步骤

(1) 检查蓄电池是否有异常。

(2) 如果发现蓄电池组熔断器熔断，应检查对应的直流母线是否运行正常，用蓄电池巡检仪进行检测，若没有发现电压异常的蓄电池且对应的直流母线运行正常，则可更换同型号、容量的熔断器。若熔断器再次熔断，应立即汇报调度，等待处理。

(3) 如果是充电电压异常引起蓄电池电压出现异常报警，应通过手动或自动方式调整充电电压以确保直流母线电压在允许范围内。

(4) 如果经检查发现蓄电池存在故障，应将蓄电池隔离，用直流充电机对直流母线供电，此时应密切注意充电机运行情况，同时应通过手动或自动方式调整充电电压以确保直流母线电压在允许范围内，并立即汇报调度，等待专业人员进行处理。

六、直流母线故障

1. 直流母线故障现象

其现象为：报警，自动化信息显示"直流母线电压异常""微机保护装置异常""控制回路断线"等信息。

2. 直流母线故障处理步骤

(1) 检查直流充电屏，查充电机输入电流、电压，输出电流、电压等情况。

(2) 检查直流馈线屏，查直流母线、各馈线及蓄电池熔断器等情况。

(3) 有明显故障点，故障点能隔离的应立即隔离，恢复直流母线运行。

(4) 有明显故障点，故障点不能隔离的应立即汇报调度，等待专业人员抢修；对全站只有一段直流母线的，根据调度指令进行监视或操作(如停用相关保护)。各馈线若有备用电源(如双回路供电)的，在检查各分路无故障异常后，先断开原电源二次开关，合上备用电源。

(5) 若无明显故障点，可断开所有馈线，对直流母线进行试送，试送成功再逐一恢复各馈线，查找故障馈线。在试送过程中应根据调度指令停用相关保护，防止处理过程中保护误动。

七、站用电全停故障

1. 站用电全停现象

其现象为：报警，自动化信息显示“站用电源Ⅰ、Ⅱ母线失电”“机构储能电机失电”“直流母线电源异常”等报文信息。站用配电屏上各配电支路电流表、电压表显示为“零”，全站照明、站用电全失，事故照明亮。

2. 站用电全停处理步骤

(1) 检查站用电母线电压、电流，各侧母线电压应分清全站失压还是站用电全停故障。

(2) 检查站用电系统，查明故障点。若未发现明显故障点，可断开母线上所有馈线，用站用变压器低压侧二次开关对该母线进行试送，试送成功后可恢复各馈线，在恢复馈线时又出现站用电全停时，隔离该馈线，按原方法重新试送母线，恢复馈线。

(3) 若故障点在站用电母线上，应立即抢修。

(4) 若一时无法恢复站用电时，应立即汇报调度，并严密监视主变压器油温及绕组温度的变化，监视直流母线的电压、USP装置的运行情况等，如果断路器操动机构是液压或气压的，还应密切关注操动机构的压力情况。条件允许时，可以申请用发电车暂时恢复站用交流电。

八、交流系统事故处理及危险点源预控分析

1. 交流系统事故处理过程中可能存在的危险点

(1) 处理交流系统时，因工作人员使用工具不合格或是其他原因造成短路。

(2) 处理不及时造成变电站长时间失去交流电源。

(3) 站用变压器跳闸时，没有查明原因就对其进行强送。

(4) 一台站用变压器故障，在合上380 V母线分段低压断路器前未断开故障站用变压器低压侧断路器，造成对故障站用变压器反充电。

2. 预控措施

(1) 处理交流故障时，应戴绝缘手套，使用的工器具应有绝缘包扎。

(2) 站用电全失时，应尽量把备用站用电投入运行，或者申请外来电源恢复站用电，以保证站用电系统的正常运行。

(3) 站用变压器高压侧速断保护跳闸时没有查明原因前，不能强送，以免损坏站用变

压器。

(4) 在合上 380 V 母线分段低压断路器前应断开故障站用变压器低压侧断路器。

九、直流系统事故处理及危险点源预控分析

1. 直流系统事故处理过程中可能存在的危险点

(1) 在处理过程中造成两台充电机或是两组蓄电池并列运行。

(2) 处理直流故障时,可引起直流两点接地造成保护误动。

2. 预控措施

(1) 规照本站现场运行规程进行操作,不得造成两台充电机或是两组蓄电池并列运行。

(2) 处理直流故障时,应严格执行有关规定(如查找接地点禁止使用灯泡寻找的方法;使用仪表检查时,表计内阻不低于 2 000 Ω/V;直流系统发生接地故障时,禁止在二次回路上工作等)。为防止在查找直流故障时引起保护误动,必要时在断操作直流电源前,解除可能误动的保护,操作电源正常后再投入保护。

十、事故案例分析处理

以某公司为例,分析和处理一起站变着火事故,如图 8-8 所示。

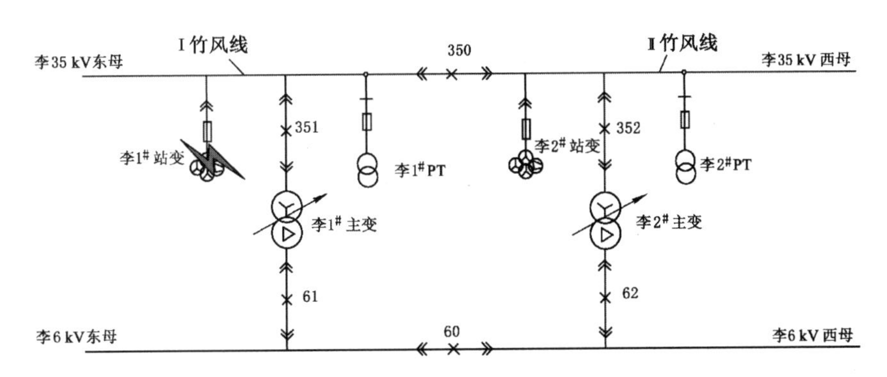

图 8-8　事故案例电路图

(1) 运行方式

Ⅰ竹风 2 运行带 35 kV 东母,Ⅱ竹风 2 运行带 35 kV 西母;李 350 热备,李 1#、2# 主变分段运行,李 60 热备;李 1# 站变带全站低压负荷运行,李 2# 站变热备。

(2) 事故现象

电铃响,高压室有刺鼻气味和浓烟。

(3) 检查项目

① 值班负责人检查后台机告警窗口,报“1# 站用变温度异常”。

② 检查后台机电压棒图正常,主接线图正常。

③ 检查 35 kV 高压室,进入检查前开启排风扇,1# 站变盘内冒烟。

④ 经检查,站内没有发生接地和短路现象,没有保护动作。

(4) 判断

根据检查情况,判断为 1# 站变温度过高致其燃烧。

(5) 处理

① 解除音响。

② 立即切换站变,汇报电调,据电调令,将 1# 站变解除备用,立即将手车拉出,使用二氧化碳灭火器进行灭火,灭火后待厂来人处理故障(处理前要穿戴好绝缘防护工具,并戴好防毒面具)。

③ 汇报电调、厂调、车间,通知用户并做好相关记录。

参 考 文 献

[1] 陈家斌.常用电气设备倒闸操作[M].北京：中国电力出版社，2006.

[2] 国家电网公司人力资源部.变电运行(110 kV 及以下)[M].北京：中国电力出版社，2010.

[3] 国网湖北省电力公司.电网企业生产岗位技能操作规范：变电站值班员[M].北京：中国电力出版社，2015.

[4] 国网浙江省电力公司绍兴供电公司.变电站运维技能培训教材[M].北京：中国电力出版社，2016.

[5] 王晴.变电设备事故及异常处理[M].北京：中国电力出版社，2007.

[6] 张全元.变电运行一次设备现场培训教材[M].北京：中国电力出版社，2010.

[7] 张玉华.电工基础：初级工[M].北京：化学工业出版社，2006.